中国气象局气象干部培训学院
基层台站气象业务系列培训教材

# 雷电防护技术及其应用

主　编　高学浩

气象出版社
China Meteorological Press

## 内容简介

本书共分9章，详细介绍了雷电的形成与特性、雷电的各种技术参数、雷击的选择性及雷电的危害，同时还重点介绍了建筑物防雷分类及保护措施、雷击风险评估技术与方法、综合防雷工程设计、防雷装置设计技术评价与施工监督、防雷装置检测技术、雷电灾害调查与鉴定及雷电监测与预警预报等内容，并提供了相关设计实例。本书以介绍雷电防护专业基础知识为重点，注重内容的可读性，加强了理论联系实际的案例分析内容。力求体现基层台站气象业务实际需求，满足基层台站防雷减灾业务技术人员需求。

本书可供气象台站从事防雷系统工程设计、施工安装、检测验收等工程技术人员以及雷电预警预报和雷电防护工作者参考使用。

**图书在版编目(CIP)数据**

雷电防护技术及其应用/高学浩主编. —北京：气象出版社，2015.1

ISBN 978-7-5029-6087-2

Ⅰ.①雷… Ⅱ.①高… Ⅲ.①防雷 Ⅳ.①P427.32

中国版本图书馆CIP数据核字(2015)第009250号

**雷电防护技术及其应用**

高学浩　主编

**出版发行**：气象出版社
**地　　址**：北京市海淀区中关村南大街46号　　**邮政编码**：100081
**总 编 室**：010-68407112　　**发 行 部**：010-68409198
**网　　址**：http://www.qxcbs.com　　**E-mail**：qxcbs@cma.gov.cn
**责任编辑**：林雨晨　　**终　　审**：周诗健
**封面设计**：燕　彤　　**责任技编**：吴庭芳
**印　　刷**：北京中新伟业印刷有限公司
**开　　本**：787 mm×1092 mm　1/16　　**印　　张**：19
**字　　数**：486千字　　**彩　　插**：4
**版　　次**：2015年1月第1版　　**印　　次**：2015年1月第1次印刷
**定　　价**：52.00元

# 《基层台站气象业务系列培训教材》编写委员会成员



## 编写委员会办公室成员

# 《雷电防护技术及其应用》编写人员


**主　　编**　高学浩

**副 主 编**　金　良　黄世银

**参编人员**（按姓氏笔画排序）

陈渭民　李家启　梅卫群

# 总　　序

《国务院关于加快气象事业发展的若干意见》(国发〔2006〕3号)提出,要按照"一流装备、一流技术、一流人才、一流台站"的要求,以增强防灾减灾能力、保护人民群众生命财产安全以及满足气候变化国家应对需求为核心,为构建社会主义和谐社会、全面建设小康社会提供一流的气象服务,实现全社会气象事业的协调发展。

基层气象台站是气象工作的基础。中国气象局党组历来高度重视基层气象台站的建设,并始终将其摆在全局工作的重要位置,特别是进入新世纪以来,中国气象局党组强化领导,科学规划,大力推进,不断完善利于基层气象台站发展的政策措施,不断改善基层气象台站的发展环境,不断加大对基层气象台站发展的投入力度,基层气象台站建设取得了明显成效。例如,气象现代化装备和技术在基层气象台站得到广泛应用,气象观测能力显著提高,气象服务能力和效益显著提高,气象队伍素质显著提高,台站工作生活环境和条件显著提高,在保障地方经济社会发展中作用显著提高,地方党委、政府对气象工作的认识也显著提高。可以说,基层气象台站发展面临的形势和机遇前所未有,挑战和任务也前所未有。与经济社会发展对气象预报服务越来越多的需求相比,基层气象台站的气象预报服务能力和水平还难以适应,差距较大,特别是气象服务能力和气象队伍整体素质不适应的问题越来越突出。为此,中国气象局从2009年起开展了全国气象部门县级气象局长的轮训,力图使他们通过培训,能够以创新的思维和求真务实的作风,破解基层气象台站建设与发展中遇到的难题,这样轮训的实际效果超出了预期。

做好基层气象工作,推进一流台站建设,既要有一支政治素质和业务素质高的领导干部队伍,也要有一支踏实肯干、敬业爱岗、业务素质高的气象业务服务队伍,这是新时期加强基层气象工作、夯实气象事业发展基础的必然要求。为此,中国气象局气象干部培训学院组织有关教师和业务一线专家,从基层气象台站实际出发,以建设现代气象业务和一流台站的要求为目标,编写了《基层台站气象业务系列培训教材》。这套教材涵盖了地、县级气象业务服务工作领域，体现“面向生产、面向民生、面向决策”的气象服务要求。我相信，这套教材的编写、出版，将会受到广大基层气象台站工作者的广泛欢迎。我希望，各地气象部门要充分利用好这套教材，通过面授、远程培训等方式，做好基层气象工作者的学习培训工作。我也借此机会，向为这套教材的编写、出版付出努力的专家学者和编辑人员表示衷心的感谢。

郑国光

2010 年 12 月于北京

# 丛书前言

基层气象工作是整个气象工作的基础，是发展现代气象业务的重要基石。抓基层、打基础是建设中国特色气象事业、实现“四个一流”建设目标的重要任务。基层气象台站承担着繁重的气象业务、服务和管理任务，是气象科技转化成防灾减灾效益的前沿阵地。

全国气象部门现有2435个县级基层台站、14050个乡村信息服务站，36％的在编职工、45％的编外人员和37.5万气象信息员工作在基层，努力提高基层人才队伍综合素质是当前和今后一段时期气象教育培训面临的一项重要而紧迫的任务。为了全面开展面向基层台站人员的培训工作，加快提高基层台站人员的总体素质，我们根据现代气象业务体系建设对基层气象台站业务服务和管理的总体要求，组织编写了《基层台站气象业务系列培训教材》。

这套教材立足于为基层职工奠定扎实的气象业务理论基础和技术基础，全面提升基层职工岗位业务能力，内容涵盖了地、县级气象业务的主要领域，包括综合观测、分析预测、应用气象、气候变化、气象服务、人工影响天气、雷电灾害防御、信息技术、装备保障、综合管理和气象科普等。教材的编写遵循针对性、实用性、先进性和扩展性的原则，尽可能为基层气象台站人员的学习或省级培训机构培训提供一套实用的系列培训参考教材。

《基层台站气象业务系列培训教材》共分16册，分别是《地面气象观测》、《高空气象观测》、《天气雷达探测与应用》、《卫星遥感应用》、《天气预报技术与方法》、《雷电防护技术及其应用》、《人工影响天气技术与管理》、《农业气象业务》、《气候与气候变化基础知识》、《气候影响评价》、《气象灾害风险评估与区划》、《风能太阳能开发利用》、《基层台站气象服务》、《气象台站信息技术应用》、《台站气象装备保障》和《县级气象局综合管理》。这套系列培训教材计划用两年左右时间完成，并将随着现代气象业务技术的不断发展随时进行修订和补充。

这套系列教材的编写凝聚了多方的智慧，各省级气象部门、相关高等院校及气象行业的专家、学者以及众多气象部门的领导参加了该套教材的编写与审定工作，《基层台站气象业务系列培训教材》编委会办公室做了大量细致的组织工作，在此，我对他们为此付出的辛勤劳动表示衷心的感谢。由于开展这项工作尚属首次，难免存在不尽如人意之处，诚挚地欢迎大家提出宝贵意见！

高学浩

2010 年 12 月于北京

# 前　言

雷电是自然界存在的一种大气物理现象，自古以来雷电灾害给人身安全和社会经济发展带来非常大的损失。根据近30年的雷电统计资料分析，我国雷暴日天数变化不大，但是雷电灾害造成的经济损失日益严重，频繁发生的雷电灾害越来越引起社会各界的广泛关注，也引起了国家的高度重视。

雷电灾害防御是一项系统工程，防雷工程设计、实践和防雷装置周期检测是其基本手段。掌握防雷工程设计、实践和防雷装置周期检测的专业知识和技术方法，是防雷从业人员的基本功。目前，基层气象部门防雷业务人员中，多数是非防雷专业毕业的，普遍缺乏系统的防雷工程设计、实践和防雷装置周期检测等专业知识。因此，如何编写一本难易程度适当、针对性强，并具有一定实用性的雷电灾害防御教材是编写本教材的出发点。

本教材内容主要包括综合防雷基本知识和相关的技术方法，同时兼顾了基层气象业务实际需求和防雷技术标准规范要求，应用案例丰富，内容通俗易懂，对基层台站人员有较强的针对性和实用性。读者可以以此为“桥梁”，系统全面地了解雷电防护的技术方法，理解现代综合防雷的概念体系，并掌握防雷工程设计施工、竣工验收及测试技能。

本书由中国气象局气象干部培训学院组织并由高学浩和金良牵头，高学浩、金良、黄世银、陈渭民、梅卫群、李家启等同志参加编写。全书由高学浩、金良、黄世银负责统稿及最后的修改校订工作。编写过程中，得到了多位专家的指导和帮助。中国气象科学研究院张义军教研究员与教材编写大纲的研讨并认真审阅全书，从章节编排以及内容组织等方面都提出了很好的意见和建议。南京信息工程大学李祥超教授、北京市气象局关象石高级工程师、北京市防雷中心宋平健高级工程师等专家对本教材的编写给予了支持或指导。在此深表谢意。

在教材的编写过程中参考和借鉴了有关专家、学者和防雷工作者的著作和论著，在此一并表示感谢。

由于时间较紧，所以本教材的编写较为仓促，不足之处在所难免，对于本书中的不足及错漏之处，敬请广大专家和读者给予批评指正。

编者

2014 年 10 月

# 目　　录

# 第1章 绪论

雷电是一种发生在大气层中常见的大气物理现象，雷电常常会造成自然灾害，给建筑物及人民生命财产带来巨大破坏。我国古人以阴阳平衡的理论来认识这一自然现象，这是关于雷电成因最直观、朴素的解释。随着人类社会的进步和科学技术的发展，人们对雷电这一自然现象有了新的认识，雷电防护技术也在人类认识自然和防御自然灾害的过程中不断发展和完善。

## 1.1 雷电防护技术发展概况

### 1.1.1 国外发展概况

雷电灾害是"联合国国际减灾十年"公布的影响人类活动的严重灾害之一，为了防止或减轻雷电灾害带来的损失，世界各国都在防御雷电灾害方面做了大量的研究工作。20 世纪 90 年代初，美国利用磁定向法技术建立了区域地闪定位网，随后随着 GPS(全球定位系统)的发展，又建立了时差法技术进行结合，并形成了覆盖全美的地闪定位网，即美国国家雷电探测网(National Lightning Detection Network, NLDN)。目前，在雷电事件发生 40s 内即可从 NLDN 获得数据，也可得到经过订正的 1989 年以来的历史档案资料。在 1994 年升级后(1995 年完成)，NLDN 包括 106 个传感器，目前所有的传感器均使用 GPS 时钟。每个传感器的数据都通过卫星送到中心站，在那儿进行综合定位和参数计算，然后通过卫星和电话线连接到数据用户。为了探测地闪峰值电流和远距离闪电，传感器的带宽和增益被提高，触发阈值降低，波形判据也被改变(与以前相比，接收的波形明显变窄)。为了得到峰值电流分布，校准因子也被调节，但本质上和以前没有区别。到目前为止，大概有 40 个国家拥有类似 NLDN 这样的闪电定位网络，包括加拿大、瑞典、奥地利、法兰西、日本和巴西等。自 1998 年以来，加拿大闪电定位网络(Canada Lightning Detection Network, CLDN)已和 NLDN 联合，两者共同组成的北美闪电探测网络(North America Lightning Detection Network, NALDN)包括 187 个传感器。得到的雷电资料可以有效地改进强对流天气的诊断和预报的初步结论，对有效开展雷电防护工作具有重要指导意义。

同时，欧美各国普遍具有较高的雷电防护意识，尽管在一些地区雷电的发生概率并不高，但人们也非常注意雷电灾害的防御，特别是一些重要设施、高技术领域和一些古建筑等。这些国家非常注重雷电防护产品和技术标准的规范化，以及新技术、新产品的研发。有些公司与科研院校开展了广泛、深入的实质性合作，共建测试实验室，实现了资源共享、优势互补。除通常的国际标准外，各国还制定了各自的国家标准。各国对防雷技术研究从产品设计规划、试验测试直到投放市场都须严格遵守国际标准。在雷电防护工作中注重产品安装技术和规范，并用相关技术规范指导技术人员完成防雷设备的安装。这些措施大大减少了雷电灾害带来的损失。

### 1.1.2 国内发展概况

我国的雷电灾害涉及电力、通信、石化、交通、金融和气象等各行各业以及千家万户，造成的经济损失主要发生在城市，而人员伤亡则主要发生在农村地区，雷电灾害行业分布如图 1.1 所示。

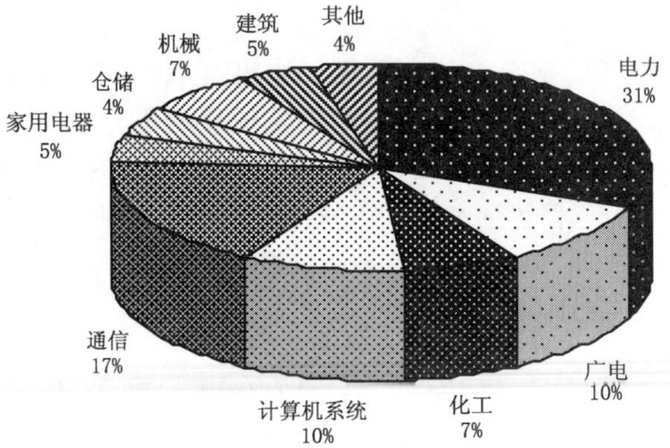


图 1.1 雷电灾害行业分布图

加强雷电监测和雷电机理以及成灾过程的研究，进一步推动雷电监测与预警预报、防护技术服务和业务化，提高对雷电灾害的监测预警能力、管理能力和科技服务水平，对于提高我国雷电灾害综合防御能力是非常必要的。我国的雷电监测定位技术从 20 世纪 80 年代末开始发展起来，目前有几百个低频雷电定位系统的测站，主要由气象、电力、电信、民航等部门和军队建设和使用，这些系统在雷电及对流性灾害天气过程的监测、人工影响天气作业指挥、雷电防护等多方面得到了广泛应用。

由于行业需求不同，除气象部门之外的其他行业和部门也根据各自需求建立了雷电定位系统局域观测网。我国在 20 世纪 80 年代末由原广西电力局、原水电部武汉高压研究所(武高院)和中科院北京空间中心分别从美国引进了雷电定向定位系统设备，同时武高院在原水电部科技司支持下开始了立足走自主研发、服务我国电力系统之路，同时期的开发单位还有中科院北京空间中心。随后上海交通大学、中国电波研究所也开展了第一代定向定位系统研制。1991 年初安装在浙江电网的雷电定向定位 4 站系统是国内最早国产的实验性系统，是由上海交通大学和武高院各自研发的样机组成的合成试验系统。1993 年武高院推出的第一套产品化系统在安徽省电网投入运营。1995 年华东电网由市场竞标选择武高院建设华东区域雷电定位系统(Lightning Location System，LLS)。1996 年原电力工业部办公厅发文《关于建立雷电定位监测系统的通知》(办安生〔1996〕64 号)，经过十余年的逐步建设，我国电网已在 30 个省(区、市)建立了省域 LLS，在 2004—2007 年国家电网公司通过实施联网工程，已建成了覆盖 25 个省网的雷电监测网，并将实现全国电网全部系统联网监测与信息共享。到 2007 年底，我国电网已建雷电探测站 350 个。目前，我国已成为继美国之后第 2 个拥有在雷电定位技术领域自主知识产权的国家，雷电监测网规模和水平居世界领先地位。

我国气象部门对雷电灾害从认识到采取积极的防御措施经历了不同的发展阶段。20 世纪 80 年代末，主要开展防雷装置检测；90 年代中、后期，普遍开展防雷技术服务，拓展了新的服务项目和服务领域；《中华人民共和国气象法》颁布后，社会各界逐步关注和重视防雷工作，开始探索面向全社会的防雷减灾管理模式，各级防雷管理机构已全面负责雷击风险评估、防雷工程图纸设计、审核、竣工验收、周期性安全检测和雷击事故调查鉴定等工作。

#### 1.1.2.1　雷电监测

据统计，目前有 26 个省(区、市)气象局建设了以测量云地闪电为主的雷电定位系统，总探测站数为 300 多个，多为覆盖全省(区、市)的联网系统，并生成了一些区域性的监测产品，这大大提高了对地闪的探测精度和效率。中国气象局的“大气监测自动化系统工程一期工程”项目在京津冀地区(北京)、长江中下游地区(上海、武汉)建设了兼有云地闪和云闪探测功能的区域性雷电监测系统(图 1.2)。

图 1.2　雷电监测网

#### 1.1.2.2　雷电预警预报

我国近几年在雷电诊断分析及预警预报技术和方法的研发工作方面取得了一些初步成果。随着全国局域雷电定位网的建立和应用，一些省(区、市)开始针对有无雷电发生进行定性产品发布，或针对某些行业单位、重点区域开展专业性的雷电预警预报(图 1.3)，但许多认识还处于初级阶段，目前还要进一步深化对雷电发生机理的分析，需要进行大量的研究工作。

#### 1.1.2.3　雷电科学研究

为了减轻雷电灾害给经济社会发展和人民生命财产安全带来的危害，中国气象局、中国科学院、电力系统、通信部门及部分高校等单位在雷电防护研究中开展了大量工作，促进了雷电防护技术的迅速发展。中国气象局建立了雷电物理与防护实验室(图 1.4)、广州雷电野外试验场、北京及上海防雷产品测试中心来从事雷电灾害防御产品研发和技术服务工作。在雷暴

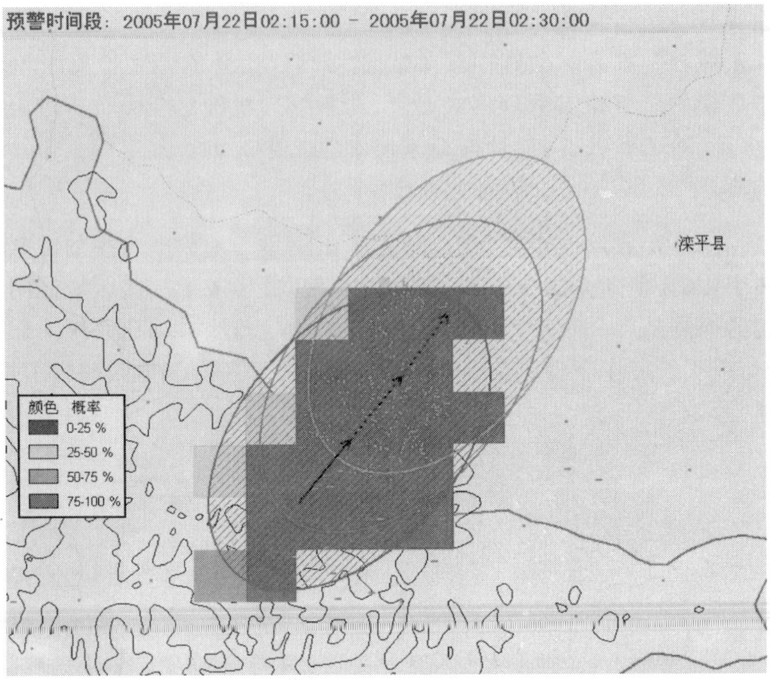


图 1.3 重点区域雷电危险度等级预报(中国气象科学研究院)

云电结构、雷电物理、雷电电磁辐射、人工引发雷电技术及其应用等方面进行了深入的研究，取得了一系列重要成果，并在国际上具有一定的特色和地位。缩小了我国与国际雷电研究前沿的差距。

图 1.4 雷电物理实验室(中国气象科学研究院)

例如广东省气象局和中国气象科学研究院开展的人工引发雷电试验(图 1.5)，取得了一些雷电放电过程的第一手数据，为研究雷击机理、雷电防护装置性能检验以及雷击电磁脉冲防护提供了可靠的科技支撑。

图1.5　人工引发雷电实验(中国气象科学研究院)

#### 1.1.2.4　防雷法律法规和标准

防雷法律法规和标准体系得到不断完善。自2000年《气象法》实施以来，中国气象局相继发布了《防雷减灾管理办法》、《防雷工程专业资质管理办法》、《防雷装置设计审核和竣工验收规定》3个部门规章，2010年国务院颁布了《气象灾害防御条例》，目前全国有31个省(区、市)在地方性法规中对防雷减灾工作进行了规定；有19个省(区、市)、计划单列市专门制定了政府规章或以政府规范性文件的形式颁布了防雷减灾管理办法，许多地(市)、县人大或者政府也出台了防雷方面的规范性文件。已初步形成由1个法律、1个行政法规、3个部门规章以及50多部地方性法规和政府规章组成的防雷法律法规体系。

#### 1.1.2.5　防雷技术服务

防雷技术服务包括雷击风险评估、雷灾调查鉴定、设计技术评价、跟踪监督检测、周期性安全检测、防雷产品测试等多个服务项目，涵盖了社会经济发展和人民群众生活的方方面面，涉及多个行业及部门，取得了显著的社会经济效益。早在1996年，广东省防雷中心在建筑物雷电防护技术的研究和推广运用方面就做了大量卓有成效的工作，他们较早地介入了新建建筑物的防雷检测，并制定了新建建筑物防雷检测的技术标准，同时还首次提出了建筑物防雷击电磁脉冲和等电位防护的设计、施工和验收标准。

#### 1.1.2.6　防雷工程

随着《气象法》的深入贯彻和《气象灾害防御条例》等一系列的法律法规的出台，基层防雷工作得到了大力推进。不仅在组织机构、队伍建设，还是在规范管理、行政执法等方面都有了很大发展。防雷业务从比较单一的防雷检测工作发展到目前的防雷行政管理、防雷技术服务和防雷工程等多个部分。就防雷工程而言，基层还处于起步阶段，但随着基层防雷专业技术人才的不断成长，防雷工程业务会得到不断发展壮大。

## 1.2 本教材的主要任务

我国大部分地区属于温带和亚热带，雷暴活动具有发生频次多、范围广、危害严重、社会影响大的特点，雷电灾害严重威胁着我国的社会公共和人民生命财产安全。随着我国经济社会和科学技术的迅速发展，社会对雷电灾害防御工作的要求越来越高，防雷工作也越来越得到国家的高度重视。近些年来，我国的防雷减灾事业得到了快速发展，防雷技术标准和规范逐步与国际接轨，防雷减灾队伍不断发展壮大，防雷技术措施和技术要求进一步提高、完善。这就要求防雷减灾工作者必须以国家、行业和国际防雷标准为基础，深入了解防雷科技前沿，深刻理解和掌握防雷技术方法及其相关措施，为社会建造全方位高效的科学防雷减灾服务体系，最大限度地减轻雷电对人类社会造成的危害，保障经济社会发展和人民生命财产安全。

我国雷电灾害防御工作的重点在基层，防雷减灾队伍的主体也在基层。防雷减灾事业发展面临的这种新形势和新的挑战，对防雷减灾人员的素质尤其是基层人员的素质提出了新的要求，加强基层防雷减灾人员的专业知识培训已成为越来越紧迫的任务。《雷电防护技术及其应用》是面向基层防雷减灾工作者的最具基础性、实用性的培训教材之一。本教材以介绍雷电灾害防御的基础知识为重点，坚持实用性和普及性相结合的原则，内容注重可读性和可操作性，加强了理论联系实际的案例分析内容，力求体现基层台站气象业务实际需求、满足基层台站防雷减灾业务人员需要。教材还将配套制作一套集网页文字、图片、视频和动画于一身的多媒体网络课件，课程知识点由该领域专家做详细讲解，经典案例全部以动画形式呈现，导学设计详尽。课件开发完成后将长期投放于中国气象局远程教育网供基层防雷工作者随时收看。

对基层防雷工作者而言，学习本教材应从基层工作实际需求出发，既要掌握教材中有关雷电的基本概念和原理，又要通过研究防雷技术经典案例，认真分析雷电发生的一般规律及特性，探索防御雷电灾害发生的技术方法。有关防雷的技术术语用词要规范，许多重要的防雷技术条文要在领会的基础上做到融会贯通。要加强理论联系实际，多观察、多动手、多思考，并且对书中所列举的案例分析要务实求证，多做相应的实践操作，只有这样才能够循序渐进，提高自己理论分析水平和解决现场实际问题的能力。希望通过本教材的学习或培训，能够帮助学习者提高其防雷减灾的业务技术水平和服务能力，培养和造就一批素质过硬、结构优化的气象防雷人才队伍，以推动我国雷电灾害防御事业的更大发展。

# 第2章 雷电及其危害

**内容提要**

本章主要介绍雷暴的基本概念、雷暴云中的电荷分布、云中电荷的建立、闪电的形成过程和电学参量以及闪电引起的危害等。通过本章学习要求了解雷电的产生过程和危害机理，掌握雷电的破坏作用及其对建筑物、设备及人畜造成损坏的原因。

## 2.1 雷暴概述

### 2.1.1 雷暴

雷暴是发展旺盛的强对流现象，是伴有强风骤雨、雷鸣闪电的积雨云系统的统称。雷暴带来强降水、大风、光、强电场和强电流、雷、次声、电磁脉冲辐射、无线电噪声等。它的水平尺度变化范围很大，可以从几千米到几百千米，垂直厚度大多在10km以上。雷暴是由水平尺度几千米到十几千米的称之雷暴单体(细胞)的积雨云所组成。雷电活动的单体，其寿命为30 min到1 h，其闪电率可以从每分钟不足一次变化到每分钟十多次以上，最大的闪电率通常在第一次闪电之后大约10～20 min内出现。在单体整个生存期的平均闪电率约为每分钟2～3次，但是雷暴是由多个单体组成的，所以对整个雷暴而言，平均闪电率约为每分钟3～4次。

为了研究雷暴，定义了如下一些雷暴的参数。

#### 2.1.1.1 雷暴日、月雷暴日、季雷暴日和年雷暴日

雷暴日是指该天发生过雷暴，而不论该天雷暴发生的次数和持续时间；月雷暴日是指一个月内雷暴的天数，单位为天(d)。季雷暴日是一个季度内雷暴天数，单位为天(d)。年雷暴日是一年中的雷暴天数，单位为天(d)。

#### 2.1.1.2 平均月雷暴日、平均季雷暴日和平均年雷暴日

平均月雷暴日指月雷暴日的多年平均结果，单位为天(d)。平均季雷暴日是指季雷暴日的多年平均结果。平均年雷暴日是指年雷暴日的多年平均结果，单位为天(d)。

#### 2.1.1.3 雷暴时、月雷暴时、季雷暴时、年雷暴时

雷暴时指该小时内曾有雷暴发生。月雷暴时是指一月中雷暴出现的时数，单位为时(h)；季雷暴时是一季内雷暴出现的时数，单位为时(h)；年雷暴时是一年中雷暴的时数，单位为时

(h)；平均月雷暴时指月雷暴时的多年平均结果，单位为时(h)，它比月雷暴时更可靠地反映了雷暴活动的强弱程度的多年平均情况。平均季雷暴时指季雷暴时的多年平均结果，单位为时(h)。

#### 2.1.1.4 我国年平均雷暴日的地理分布

就全球纬度带平均而言，赤道地区雷暴活动最频繁，每年约有 100～150 d；热带地区约为 75～100 d；中纬度地区约 20～40 d；极圈内最少，仅有 9 d。我国地域辽阔，地理条件相差很大，雷暴分布也十分复杂。平均初雷出现时间，华南为 2 月，长江流域为 3 月，华北和东北为 4 月，西北为 5 月。6—8 月全国都有雷暴出现。到 10 月以后，多在长江以南部分地区出现雷暴。每年雷暴日数，岭南地区超过 50 d，而海南岛及岭南山地区域可超过 100 d；东北仅有 20 d；西北和内蒙古地区更少。总之，南方多于北方，内陆多于沿海，山区多于平原，春夏多于冬季。至于一天中雷暴发生的时刻，陆地上以午后最多，这时地面气温最高，大气层结最不稳定。在海洋上，海水的热容大，洋面温度日变化小，但是到夜间由于高层大气辐射冷却，大气层结不稳定，所以海上的雷暴多出现于夜间或清晨。

图 2.1 是我国年平均雷暴日的地理分布，根据多年的雷暴观测资料，我国雷暴区可以大致分成四个地区。

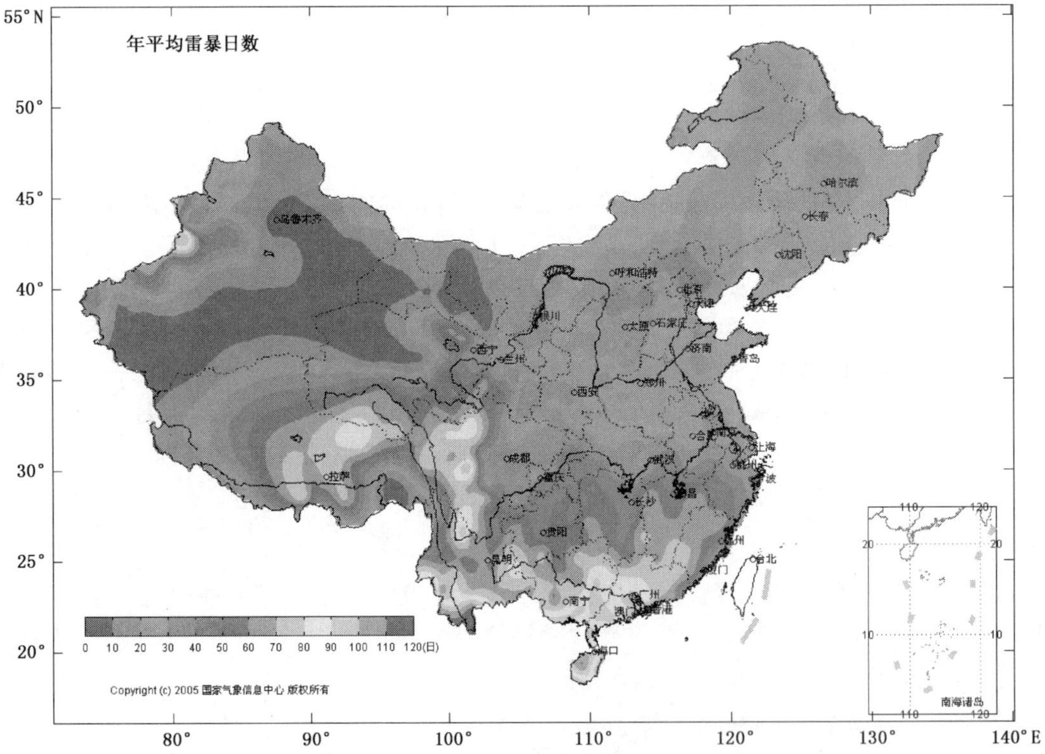


图 2.1 我国平均年雷暴日的地理分布(国家气象信息中心)

(1)第一区

1)范围：长江以北、105°E 以东地区；主要包括黑龙江、吉林、辽宁、内蒙古中部和东北部、河北、山东、江苏、安徽西北大部、山西、河南、湖北大部、陕西、四川东半部、宁夏和甘肃东南角等地区。

2)雷暴日:平均年雷暴日为20～50 d,这一区的范围较大,各地区的年雷暴日有所不同,但是随纬度的变化不大。其中:①内蒙古东北部、黑龙江、吉林和辽宁等地区平均年雷暴日为20～40 d,有些地区略偏高。②内蒙古东南部、河北西北部和山西北部地区雷暴日偏高;③河北东南部和河南大部地区平均年雷暴日偏低;④秦岭以北陕西和甘肃的渭河流域一带年平均雷暴日偏低;⑤地势低洼的四川盆地,平均年雷暴日低于同纬度地区的值。

(2)第二区

1)范围:长江以南、105°E以东地区;浙江省、福建省、广东省、广西壮族自治区、安徽省东南角、江西省、湖南省、贵州省及四川省、湖北省和江苏省长江两岸地区。

2)雷暴日:长江两岸地区平均年雷暴日偏低,多为40～50 d,两广南部地区平均年雷暴日偏高,为90～120 d,其中海南岛中部的琼中和儋县,高达124 d,是我国平均年雷暴日最高的地区之一。东南沿海地区的年平均雷暴日普遍低于同纬度离海岸较远的地区数值,而小岛屿的平均年雷暴日又低于同纬度沿海地区的数值。纬度较高时,平均年雷暴日的这类偏差较小,纬度较低时,平均年雷暴日的这类偏差增大。南方丘陵地区地形复杂,夏季热对流频繁,平均年雷暴日较同纬度的平原地区要高。

(3)第三区

1)范围:36°N以北、105°E以西地区;内蒙古自治区西南角、甘肃省中部和西北部、青海省西北部、新疆维吾尔自治区等地区。

2)雷暴日:这一地区除新疆西北地区外,主要为由沙漠、盆地等组成干旱的地区,水汽很少,产生雷暴的基本条件差,所以平均年雷暴日很少,一般不到20 d,其中如甘肃和内蒙古的巴丹吉林沙漠和腾格里沙漠地区,平均年雷暴日低于10 d,是我国平均年雷暴日最低的地区之一。

新疆西北山区的平均年雷暴日明显增大,可达20～50 d,其中昭苏一带可达80～90 d。

(4)第四区

1)范围:36°N以南、105°E以西地区。甘肃省东南部、青海省大部、西藏自治区、四川省西半部和云南省中部和西部等地区。

2)雷暴日:这一区多为高原和山脉,地形起伏较大,平均年雷暴日高于同纬度的地区,一般为50～80 d。青藏高原的北缘地带,以及云贵高原地势较高的的西部山区的东缘地带,主要包括青海柴达木盆地与昆仑山脉和祁连山脉交界处,甘肃和内蒙古巴丹吉林沙漠和腾格里沙漠与祁连山山脉交界的地方,以及四川盆地与其西部山区交界的地方,地形、地貌变化都很大,平均年雷暴日的距离变化也大,即平均年雷暴日的等值线分布十分密集,200～300km范围内,平均雷暴日可变化30～40 d。

在四川的西部和西南角,云南北部以及西藏东北角等地区,地势高且起伏大,平均年雷暴日明显高于周围地区,约偏高20～40 d。西藏东南角雅鲁藏布江流域广大地区,地势相对低而平坦,平均年雷暴日普遍偏低。

总之,我国平均年雷暴日有以下特点:①105°E以东地区的平均年雷暴日随纬度减小而递增,但长江以北地区这一变化趋势并不显著,而长江以南地区这一变化趋势较为明显。②东南沿海地区的平均年雷暴日低于离海岸稍远地区的数值,而小岛屿的平均年雷暴日又低于同纬度沿海地区的数值。此外江湖流域、河谷平原和河谷盆地的年平均雷暴日往往低于同纬度其他地区。③新疆维吾尔自治区、甘肃省和内蒙古自治区的广大沙漠和戈壁滩地区以及青海省柴达木盆地等地区，因气候干旱，平均年雷暴日较低，一般不超过 10 d，是我国最低的地区。④地势较高、地形复杂的山岳地区，平均年雷暴日往往高于同纬度地区的数值。

### 2.1.2 雷暴及其荷电的基本结构

在大气中分布有各种形状的云，虽然大多数云都携带有电荷，但并不是所有的云都能产生闪电，通常只有发展旺盛的对流性积雨云能产生闪电，而产生的闪电类型与云中的电结构有关，由此产生的闪电灾害也不同。根据雷暴中出现单体的数目和强度可以分成单体雷暴、多单体雷暴。

#### 2.1.2.1 单体雷暴

大多数雷暴只有一个单体组成，称为单体雷暴，也称为单细胞雷暴或雷暴胞，其强度弱，范围小，只有 5～10km，生命只有几十分钟，它可以分为形成、成熟和消亡 3 个阶段，如图 2.2 所示。

(1)形成阶段(图 2.2a)：从初生的淡积云发展为浓积云，一般只要 10～15min，云中都是上升气流。在初期上升气流速度一般不超过 5 m/s。到浓积云阶段最大上升速度可达 15～20m/s。云底为辐合上升运动。由于云中水汽相变释放潜热，温度较四周高，这时云中的电荷正在集中，但尚未发生雷电，也无降水。

(2)成熟阶段(图 2.2b)：从浓积云到积雨云，这一阶段可以持续 15～30min，云中为上升气流，云顶发展很高，云上部出现丝缕状冰晶结构，同时上升气流继续加强，可达 20～30m/s，水汽凝结，并迅速形成大雨滴，随雨滴的增大，其重力加大，超过上升气流对其的托力，这时就产生降水。降水出现的同时产生下沉气流，这时上升气流和下沉气流相间出现，云中的湍流十分强烈。当云顶发展到－20℃高度以上时，云中以冰晶雪花为主，在－20℃高度以下处，冰晶与过冷水滴并存在，并出现雷电。对于大多数雷雨云中，正电荷位于云的上部，云的下部有大量的负电荷。

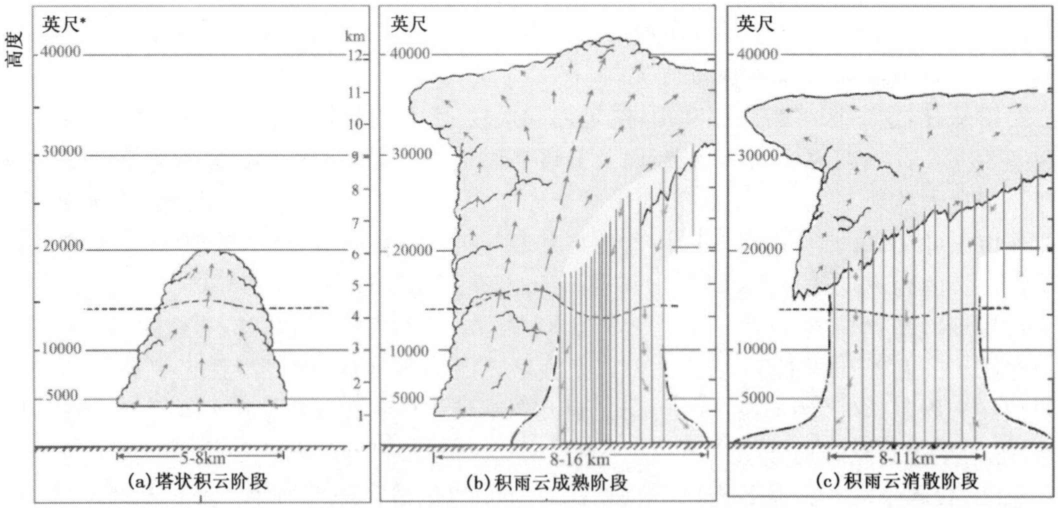


图 2.2 雷暴云发展的 3 个阶段(Doswell,1985)

* 1 英尺＝0.3048 m

(3)消散阶段(图2.2c):在消散时,上升气流减弱直至消失,气层由不稳定变为稳定,以后雷雨减弱消失,下沉气流也随之减弱消失,云体瓦解,云顶留下一片卷云。在消散的雷雨云中的下沉气流使云下部的负电荷向外移动,使云上部的正电荷区显露在云下地面的电场仪上,这一现象叫EOSO,即雷暴结束时的振荡。

2.1.2.2　单体雷暴的电荷结构

雷暴云中的大气电场较为强烈,云中大气电场廓线变化大,说明积雨云中电荷分布复杂。大多数观测表明,积雨云上部多带正电荷,下部多带负电荷,云中电荷基本为正双极性电荷分布,有时还观测到在积雨云底部有一个或几个局部弱正电荷区,它往往与大雨过程相关联。图2.3为单体雷暴中电荷分布的模式,电荷分布经常表现为:

(1)正电荷区大致位于7km高度以上、温度低于−20℃的区域;

(2)云中负电荷区大致位于2～7km高度,温度低于−10℃的区域;

(3)云中次正电荷区则大致位于2km高度以下,温度高于0℃高度附近。

图2.3为相应云中的电荷分布,图中给出地面电荷和电场分布,由于地面近似作为导体,云中的正、负电荷在地面感应负、正电荷。可以看到云上部的正电荷随云向两侧伸展,下面无负电荷区,在地面为正电场,而无扩张的云区内的下部为负电荷,地面为负电场,云底中央部分有少量正电荷,地面电场转为弱正电场。

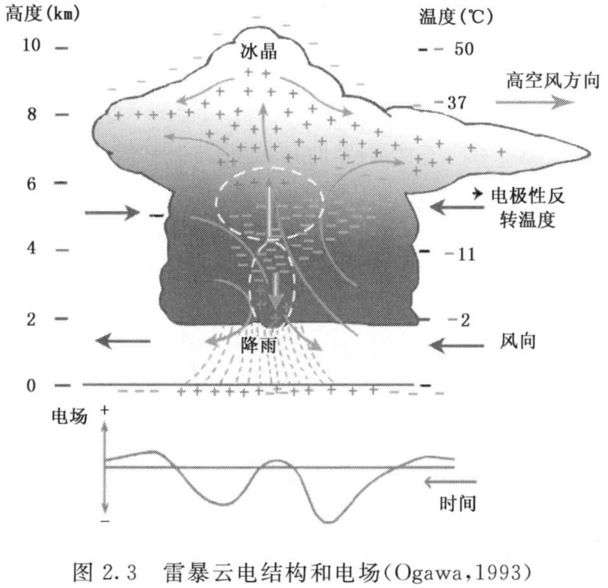


图2.3　雷暴云电结构和电场(Ogawa,1993)

积雨云中的大气体电荷密度绝对值为$3\times10^{-16}$～$3\times10^{-15}$C/cm$^3$,局部地区可达$10^{-14}$～$3\times10^{-13}$C/cm$^3$,积雨云中的大气体电荷密度分布是不均匀的,变化范围为100m～1km。

2.1.2.3　多单体雷暴的电结构:

图2.4为连续4个时刻的多单体雷暴的电结构。在第一时间的图2.4a中,在雷暴中有两个成熟的雷暴单体,每一个单体显示有单体雷暴的荷电结构,夹在云上部与云下部的正电荷区之间的负电荷区大约位于温度−15℃附近,开始为负电荷传输到正电荷的云闪,不过在多单体的情况下,闪电由一个单体的负电荷区可能穿越到邻近单体上部的正电荷区而发生。在第二

时刻的图 2.4b 中，开始出现地闪，与单体雷暴闪电一样，地闪出现在第一次云闪之后的某些负电荷进入到另一个单体的负电荷区，再到地球表面。这些放电可以有很大的水平分量，向邻接单体内的主负电荷伸展。在第三时刻(图 2.4c)时间，云砧的范围更大，云闪从风暴的主要部分伸到云砧。在第四个时间(图 2.4d)，闪电发生在留下的活跃单体的主负电荷区与消散的正电荷区之间。

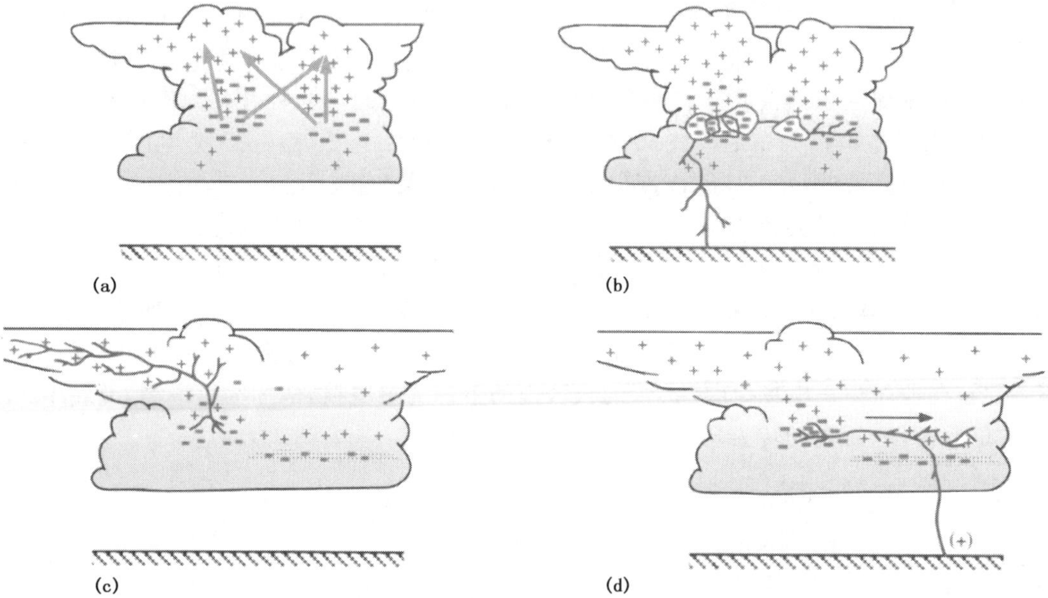


图 2.4　多单体雷暴的电结构和闪电(Byers and Braham,1949)

### 2.1.3　雷暴云中电结构的形成

雷暴云中形成的闪电物理条件首先是云中要有电荷，那么云中的电荷是从哪里来的呢？同时，前面已经讲述了雷暴云的带电结构，而这种电结构是如何形成的呢？为什么云的上部荷正电，下部荷负电，底部又带有少量的正电荷？关于这些问题有很多理论，但每一种理论不能完善解释所有云荷电的实际观测结果，不同种类的云，起电原因也不同。这里仅以碰撞感应起电机制说明。感应起电过程可以用图 2.5 简要地说明。

(1)观测表明，一般情形下，大气携带有正电荷，地面为负电荷，大气具有方向向下的电场，当出现强对流云中有大粒子冰雹和小粒子冰晶时。在没有电场时，这两种粒子内部的正负电荷重合一起；而在有大气电场时，在电场的作用下，粒子内部的正电荷沿电场方向移动，负电荷要逆着电场方向移动，如图 2.5a，形成粒子的上半部为负电荷、下半部为正电荷，一个粒子表现为正、负两个电极，即电介质的极化。

(2)在强对流云中的冰雹和冰晶粒子由于其重量差异大，轻的冰晶粒子在上升气流作用下向上运动，而重的冰雹克服上升气流向下运动。两种粒子相反方向运动，结果相遇发生碰撞接触时交换电量，如图 2.5b，无论是大粒子或小粒子的正负电荷分布均为粒子的上半部以负电荷为主、下半部为正电荷，因此在碰撞接触时交换电量时，大粒子冰雹的正电荷与小粒子上半部的负电荷合并中和，由于这两种是固体粒子，碰撞接触后就分离，这样冰雹粒子失去正电荷而带负电荷，冰晶粒子失去负电荷后带正电荷。

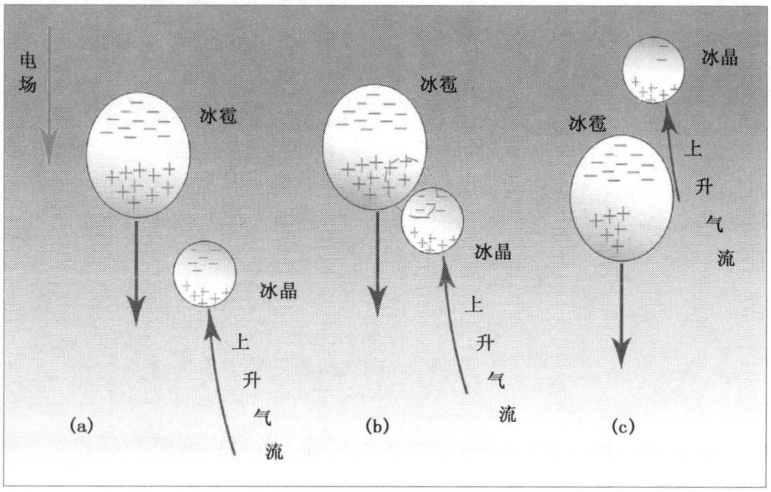


图 2.5　对流云内部碰撞感应起电示意图

(3)通过重力分离机制，带正电荷的冰晶粒子轻随上升气流向云的上部运动，带负电荷的冰雹粒子因很重，在重力作用下克服上升气流向云的下部运动，从而形成云的上部为正电荷冰雹粒子，云的下部为负的电荷冰晶粒子。

以上以感应起电说明为什么云的上部为正电荷，云的下部为负电荷。但为什么云的底部有少量的正电荷呢？这是由于对流云下部温度相对云的上部要高，这时云中粒子以很大的液态雨滴为主，大雨滴在上升气流作用下发生破碎，破碎结果使大水滴的正负电荷分离，由于大雨滴的正电荷位于在它的下方，大雨滴破碎后，使正电荷积聚在云底，由此形成云的底部有少量的正电荷。

### 2.1.4　产生强闪电雷暴云的气象条件

为什么在实际情形中，对于同一地表，有的雷暴云产生强烈闪电，而有的雷暴云只产生弱闪电，有的只发生在云内部或云之间，而有的雷暴云的闪电发生在云与地面之间，这是为什么呢？这与大气中一定气象条件形成云中电荷分布有关。

如图 2.6a 中，在高空风很小的情形下，对流云表现为直立的柱状，这时正电荷在云的上部，负电荷在云的下部，地面看成导体，云中的正负电荷就会在地面形成静电感应电荷，但是由于正、负电荷处在同一垂直方向上，在地面导体感应的电荷很少，虽然通常由于云内的负电荷离地面近，在地面感应的正电荷略多一点，但由于地面感应电荷太少，闪电主要发生在云内。

如图 2.6b 中，高空风很大，云的上部出现卷云砧，云体向下风方向倾斜，此时，云上部的正电荷也向下风方向移动，云内正负电荷不在一个垂直方向上，由此在地面感应电荷为：云下部的负电荷在地面导体感应大量正电荷，而云上部向下风方向偏移的正电荷在地面产生大量负电荷，地面的正、负电荷分离。由于地面存在有大量电荷，导致云与大地间的放电。

从图 2.6a 中看到，如果对流云的云顶高度很高，云底很低，则云内正、负电荷间垂直距离增大，这时云上部正电荷离地面的距离增大，在地面感应的负电荷减小，而云下部的负电荷离地面的距离缩小，在地面感应的正电荷增多，由此云下部的负电荷与地面正电荷放电(闪电)的

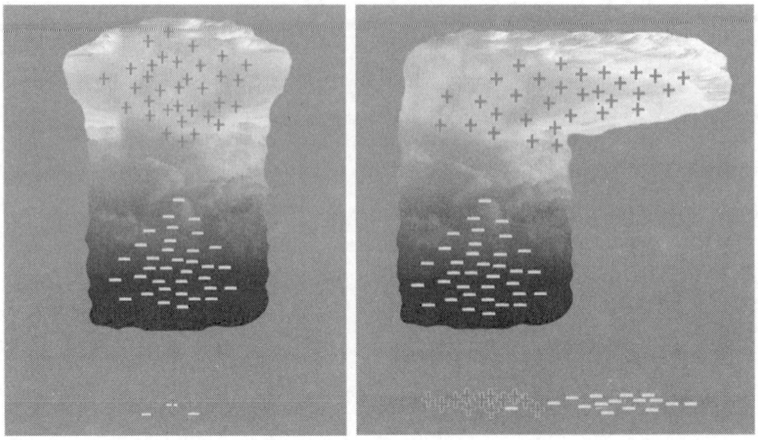

图 2.6 云内电荷分布与地面感应电荷分布
(a)高空风弱时对流云内电结构;(b)高空风很强时对流云内电结构

可能性增大。

闪电强度与云中的荷电量和云内电荷在地面产生的感应电荷有关,如果云内没有电荷,也不会有闪电,因此只有云内存在有大量的正、负电荷时,才会引起强闪电。从上面感应起电原理中看到,云中的电荷量的多少与以下方面因素有关:

(1)大气电场强度大小,如果大气电场越强,则对云内粒子的极化效应越明显,粒子两端的极化电荷越多。什么地方的大气电场大,通常是气溶胶越多的地方,污染越严重的地区,大气电场相对其他地区要大。

(2)云内冰晶和雹块粒子数目,粒子数越多,碰撞次数就越多,产生的电荷就越多,也就是说云内的电荷与云的粒子浓度或含量水量有关。

(3)由于云对大地之间的放电是云内电荷与它在地面形成的感应电荷间的放电现象,云内电荷在地表面的产生的感应电荷与地表面的导电特性有关,特别是对于水分子与其他分子不同,它极容易电离,产生正、负离子。因此对于湖泊、河流或一次降水以后,如果上方有带电的雷暴云,这些地区容易有感应电荷,也就是容易发生闪电。

(4)根据碰撞感应起电理论,两种不同尺度粒子的相对速度,两个粒子的相反方向的速度越大,粒子碰撞的次数就越多,云内生成的电荷就越多,云内的正负荷电量越大,闪电强度越大。

(5)对于碰撞感应起电理论,云内的粒子必须呈固体状态,如果是液态粒子,粒子相碰后不一定能分开,只有固态粒子,相碰后一定能分开,因此云内温度必须要在零下,通常至少要低于$-5$℃。

### 2.1.5 云起电的一些特点

Monson(1971)研究了云起电的一些基本特点,得出:

(1)对于单个雷暴产生降水和闪电活动的平均持续时间为30min;

(2)在一次闪电中破坏的电场强度大约是3~4 kV/cm,晴空中击穿电场则要高得多(30 kV/cm);

(3)在大块积雨云中,电荷的产生和分离发生在－5～－40℃高度为界的区域中,半径大约有 2km;

(4)负电荷常常集中在－10～－20℃高度,正电荷在其上数千米处,有时在云底附近发现有一个次级正电荷区,而在中尺度系统中的负的空间电荷中心位置可以略为低一些,接近冻结高度;

(5)电荷的产生和分离过程与降水发展关系密切,虽然空间电荷中心似乎在垂直方向和水平方向都有与主降水核心区有偏离;

(6)在雷达能检测的降水质点尺度出现后的 20min 之内,为了供应首次闪电,必须产生并分离足够的电荷。

### 2.1.6　雷击的选择性

云中电荷与地面之间的放电不仅与云内的电荷分布有关,而且与地面的导电特性有关,在一些导电特性好的土壤、金属矿藏地区的雷击发生的频率很高,而在有些地区则较少,这就是雷击的选择性问题。一般而言,下面几种情形容易产生雷击:

(1)如果地面土壤电阻率特别小的地区雷击的概率较大,也就是同一区域内雷击分布不均匀。这是因为在雷电先导放电阶段中,土壤中的电导电流主要是沿电阻率小的路径流通,使土壤电阻率小的区域感应生成大量与雷云相反的异性电荷,雷电自然向这样的区域发展。此外在电阻率的分布不均匀或在高阻与低阻界面的地区,电阻率相差很大的地面或物质界面处。

(2)雷击的选择性表现为对于高大和突出的建筑物。容易导电的物体,潮湿地带(河、湖、海边)以及容易导电的地层等,受雷击的可能性较大。建筑物遭雷击是常事,建筑物越高,顶部越尖,遭雷击的机会就越多。

(3)雷击也经常发生在水位高和特别潮湿的地带,地表面有水覆盖的地方,如河床、池沼、盐场、苇塘等处。地下水出口和金属管线集中的交叉地点,铁路集中的枢纽、铁路终端和高架输电线的拐角处也容易落雷。此外,较易接闪。

(4)如果地面有金属物体、有金属矿藏的地方、收音机天线、电视机天线和屋顶上的各种金属突出物,如旗杆等。云中电荷对地表面容易产生感应电荷,有利于闪电的发生。

## 2.2　雷暴中的闪电过程

为了方便对雷电的研究和防护,人们根据需要将闪电分成各种类型。通常按闪电发生的位置分为云闪和地闪;按闪电的形状分为线状、带状和球状闪电;按极性分为正极性闪击和负极性闪击;按时间长短分为短时间闪击和长时间闪击;按发生过程分为上行先导和下行先导等等。

### 2.2.1　云闪

云闪指发生在空中的闪电,如图 2.7a。它包括云内闪电、云际闪电和云空闪电。

云内闪电是指云内不同符号荷电中心之间的放电过程。

云际闪电是指两块云中不同符号荷电中心之间的放电过程。

云空闪电是指云内荷电中心与云外大气中不同符号荷电中心之间的放电过程。由于云闪是云内部放电,强度要比地闪小很多,一般不会引起地面的灾害性破坏。

### 2.2.2 地闪

地闪指云内荷电中心与大地和地物之间的放电过程。如图 2.7b，如果是云中的正电荷对地放电称为正地闪，如果是云中的负电荷对地放电，称为负地闪。

由于地闪是云与大地间的放电现象，因此产生雷电灾害主要的就是由地闪引起。地闪又称为直击雷，具有很大的破坏性。

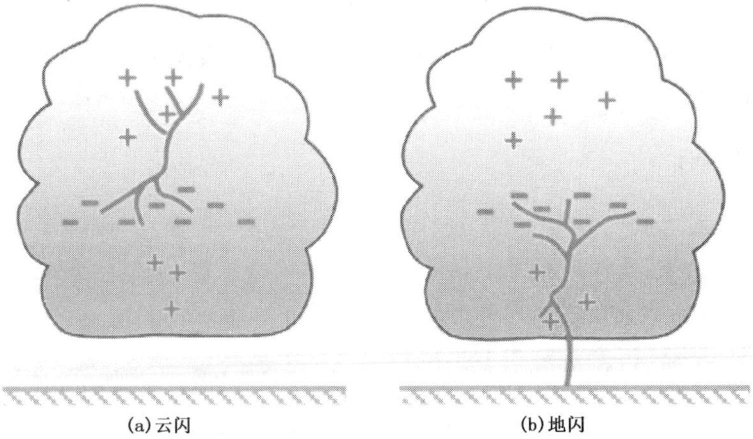


图 2.7 云闪和地闪示意图

### 2.2.3 地闪过程及结构

地闪是云与大地之间的一种放电过程，它与地面建筑物、电信和电力输送等人类活动的防雷直接有关，它对人类造成的危害远较其他闪电要大。图 2.9 给出了由博伊斯(Boys)相机揭示地闪的结构，图 2.8 是由快速旋转相机获取的闪电照片，图 2.8 中左边开始表现为一条条细亮线逐级向下接近地面，图 2.8 的右边为一明亮的向上的宽亮带(称回击)。根据图 2.8 得到如图 2.9 闪电的结构，图 2.9a 中为博尹斯的旋转式照相机观测到的地闪结构，图 2.9b 为普通照相机观测到的闪电图像。下面对此分别作说明。

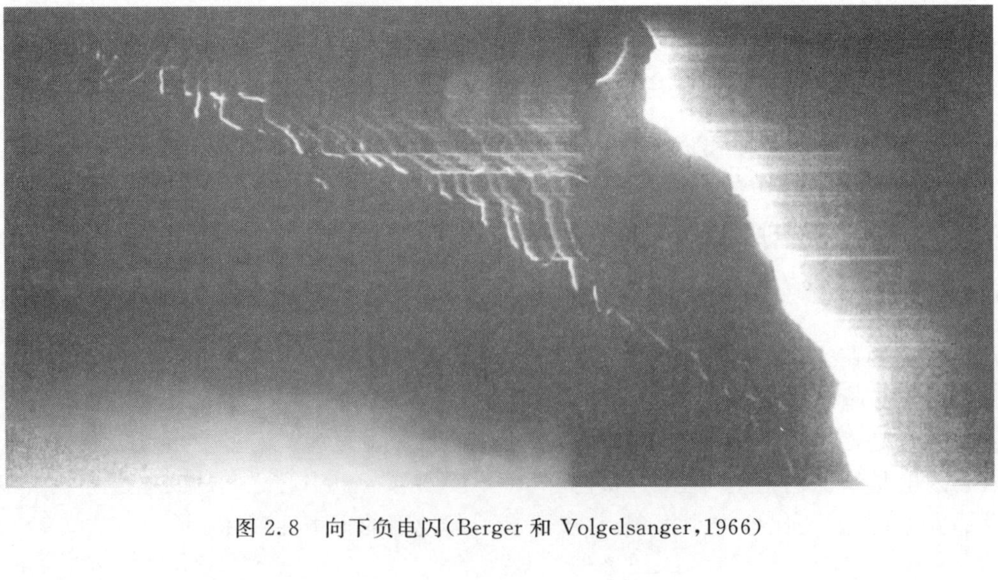

图 2.8 向下负电闪(Berger 和 Volgelsanger，1966)

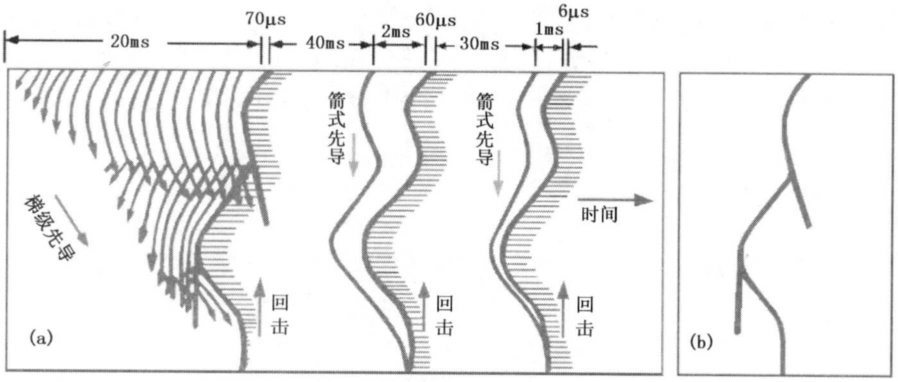


图 2.9　地闪结构模式(Uman,1969)

(a)由博伊斯的旋转式照相机观测到的地闪结构;(b)普通照相机观测到的闪电图像

2.2.3.1　梯式(级)先导

闪电的初始击穿:在图 2.9a、b 中,通常在含云大气开始击穿的初期,在积雨云的下部有一负荷电中心与其底部的正电荷中心附近局部地区的大气电场达到 $10^4$ V/cm 时,则该云雾大气会初始击穿,负电荷中和掉正电荷,这时从云下部到云底部全部为负电荷区。

梯级先导过程:随大气电场进一步加强,进入起始击穿的后期,这时电子与空气分子发生碰撞,产生轻度的电离,而形成负电荷向下发展的流光,如图 2.8 中,表现为一条暗淡的光柱像梯级一样逐级伸向地面,这称之为梯式先导。在每一梯级的顶端发出较亮的光。梯式先导在大气体电荷随机分布的大气中蜿蜒曲折地进行,并产生许多向下发展的分枝。

梯式先导的平均传播速度约为 $3.0\times10^5$m/s,其变化范围为 $1.0\times10^5\sim2.6\times10^6$m/s,梯式先导由若干个单级先导组成,而单个梯级的传播速度则快得多,一般为 $5\times10^7$m/s,单个梯级的长度平均为 50m,其变化范围为 30～120m。梯式先导通道的直径较大,变化范围为 1～10m。

Schonland 等(1938)测量闪电向地面的长度和速度,将梯式先导分成 α 型梯式先导和 β 型梯式先导两类,它们的特点为:

(1)α 型梯式先导:α 型梯式先导的平均传播速度较低,约为 $10^5$cm/s,但比较稳定。α 型梯式先导的单个梯级的长度较短,亮度较暗淡,也比较稳定。

(2)β 型梯式先导:β 型梯式先导的平均传播速度较高,开始可达 $8\times10^7\sim2.4\times10^8$cm/s,然后逐渐下降,至接近地面时,其传播速度与 α 型梯式先导的传播速度相近。β 型梯式先导的上部有丰富的分枝,单个梯级的长度较长,也较为明亮;但在发展过程中单个梯式先导的长度逐渐变短,亮度也减弱。

电离通道:梯式先导向下发展的过程是一电离过程,在电离过程中生成成对的正、负离子,其正离子被由云中向下输送的负电荷不断中和,从而形成一充满负电荷(对负地闪)为主的通道,称为电离通道或闪电通道,简称为通道闪电,通道由主通道、流光和分叉通道组成。在闪电放电过程中主通道起重要作用。

2.2.3.2　连接先导

在图 2.10 中,伴随具有负(正)电荷的梯式先导向下接近地面,与此同时在地面感应相反极性的正(负)电荷迅速增加,特别是地面有导电特性金属、向上凸出处的感应电荷增加更快,当先导离地约5～50m时,因而可形成很强的方向向上的地面大气电场,使地面的感应正反应(负)电荷快速向上运动,并产生从地面向上发展的正(负)流光,这就是连接先导。

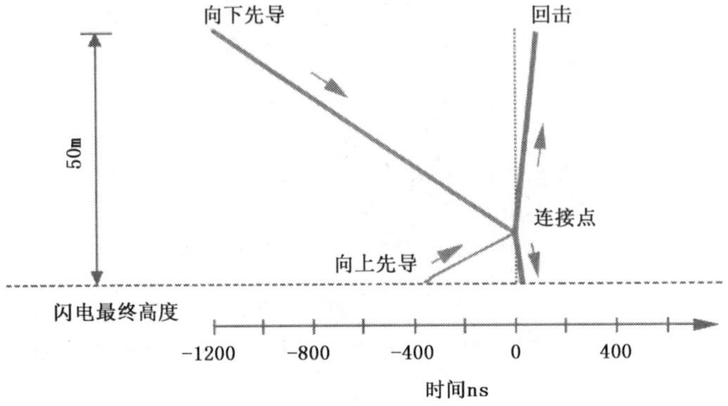


图 2.10 连结先导与回击

连接先导大多发生于地面凸起处、地面导电特性优良的金属、矿藏地区、湿度大的地表,在这些地区产生大量的感应电荷较周围地区产生更多的电荷。

2.2.3.3 回击

当梯级先导与连接先导会合,形成一股明亮的光柱,沿着梯式先导所形成的电离通道由地面高速冲向云中,这称为回击(图 2.11)。回击比先导亮得多,回击的传播速度也比梯式先导的速度快得多,平均为 $5\times10^7$m/s,变化范围为 $2.0\times10^7\sim2.0\times10^8$m/s。回击的通道的直径平均为几个厘米,其变化范围为0.1～23cm。回击具有较强的放电电流,峰值电流强度可达 $10^4$A 量级,因而发出耀眼的光亮。地闪回击所中和云中的负电荷,绝大部分是在先导放电时贮存在先导主通道及其分支中的,当回击传播过程中不断中和掉贮存在先导主通道及其分支中的电荷。

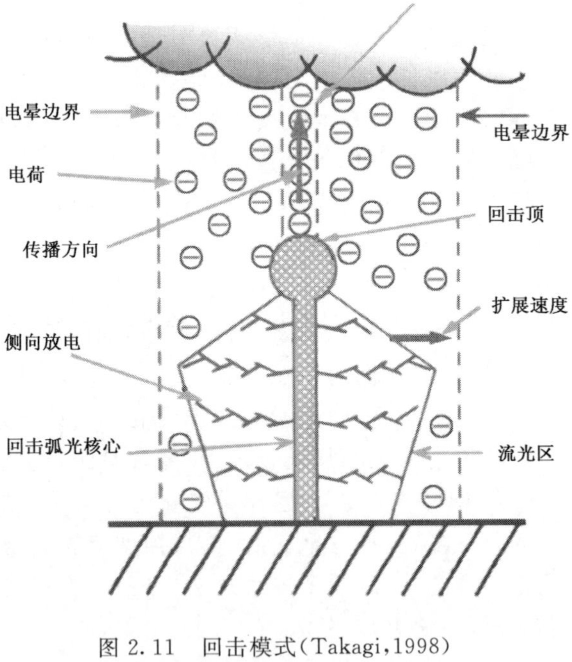


图 2.11 回击模式(Takagi,1998)

图 2.11 表示回击贮存在先导主通道及其分支中的负电荷,当回击传播过程中便不断中和掉贮存在先导主通道和分枝中的负电荷。

由梯式先导到回击这一完整的放电过程称为第一闪击。从地面向上发展起来的反向放电,不仅具有电晕放电,还具有强的正流光,有时称之“连接先导”的向上流光,它与向下先导会合,其会合点称连接点,又若其在向下先导到达地面电荷瞬间向上开始运动的距离为放电距离，则连接先导高度约为放电距离一半。

2.2.3.4　箭式(直窜)先导

紧接着第一闪击之后，约经过几十毫秒的时间间隔，形成第二闪击。这时又有一条平均长为 50 m 的暗淡光柱，沿着第一闪击的路径由云中直奔地面，这种流光称箭式先导。箭式先导(图 2.12)是沿着预先电离了的路径通过的，它没有梯式先导的梯级结构。箭式先导的传播速度大于梯式先导的平均传播速度，平均值为 $2.0\times10^6$m/s，变化范围为 $1.0\times10^6\sim2.1\times10^7$m/s。箭式通道直径的变化范围亦为 1～10m。当箭式先导到达地面附近时，又产生向上发展的流光由地面与其会合，随即产生向上回击，以一股明亮的光柱沿着箭式先导的路径由地面高速驰向云中。由箭式先导到回击这一完整的放电过程称为第二闪击，第二闪击的基本特征与第一闪击是相同的。

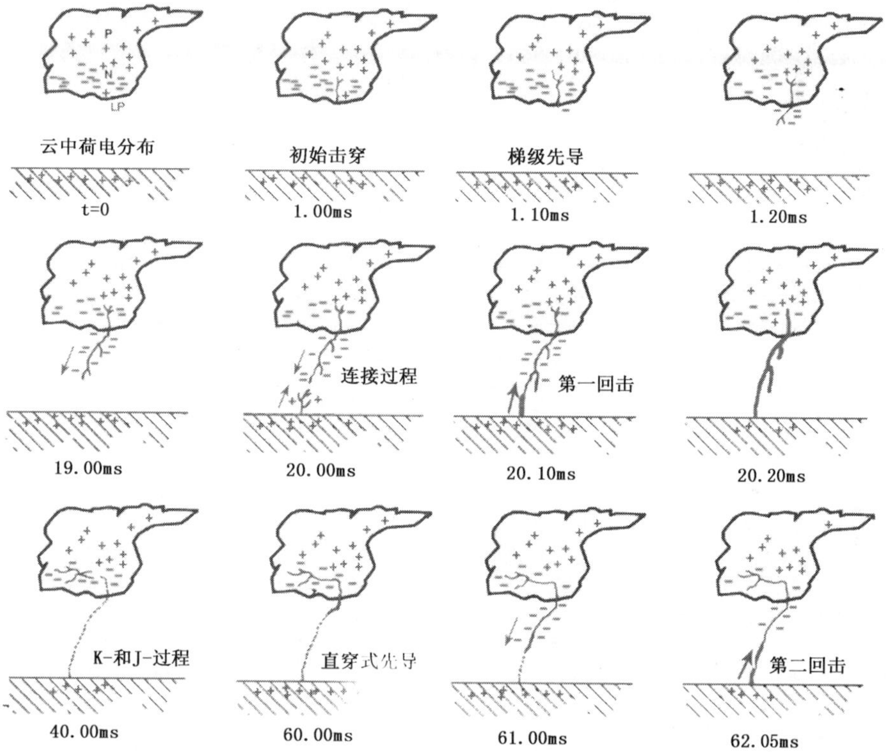


图 2.12　负地闪过程模型图

与第一闪击是相同的，而以后各次闪击的情况与第二闪击的情况基本相同。图 2.13a 高速旋转相机摄取的箭式先导照片，图中箭式先导表现为一条细长的亮线，而成片的亮区是回击，图 2.13b 是相应于图 2.13a 各高度先导的相对光强。

由一次闪击构成的地闪称为单闪击地闪，由多次闪击构成的地闪称为多闪击地闪，如图 2.13 中给出相机摄取的了多闪击照片，一次闪电过程由 12 次闪击组成。而第一闪击后的各闪击称为随后闪击。通常一次地闪由 2～4 次闪击构成，个别地闪的闪击数可达 26 次之多。多闪击地闪各闪击间隙时间，在无连续电流的情况下平均约为 50ms，其变化范围为 3～380ms。一次地闪的持续时间平均约为 0.2s，其变化范围为 0.01～2s。表 2.1 给出了地闪放电的一些典型值和最大、最小值。

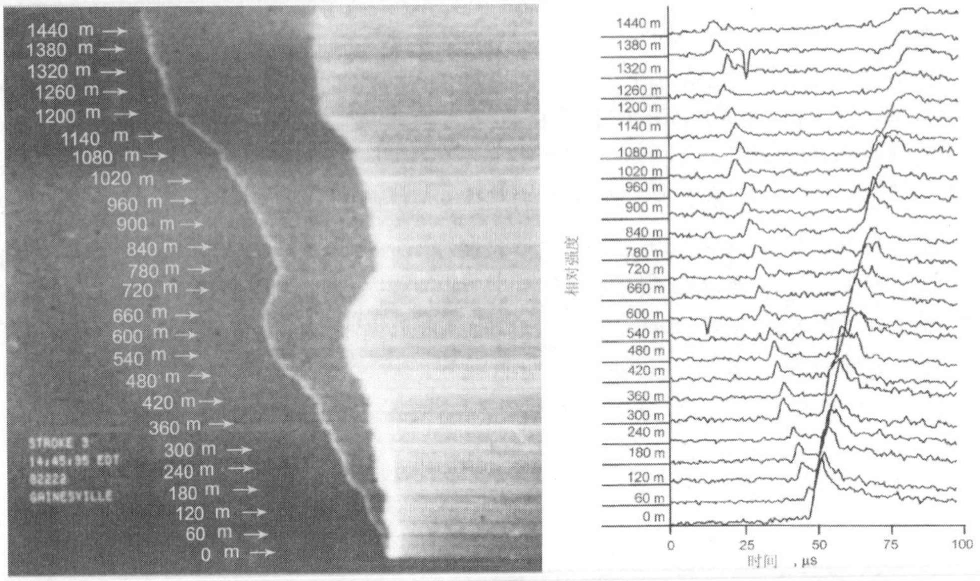


(a)不同高度闪电照片　　　　　(b)随时间的相对光强度

图 2.13　1982 年 8 月 10 日发生于佛罗里达的一次闪击,左边细亮线是箭式先导,右边亮区为回击(Jordan 等,1997)

**表 2.1　地闪放电的典型值和最大最小值**

| 类型 | 参数 | 最小值 | 代表值 | 最大值 |
| --- | --- | --- | --- | --- |
| 初始击穿 | 持续时间(ms) | | 100 | |
| 梯级先导 | 梯级长度(m) | 3 | 50 | 200 |
| | 梯级间时间间隔(μs) | 30 | 50 | 125 |
| | 梯级先导传播平均速度(m/s) | $1.0\times10^5$ | $1.5\times10^5$ | $2.6\times10^6$ |
| | 梯级通道贮存电荷(C) | 3 | 5 | 20 |
| 箭式(直窜)先导 | 传播速度(m/s) | $1.0\times10^6$ | $2.0\times10^6$ | $2.1\times10^7$ |
| | 箭式先导通道上累积电荷(C) | 0.2 | 1 | 6 |
| 回击 | 传播速度(m/s) | $2.0\times10^7$ | $5.0\times10^7$ | $2.0\times10^8$ |
| | 电流增加率(kA/(s) | 1 | 10 | 210 |
| | 峰值电流(kA) | 1 | 30 | 250 |
| | 峰值电流时间((s) | 0.5 | 2 | 30 |
| | 半峰值电流时间((s) | 10 | 40 | 250 |
| | 不包括连续电流的电荷传送(C) | 0.2 | 2.5 | 20 |
| | 温度(K) | $0.8\times10^4$ | $2\times10^4$ | $3.0\times10^4$ |
| | 电子密度($m^3$) | $1.0\times10^{23}$ | $3.0\times10^{23}$ | $3.0\times10^{24}$ |
| | 通道长度(km) | 1 | 5 | 14 |

续表

| 类型 | 参数 | 最小值 | 代表值 | 最大值 |
|---|---|---|---|---|
| 连续电流 | 峰值电流(A) | 30 | 150 | 1600 |
| | 持续时间(ms) | 50 | 150 | 500 |
| | 电荷传送(C) | 3 | 25 | 330 |
| 闪电 | 每次闪电的闪击数(次) | 1 | 3 | 26 |
| | 无连续电流时两次闪击之间的时间(ms) | 3 | 40 | 380 |
| | 闪电持续时间(s) | 0.01 | 0.3 | 2 |
| | 包括连续电流的电荷传送 | 1 | 20 | 400 |
| J 过程 | 持续时间(ms) | 30 | 60 | 200 |
| | 发展速度(m/s) | $1\times10^5$ | $2\times10^5$ | $30\times10^5$ |
| | 传送电荷(C) | 2.4 | 3 | 3.4 |
| | 电矩(C(km) | 1 | 8 | 16 |
| K 过程 | 持续时间(ms) | 0.1 | 1 | 2.7 |
| | 间歇时间(ms) | 1 | 5 | 33 |
| | 电矩(C(km) | 0.01 | $\sim10^{-1}$ | 1 |
| C 过程 | 持续时间(ms) | 50 | 150 | 500 |
| M 过程 | 持续时间(ms) | 1 | 1 | 33 |
| | 间歇时间(ms) | | 7 | |
| F 过程 | 持续时间(ms) | | 85～45 | |

## 2.3 雷电的特性

### 2.3.1 雷电流及其参量

地闪电流以脉冲回击电流最强，其危害最大。回击电流特征不仅与地闪的类型和闪击类型有关，还与地形和土壤电导率等地理条件，以及不同类型的气象条件等因子有关，一般而言，回击电流具有单峰形式的脉冲电流波形，电流波形的前沿十分陡峭，而电流波形的尾部变化则较为缓慢。

描述回击电流的波形的参量，主要有峰值电流、电流上升率、峰值时间等。峰值电流是指回击电流波形峰值处的电流值，电流上升率定义为回击电流从峰值电流的 10%上升到 90%时，电流值随时间的平均变化率，也称为陡度，如图 2.14 中，表示 β 的双峰和单峰型回击脉冲的陡度，对于双峰型为

$$S_{i/1}=i_1/1.25T_r$$

单峰型为

$$S_{i/\max}=i_{\max}/1.25T_r$$

式中，$T_r$ 是从峰值电流的 10%上升到 90%所需要的时间，在国际标准中称其为“波头时间”。

半峰值时间是指回击电流上升至峰值，然后又下降到峰值电流一半时所需时间。

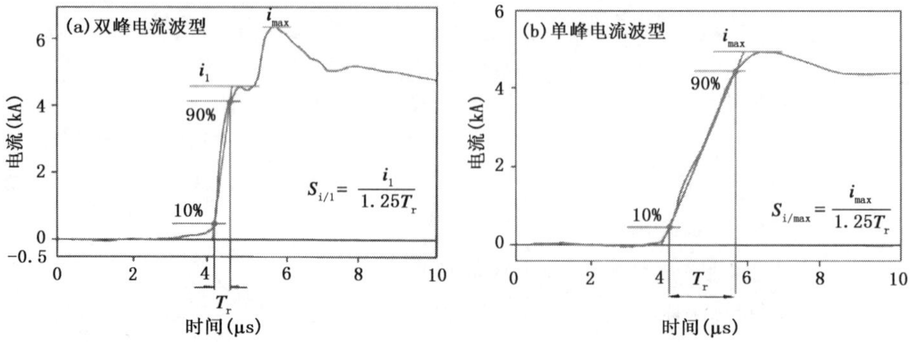


图 2.14 β回击单、双峰电流波型和陡度(Fuch,1998)

图 2.15 中直线给出了用对数表示的负第一闪击、负随后闪击和正闪击电流的峰值电流值的累积概率(%)，可以看出，第一闪击电流峰值的平均范围在 20～40 kA，发生 200 kA 的概率为 1%；随后闪击的峰值电流值只为第一闪击的 1/2，但其分布十分相似。

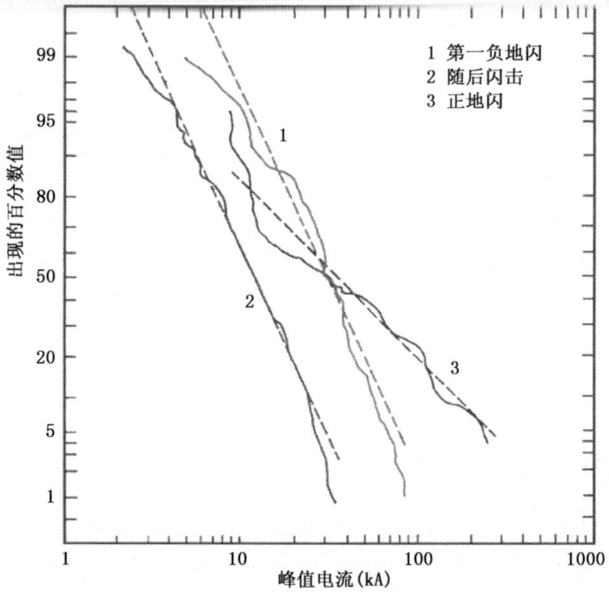


图 2.15 峰值电流分布(Berger,1975)

下面根据地闪的向下负先导—负电闪脉冲电流类型对闪电流作一分析：

这类闪电在开始时有几十千安培的脉冲电流，并接着出现大量放电，其中有些放电的连续电流为 100～200A，持续百分之几秒至十分之几秒。常见负地闪回击中，其峰值电流的典型值约为 $2\times10^4$ A，变化范围为 $2\times10^3\sim2\times10^5$ A；电流上升的典型值约为 $10^4$ A/$\mu$s，其变化范围为 $10^3\sim8\times10^4$ A/$\mu$s；峰值时间的典型值约为 2 $\mu$s，其变化范围为 1～3$\mu$s；半峰值时间的典型值约为 40$\mu$s，其变化范围为 10～250$\mu$s。图 2.16 显示了第一负闪击和随后负闪击电流的变化，图中有 A 和 B 两标尺，其中 B 是放大后的标尺对应虚线表示的电流波形。

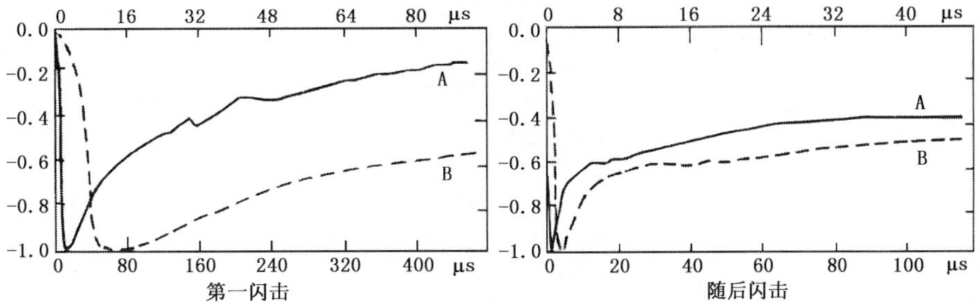


图 2.16　平均负闪回击电流(振幅归一化)
(Berger 等,1975)

表 2.2 是 IEC62305—1:2010 给出了对于雷电防护级 I 的标准值。表 2.2 中值所对应曲线为图 2.17 给出的曲线。

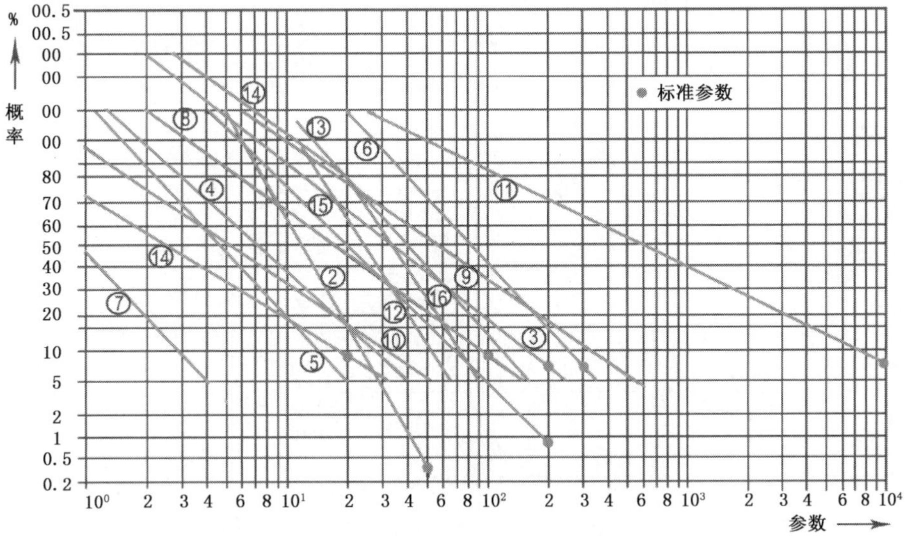


图 2.17　雷击电流参数量(95%和 5%值的线段)累积频度分布

**表 2.2　CIGRE 闪电电流参数值**

| 参数 | 雷电防护等级 I 级标准值 | 超过标准值的百分数值 | | | 闪击类型 | 对应图中的曲线 |
|---|---|---|---|---|---|---|
| | | 95% | 50% | 5% | | |
| $I$(kA) | 50<br>200 | 4(98%) | 20(80%) | 90 | 第一负短闪 | 1A+1B |
| | | 4.9 | 11.8 | 28.6 | 随后负短闪 | 2 |
| | | 4.6 | 35 | 250 | 第一正短闪 | 3 |
| $Q_{flash}$(C) | 300 | 1.3 | 7.5 | 40 | 负地闪 | 4 |
| | | 20 | 80 | 350 | 正地闪 | 5 |
| $Q_{short}$(C) | 100 | 1.1 | 4.5 | 20 | 第一负短闪 | 6 |
| | | 0.22 | 0.95 | 4 | 随后负短闪 | 7 |
| | | 2 | 16 | 150 | 第一正短闪(单) | 8 |

续表

| 参数 | 雷电防护等级Ⅰ级标准值 | 超过标准值的百分数值 | | | 闪击类型 | 对应图中的曲线 |
|---|---|---|---|---|---|---|
| | | 95% | 50% | 5% | | |
| $W/R$(kJ/Ω) | 10.000 | 6 | 55 | 350 | 第一负短闪 | 9 |
| | | 0.55 | 6 | 52 | 随后负短闪 | 10 |
| | | 25 | 650 | 15.000 | 第一正短闪 | 11 |
| $di/dt_{max}$ (kA/(s) | 20 | 9.1 | 24.3 | 65 | 第一负短闪 | 12 |
| | | 9.9 | 39.9 | 161.5 | 随后负短闪 | 13 |
| | | 0.2 | 2.4 | 32 | 第一正短闪 | 14 |
| $di/dt_{00/90\%}$ (kA/(s) | 200 | 4.1 | 20.1 | 98.5 | 随后负短闪 | 15 |
| $Q_{long}$(C) | | | | | 长闪击 | |
| $T_{long}$(s) | | | | | 长闪击 | |
| 波头持续时间(μs) | | 1.8 | 5.5 | 1.8 | 第一负短闪 | |
| | | 0.22 | 1.1 | 4.5 | 随后负短闪 | |
| | | 3.5 | 22 | 200 | 第一正短闪(单) | |
| 闪击持续时间(μs) | | 30 | 75 | 200 | 第一负短闪 | |
| | | 6.5 | 32 | 140 | 随后负短闪 | |
| | | 25 | 230 | 2.000 | 第一正短闪(单) | |
| 时间间隔(ms) | | 7 | 33 | 150 | 多负闪击 | |
| 总闪击持续时间(ms) | | 0.15 | 13 | 1.100 | 全部负闪击 | |
| | | 31 | 180 | 900 | 负地闪 | |
| | | 14 | 85 | 500 | 正地闪 | |

### 2.3.2 地闪密度

表征雷电活动更理想的参数是用闪电密度参量。它包括总的闪电密度、地闪密度、平均总闪电密度、平均地闪密度。它们的意义如下：

(1)总的闪电密度:指一年内每平方千米地面上空发生各类闪电的次数,单位 $km^{-2}\cdot a^{-1}$；

(2)地闪密度:指一年内单位面积地面发生各类闪电的次数,单位 $km^{-2}\cdot a^{-1}$；

(3)平均总闪电密度:总闪电密度的多年平均结果,单位 $km^{-2}\cdot a^{-1}$；

(4)平均地闪密度:地闪密度的多年平均结果,单位 $km^{-2}\cdot a^{-1}$。

## 2.4 雷电的危害

雷电灾害是“联合国国际减灾十年”公布的影响人类活动的严重灾害之一,随着经济和科技的高速发展，以电力和电子为基础的现代化生活日渐普及，微电子器件和信息技术的应用越来越广，雷电灾害造成的经济损失也会越来越大。雷电的危害性主要表现在雷电放电时所产生的各种物理效应作用，具有很大的破坏力。

### 2.4.1　产生雷电灾害的类型

#### 2.4.1.1　电击方式

由于雷电流的峰值很大，作用时间短，产生的电动力具有冲力特性。首先要考虑二条平行导体流过同方向的闪电电流时相互的电动力问题。这在利用钢筋混凝土墙体内的钢筋作引下线或者一般的引下线与接地体连接端就遇到这一情况。其作用力的分布，是相互吸引的，所以建筑物施工时，钢筋采用金属绑线扎紧而并非焊接，从力学上看倒是相互吸引可行的。这种绑扎连接有较大的接触电阻，产生局部高温，反而可能被雷电流熔接。但是也可能因表面锈蚀而接触不良产生电火花，对于有易燃物或爆炸危险的建筑物，这是危险的，在这种情况下，就用采用焊接施工法，把钢筋全部焊接。当以高电流沿着靠得很近的平行导线或沿着带有锐弯的单一导线放电时，会产生显著的机械力。这种电动力作用时间极短，远小于导体的机械振动周期，导体在它的作用下常出现炸裂、劈开的现象。雷击的时候，由于电动力的作用，也有可能使导体弯曲折断。

凡拐弯的导体或金属构件，在拐弯部分将受到电动力作用，它们之间的夹角越小，受到的电动力越大；当拐弯的夹角为锐角受到作用力最大，钝角较小。故接闪器及其引下线不应出现锐角的拐弯，尽可能采用钝角拐弯，在不得已采用直角拐弯时应加强构件强度，尤其是引下线一般应尽可能采用弧形拐弯，俗称“软连接”，这样可使构件受到的应力较小，而且不集中在一点，雷击造成的损失就相对小些。

#### 2.4.1.2　火灾

当几十至几百千安培的强大雷电电流通过导体时，在瞬间转换成大量的热能，雷击点的发热能量约为 500～2000J。可造成可燃物燃烧或造成金属熔化、飞溅而构成火灾。因此，雷电中瞬间产生的高能量往往会酿成火灾。

Prueitt(1963)得出闪电通道的平均温度为 2400～8000K；雷云对地放电时，强大的雷电流从雷击点注入被击物体，其热效应可使雷击点周围局部金属熔化，当雷电击中草堆和树木时，能将草堆和树枝引燃；当雷电击中输电线路时，可将其熔断，这些都属热效应。雷击放电的电量大约为 25～100C。据此估算，雷击点的发热量大约 500～2000J。因此雷电流的高温热效应将灼伤人体，引起建筑物燃烧，使设备部件熔化。在雷电流流过的通道上，物体水分受热汽化而剧烈膨胀，产生强大的冲击性机械力。该机械力可以达到 5000～6000N，因而可使人体组织，建筑物结构、设备部件等断裂破碎，从而导致人员伤亡、建筑物破坏，以及设备毁坏等

### 2.4.2　对人体造成的危害

当直击雷电流直接袭击到人体，会以高达几万到十几万安培的雷电电流，从人的头顶经过身体，流入到大地。其取决于电流的强度、持续时间、波的形状和频率，对于人体的效应为各种可检测和不可检测的病理生理性伤害异常反应，如心脏休克，呼吸停止。

对人体伤害只可能发生有电能输送到人体，如果没有电能的输送，就不会有伤害。电能的

输送只有与电源(电流回路)接触的情况下,为避免人体受到电击危险,就要有防止电能要输送到人体的装置,这取决于电源参数所设定的安全标准,其有一个可接受等级的伤害风险范围。

#### 2.4.2.1 闪电对人体的影响

电流通过人体的生理效应有直接和间接两种,直接效应是因电流直接通过人体引起的;间接效应是由于电流产生的效应造成的。当电流通过人体时,使肌肉突然收缩,身体功能紊乱。当电流通过心脏时,各肌肉纤维间的协调性遭到破坏,心室不能产生压力,血液循环停止,导致死亡。电流通过人体主要取决于以下几个因子:(1)电源电压;(2)人体皮肤电阻(可接触大、中、小面积;干、湿度和湿盐环境条件);人体手与手、手到脚和手到座位的内部电阻;(3)电源内部电阻;(4)其他电路电阻。

#### 2.4.2.2 雷电伤人的四种方式

雷电对人的伤害方式,归纳起来有四种形式,即:直接雷击、接触电压、旁侧闪击和跨步电压。

(1)直接雷击:在雷电现象发生时,闪电直接袭击到人体,因为人是一个很好的导体,高达几万到十几万安培的雷电电流,由人的头顶部一直通过人体到两脚,流入到大地。人因此而遭到雷击,受到雷电的击伤,严重的甚至死亡。

(2)接触电压:当雷电电流通过高大的物体,如高的建筑物、树木、金属构筑物等泄放下来时,强大的雷电电流,由于引下线本身和接地装置都有电阻和电抗,因而会产生较高的电压降,会在高大导体上产生高达几万到几十万伏的电压。人不小心触摸到这些物体时,受到这种触摸电压的袭击,发生触电事故。称这一电压为接触电压。除引下线可能发生接触电压外,那些与防雷装置连通,或者即使不连通,而绝缘距离不够,受到反击的金属导体,也会出现这种现象。如有的建筑物或牲畜棚在安装防雷装置时,与室内或棚内其他金属管道(如牲畜饮水用的自来水管)连通或距离不够,雷击时都会有危险。

(3)旁侧闪击:当雷电击中一个物体时,强大的雷电电流,通过物体泄放到大地。一般情况下,电流是最容易通过电阻小的通道穿流的。人体的电阻很小,如果人就在这雷击中的物体附近,雷电电流就会在人头顶高度附近,将空气击穿,再经过人体泄放下来。使人遭受袭击。

(4)跨步电压:当闪电发生前,云中的电荷在地面产生静电感应电荷,这种电荷在地面分布是不均匀的。当雷电发生时,云中电荷通过闪电通道向下到达地面,就要与地面分布的电荷中和,就产生地面电流,由于地面存在有电阻,电流通过电阻就产生电位差。当雷电流经地面雷击点或接地体散入周围土壤时,在它的周围形成了电压降落,图 2.18 为雷击时管状接地体附近地面上的电位分布。这时,如果有人站在接地体附近,由于两脚所处电位不同,跨接一定的电位差,因而有电流流过人体。通常称距离为 0.8 m 时的地面电位差为跨步电压。当跨步电压足够大时,对人的生命就有危险。

影响跨步电压的因素很多,如接地体的埋设深度以及它附近的土壤结构、土壤电阻率、电流波形和幅值的大小等。土壤电阻率小的地方,接地体周围电位分布曲线比较平滑,跨步电压也比较小。反之,在土壤电阻率大的地方,电位分布曲线的陡度比较大,因而跨步电压也比较大。跨步电压对于赤脚的人特别危险,这是因为这些人下肢与地面接触良好,流过人体的电流也比较大。

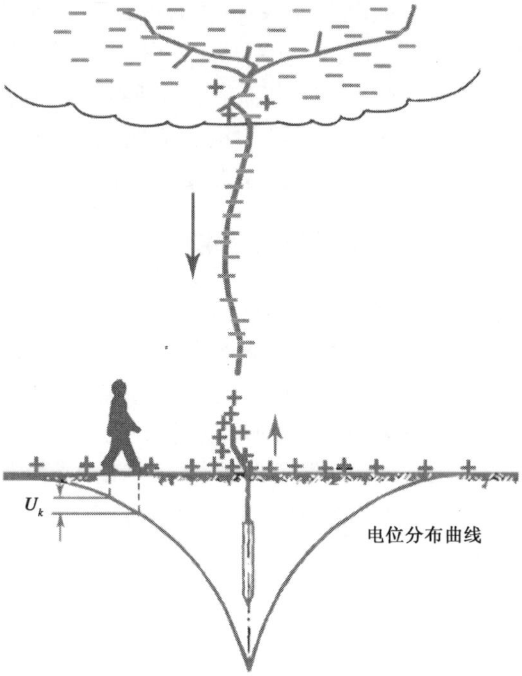


图 2.18　雷击时接地体附近的电位分布和跨步电压示意图

### 2.4.3　雷击电磁脉冲及其危害

雷击电磁脉冲(lightning electromagnetic pulse,LEMP),它是地闪回击过程产生的瞬时电磁场及其强大闪电流。雷电流具有很高的峰值和波前上升陡度,能在所流过的路径周围产生很强的暂态脉冲电磁场,它的感应范围很大,在该电磁场中的导体会产生感应过电压(流)。建筑物内通常敷设着各种电源线、信号线和金属管道(如供水管、供热管和供气管等),这些线路和管道常常会在建筑物内的不同空间构成环路。当建筑物遭受雷击时,雷电流沿建筑物防雷装置中各分支导体入地,流过分支导体的雷电流会在建筑物内部空间产生暂态脉冲电磁场,脉冲电磁场交连不同空间的导体回路,会在这些回路中感应出过电压和过电流,导致设备接口损坏。雷电流产生的暂态脉冲电磁场不仅能在建筑物内的导体回路中感应过电压和过电流,而且也能在建筑物之间的通信线路中感应出过电压和过电流。

过强的 LEMP 对建筑物、人身和各种电气设备及管线都会有不同程度的危害。这种危害就是雷击电磁脉冲所产生的干扰。

建筑物内的雷击电磁脉冲干扰指以下 3 种情况:

(1)天空中雷电波的电磁辐射对建筑物内电力线路和电子设备的电磁干扰;

(2)建筑物的防雷装置接闪时,强大的瞬间雷电流对建筑物内电力线路和电子设备的干扰;

(3)由外部各种强、弱电架空线路或电缆线路传来的电磁波对建筑物内电子设备的干扰。

### 2.4.4　静电感应及其危害

雷电的静电感应和电磁感应作用均属于雷电的间接危害。当空间有带电的雷云出现时,雷云下的地面及建筑物等，都因静电感应而带上相反的电荷。从雷云的出现到发生雷击（主放电）所需时间相对于主放电过程的时间要长得多，雷云下的地面及建筑物等有充分的时间累积大量电荷。当雷击发生后，局部地区的感应电荷不能在同样短的时间内消失，形成局部高电压。这种由静电感应产生的过电压对接地不良的电气系统有很强破坏作用，使接地不良的金属器件之间发生火花，这对易燃易爆场所而言，是非常危险的。

## 复习思考题

1. 什么是雷暴日、月雷暴日、季雷暴日和年雷暴日？
2. 我国雷暴区可以大致分成那四个地区，各区的主要特点有哪些？
3. 试述雷暴云内的电荷结构。
4. 为什么有的强对流云会产生地闪，而有的却不能？
5. 云起电有什么条件？
6. 试述碰撞感应起电的原理？碰撞感应起电有什么条件？
7. 碰撞感应起电的原理说明雷暴云电结构的形成？
8. 闪电发生有哪些重要条件？
9. 闪电的强度与那些因子有关？
10. 什么是地闪，什么是云闪，地闪可以分几类？
11. 试述地闪过程有那几个阶段？各阶段有什么特征？
12. 试述梯式先导产生的原因？在什么情况下空气分子会被电离？
13. 什么是闪电通道？它对闪电的发生有什么作用？
14. 连接先导是如何形成的？
15. 发生回击时有那些物理现象发生？
16. 什么是一次闪击？一次闪击的平均时间是多少？一次地闪会有多少次闪击？
17. 什么是箭式（直窜）先导？
18. 地闪电流有哪些？回击最大闪电电流有多大？
19. 描述回击电流的波形的参量，主要有峰值电流、电流上升率、峰值时间等。
20. 什么是地闪密度？它与什么有关系？
21. 什么是直击雷？它有什么特点？
22. 雷电灾害有哪些类型？其主要特征有哪些？
23. 雷电伤人有那四种方式？
24. 什么是跨步电压？它是如何形成的？它会产生什么危害？
25. 什么是雷电的电磁脉冲？它产生什么危害？
26. 如何做好防止人身遭遇雷击？

# 第3章　现代防雷技术

**内容提要**

本章主要介绍建筑物防雷分类、建筑物外部及内部防雷措施并通过案例进一步阐释现代防雷的技术和方法。通过本章内容学习，可以初步了解现代防雷技术的现状以及发展趋势，理解现代防雷技术这一项系统工程的内涵，增强理论分析能力和解决现场实际问题的能力。

## 3.1　概述

当人们了解雷本身也是一种电的现象后，就开始用科学的眼光来观察这一自然现象，希望了解其规律以趋利避害。

接闪杆是早期的防雷装置，其顶端高于被保护的建筑物，引导其周围一定范围的雷云向其放电，使得接闪杆较周围的其他物体更易接受雷电闪击，从而使建筑物得到保护。

接闪带(网)是由接闪杆演化而来的，是在建筑物的屋脊和屋顶四周敷设的金属导体，用于保护建筑物，其优点是敷设简便、造价低。而且它在接闪后由相互连通的导体分流，再由多根引下线泄散雷电流，采用多根引下线的结果是使室内、室外设备上产生的过电压降至最低。

法拉第笼型防雷方式则是利用建筑物结构钢筋网格构成，可同时解决建筑物屏蔽和等电位等问题，极大地提高了建筑物防雷的可靠性。

电力高压线通过架设架空地线获得直击雷保护后，与高压线连接的发、配电设备仍然会被过电压损坏，这都是由于雷电感应作用所致，为抑制导线中直击或感应的电涌，人们发明了线路避雷器。

早期的线路避雷器是开放的空气间隙。人们将一根导线的一端连在输电线上，另一根导线的一端接地，两根导线的另一端相隔一定距离构成空气间隙的两个电极，调节间隙距离可确定其击穿电压，击穿电压的设定应略高于输电线的工作电压，这样当电路正常工作时，空气间隙相当于开路，不会影响线路的正常工作。当雷电过电压侵入时，空气间隙被击穿，过电压被箝位到很低的水平，过电流也通过空气间隙泄放入地，实现了电涌保护器对线路的保护。

半导体技术的发展为我们提供了防雷所需的新材料，比如稳压管等，其伏一安特性是符合半导体线路防雷的要求，只是其通过雷电流的能力弱，使得普通的稳压管不能直接用作电涌保护器。早期的半导体电涌保护器是以碳化硅材料做成的阀式避雷器，它具有与稳压管相似的伏—安特性，但通过雷电流的能力很强。不过很快人们又发现了金属氧化锌材料，其伏一安特性更好，并具有响应时间快、通流容量大等许多优点。因此，目前普遍采用金属氧化锌等作为电涌保护器的非线性元件。

随着通信技术的发展，又产生了许多用于通信线路的电涌保护器，由于受通信线路传输参数的约束，这一类电涌保护器要考虑分布电容和电感等影响传输参数的指标，但其防雷原理基本一致。

现代防雷技术是一项系统工程，包含外部防雷和内部防雷两个方面。外部防雷既是对直击雷的防护，由接闪器（接闪杆、接闪带、接闪线、接闪网）、引下线、接地体，作用是接闪、泄放雷电流，通过该措施可将绝大部分雷电能量直接导入大地。内部防雷主要由屏蔽、等电位、过电压保护和安全距离等组成，其作用是均衡系统电位，限制过电压幅值。概括起来，现代防雷技术体系见图 3.1。

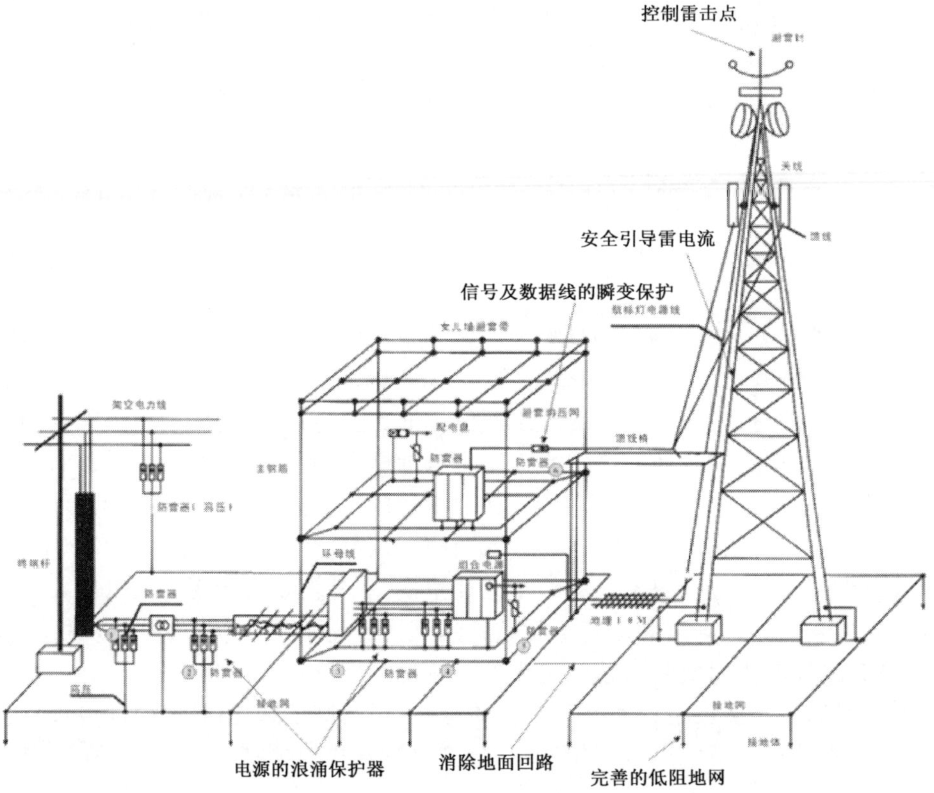


图 3.1　现代防雷示意图

## 3.2　建筑物防雷分类

建筑物应根据其重要性、使用性质、发生雷电事故的可能性和后果，按防雷要求分为三类，即：第一类、第二类和第三类防雷建筑物。一般情况下对建筑物的“重要性、使用性质”比较好判定，而“发生雷击的可能性和后果”就需要对该建筑物进行雷击风险评估后来判定。

《GB 50058—92　爆炸和火灾危险性环境电力装置设计规范》中有如下规定：

第 2.2.1 条　爆炸性气体环境应根据爆炸性气体混合物出现的频繁程度和持续时间，按下列规定进行分区：

0 区：连续出现或长期出现爆炸性气体混合物的环境；

1 区：在正常运行时可能出现爆炸性气体混合物的环境；

2 区：在正常运行时不可能出现爆炸性气体混合物的环境，或即使出现也仅是短时存在的爆炸性气体混合物的环境。

第 3.2.1 条　爆炸性粉尘环境应根据爆炸性粉尘混合物出现的频繁程度和持续时间，按下列规定进行分区。

10 区：连续出现或长期出现爆炸性粉尘环境；

11 区：有时会将积留下的粉尘扬起而偶然出现爆炸性粉尘混合物的环境。

第 4.2.1 条　火灾危险环境应根据火灾事故发生的可能性和后果，以及危险程度及物质状态的不同，按下列规定进行分区。

21 区：具有闪点高于环境温度的可燃液体，在数量和配置上能引起火灾危险的环境。

22 区：具有悬浮状、堆积状的可燃粉尘或可燃纤维，虽不可能形成爆炸混合物，但在数量和配置上能引起火灾危险的环境。

23 区：具有固体状可燃物质，在数量和配置上能引起火灾危险的环境。

### 3.2.1　第一类防雷建筑物

在可能发生对地闪击的地区，遇下列情况之一时，应划为第一类防雷建筑物：

(1)凡制造、使用或贮存火炸药及其制品的危险建筑物，因电火花而引起爆炸、爆轰，会造成巨大破坏和人身伤亡者。

(2)具有 0 区或 20 区爆炸危险场所的建筑物。

(3)具有 1 区或 21 区爆炸危险场所的建筑物，因电火花而引起爆炸，会造成巨大破坏和人身伤亡者。

当一座防雷建筑物中兼有第一、二、三类防雷建筑物时，如果第一类防雷建筑物部分的面积占建筑物总面积的 30%及以上时，该建筑物宜确定为第一类防雷建筑物。

### 3.2.2　第二类防雷建筑物

在可能发生对地闪击的地区，遇下列情况之一时，应划为第二类防雷建筑物：

(1)国家级重点文物保护的建筑物。

(2)国家级的会堂、办公建筑物、大型展览和博览建筑物、大型火车站和飞机场、国宾馆，国家级档案馆、大型城市的重要给水泵房等特别重要的建筑物。

注：飞机场不含停放飞机的露天场所和跑道。

(3)国家级计算中心、国际通信枢纽等对国民经济有重要意义的建筑物。

(4)国家特级和甲级大型体育馆。

(5)制造、使用或贮存火炸药及其制品的危险建筑物，且电火花不易引起爆炸或不致造成巨大破坏和人身伤亡者。

(6)具有 1 区或 21 区爆炸危险场所的建筑物，且电火花不易引起爆炸或不致造成巨大破坏和人身伤亡者。

(7)具有 2 区或 22 区爆炸危险场所的建筑物。

(8)有爆炸危险的露天钢质封闭气罐。

(9)预计雷击次数大于 0.05 次/a 的部、省级办公建筑物和其他重要或人员密集的公共建筑物以及火灾危险场所。

(10)预计雷击次数大于 0.25 次/a 的住宅、办公楼等一般性民用建筑物或一般性工业建筑物。

当一座防雷建筑物中兼有第一、二、三类防雷建筑物时,如果第一类防雷建筑物部分的面积占建筑物总面积的 30%以下,且第二类防雷建筑物部分的面积占建筑物总面积的 30%及以上时,或当这两部分防雷建筑物的面积均小于建筑物总面积的 30%,但其面积之和又大于 30%时,该建筑物宜确定为第二类防雷建筑物。

### 3.2.3 第三类防雷建筑物

在可能发生对地闪击的地区,遇下列情况之一时,应划为第三类防雷建筑物:

(1)省级重点文物保护的建筑物及省级档案馆。

(2)预计雷击次数大于或等于 0.01 次/a,且小于或等于 0.05 次/a 的部、省级办公建筑物和其他重要或人员密集的公共建筑物,以及火灾危险场所。

(3)预计雷击次数大于或等于 0.05 次/a,且小于或等于 0.25 次/a 的住宅、办公楼等一般性民用建筑物或一般性工业建筑物。

(4)在平均雷暴日大于 15d/a 的地区,高度在 15m 及以上的烟囱、水塔等孤立的高耸建筑物;在平均雷暴日小于或等于 15d/a 的地区,高度在 20m 及以上的烟囱、水塔等孤立的高耸建筑物。

当一座防雷建筑物中兼有第一、二、三类防雷建筑物时,如果第一、二类防雷建筑物部分的面积之和小于建筑物总面积的 30%,且不可能遭直接雷击时,该建筑物可确定为第三类防雷建筑物。

## 3.3 外部防雷

### 3.3.1 接闪器

接闪器是接闪击电流的金属物体。接闪器通过拦截雷电闪击并引导到大地,一般由接闪杆、接闪带、接闪线、接闪网或建筑物自身金属物体构成。目前采用滚球法确定其保护范围。

#### 3.3.1.1 接闪器设计要求

接闪器的材料、结构和最小截面应符合表 3.1 的要求。

**表 3.1　接闪线(带)、接闪杆和引下线的材料、结构与最小截面**

| 材料 | 结构 | 最小截面($mm^2$) | 备注⑩ |
|---|---|---|---|
| 铜,镀锡铜① | 单根扁铜 | 50 | 厚度 2mm |
| | 单根圆铜⑦ | 50 | 直径 8mm |
| | 铜绞线 | 50 | 每股线直径 1.7mm |
| | 单根圆铜③④ | 176 | 直径 15mm |
| 铝 | 单根扁铝 | 70 | 厚度 3mm |
| | 单根圆铝 | 50 | 直径 8mm |
| | 铝绞线 | 50 | 每股线直径 1.7mm |
| 铝合金 | 单根扁形导体 | 50 | 厚度 2.5mm |
| | 单根圆形导体③ | 50 | 直径 8mm |
| | 绞线 | 50 | 每股线直径 1.7mm |
| | 单根圆形导体 | 176 | 直径 15mm |
| | 外表面镀铜的单根圆形导体 | 50 | 直径 8mm,径向镀铜厚度至少 70μm,铜纯度 99.9% |
| 热浸镀锌钢 | 单根扁钢 | 50 | 厚度 2.5mm |
| | 单根圆钢⑨ | 50 | 直径 8mm |
| | 绞线 | 50 | 每股线直径 1.7mm |
| | 单根圆钢③④ | 176 | 直径 15mm |
| 不锈钢⑤ | 单根扁钢⑥ | 50⑧ | 厚度 2mm |
| | 单根圆钢⑥ | 50⑧ | 直径 8mm |
| | 绞线 | 70 | 每股线直径 1.7mm |
| | 单根圆钢③④ | 176 | 直径 15mm |
| 外表面镀铜的钢 | 单根圆钢(直径 8mm)<br>单根扁钢(厚 2.5mm) | 50 | 镀铜厚度至少 70μm,铜纯度 99.9% |

注:①热浸或电镀锡的锡层最小厚度为 1μm;

②镀锌层宜光滑连贯、无焊剂斑点,镀锌层圆钢至少 22.7g/$m^2$、扁钢至少 32.4g/$m^2$;

③仅应用于接闪杆。当应用于机械应力没达到临界值之处,可采用直径 10mm、最长 1m 的接闪杆,并增加固定;

④仅应用于入地之处;

⑤不锈钢中,铬的含量等于或大于 16%,镍的含量等于或大于 8%,碳的含量等于或小于 0.08%;

⑥对埋于混凝土中以及与可燃材料直接接触的不锈钢,其最小尺寸宜增大至直径 10mm 的 78$mm^2$(单根圆钢)和最小厚度 3mm 的 75$mm^2$(单根扁钢);

⑦在机械强度没有重要要求之处,50$mm^2$(直径 8mm)可减为 28$mm^2$(直径 6mm)。并应减小固定支架间的间距;

⑧当温升和机械受力是重点考虑之处,50$mm^2$ 加大至 75$mm^2$;

⑨避免在单位能量 10MJ/Ω 下熔化的最小截面是铜为 16$mm^2$、铝为 25$mm^2$、钢为 50$mm^2$、不锈钢为 50$mm^2$;

⑩截面积允许误差为−3%。

对专设接闪器还有如下要求:

(1)接闪杆宜采用热镀锌圆钢或钢管制成时,其直径不应小于表 3.2 的要求。

表 3.2 接闪杆长度及材料的要求

| 接闪杆的要求 | 热镀锌圆钢 | 钢管 |
|---|---|---|
| 接闪杆杆长<1m时 | ∅12mm | ∅20mm |
| 接闪杆杆长 1～2 m时 | ∅16mm | ∅25mm |
| 烟囱顶上的接闪杆 | ∅20mm | ∅40mm |

(2)接闪杆的接闪端宜做成半球状，其最小弯曲半径宜为 4.8mm，最大宜为 12.7mm。

接闪网和接闪带宜采用热镀锌圆钢或扁钢，优先采用热镀锌圆钢。直径不应小于 8mm。扁钢截面不应小于 $48mm^2$，其厚度不应小于 4mm。

当独立烟囱上采用热镀锌接闪环时，其圆钢直径不应小于 12mm；扁钢截面不应小于 $100mm^2$，其厚度不应小于 4mm。

(3)架空接闪线和接闪网宜采用截面不小于 $50mm^2$ 的镀锌钢绞线。

(4)除第一类防雷建筑物外，金属屋面的建筑物宜利用其屋面作为接闪器，并应符合下列要求：

①板间的连接应是持久的电气贯通，可采用铜锌合金焊、熔焊、卷边压接、缝接、螺钉或螺栓连接。

②金属板下面无易燃物品时，铅板的厚度不应小于 2mm，不锈钢、热镀锌钢、钛和铜板的厚度不应小于 0.5mm，铝板的厚度不应小于 0.65mm，锌板的厚度不应小于 0.7mm。

③金属板下面有易燃物品时，不锈钢、热镀锌钢和钛板的厚度不应小于 4mm，铜板的厚度不应小于 5mm，铝板的厚度不应小于 7mm。

④金属板无绝缘被覆层。

注：薄的油漆保护层或 1mm 厚沥青层或 0.5mm 厚聚氯乙烯层均不属于绝缘被覆层。

(5)除第一类防雷建筑物和《GB 50057—2010 建筑物防雷设计规范》第 4.3.2 条第 1 款的规定外，屋顶上永久性金属物宜作为接闪器，但其各部件之间均应连成电气贯通，并应符合下列规定：

①旗杆、栏杆、装饰物、女儿墙上的盖板等，其截面应符合《GB 50057—2010 建筑物防雷设计规范》表 5.2.1 的规定，其壁厚应符合 GB 50057—2010 第 5.2.7 条的规定。

②输送和储存物体的钢管和钢罐的壁厚不应小于 2.5mm；当钢管、钢罐一旦被雷击穿，其内的介质对周围环境造成危险时，其壁厚不应小于 4mm。

③利用屋顶建筑构件内钢筋作接闪器应符合 GB 50057—2010 第 4.3.5 条和第 4.4.5 条的规定。

(6)除利用混凝土构件内钢筋作接闪器外，接闪器应热镀锌或涂漆。在腐蚀性较强的扬所，尚应采取加大其截面或其他防腐措施。

(7)不得利用安装在接收无线电视广播的共用天线的杆顶上的接闪器保护建筑物。

#### 3.3.1.2 接闪器布置要求

专门敷设的接闪器应由独立接闪杆；架空接闪线或架空接闪网；直接装设在建筑物上的接闪杆、接闪带或接闪网中的一种或多种组成。其布置应符合表 3.3 的要求。

表 3.3　各类防雷建筑物接闪器布置要求

| 建筑物防雷类别 | 滚球半径(m) | 接闪网网格尺寸(m×m) |
|---|---|---|
| 第一类防雷建筑物 | 30 | ≤5×5 或 6×4 |
| 第二类防雷建筑物 | 45 | ≤10×10 或 12×8 |
| 第三类防雷建筑物 | 60 | ≤20×20 或 24×16 |

3.3.1.3　接闪器安全距离要求

第一类防雷建筑物的接闪器(网、线)与风帽、放散管之间的距离应满足如下要求：

(1)应装设独立接闪杆或架空接闪线或网。架空接闪网的网格尺寸不应大于 5m×5m 或 6m×4m。使被保护的建筑物及风帽、放散管等突出屋面的物体均处于接闪器的保护范围内。

(2)排放爆炸危险气体、蒸气或粉尘的放散管、呼吸阀、排风管等的管口外的以下空间应处于接闪器的保护范围内。当有管帽时应按表 3.4 确定；当无管帽时，应为管口上方半径 5m 的半球体。接闪器与雷闪的接触点应设在上述空间之外。

表 3.4　有管帽的管口外处于接闪器保护范围内的空间

| 装置内的压力与周围空气压强的压强差(kPa) | 排放物对比于空气 | 管帽以上的垂直距离(m) | 距管口处的水平距离(m) |
|---|---|---|---|
| <5 | 重于空气 | 1 | 2 |
| 5～25 | 重于空气 | 2.5 | 5 |
| ≤25 | 轻于空气 | 2.5 | 5 |
| >25 | 重或轻于空气 | 5 | 5 |

注：相对密度小于或等于 0.75 的爆炸性气体规定为轻于空气的气体；相对密度大于 0.75 的爆炸性气体规定为重于空气的气体。

(3)排放爆炸危险气体、蒸气或粉尘的放散管、呼吸阀、排风管等，当其排放物达不到爆炸浓度、长期点火燃烧、一排放就点火燃烧，以及发生事故时排放物才达到爆炸浓度的通风管、安全阀，接闪器的保护范围可仅保护到管帽，无管帽时可仅保护到管口。

(4)独立接闪杆的杆塔、架空接闪线的端部和架空接闪网的每根支柱处应至少设一根引下线。对用金属制成或有焊接、绑扎连接钢筋网的杆塔、支柱，宜利用金属杆塔或钢筋网作为引下线。

(5)独立接闪杆和架空接闪线或网的支柱及其接地装置至被保护建筑物及与其有联系的管道、电缆等金属物之间的间隔距离(图 3.2)，应按下列公式计算，但不得小于 3 m。

1)地上部分

当 $h_x<5R_i$ 时：
$$S_{a1}\geqslant 0.4(R_i+0.1h_x) \tag{3.1}$$

当 $h_x\geqslant 5R_i$ 时：
$$S_{a1}\geqslant 0.1(R_i+h_x) \tag{3.2}$$

2)地下部分

$$S_{e1}\geqslant 0.4R_i \tag{3.3}$$

式中，$S_{a1}$ 为空气中的间隔距离(m)；$S_{e1}$ 为地中的间隔距离(m)；$R_i$ 为独立接闪杆、架空接闪线或网支柱处接地装置的冲击接地电阻(Ω)；$h_x$ 为被保护建筑物或计算点的高度(m)。

(6)架空接闪线至屋面和各种突出屋面的风帽、放散管等物体之间的间隔距离(图 3.2)，

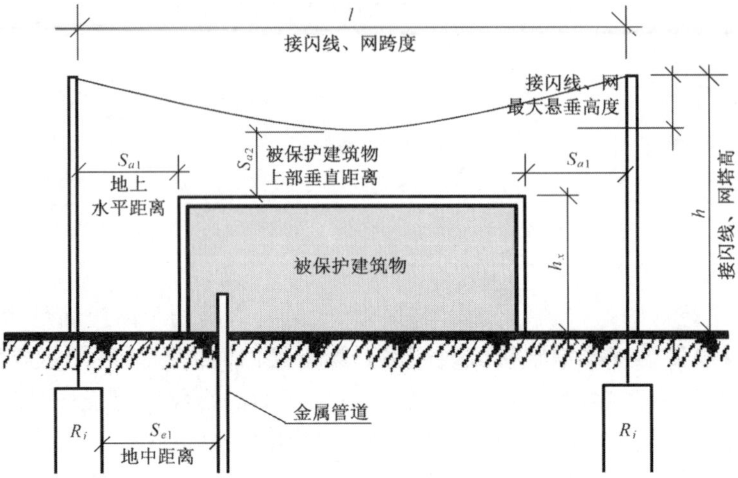


图 3.2　防雷装置至被保护物的间隔距离

应按下列公式计算，但不应小于 3m。

1）当$(h+l/2)<5R_i$ 时，为

$$S_{a2}\geqslant 0.2R_i+0.03(h+l/2) \tag{3.4}$$

2）当$(h+l/2)\geqslant 5R_i$ 时，为

$$S_{a2}\geqslant 0.05R_i+0.06(h+l/2) \tag{3.5}$$

式中：$S_{a2}$为接闪线至被保护物在空气中的间隔距离（m）；$h$ 为接闪线的支柱高度（m）；$l$ 为接闪线的水平长度（m）。

（7）架空接闪网至屋面和各种突出屋面的风帽、放散管等物体之间的间隔距离，应按下列公式计算，但不应小于 3m。

1）当$(h+l_1)<5R_i$ 时，为

$$S_{a2}\geqslant \frac{1}{n}[0.4R_i+0.06(h+l_1)] \tag{3.6}$$

2）当$(h+l_1)\geqslant 5R_i$ 时，为

$$S_{a2}\geqslant \frac{1}{n}[0.1R_i+0.12(h+l_1)] \tag{3.7}$$

式中，$S_{a2}$为接闪网至被保护物在空气中的间隔距离（m）；$l_1$ 为从接闪网中间最低点沿导体至最近支柱的距离（m）；$n$ 为从接闪网中间最低点沿导体至最近不同支柱并有同一距离 $l_1$ 的个数。

（8）独立接闪杆、架空接闪线或架空接闪网应设独立的接地装置，每一引下线的冲击接地电阻不宜大于 10Ω。在土壤电阻率高的地区，可适当增大冲击接地电阻，但在 3000Ω·m 以下的地区，冲击接地电阻不应大于 30Ω。

### 3.3.1.4　滚球法确定接闪器的保护范围

"滚球法"是国际电工委员会（IEC）推荐的接闪器保护范围计算方法之一；已被世界上大多数国家作为国家防雷规范采用，我国建筑防雷规范《GB 50057—2010　建筑物防雷设计规范》也采纳"滚球法"作为接闪器保护范围计算的方法。

所谓“滚球法”是指以某一定半径的球体，在装有接闪器的建筑物上滚过，滚球被建筑物上所装的接闪器撑起，这时球体的弧与建筑物之间的范围，便是该接闪器防雷范围。装有同样接闪器的同一座建筑物，使用不同半径的滚球，其保护的空间范围是不同的，即保护范围也不同。

按我国规范规定，根据建筑物被雷击后引起后果的严重程度，把建筑物分为三类，分别选择从30m（第一类防雷建筑物）、45m（第二类防雷建筑物）、60m（第三类防雷建筑物）不同半径的滚球予以计算。

（1）单支接闪杆保护范围的计算方法

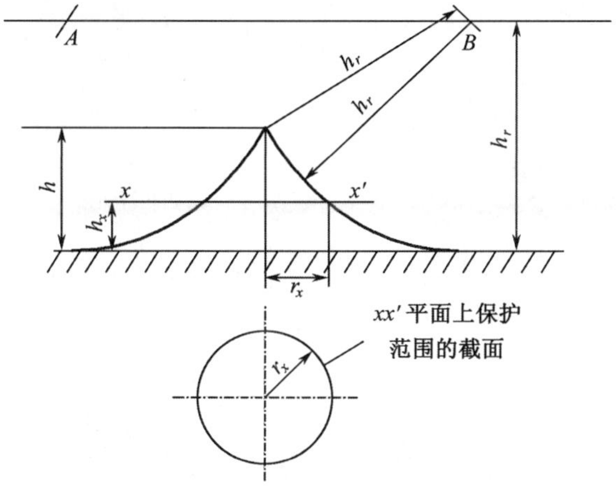


图3.3　单支接闪杆的保护范围

1）当接闪杆高度 $h \leqslant h_r$ 时（图3.3）：

①距地面 $h_r$ 处作一平行平面的平行线；

②以针尖为圆心，$h_r$ 为半径，作弧线交于平行线的 $A$、$B$ 两点；

③以 $A$、$B$ 为圆心，$h_r$ 为半径为弧线，该弧线与针尖相交并与地面相切。从此弧线起到地面止就是保护范围。保护范围是一个对称的锥体；

④接闪杆在 $h_x$ 高度的 $xx'$ 平面上和在地面上的保护半径，按下列计算式确定：

$$r_x = \sqrt{h(2h_r - h)} - \sqrt{h_x(2h_r - h_x)}$$

$$r_0 = \sqrt{h(2h_r - h)} \tag{3.8}$$

式中：$r_x$ 为接闪杆在 $h_x$ 高度的 $xx'$ 平面上的保护半径（m）；$h_r$ 为滚球半径，按建筑物的防雷分类确定（m）；$h_x$ 为被保护物的高度（m）；$r_0$ 为接闪杆在地面上的保护半径（m）。

2）当接闪杆高度 $h > h_r$ 时，在接闪杆取高度 $h_r$ 的一点代替单支接闪杆针尖作为圆心。其余的作法同1）。

（2）双支等高接闪杆的保护范围

双支等高接闪杆的保护范围，在接闪杆高度 $h \leqslant h_r$ 的情况下，当两支接闪杆的距离 $D \geqslant 2\sqrt{h(2h_r - h)}$ 时，应各按单支接闪杆的方法确定；当 $D < 2\sqrt{h(2h_r - h)}$ 时，应按下列方法确定（图3.4）。

1）$AEBC$ 外侧的保护范围，按照单支接闪杆的方法确定。

2)$C$、$E$ 点位于两针间的垂直平分线上。在地面每侧的最小保护宽度 $b_0$ 按下式计算：

$$b_0 = CO = EO = \sqrt{h(2h_r - h) - (\frac{D}{2})^2} \tag{3.9}$$

在 $AOB$ 轴线上，距中心线任一距离 $x$ 处，其在保护范围上边线上的保护高度 $h_x$ 按下式确定：

$$h_x = h_r - \sqrt{(h_r - h)^2 - (\frac{D}{2})^2 - x^2} \tag{3.10}$$

该保护范围上边线是以中心线距地面 $h_r$ 的一点 $O'$ 为圆心，以 $\sqrt{(h_r - h)^2 + (\frac{D}{2})^2}$ 为半径所作的圆弧 $AB$。

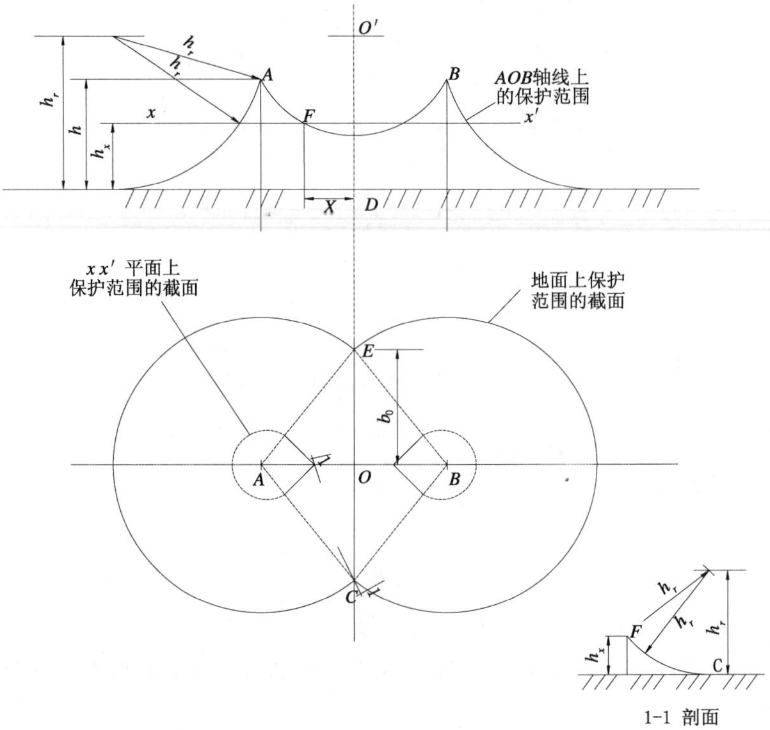


图 3.4　双支等高接闪杆的保护范围

3)两针间 $AEBC$ 内的保护范围，$ACO$ 部分的保护范围按以下方法确定：在任一保护高度 $h_x$ 和 $C$ 点所处的垂直平面上，以 $h_x$ 作为假想接闪杆，按单支接闪杆的方法逐点确定(图 3.4 剖面图)。确定 $BCO$、$AEO$、$BEO$ 部分的保护范围的方法与 $ACO$ 部分的相同。

4)确定 $xx'$ 平面上保护范围截面的方法。以单支接闪杆的保护半径 $r_x$ 为半径，以 $A$、$B$ 为圆心作弧线与四边形 $AEBC$ 相交；以单支接闪杆的 $(r_0 - r_x)$ 为半径，以 $E$、$C$ 为圆心作弧线与上述弧线相接(图 3.4)。

(3)双支不等高接闪杆的保护范围

双支不等高接闪杆的保护范围，在 $h_1 \leqslant h_r$ 和 $h_2 \leqslant h_r$ 的情况下，当 $D \geqslant \sqrt{h_1(2h_r - h_1)} + \sqrt{h_2(2h_r - h_2)}$ 时，应各按单支接闪杆所规定的方法确定；当 $D < \sqrt{h_1(2h_r - h_1)} +$

$\sqrt{h_2(2h_r-h_2)}$时，应按下列方法确定(图 3.5)。

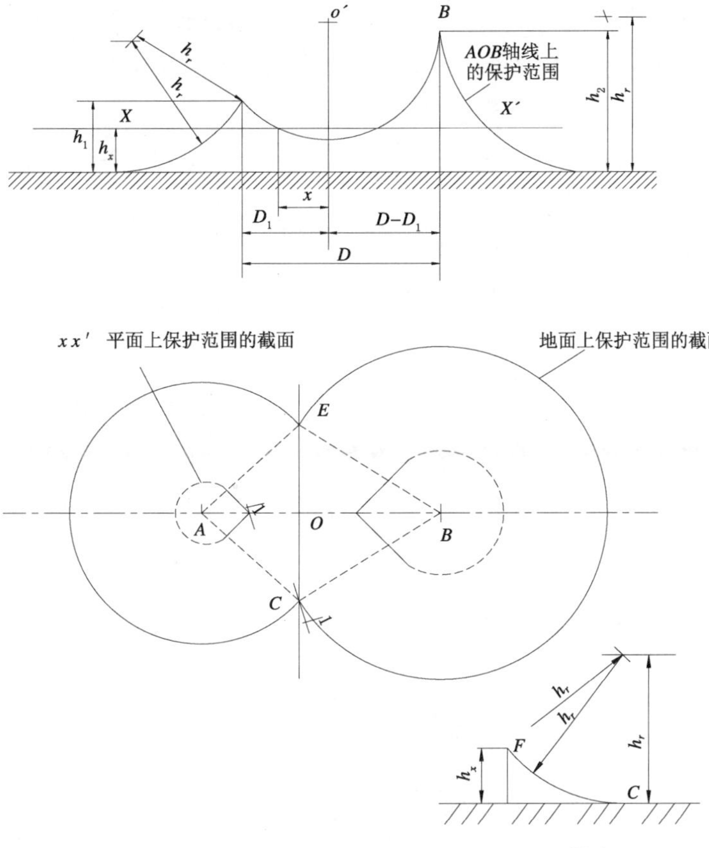


图 3.5　双支不等高接闪杆的保护范围

1)$AEBC$ 外侧的保护范围，按照单支接闪杆的方法确定。

2)$CE$ 线或 $HO'$线的位置按下式计算：

$$D_1=\frac{(h_r-h_2)^2-(h_r-h_1)^2+D^2}{2D}\tag{3.11}$$

3)在地面上每侧的最小保护宽度 $b_0$ 按下式计算：

$$b_0=CO=EO=\sqrt{h_1(2h_r-h_1)-D_1^2}\tag{3.12}$$

在 $AOB$ 轴线上，$A$、$B$ 间保护范围上边线按下式确定：

$$h_x=h_r-\sqrt{(h_r-h_1)^2+D_1^2-x^2}\tag{3.13}$$

式中，$x$ 为距 $CE$ 线或 $HO'$线的距离。该保护范围上边线是以 $HO'$线上距地面 $h_r$ 的一点 $O'$为圆心，以 $\sqrt{(h_r-h_1)^2+D_1^2}$ 为半径所作的圆弧 $AB$。

4)两针间 $AEBC$ 内的保护范围，$ACO$ 与 $AEO$ 是对称的，$BCO$ 与 $BEO$ 是对称的，$ACO$ 部分的保护范围按以下方法确定：在 $h_x$ 和 $C$ 点所处的垂直平面上，以 $h_x$ 作为假想避雷针，按单支接闪杆的方法确定。确定 $AEO$、$BCO$、$BEO$ 部分的保护范围的方法与 $ACO$ 部分的相同。

5)确定 $xx'$平面上保护范围截面的方法与双支等高接闪杆相同。

(4)矩形布置的四支等高接闪杆的保护范围

矩形布置的四支等高接闪杆的保护范围，在 $h \leqslant h_r$ 的情况下，当 $D_3 \geqslant 2\sqrt{h(2h_r-h)}$ 时，应各按双支等高接闪杆的方法确定；当 $D_3 < 2\sqrt{h(2h_r-h)}$ 时，应按下列方法确定(图 3.6)。

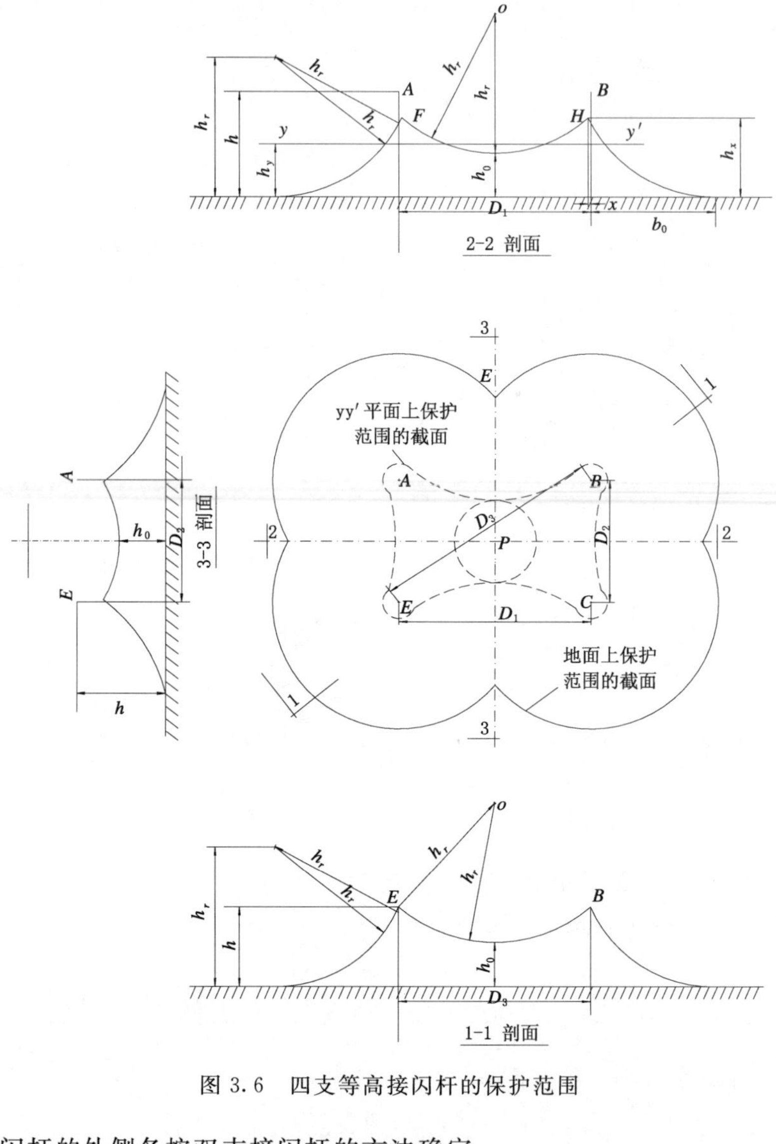


图 3.6 四支等高接闪杆的保护范围

1)四支接闪杆的外侧各按双支接闪杆的方法确定。

2)$B$、$E$ 接闪杆连线上的保护范围见图 3.6 剖面图，外侧部分按单支接闪杆的方法确定。两针间的保护范围按以下方法确定：以 $B$、$E$ 两针针尖为圆心、$h_r$ 为半径作弧相交于 $O$ 点，以 $O$ 点为圆心、$h_r$ 为半径作圆弧，与针尖相连的这段圆弧即为针间保护范围。保护范围最低点的高度 $h_0$ 按下式计算：

$$h_0 = \sqrt{h_r^2 + \left(\frac{D_3}{2}\right)^2} + h - h_r \tag{3.14}$$

3)图 3.6 的剖面图的保护范围，以 $p$ 点的垂直线上的 $O$ 点(距地面的高度为 $h_r + h_0$)为圆心，$h_r$ 为半径作圆弧与 $B$、$C$ 和 $A$、$E$ 双支接闪杆所作出在该剖面图的外侧保护范围延长圆弧

相交于 $F$、$H$ 点。$F$ 点（$H$ 点与此类同）的位置及高度可按下列计算式确定：

$$(h_r - h_x)^2 = h_r^2 - (b_0 + x)^2 \tag{3.15}$$

$$(h_r + h_0 - h_x)^2 = h_r^2 - \left(\frac{D_1}{2} - x\right)^2 \tag{3.16}$$

4)确定图 3.6 的 3—3 剖面保护范围的方法与本款第 3)项相同。

5)确定四支等高接闪杆中间 $h_0$ 至 $h$ 之间于 $h_y$ 高度的 $yy'$ 平面上保护范围截面的方法：以 $p$ 点为圆心、$\sqrt{2h_r(h_y-h_0)-(h_y-h_0)^2}$ 为半径作圆或圆弧，与各双支接闪杆在外侧所作的保护范围截面组成该保护范围截面。见图 3.6 中的虚线。

(5)单根接闪线保护范围的计算

架空接闪线的弧垂程度，可按：等高支柱之间的距离小于 120m 时弧垂为 2m；间距为 120～150m 时，弧垂为 3m。当单根接闪线的高度 $h \geqslant 2h_r$ 时，是无保护范围的，故不应采用。当接闪线的高度 $h < 2h_r$ 时，保护范围按下列方法确定，见图 3.7。

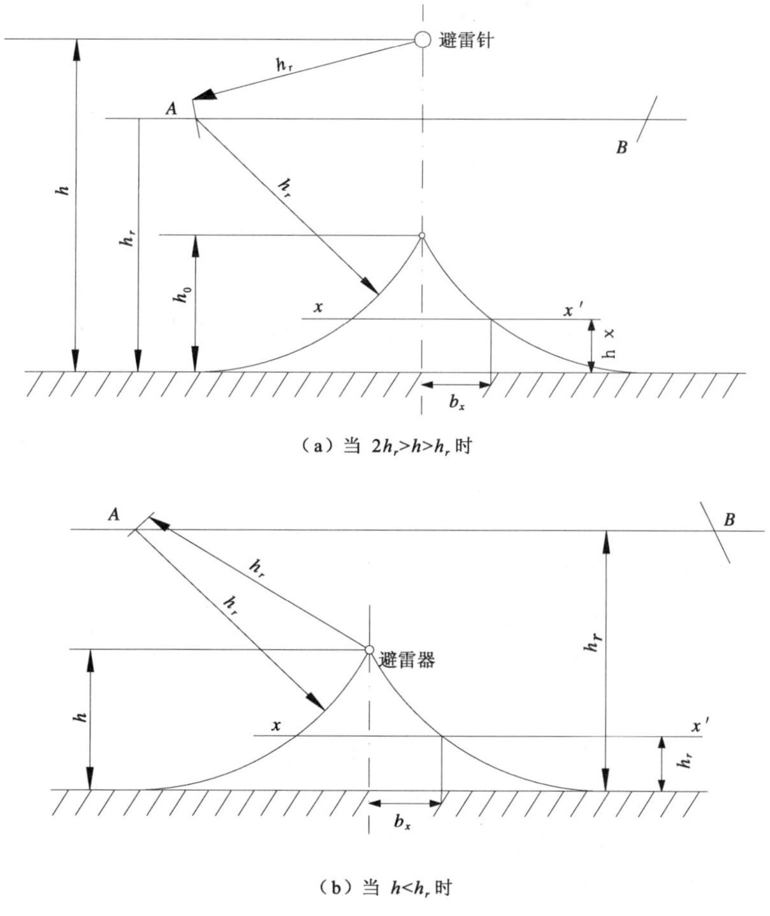


图 3.7　单根架空接闪线的保护范围

1)距地面 $h_r$ 处作一平行于地面的平行线；

2)当 $h \leqslant h_r$ 时，以接闪线为圆心，$h_r$ 为半径，作弧线交于平行线的 $A$、$B$ 两点；

3)以 $A$、$B$ 为圆心,$h_r$ 为半径作弧线,两弧线相交或相切并与地面相切,从该二弧线交点起到地面止就是保护范围;

4)当 $2h_r>h>h_r$ 时,保护范围最高点的高度 $h_0$。按下式计算

$$h_0 = 2h_r - h \tag{3.17}$$

5)接闪线在 $h_x$ 高度的 $XX'$,平面上的保护宽度(半径)$b_x$ 按下式计算

$$b_x = \sqrt{h(2h_r - h)} - \sqrt{h_x(2h_r - h_x)} \tag{3.18}$$

式中,$h$ 为接闪线的高度(m);$h_r$ 为滚球半径(m);$h_x$ 为被保护物的高度(m)。

6)接闪线两端的保护范围按单支接闪杆的方法确定。

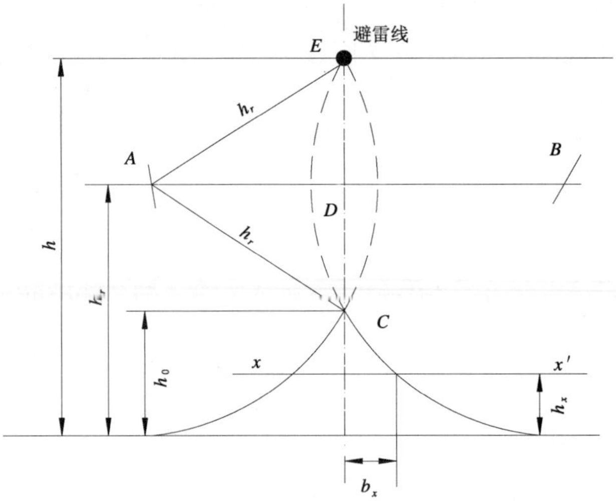


图 3.8 当接闪线高度时 $2h_r>h>h_r$ 时,接闪线保护范围的计算

7)说明

①图 3.8 为图 3.7a 的一部分,并加了辅助线。直角三角形 $ADC$ 与 $ADE$ 全等,故 $\overline{CD}=\overline{DE}=h-h_r$,而且 $h_0=h_r-\overline{CD}$,以前式代入后式得出式(3.17)。

②对于图 3.7a,式(3.18)的推导与式(3.17)类同,仅以 $b_x$ 代入 $r_x$,图 3.7a 的 $h_0$ 相当于图 3.7b 的 $h$,以(3.17)式的 $h_0$ 代入(3.18)式中的 $h$,得:

$$\begin{aligned} b_x &= \sqrt{(2h_r - h)(2h_r - 2h_r + h)} - \sqrt{h_x(2h_r - h_x)} \\ &= \sqrt{(2h_r - h)h} - \sqrt{h_x(2h_r - h_x)} \end{aligned}$$

可见,仍为(3.18)式,故(3.18)式均适用于图 3.7。

③图 3.7a 仅适用于保护范围最高点至接闪线之间的延长弧线(即图 3.8 中的弧线 $CE$)不触及其他物体的情况,例如不适用于接闪线设于建筑物外墙上方的屋檐、女儿墙上。

④图 3.7b 不适用于接闪线设在低于屋面的外墙上。

(6)两根等高接闪线保护范围的计算

1)在接闪线高度 $h\leqslant h_r$ 的情况下,当两根接闪线之间的距离 $D\geqslant 2\sqrt{(2h_r-h)h}$时,各按单根接闪线所规定的方法确定保护范围。

$D<2\sqrt{(2h_r-h)h}$时,保护范围按下列方法确定,见图 3.9。

①两根接闪线外侧的保护范围,各按单根接闪线方法确定;

②两根接闪线之间的保护范围是以 $A$、$B$ 两接闪线为圆心，$h_r$ 为半径作圆弧交于 $O$ 点，再以 $O$ 点为圆心，$h_r$ 为半径作的圆弧（交 $A$、$B$ 两点）；

③两接闪线之间保护范围最低点的高度 $h_0$。按下式计算

$$h_0 = \sqrt{h_r^2 - (D/2)^2} + h - h_r \tag{3.19}$$

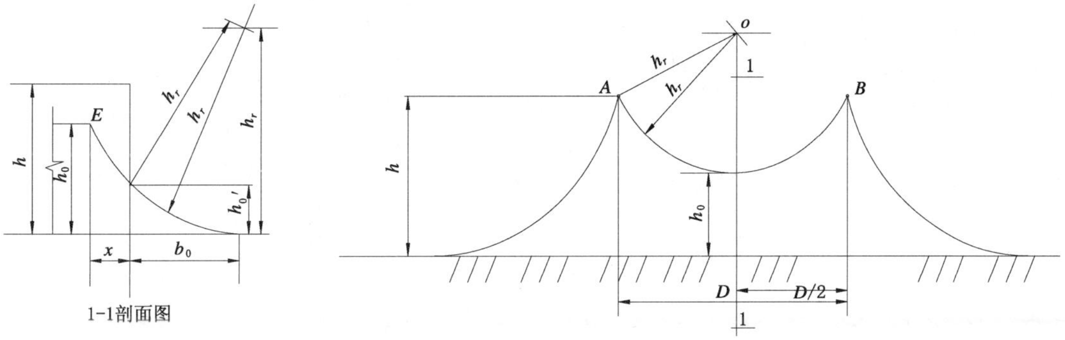


图 3.9　两根等高接闪线在 $h \leqslant h_r$ 时的保护范围

④接闪线两端的保护范围按双支接闪杆的方法确定，但在两接闪线间的中线两端，保护范围按以下方法确定，见图 3.9 中的（1—1）剖面图。以双支接闪杆所确定的两针之间的中线上保护范围最低点的高度

$$h_0' = h_r - \sqrt{(h_r - h)^2 + (D/2)^2}$$

作为假想接闪杆，将其保护范围的延长弧线与 $h_0 = f(h)$ 线交于 $E$ 点。内移位置的距离 $x$ 也可按下式计算

$$x = \sqrt{h_0(2h_r - h_0)} - b_0$$

$$b_0 = \sqrt{h(2h_r - h) - (D/2)^2} \tag{3.20}$$

2）在接闪线高度为 $h_r < h \leqslant 2h_r$ 而且接闪线之间的距离 $D$ 为 $2h_r > D > 2[h_r - \sqrt{h(2h_r - h)}]$ 情况下，按下列方法确定，见图 3.10。

①距地面 $h_r$ 处作一条与地面平行的线；

②以接闪线 $A$、$B$ 为圆心，$h_r$ 为半径，作弧线相交于 $O$ 点，并与平行线相交或相切于 $C$、$E$ 点；

③以 $O$ 点为圆心，$h_r$ 为半径作弧线交于 $A$、$B$ 点；

④以 $C$、$E$ 为圆心，$h_r$ 为半径作弧线交 $A$、$B$ 点并与地面相切；

⑤两接闪线之间保护范围最低点的高度 $h_0$ 按下式计算

$$h_0 = \sqrt{h_r^2 + (D/2)^2} + h - h_r \tag{3.21}$$

⑥最小保护宽度为 $b_m$ 位于 $h_r$ 高处，其值按下式计算

$$b_m = \sqrt{h(2h_r - h)} + \frac{D}{2} - h_r \tag{3.22}$$

⑦接闪线两端的保护范围按双支高度为 $h$ 的接闪杆确定，但在两接闪线间的中线两端，保护范围按以下方法确定，见图 3.10 中的（1—1）剖面图。以双支高度为 $h$ 的接闪杆所确定的中点保护范围，最低点的高度

$$h_0' = h_r - \frac{D}{2}$$

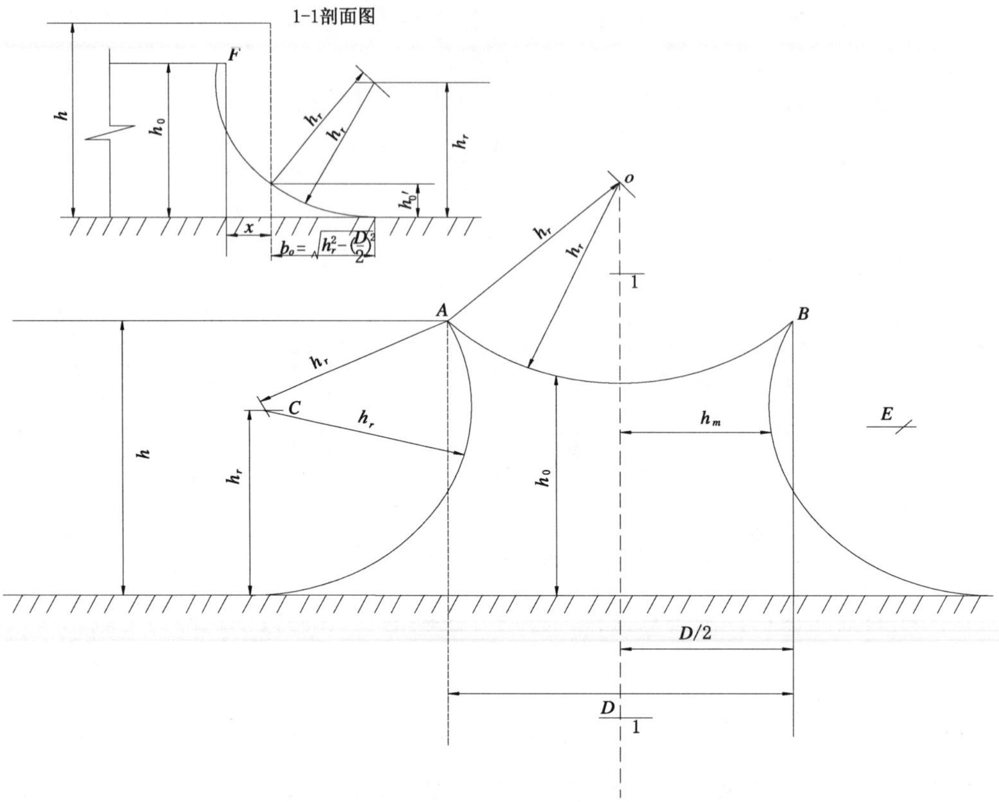


图 3.10 两根等高接闪线在 $h_r<h\leqslant 2h_r$ 时的保护范围

作为假想接闪杆，将其保护范围的延长弧线与 $h_0=f(h)$ 线交于 $F$ 点。内移位置的距离 $x$ 也可按下式计算

$$x=\sqrt{h_0(2h_r-h_0)}-\sqrt{h_r^2-\left(\frac{D}{2}\right)^2} \tag{3.23}$$

3)说明

①在图 3.10 的(1—1)剖面图中，$h_0'$ 相当于(3—14)式 $x=0$ 时的 $h_0$。同时，以此剖面为准，设图中 $h_0$ 的 $E$ 点作为假想接闪杆针端，可得其在地面的保护宽度为

$$(x+b_0)=\sqrt{h_0(2h_r—h_0)}$$

移项后得(3.23)式。

②式(3.21)的推导与式(3.19)类同。

③在图 3.10 的 $EC$ 线上，从中线至 $E$ 点的距离为 $(b_m+h_r)$，而其在地面的平行线的相应距离为

$$\frac{D}{2}+\sqrt{h(2h_r-h)}$$

式中的 $\sqrt{h(2h_r-h)}$ 项是式(3.18)当 $h_x=0$ 时得出的，故

$$b_m+h_r=\frac{D}{2}\sqrt{h(2h_r-h)}$$

移项后得出(3.21)式。

将假想接闪杆高度 $h$ 改作 $h_x$，即

$$h_x = h_r - \sqrt{(h_r - h)^2 (D/2)^2 - x^2}$$

④将 $x=0$，$h=h_r$ 两条件代入上式，则得出

$$h'_0 = h_r - \frac{D}{2}$$

⑤图 3.10 的(1—1)剖面中，根据

$$b_0 = \overrightarrow{CO} = \overrightarrow{EO}$$
$$= \sqrt{h(2h_r - h) - (D/2)^2}$$

代入 $h_r=h$ 于上式中，可得出

$$b_0 = \sqrt{h_r^2 - (D/2)^2}$$

⑥图 3.11 为图 3.10 中的(1—1)剖面的一部分。并加了辅助线。因 $HP$ 线与地面平行，故

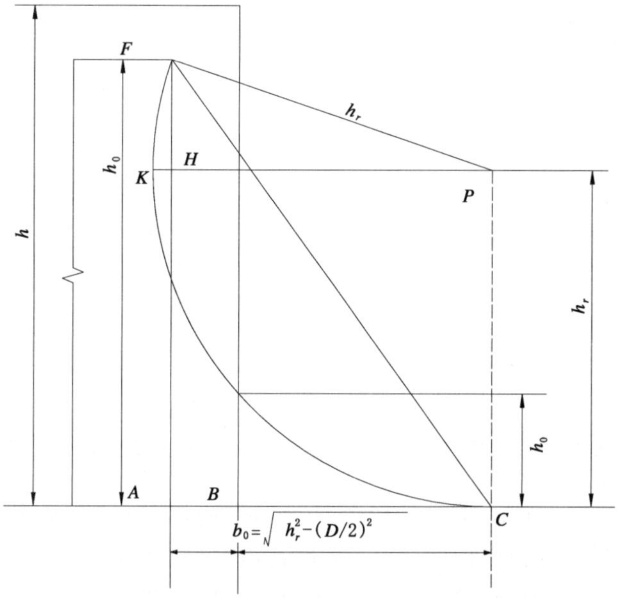


图 3.11　图 3.10 中的(1—1)剖面的一部分

$$\overrightarrow{HP} = \overrightarrow{AC} = x + \sqrt{h_r^2 + \left(\frac{D^2}{2}\right)}$$

由图 3.11 又知

$\overrightarrow{HA}=\overrightarrow{PC}=\overrightarrow{PF}=h_f$，$\overrightarrow{FA}=h_0$，$\overrightarrow{FH}=\overrightarrow{FA}-\overrightarrow{HA}=h_0-h_r$

由 Rt$\Delta FHP$，得

$$\overrightarrow{HP} = \sqrt{\overrightarrow{PF}^2 - \overrightarrow{FH}^2}$$
$$= \sqrt{h_r^2 - (h_0 - h_r)^2} = \sqrt{h_0(2h_r - h_0)}$$

则有

$$\sqrt{h_0(2h_r - h_0)} = x + \sqrt{h_r^2 - (D/2)^2}$$

移项后则得出(3.23)式。

7)特殊情况下的保护范围

当地面上保护范围的截面的外围线(即图中平面图的实线)触及屋面上的接地金属物或其他接闪器时(此时各图中的地面视作屋面上接地金属物或其他接闪器所处平面的延伸部分),则触及点处的保护范围仍按各相应的同样方法确定。当接地金属物或其他接闪器是处在上述外围线之内,且位于需要保护部位的边沿时(如屋顶四周的接地金属栏杆或其他接闪器与屋顶中部高处的接闪器,有时就属于这种情况),则按以下方法确定所需断面的保护范围(图3.12):

1)以 $A$、$B$ 为圆心,$h_r$ 为半径作弧线相交于 $O$ 点;

2)以 $O$ 点为圆心,$h_r$ 为半径作弧线 $AB$,弧线 $AB$ 就是保护范围的临界线。

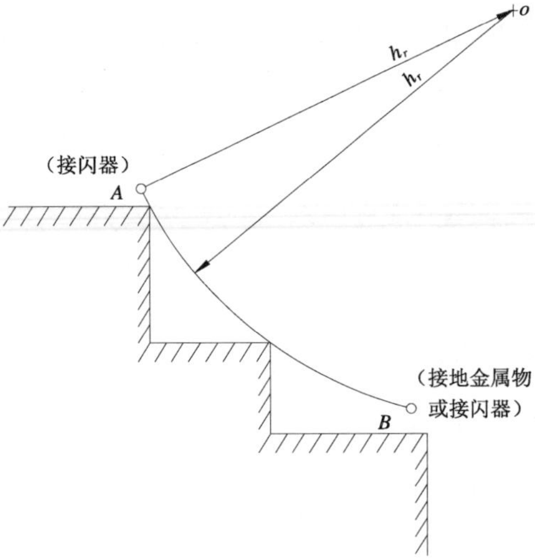


图 3.12 确定建筑物上任意两接闪器在所在断面上的保护范围

《GB 50057—2010 建筑物防雷设计规范》规定布置接闪器时可单独或任意组合地采用接闪杆、接闪网。因此,在建筑物屋面已采用接闪网保护的情况下,可将屋面等同于上述各图的地面,只要高于受接闪网保护的屋面以上的接闪器按前述方法所确定的"地面上保护范围的截面"的外周线处在该屋面范围时,按上述各图确定保护范围的方法也适用于这种情况;如仅部分外周线处在该屋面范围内时,则仅这部分按各图相应的方法确定保护范围。

3.3.1.5 接闪器设计注意事项

高层建筑接闪器注意尽量设计安装在建筑屋面外沿易受雷击部位以保护外沿建筑装饰,做到完全保护。高层建筑玻璃幕墙或其他类型装饰材料金属龙骨的顶部的金属盖板,是人为设立的导体,它沿建筑物女儿墙顶部分布,雷电先导被吸引过来,是雷击概率较大的部位。作为防止直击雷的措施,可将盖板设计成直接接受雷击的装置,起接闪器作用。其作用在于接受雷电流,同时又安全地把雷电流与建筑物防雷网接通,并导通入地达到防雷作用。

高层建筑幕玻璃墙顶部的接闪器,不能防止电流的侧面横向发展的绕击。高层建筑防雷电侧击重要做法是将建筑物内外的所有金属物做电气连接。玻璃幕墙竖向主龙骨应视为引下线,竖向主龙骨的跨接用扁钢制品截面必须达到表 3.1 的要求。

竖向主龙骨满足机械强度的要求时，除去焊接方式以外，采用压接方式其金属材料厚度达到4mm。竖向主龙骨采用焊接方式要满足施工规范的要求，圆钢搭接长度为其直径的6倍，且双面施焊；扁钢搭接长度为其宽度的2倍，且三面施焊；焊接处应做防腐处理。

不同金属压接，要做防电化腐蚀处理，如：钢与铝连接时，钢要镀锡；或在钢、铝之间加不锈钢垫片。竖直敷设的金属管道及金属物的顶端和底端应与防雷装置连接，并将建筑物的各种竖向金属管道每三层与均压环连接一次。

### 3.3.2　引下线

引下线是接闪器与接地网之间良好的引导雷电通道，让雷电流顺利地通过它散入大地，引下线一般采用明敷或暗敷，并优先利用建筑物内主钢筋或其他金属构件作为自然引下线。明敷引下线可沿建筑物最易受雷击的屋角敷设。建筑物的消防梯、钢柱等金属构件宜作为引下线的一部分，其各部件之间均应连成电气通路。建筑物各类防雷引下线平均间距应满足不大于表3.5的要求。

**表3.5　各类防雷建筑物引下线平均间距要求**

| 建筑物防雷类别 | 引下线间距(m) | 建筑物防雷类别 | 引下线间距(m) |
|---|---|---|---|
| 第一类防雷建筑物 | 12 | 第三类防雷建筑物 | 25 |
| 第二类防雷建筑物 | 18 | | |

注：当利用建筑物结构钢材或钢筋混凝土内钢筋作为自然引下线时，可不考虑表3.5的要求。

3.3.2.1　引下线材料规格要求

(1)引下线的材料、结构和最小截面应按照表3.1的规定取值。

(2)明敷引下线固定支架的间距不宜大于表3.6的要求。

**表3.6　明敷接闪导体和引下线固定支架的间距**

| 布置方式 | 扁形导体和绞线固定支架的间距(mm) | 单根圆形导体固定支架的间距(mm) |
|---|---|---|
| 安装于水平面上的水平导体 | 500 | 1000 |
| 安装于垂直面上的水平导体 | 500 | 1000 |
| 安装于从地面至高20 m垂直面上的垂直导体 | 1000 | 1000 |
| 安装在高于20 m垂直面上的垂直导体 | 500 | 1000 |

(3)引下线宜采用热镀锌圆钢或扁钢，宜优先采用圆钢。

当独立烟囱上的引下线采用圆钢时，其直径不应小于12mm；采用扁钢时，其截面不应小于100mm$^2$，厚度不应小于4mm。

(4)专设引下线应沿建筑物外墙外表面明敷，并经最短路径接地；建筑外观要求较高者可暗敷，但其圆钢直径不应小于10mm，扁钢截面不应小于80mm$^2$。

(5)建筑物的钢梁、钢柱、消防梯等金属构件以及幕墙的金属立柱宜作为引下线，但其各部件之间均应连成电气贯通，可采用铜锌合金焊、熔焊、卷边压接、缝接、螺钉或螺栓连接；其截面应按表3.1的规定取值；各金属构件可被覆有绝缘材料。

3.3.2.2 引下线敷设要求

(1)第一类防雷建筑物的独立接闪杆的杆塔、架空接闪线的端部和架空接闪网的各支柱处应至少设一根引下线。对用金属制成或有焊接、绑扎连接钢筋网的杆塔、支柱，宜利用其作为引下线，此时不需专设引下线。

(2)第一类防雷建筑物的金属屋面周边每隔 18～20m 应采用引下线接地一次。现场浇制的或由预制构架组成的钢筋混凝土屋面，其钢筋宜绑扎或焊接成闭合回路，并应每隔 18～24m 采用引下线接地一次。

(3)第二类防雷建筑物的专设引下线不应少于 2 根，并应沿建筑物四周和内庭院四周均匀对称布置，其间距沿周长计算不宜大于 18m。当建筑物的跨度较大，无法在跨距中间设引下线，应在跨距两端设引下线并减小其他引下线的间距，专设引下线的平均间距不应大于 18m。

(4)第三类防雷建筑物的专设引下线不应少于 2 根，并应沿建筑物四周和内庭院四周均匀对称布置，其间距沿周长计算不宜大于 25m。当建筑物的跨度较大，无法在跨距中间设引下线时，应在跨距两端设引下线并减小其他引下线的间距，专设引下线的平均间距不应大于 25m。

3.3.2.3 专设引下线设计注意事项

(1)引下线沿外墙均匀布设。

(2)屋面转角、易受雷击部位设置引下线。

(3)、垂直路径中选择可以取得最短路径处。

(4)根据建筑、设备平面图，引下线避免设置在强弱电井、管道竖井、电梯井等位置。

### 3.3.3 防雷接地

防雷接地是通过接地装置来实现的，接地装置是埋入地下的接地体与接地连线的总和。接地体分为自然接地体和人工接地体两类，自然接地体就是采用建筑物基础内的钢筋作为接地体，它包括与大地接触的各种金属构件、金属管道及建筑物桩、地渠等钢筋混凝土等；人工接地体是专门设置的接地体，它包括垂直接地体、水平接地体等。

目前建筑物的接地装置一般都采用自然接地装置，只有当自然接地装置的接地电阻不能满足建筑物对接地电阻值的要求时才允许采用增设人工接地装置。从防雷装置的要求来看，接地装置的接地电阻要求越小越好，但是接地电阻太小，其造价势必增加，因此，防雷规范对不同的防雷类别有不同的接地电阻值要求。

3.3.3.1 单个接地体的接地电阻

(1)垂直接地体

垂直接地体如图 3.13 所示，其中图(a)为顶端贴地面埋设，(b)顶端埋入地下距地面有一个深度 $t$。

这两种垂直接地体的接地电阻计算公式分别为

$$R_{gv1} = \frac{\rho}{2\pi l}\ln\frac{2l}{r_0} \tag{3.24}$$

$$R_{gv2} = \frac{\rho}{2\pi l}\ln\frac{\rho + t + \sqrt{r_0^2 + (l+t)^2}}{t + \sqrt{r_0^2 + t^2}} \tag{3.25}$$

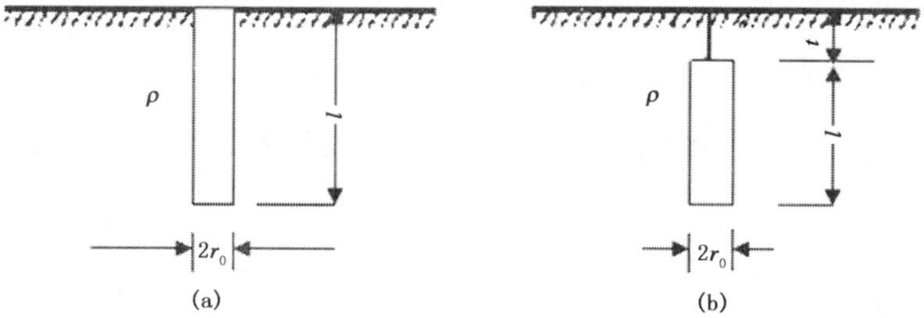


图 3.13　垂直接地体

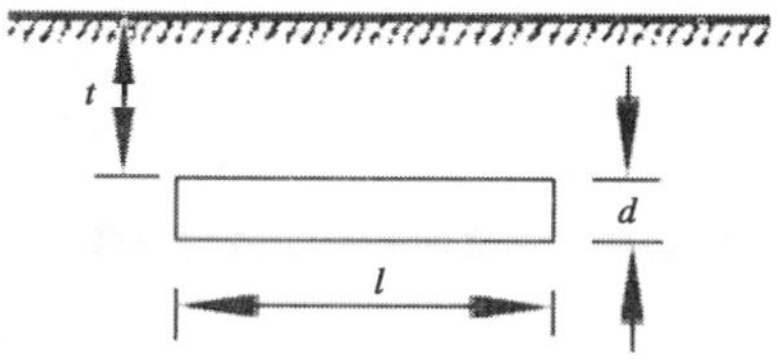


图 3.14　水平接地体

(2)水平接地体

水平接地体如图 3.14 所示，其接地电阻计算公式为

$$R_{gh}=\frac{\rho}{2\pi l}\ln\frac{l^2}{td}\tag{3.26}$$

如果水平接地体不是圆棒形，而是具有表 3.7 所示的形状，则对式(3.26)进行修正，可得这些水平接地体的接地电阻计算公式为

$$R_{ghs}=\frac{\rho}{2\pi l}\left(\ln\frac{l^2}{td}+A\right)\tag{3.27}$$

式中，$\rho$ 为土壤的电阻率，$\Omega\cdot m$；$l$ 为接地体长度，m；$t$ 为水平接地体埋深，m；$d$ 为接地体直径或等效直径，m，见表 3.7；$A$ 为水平接地体的形状系数，见表 3.8。

**表 3.7　型钢等效直径**

| 种类 | 圆钢 | 钢管 | 扁钢 | 角钢 |
|---|---|---|---|---|
| 简图 | ● | ◎ | — | ┐ |
| $d$ | $d$ | $d'=1.2d$ | $b2$ | 等边时：$d=0.84b$；不等边时：$d=0.71\sqrt{b_1b_2、(b_1^2+b_2^2)}$ |

**表 3.8　水平接地体形状系数 A 值**

| 形状 |  |  |  |  |  |  |  |  |
|---|---|---|---|---|---|---|---|---|
| A | 8.81 | 5.27 | 2.14 | 0.87 | 0.48 | 1.69 | 0.38 | 0.00 |

3.3.3.2　组合接地体的接地电阻

(1)多根垂直接地体

顶端贴地面埋设的多根垂直接地体如图 3.15 所示，其中图 3.15a 为直线排列，图 3.15b

为圆周排列。多根垂直接地体的总接地电阻可表示为

$$R_{gn} = \frac{R_{gv}}{n} = \frac{1}{\eta_v} \tag{3.28}$$

式中，$R_{gv}$ 为单根垂直接地体的接地电阻，Ω；$n$ 为垂直接地体的根数；$\eta_v$ 为利用系数。

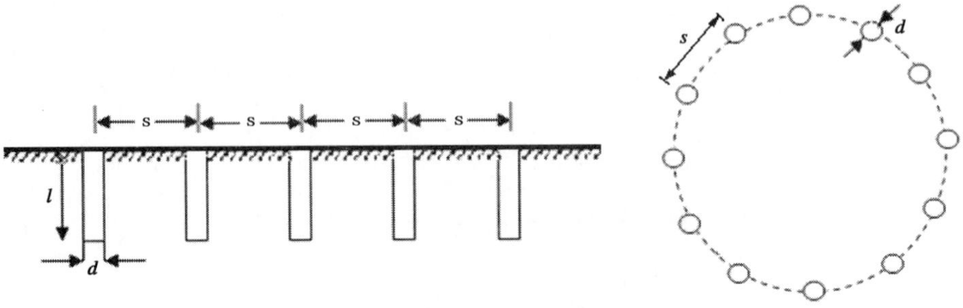


(a) (b)

图 3.15 顶端贴地面埋设的多根垂直接地体

对于图 3.15a 所示直线排列，有

$$\eta_v = \left(1 + \frac{\rho}{2\pi R_{gv}} \sum_{k=1}^{n-1} \frac{1}{D\sin\frac{k\pi}{n}}\right)^{-1} \tag{3.29}$$

对于图 3.15b 所示的圆周排列，有

$$\eta_v = \left(1 + \frac{\rho}{\pi s R_{gv}} \sum_{k=2}^{n} \frac{1}{k}\right)^{-1} \tag{3.30}$$

(2)由水平接地体连接的多根垂直接地体

以上讨论了 $n$ 根贴地面埋设的垂直接地体总接地电阻的计算，由于是贴地面埋设，没有考虑水平连线的作用。实际上，$n$ 根垂直接地体的顶端常埋于地下，其顶端由水平接地连线连接，在计算这种排列的接地系统总接地电阻时，应当考虑垂直接地体与水平接地连线之间的屏蔽作用，其总地电阻为

$$R_{gc} = \frac{\frac{R_{gv}}{n} \cdot R_{gh}}{\frac{R_{gv}}{n} + R_{gh}} \cdot \frac{1}{\eta_c}(\Omega) \tag{3.31}$$

式中，$\eta_c$ 为利用系数，其取值见表 3.9；$R_{gh}$ 为水平接地连线的接地电阻。

**表 3.9 利用系数 $\eta_c$ 的取值**

| 序号 | 接地体结构 | $s/l$ | 垂直接地体数量 | 利用系数 $\eta_c$ | 序号 | 接地体结构 | $s/l$ | 垂直接地体数量 | 利用系数 $\eta_c$ |
|---|---|---|---|---|---|---|---|---|---|
| 1 | 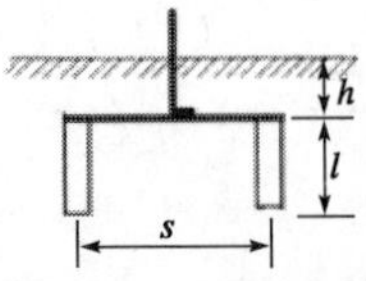  | 2<br>3 | 2<br>3 | 0.80<br>0.85 | 4 | 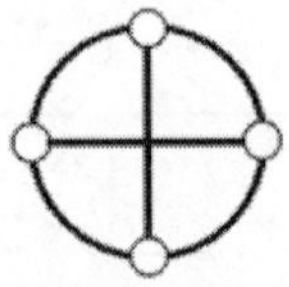 | 2<br>3 | 4<br>4 | 0.70<br>0.75 |

续表

| 序号 | 接地体结构 | $s/l$ | 垂直接地体数量 | 利用系数 $\eta_c$ | 序号 | 接地体结构 | $s/l$ | 垂直接地体数量 | 利用系数 $\eta_c$ |
|---|---|---|---|---|---|---|---|---|---|
| 2 | 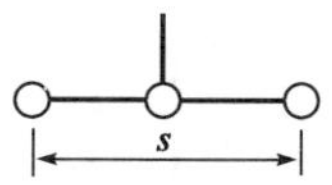 | 2<br>3 | 3<br>3 | 0.75<br>0.80 | 5 | 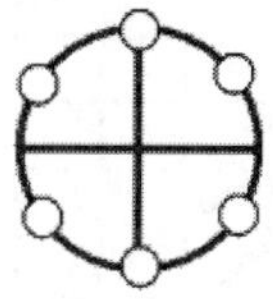 | 2<br>3 | 6<br>6 | 0.65<br>0.70 |
| 3 | 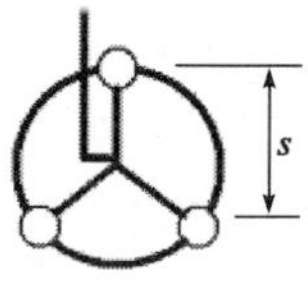 | 2<br>3 | 3<br>3 | 0.70<br>0.75 | | | | | |

3.3.3.3　网状接地体

(1)水平接地网

水平接地网如图 3.16 所示，其接地电阻的最简单估算公式为

$$R_{gg0}=\frac{0.44\rho}{\sqrt{A}}+\frac{\rho}{L}\approx\frac{0.5\rho}{\sqrt{A}}(\Omega) \tag{3.32}$$

式中，$\rho$ 为土壤的电阻率，$\Omega\cdot m$；$A$ 为接地网面积，$m^2$；$L$ 为接地网导体的总长，m；$A$ 为水平接地体的形状系数，见表 3.8。

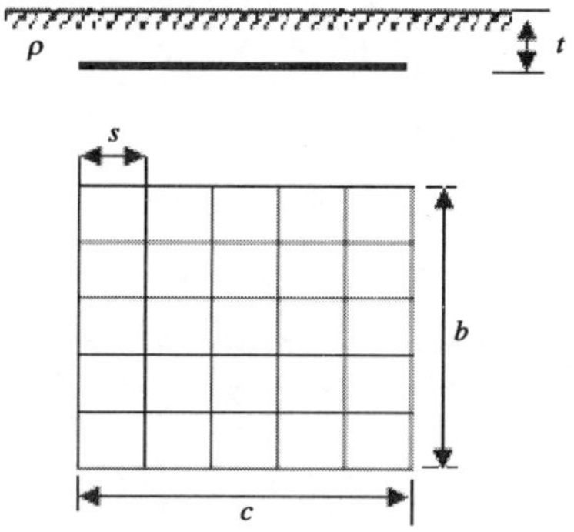

图 3.16　水平接地网

在考虑了接地网的总体尺寸后，其接地电阻计算公式为

$$R_{gg1}=\frac{\rho}{\pi L}+\left(\ln\frac{2L}{a'}+\beta_1\frac{L}{\sqrt{A}}-\beta_2\right)(\Omega) \tag{3.33}$$

式中，$L$ 为接地网导体的总长；$r_0$ 为导体的半径；$\beta_1$、$\beta_2$ 为常数，它们的取值见图 3.17。

如果再考虑到接地网的网孔个数，接地电阻可表示为

$$R_{gg1}=\frac{0.1\rho\gamma_1\gamma_2}{b}(\Omega) \tag{3.34}$$

式中，$\gamma_1$、$\gamma_2$ 为常数，它们的取值见图 3.18。

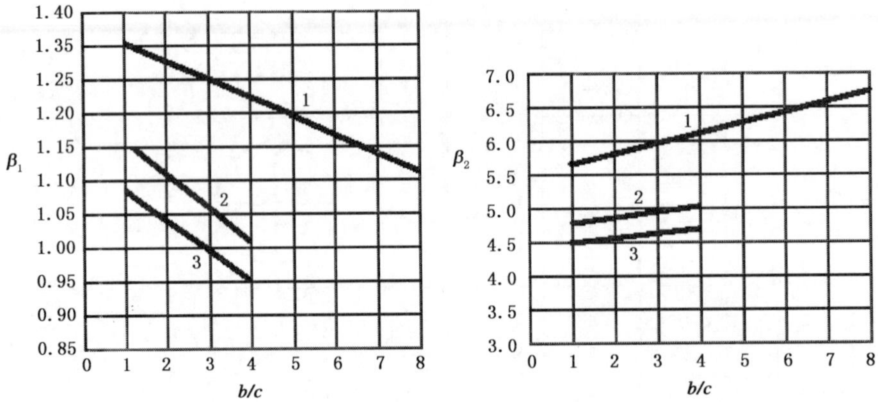


1：$t\approx 0$ 时；2：$t\approx \frac{\sqrt{A}}{10}$时；3：$t\approx \frac{\sqrt{A}}{6}$时

图 3.17 $\beta_1$、$\beta_2$ 的取值曲线

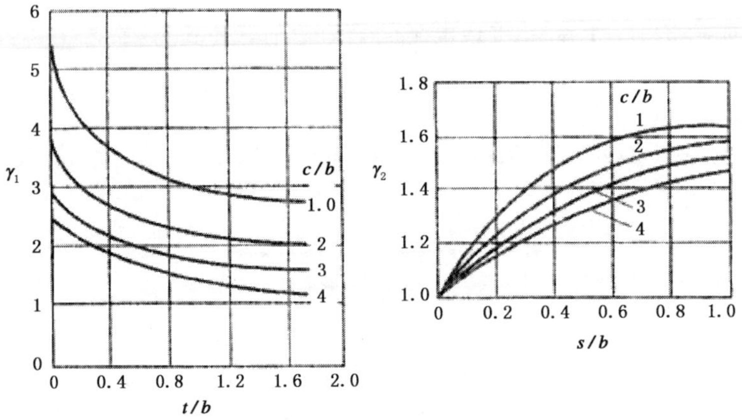


图 3.18 $\gamma_1$、$\gamma_2$ 的取值曲线

(2)带垂直接地体的接地网

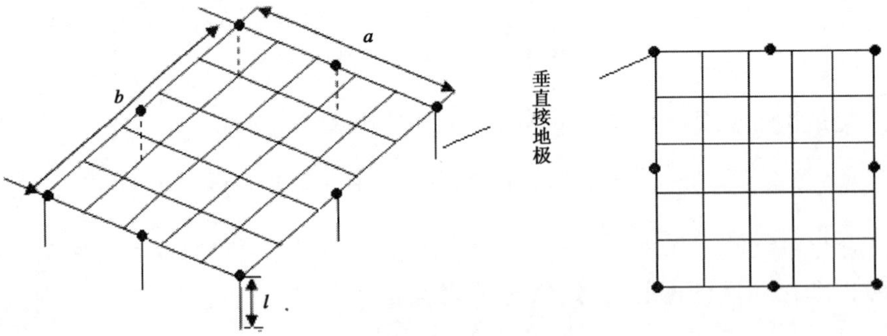


图 3.19 带垂直接地体的接地网

带垂直接地体的接地网如图 3.19 所示，其水平接地网部分由式(3.32)估算，接地网边缘

垂直接地体的总接地电阻为

$$R_{gn2} = \frac{\rho}{2\pi nl}\left[\ln\frac{4l}{r_0} + 1\,\frac{2\beta_1 l}{\sqrt{A}}(\sqrt{n}-1)^2\right](\Omega) \tag{3.35}$$

式中，$n$ 为垂直接地体的根数；$r_0$ 为垂直接地体的半径；$\beta_1$ 为常数，其取值见图3.17。水平接地网与垂直接地体之间组合的接地电阻为

$$R_{gm} = \frac{\rho}{nL}\left[\ln\frac{2L}{l} + \beta_1\,\frac{L}{\sqrt{A}} - \beta_2 + 1\right](\Omega) \tag{3.36}$$

式中，$L$ 为水平接地网导体的总长度，$\beta_2$ 为常数，其取值见图3.17。于是带垂直接地体接地网的总接地电阻可表示为

$$R_{ghv} = \frac{R_{gg1}\cdot R_{gn2} - R_{gm}^2}{R_{gg1} + R_{gn2} - 2R_{gm}}(\Omega) \tag{3.37}$$

对于以上接地电阻，俄罗斯学者推荐了一种比较实用的简化计算公式

$$R_{ghv} = \rho\left(\frac{\Gamma}{\sqrt{A}} + \frac{1}{L+nl}\right)(\Omega) \tag{3.38}$$

式中，$\Gamma$ 为常数，由 $l/\sqrt{A}$ 值来确定，见表3.10。

**表3.10　系数 $\Gamma$ 的取值**

| $2\sqrt{\rho}$ | 0 | 0.05 | 0.1 | 0.2 | 0.5 |
|---|---|---|---|---|---|
| $\Gamma$ | 0.44 | 0.40 | 0.37 | 0.33 | 0.26 |

3.3.3.4　自然接地体的接地电阻

利用建、构筑物基础中的金属结构作为接地体，称为自然接地体。它的优点是可以节省金属材料、减少土方开挖及回填工程量，而且，由于其中金属受混凝土的保护不易生锈，使用寿命长。

当利用钢筋混凝土基础内钢筋作为接地装置时，钢筋之间的连接可采用常用的绑扎法、螺丝扣连接或焊接。

(1)垂直圆柱形钢筋混凝土接地体的接地电阻

1)在均质土壤中的接地电阻按下式计算

$$R = \frac{1}{2\pi l}\left(\frac{\rho_1}{K_1}\ln\frac{4l}{d} + \frac{\rho-\rho_1}{K_2}\ln\frac{4l}{d_1}\right)(\Omega) \tag{3.39}$$

式中：$\rho$ 为土壤的电阻率，$\Omega\cdot m$；$\rho_1$ 为混凝土的电阻率，$\Omega\cdot m$；$d_1$ 为圆柱形混凝土体的直径，m；$d$ 为接地体(圆柱形混凝土体内钢筋)的直径，m；$l$ 为接地体(钢筋体或圆柱形混凝土体)埋设在地面下的长度，m；$K_1$，$K_2$ 为接地体和混凝土体计算系数，分别按 $\frac{d}{2l}$ 和 $\frac{d_1}{2l}$ 从表3.11中查出。

**表3.11　接地体和混凝土计算系数 $K_1$ 和 $K_2$**

| $2\sqrt{\rho}$，$2\sqrt{\rho}$ | 0.1 | 0.2 | 0.3 | 0.4 | 0.5 | 0.6 | 0.7 | 0.8 |
|---|---|---|---|---|---|---|---|---|
| $K_1$，$K_2$ | 1 | 0.98 | 0.95 | 0.9 | 0.82 | 0.74 | 0.65 | 0.55 |

2)在两层不同土壤中的接地电阻(相当于将一个接地体分成两个假定单元接地体的并联

接地电阻)按下式计算

$$\left.\begin{aligned}R &= \frac{R_1R_2}{R_1+R_2}(\Omega)\\R_1 &= \frac{1}{2\pi l_1}\left[\rho_1\ln\frac{4l}{d}+(\rho-\rho_1)\ln\frac{4l}{d_1}\right](\Omega)\\R_2 &= \frac{1}{2\pi(l-l_1)}\left[\rho_2\ln\frac{4l}{d}+(\rho_3-\rho_2)\ln\frac{4l}{d_1}\right](\Omega)\end{aligned}\right\}\tag{3.40}$$

式中,$R_1$,$R_2$ 为第一个及第二个假定单元的电阻,Ω;$\rho$,$\rho_3$ 为上、下层土壤的电阻率,Ω·m;$\rho_1$,$\rho_2$ 为埋设在上、下层土壤中混凝土的电阻率,Ω·m;$l_1$ 为上层土壤厚度,m;$d_1$ 为圆柱形混凝土体的直径,m;$d$ 为接地体(圆柱形混凝土体内钢筋)的直径,m;$l$ 为接地体(钢筋体或圆柱形混凝土体)埋设在地面下的长度,m。

(2)水平敷设的圆柱形钢筋混凝土接地体的接地电阻按下式计算

$$R = \frac{\rho_1}{2\pi l}\ln\frac{d_1}{d}+\frac{\rho}{2\pi l}\ln\frac{l^2}{d_1h}(\Omega)\tag{3.41}$$

式中,$h$ 为水平接地体(钢筋体或圆柱形混凝土体)埋深,m;$\rho$ 为土壤的电阻率,Ω·m;$\rho_1$ 为混凝土的电阻率,Ω·m;$d_1$ 为圆柱形混凝土体的直径,m;$d$ 为接地体(圆柱形混凝土体内钢筋)的直径,m;$l$ 为接地体(钢筋体或圆柱形混凝土体)埋设在地面下的长度,m。

(3)水平敷设成闭合矩形的圆柱形钢筋混凝土接地体的接地电阻按下式计算

$$R = \frac{\rho_1}{2\pi l}\ln\frac{d_1}{d}+\frac{\rho}{.5\pi l}\left(\ln\frac{l^2}{d_1h}+A\right)(\Omega)\tag{3.42}$$

式中,$h$ 为水平接地体(钢筋体或圆柱形混凝土体)埋深,m;$l$ 为接地体的长度,m,接地体成闭合矩形时为周长;$A$ 为闭合矩形接地体的形状系数(表 3.12);$\rho$ 为土壤的电阻率,Ω·m;$\rho_1$ 为混凝土的电阻率,Ω·m;$d_1$ 为圆柱形混凝土体的直径,m;$d$ 为接地体(圆柱形混凝土体内钢筋)的直径,m。

**表 3.12 闭合矩形接地体的形状系数 A 值**

| 长短边比 | 1 | 1.5 | 2 | 3 | 4 | 5 | 6 | 7 | 8 | 9 | 10 |
|---|---|---|---|---|---|---|---|---|---|---|---|
| $A$ 值 | 1.69 | 1.76 | 1.85 | 2.10 | 2.34 | 2.53 | 2.81 | 2.93 | 3.12 | 3.29 | 3.42 |

当钢筋混凝土体断面是矩形时,则式(3.42)中 $d$、$d_1$ 为等效直径,其值等于$\frac{2(a+b)}{\pi}$(m),其中 $a$ 和 $b$ 分别为混凝土体或钢筋体矩形横截面的长、短边之长(m)。

(4)倒 T 形钢筋混凝土基础的接地电阻按下式计算

$$R = \frac{R_1R_2}{0.9(R_1+R_2)}(\Omega)\tag{3.43}$$

$$R_2 = \frac{ak_h\rho}{4d_p}(\Omega)\tag{3.44}$$

$$a = 1+\frac{2}{\pi}\arcsin\frac{d_p}{\sqrt{16t^2+d^2}}$$

式中,$R_1$ 为该基础上部垂直圆柱形钢筋混凝土体的接地电阻,计算公式见(3.39);$R_2$ 为该基础下部平板形钢筋混凝土体的接地电阻;$\rho$ 为土壤的电阻率,Ω·m;$d_p$ 为平板形钢筋混凝土体的钢筋网的直径或等效直径,m;$k_h$ 为考虑混凝土层影响的系数,其值一般可取 1;$a$ 为埋设影响系数；$t$ 为钢筋网埋设深度，m。

当平板形钢筋混凝土体中的钢筋网截面是矩形时，$d_p$ 为等效直径，其值为 $1.13\sqrt{ab}$(m)，其中 $a$、$b$ 为矩形的长、短边的长度，m。

(5)水工构筑物钢筋混凝土接地体的接地电阻按下式计算

$$R=\frac{4\rho_s}{S}(\Omega) \tag{3.45}$$

式中，$\rho_s$ 为水的电阻率，Ω·m；$S$ 为混凝土与水接触的表面积，$m^2$。

3.3.3.5　冲击接地电阻

冲击接地电阻是指接地装置流过雷电冲击电流时所表现的电阻值。防雷规范中所规定的接地电阻，指的是冲击接地电阻，但是，用接地电阻测量仪器所测得的数值却是工频接地电阻。为了方便起见，工程上常用雷电流幅值 $I$ 与接地体的冲击电位幅值 $U_m$ 之比来定义冲击接地电阻，即

$$R_{im}=\frac{U_m}{I}(\Omega) \tag{3.46}$$

式中，为冲击接地电阻。

(1)接地装置冲击接地电阻与工频接地电阻的换算应按下式确定：

$$R_{\sim}=AR_i(\Omega) \tag{3.47}$$

式中，$R_{\sim}$ 为接地装置各支线的长度取值小于或等于接地体的有效长度 $l_e$ 或者有支线大于 $l_e$ 而取其等于 $l_e$ 时的工频接地电阻(Ω)；$A$ 为换算系数，其数值应按图 3.20 确定；$R_i$ 为所要求的接地装置冲击接地电阻(Ω)。

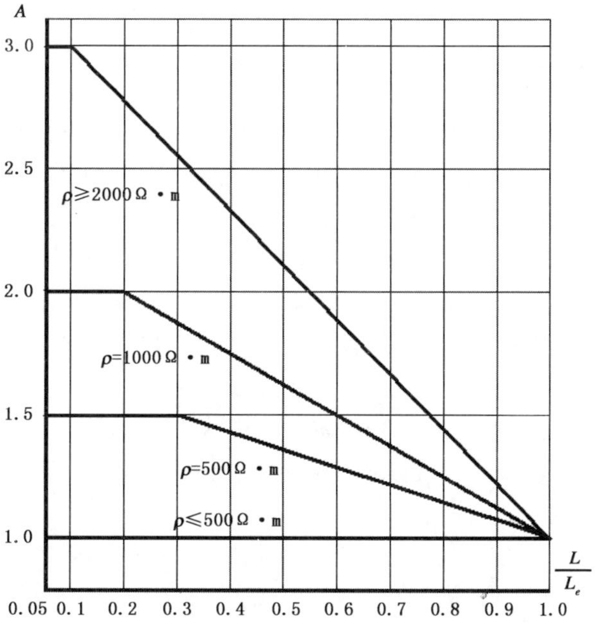


图 3.20　各种不同土壤电阻率换算系数 $A$ 值

($l$ 为接地体最长支线的实际长度，其计量与 $l_e$ 类同。当 $l>l_e$ 时，取其等于 $l_e$)

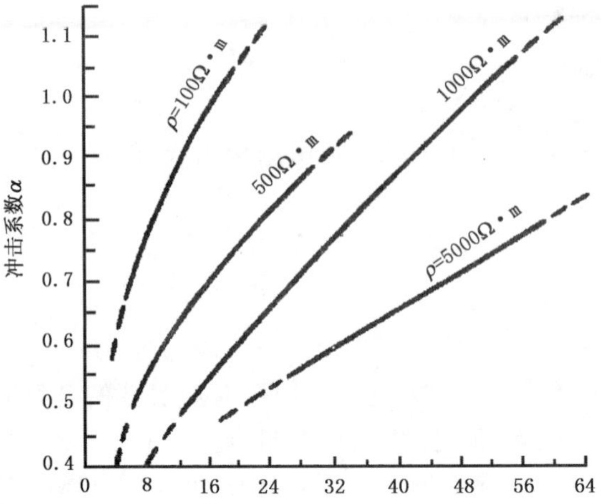


图 3.21 各种不同土壤电阻率冲击系数 α 值

(2)换算公式中的 A 值,实际上是冲击系数 α 的倒数。其数值应按图 3.21 和表 3.13 确定。

**表 3.13 接地装置工频接地电阻与冲击接地电阻的比值 α**

| 土壤电阻率 ρ(Ω·m) | ≤100 | 100～500 | 500～100 | ≥1000 |
|---|---|---|---|---|
| 工频接地电阻与冲击接地电阻值的比值 $R/R_i$ | 1.0 | 1.5 | 2.0 | 3.0 |

①表 3.13 适用于引下线接地点至接地体最远端不大于 20m 的情况;

②如土壤电阻率在表列两个数值之间时,用插入法求得相应的比值。

### 3.3.4 建筑物防雷电侧击措施

防雷电侧击通常采用沿建筑物四周设水平接闪带,滚球半径高度以上的外墙上的栏杆、门窗等较大金属物与防雷装置连接。金属门窗的防雷接地,不仅对雷电侧击的防护有着重要作用,同时有着良好的防雷电感应和屏蔽作用(图 3.22)。

(1)第一类防雷建筑物,当建筑物高于 30m 时,还应采取以下防侧击的措施:

1)应从 30m 起每隔不大于 6m 沿建筑物四周设水平接闪带并与引下线相连。

2)30m 及以上外墙上的栏杆、门窗等较大的金属物应与防雷装置连接。

(2)第二类和第三类防雷建筑物,当高度超过 60m 的建筑物,其上部占高度 20%并超过 60m 的部位应防侧击,防侧击应符合下列规定:

1)在建筑物上部占高度 20%并超过 60m 的部位,各表面上的尖物、墙角、边缘、设备以及显著突出的物体,应按屋顶的保护措施考虑。

2)在建筑物上部占高度 20%并超过 60m 的部位,布置接闪器应符合对本类防雷建筑物的要求,接闪器应重点布置在墙角、边缘和显著突出的物体上。

3)可利用外部金属物作为接闪器,还可利用布置在建筑物垂直边缘处的外部引下线作为接闪器。

4)竖直敷设的金属管道及金属物的顶端和底端与防雷装置连接。

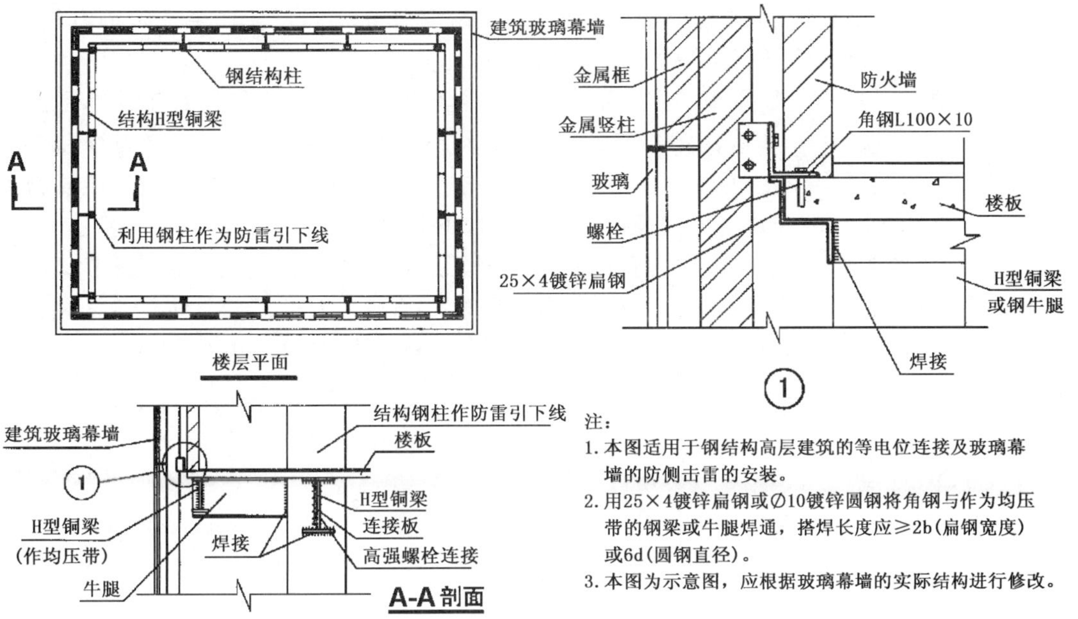


图 3.22　高层建筑物玻璃幕墙与防雷装置连接

### 3.3.5　建筑物其他外部防雷措施

(1)当采用接闪器保护建筑物、封闭气罐时，其外表面外的 2 区爆炸危险环境可不在滚球法确定的保护范围内。

(2)固定在建筑物上的节日彩灯、航空障碍信号灯及其他用电设备的线路，应根据建筑物的重要性采取相应的防雷电波侵入的措施，并应符合以下的规定：

1)无金属外壳或保护网罩的用电设备宜处在接闪器的保护范围内，不宜布置在接闪网之外，并不宜高出接闪网。当无金属外壳或保护网罩的用电设备不在接闪器的保护范围内时，其带电体遭雷击的可能性比处在保护范围内的大得多，而带电体遭直接雷击后可能沿导体将高电位引入室内。当采用接闪网时，根据接闪网的保护原则，被保护物应处于该网保护之内并不高出接闪网。

2)从配电盘引出的线路宜穿钢管。钢管的一端宜与配电盘的外壳相连；另一端宜与用电设备的外壳、保护罩相连，并宜就近与屋面防雷装置相连，当钢管因连接设备而中间断开时宜设跨接线。穿钢管和两端连接的目的在于使其起到屏蔽、分流和集肤作用。通常，由于配电盘外壳已按电气安装要求作了接地，不管该接地与防雷接地是否共用，这时保护钢套管实际上与防雷装置的引下线并联，各自起到了分流作用，当防雷装置或设备金属外壳遭雷击时均有一部分雷电流经钢管、配电盘外壳入地。这部分雷电流将对钢管内的线路感应出与其在钢管上所感应出的电压同值，即 $L\dfrac{di}{dt}=M\dfrac{di}{dt}$，故 $L=M$。因此，可降低线路与钢管之间的电位差。

当雷击中带电体与钢管短接时，由于钢管的集肤作用(雷电流的频率达数千赫兹)和上述的互感电压将使雷电流从钢管流走，管内线路无雷电流。

3)在配电盘内，宜在开关的电源侧与外壳之间装设电涌保护器。当防雷装置或设备金属外壳遭雷击时，开关电源侧的电线、设备与钢管和配电盘外壳之间可能产生危险的电位差，故宜在开关的电源侧装设电涌保护装置。

(3)粮、棉及易燃物大量集中的露天堆场，宜采用防直击雷的措施。当其年计算雷击次数大于或等于 0.05 次/a 时，宜采用独立接闪杆或架空接闪线防直击雷。独立接闪杆和架空接闪线保护范围的滚球半径 $h_r$ 可取 100m。在计算雷击次数时，建筑物的高度可按堆放物可能堆放的高度计算，其长度和宽度可按堆放物可能堆放的长度和宽度计算。

(4)在独立接闪杆、架空接闪线(网)的支柱上严禁悬挂电话线、广播线、电视接收天线及低压架空线等。以前在调查中发现，有的单位把电话线、广播线以及低压架空线等悬挂在独立接闪杆、架空接闪线立杆以及建筑物的防雷引下线上，这样容易造成高电位侵入，这是非常危险的。

## 3.4 内部防雷

### 3.4.1 等电位连接

等电位就是将分开的诸金属物体采用金属导线进行电气连接。具体做法是将电气和电子设备的金属外壳、机柜、机架、金属管(槽)、屏蔽线缆外层、防静电接地、安全保护接地和电涌保护器接地端等以最短的距离与等电位接地端子连接。其要求“以最短距离”系指连接导线应最短，过长的连接导线将构成较大的环路面积会增大对防雷空间内 LEMP 的耦合概率，从而增大 LEMP 的干扰度。等电位在建筑物防雷设计、评估、检测或验收中一般分为建筑物等电位和建筑物电子系统和电气系统等电位。

#### 3.4.1.1 第一类防雷建筑物的等电位连接

(1)建筑物内的设备、管道、构架、电缆金属外皮、钢屋架、钢窗等较大金属物和突出屋面的放散管、风管等金属物，均应接到防雷电感应的接地装置上。金属屋面周边每隔 18～24m 应采用引下线接地一次。现场浇制的或由预制构件组成的钢筋混凝土屋面，其钢筋宜绑扎或焊接成闭合回路，并应每隔 18～24m 采用引下线接地一次。

(2)平行敷设的管道、构架和电缆金属外皮等长金属物，其净距小于 100mm 时应采用金属线跨接，跨接点的间距不应大于 30m；交叉净距小于 100mm 时，其交叉处亦应用金属线跨接。

当长金属物的弯头、阀门、法兰盘等连接处的过渡电阻大于 0.03 Ω 时，连接处应用金属线跨接。对有不少于 5 根螺栓连接的法兰盘，在非腐蚀环境下，可不跨接。

(3)防雷电感应的接地装置应和电气设备接地装置共用，其工频接地电阻不宜大于 10 Ω。防雷电感应的接地装置与独立接闪杆、架空接闪线或架空接闪网的接地装置之间的距离应符合本节的要求。

1)屋内接地干线与防雷电感应接地装置的连接，不应少于两处。

2)架空金属管道，在进出建筑物处，应与防雷电感应的接地装置相连。距离建筑物 100m 内的管道，应每隔 25m 接地一次，其冲击接地电阻不应大于 30 Ω，并宜利用金属支架或钢筋混凝土支架的焊接、绑扎钢筋网作为引下线，其钢筋混凝土基础宜作为接地装置。

埋地或地沟内的金属管道，在进出建筑物处亦应与防雷电感应的接地装置相连。

3.4.1.2　第二类防雷建筑物的等电位连接

(1)防直击雷接地宜和防雷电感应、电气设备等接地共用同一接地装置，并宜与埋地金属管道相连。

在共用接地装置与埋地金属管道相连的情况下，接地装置宜围绕建筑物敷设成环形接地体。

(2)构件内有箍筋连接的钢筋或成网状的钢筋，其箍筋与钢筋的连接，钢筋与钢筋的连接应采用土建施工的焊接。单根钢筋或圆钢或外引预埋连接板、线与上述钢筋的连接应焊接或绑扎、螺丝扣或对焊连接。构件之间必须连接成电气通路。

3.4.1.3　第三类防雷建筑物的等电位连接

接地装置宜与电气设备等接地装置共用。防雷的接地装置宜与埋地金属管道相连。

在共用接地装置与埋地金属管道相连的情况下，接地装置宜围绕建筑物敷设成环形接地体。

3.4.1.4　等电位连接材料及对截面积的要求

等电位连接材料的要求见表 3.14。各防雷区等电位连接导体最小截面的要求应符合表 3.15 中的要求。

**表 3.14　防雷装置各连接部件的最小截面**

<table>
<tr><th colspan="3">等电位连接部件</th><th>材料</th><th>截面(mm²)</th></tr>
<tr><td colspan="3">等电位连接带(铜、外表面镀铜的刚或热镀锌钢)</td><td>铜、铁</td><td>50</td></tr>
<tr><td colspan="3" rowspan="3">从等电位连接带至接地装置或各等电位连接带之间的连接导体</td><td>铜</td><td>16</td></tr>
<tr><td>铝</td><td>25</td></tr>
<tr><td>铁</td><td>50</td></tr>
<tr><td colspan="3" rowspan="3">从屋内金属装置至等电位连接带的连接导体</td><td>铜</td><td>6</td></tr>
<tr><td>铝</td><td>10</td></tr>
<tr><td>铁</td><td>16</td></tr>
<tr><td rowspan="5">连接电涌保护器的导体</td><td rowspan="3">电气系统</td><td>Ⅰ级试验的电涌保护器</td><td rowspan="5">铜</td><td>6</td></tr>
<tr><td>Ⅱ级试验的电涌保护器</td><td>2.5</td></tr>
<tr><td>Ⅲ级试验的电涌保护器</td><td>1.5</td></tr>
<tr><td rowspan="2">电子系统</td><td>D1 类电涌保护器</td><td>1.2</td></tr>
<tr><td>其他类的电涌保护器(连接导体的截面可小于 1.2mm²)</td><td>根据具体情况确定</td></tr>
</table>

**表 3.15　各防雷区等电位连接导体最小截面的要求($mm^2$)**

| 材料 | LPZ1 区内等电位连接导体 | LPZ0 等电位连接导体 |
|---|---|---|
| 铜 | 16 | 6 |
| 铝 | 25 | 10 |
| 铁 | 50 | 16 |

3.4.1.5 总等电位及辅助等电位连接

(1)建筑物总等电位接地端子应在如下位置进行设计

1)变压器室,高、低配电间和发电机房的 PE(PEN)母线排处;

2)进出建筑物的金属管道就近处,如给水、煤气、空调、暖气等管

3)建筑物内大型金属构架处;

4)人工接地装置处及其引出线处,见图 3.23。

建筑物总等电位端子应采用不小于表 3.14 第一行的要求并应在两端与建筑物基础或引下线柱内钢筋连接。所有出入建筑物的金属管线均应连接到这个总等电位连接板(带)上。

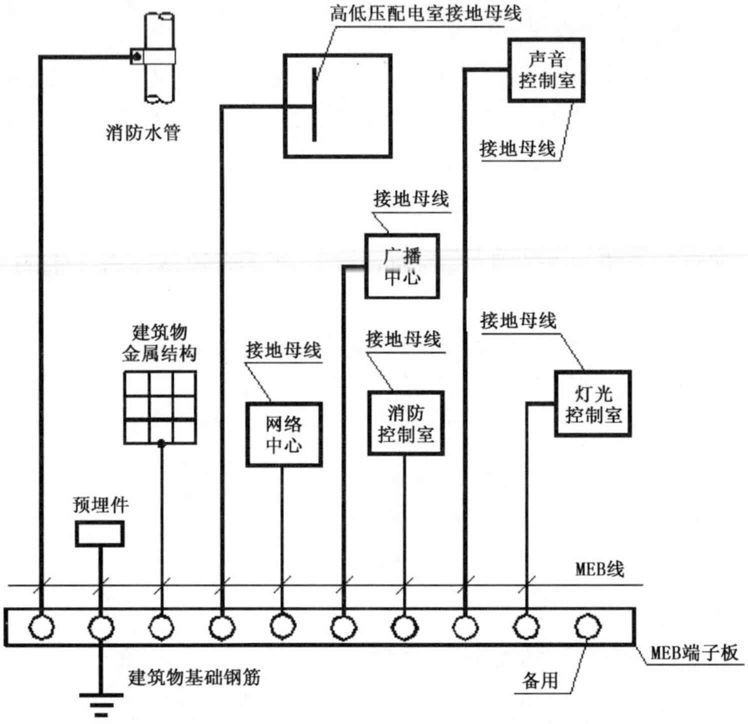


图 3.23 MEB 总等电位连接系统示意图

(2)建筑物辅助等电位接地端子应设计在如下位置:

1)各层的强、弱电井;

2)电子系统机房;

3)建筑物屋面、室内大型设备安装位置或金属管道(如给水、煤气、空调、暖气等)就近处;

建筑物应采用不小于表 3.14 第一行要求,并与建筑物基础或柱内钢筋连接的辅助等电位连接端子,所有金属管线均应就近连接到其上。见图 3.24 和图 3.25。

3.4.1.6 电子系统等电位连接

电子系统的 ITE 可根据其工作频率分为模拟系统(300 kHz 以下)和数字系统(1MHz 及以上)。由于在高频工作状况下除等电位的连接电阻(过渡电阻)起作用外,阻抗和感抗的影响更大。因此,《GB 50057—2010 建筑物防雷设计规范》中 6.3.4 条第六款规定如下:当电子系统为 300 kHz 以下的模拟电路时,可采用 S 型等电位连接,且所有设施管线和电缆宜从

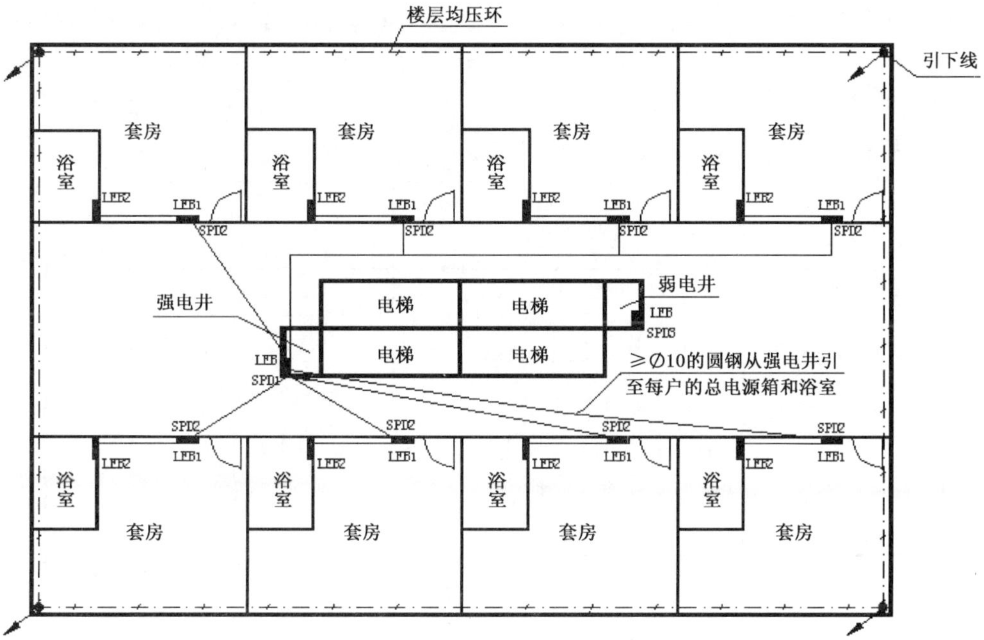


图 3.24　住宅公寓接地端子 LEB、电源电涌保护器安装示意图

(LEB:强、弱电井接地端子盒;LEB1:套房总开关接地端子盒;LEB2:浴室接地端子盒;SPD2:第二级电源电涌保护器;SPD3:第三级电源电涌保护器;SPD:信号电源电涌保护器;—·—·—:接地(等电位)连接,利用梁(板)内主筋;↙:引下线)

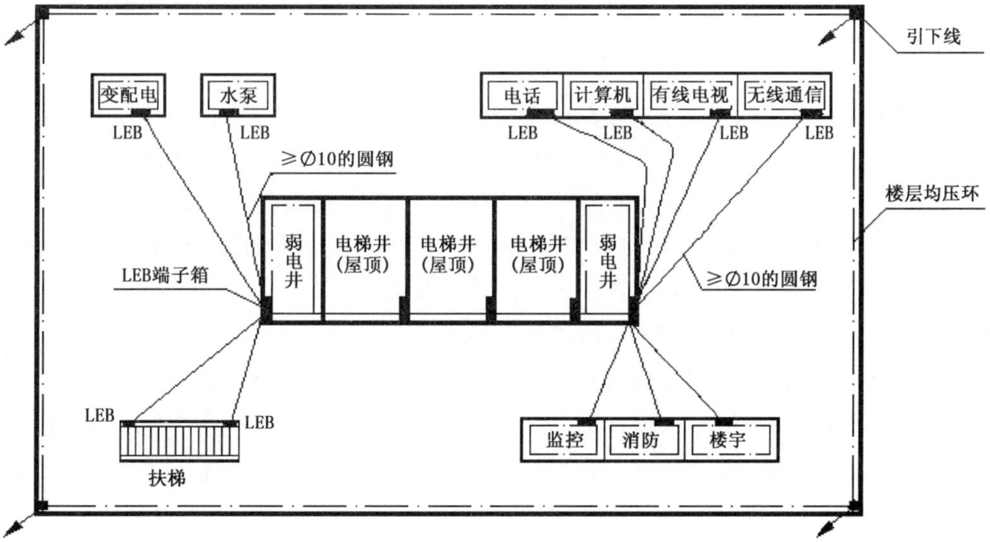


图 3.25　设备机房接地平面示意图

(LEB:强、弱电井接地端子盒;LEB1:弱电井接地端子箱;LEB2:弱电机房接地端子箱;LEB3:设备接地端子箱;SPD1、SPD2:弱电电源电涌保护器;SPD、SPD3:设备电源电涌保护器;—·—·—:均压环(等电位连接),利用梁(板)内主筋;↙:引下线)

ERP(接地基准点)处附近进入该电子系统。S 型等电位连接应仅通过唯一的 ERP 点,形成 $S_s$ 型连接方式(图 3.26)。设备之间的所有线路和电缆无屏蔽时,宜与星型连接的等电位连线平行敷设。用于限制从线路传导过来的过电压的电涌保护器,其引线的连接点应使加到被保护设备上的电涌电压最小。

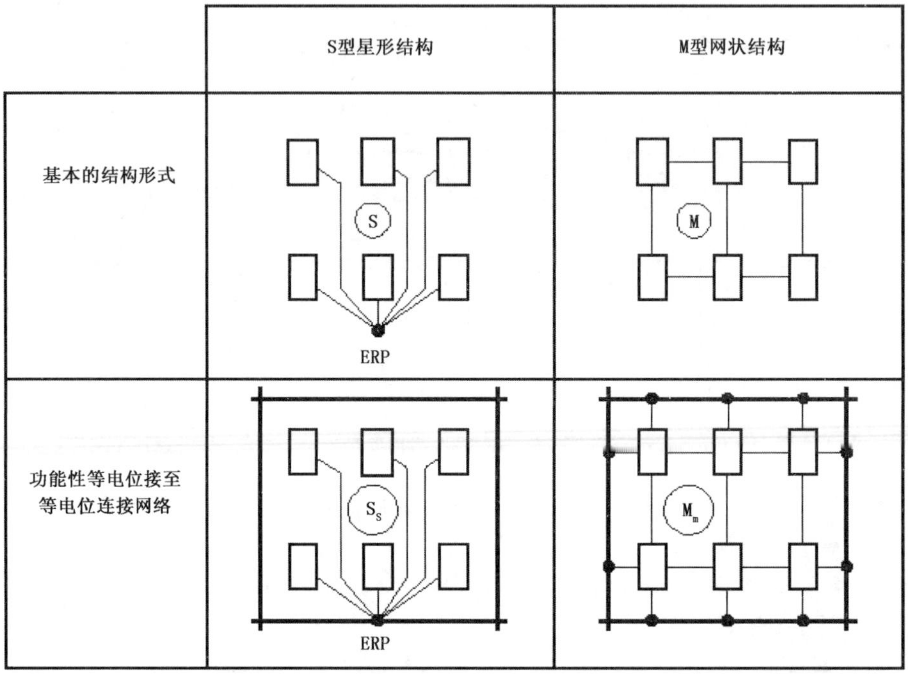


图 3.26 电子系统功能性等电位连接整合到等电位联结网中

当电子系统为兆赫兹级数字线路时,应采用 M 型等电位连接。首先应从建筑物柱内或地板内每隔 5~6m 引出一根等电位连接预留件,之后使用扁钢或扁铜将这些预留件连接成环形闭合状,再使用 0.25×100mm 的铜箔与环形扁钢或扁铜敷设成 600mm×600mm 尺寸的网格。之后将防雷接地、防静电接地、电气安全地(PE)和电子系统的工作接地就近连在这个 M 型的网格中。每台 ITE 设备应在对角处各设一根连接线,其中一根的长度不应大于 0.5m,另一根应比第一根的长度小 20%或以上。安装图见图 3.27 和图 3.28。

3.4.1.7 雷电感应防护等电位连接措施

针对制造、使用或贮存爆炸物质环境的建筑物和爆炸危险环境采取防雷电感应的措施,雷电感应的危险在于它可能出现感应出相当高的电压差,由此发生火花放电引发爆炸事故。在普通的建筑物中,通常不带电的金属物体上由于雷电感应的原因,产生出的火花放电,在一般的情况下,由于没有易燃物的存在,因此,不会引发火灾事故。

等电位技术是为了减少各金属部件和各系统之间的电位差,它是用金属连接导线或过电压保护器将外在需要雷电防护的空间的防雷装置、建筑物金属构架、金属装置、外来导体、电气装置、电信装置及其他设备在等电位连接起来的技术。为防止电磁感应产生火花,平行敷设的长金属物如管道、构架和电缆外皮等,其相互间净距小于 100mm 时应每隔 20~30m 用金属线跨接(实现等电位连接)。净距小于 100mm 的交叉处及管道连接处(如弯头、阀门、法兰盘

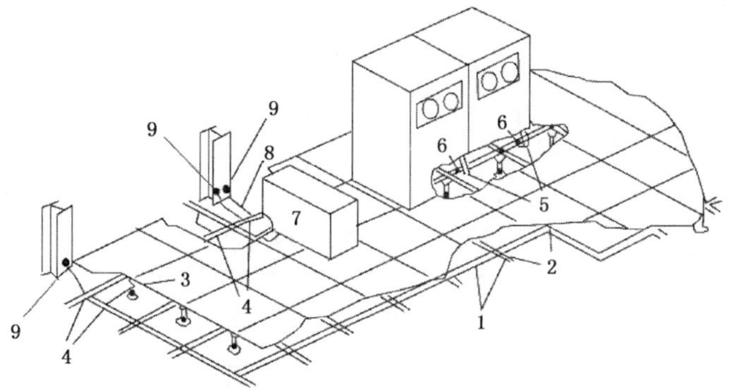


图 3.27　活动地板下用薄铜带构成的高频信号基础网格

(1—薄铜带(0.25×100mm);2—薄铜带与薄铜带之间的焊接连接;3—薄铜带与立柱之间的焊接连接;4—薄铜带与等电位连接带之间的焊接连接;5—设备的低阻抗等电位连接带;6—薄铜带与设备等电位连接带之间的焊接连接;7—电源配电中心;8—电源配电中心的接地线;9—基准网络与周围建筑物钢柱(或钢筋混凝土柱上的预埋件)的焊接连接)

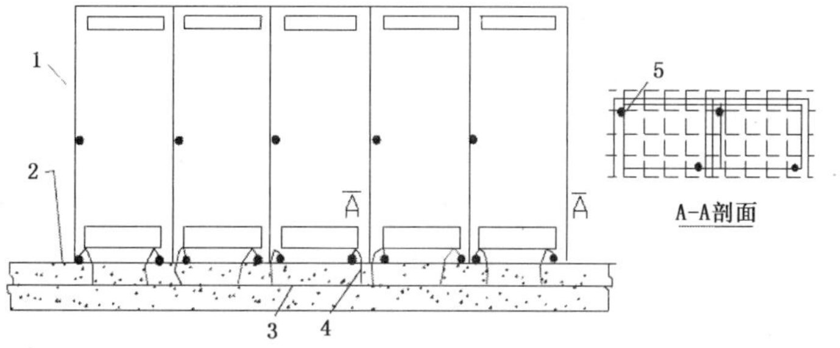


图 3.28　利用钢筋混凝土地面内焊接钢筋网做等电位连接基准网

(1—装有电子负荷设备的金属外壳;2—混凝土地面的上部;3—地面内焊接钢筋网;4—高频等电位连接;5—电子负荷设备的金属外壳与等电位连接基准网的连接点)

等),应用金属线跨接。(图 3.29)。

图 3.29 说明:从总煤气管到煤气表(应包括其他燃气、输油或可燃物体管道),之后煤气公司可能在入户段上设置了一个绝缘段或绝缘法兰。这是因为燃气公司(石油公司)为解决主管道的防腐问题而在主管道采取了阴极保护措施,如果不设置绝缘段或绝缘法兰,入户金属管直接连在 MEB(总等电位联结)端子板上,阴极保护措施便会遭到破坏。在采取绝缘措施之后,绝缘段的内测管道可以参加等电位连接,而阴极保护系统仍能正常工作。但是,一旦建筑物落雷,与 MEB 端子板连接的输送火灾爆炸危险物质的金属管的电位会突生,在绝缘段两侧会形成一个可能被击穿并打火花的电位差,这个火花会造成灾难性的火灾或爆炸,因此,要在绝缘段两侧跨接一个,其电压保护水平应大于 1.5 kV,并小于 2.5 kV。SPD(电涌保护器,见后)的冲击电流 $I_{imp}$ 应按相关公式计算选取。

另一方面,图中所有需等电位连接的导体均使用一根上下垂直的连接线连至 MEB 端子板,这是为直观说明而绘的。实际上,除在地面层或地下室处是直接连接以外,均是就近连在

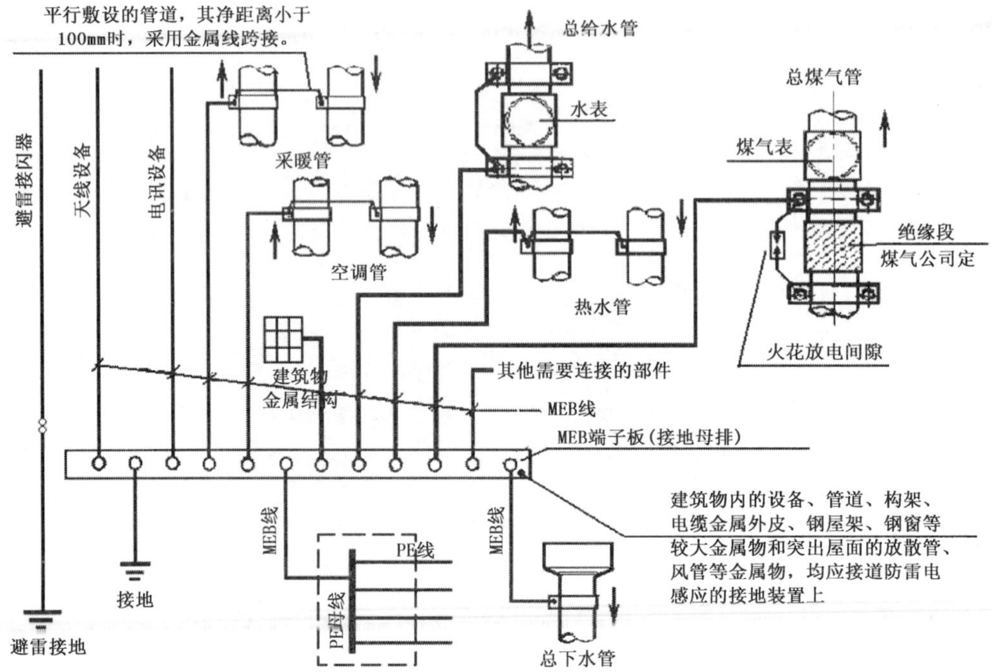


图 3.29 建筑物防雷电感应等电位连接措施

辅助等电位连接板或局部等电位连接板上的,或者直接就近连在建筑物的金属构件、柱内钢筋上的。也就是说,没有从各层楼上专设一根引下线,而是通过许许多多的柱内钢筋实现的连接。有一种说法叫“共网不共线”,这是极其有害且会增加成本的。在美国电气和电子工程师协会标准的 IEEEstd 1100—2005 中比较详细地介绍了专设引下线造成的巨大阻抗值和感抗值,专设引下线会造成设备工作时对地绝缘并产生环路感应高电位危险及引下线长度与干扰波的 0.25 波长($\frac{1}{4}\lambda$)的谐振,从而导致 ITE 设备误动作。

### 3.4.2 电涌保护器

电涌保护器(surge protection device, SPD)是用于限制瞬态过电压和泄放电涌电流的装置,它至少应包含一个非线性元件。电涌保护器中的非线性元件只能并联安装在被保护设备端,通过泄放电涌电流、限制电涌电压来保护电子设备。

#### 3.4.2.1 电涌保护器的分类

(1)按电路设计拓扑分类

按其电路设计拓扑分类:SPD 可以分为电压开关型、限压型和组合型。

1)电压开关型 SPD。电压开关型 SPD 的非线性元件是各种开关型器件,如放电间隙、气体放电管和硅可控整流器和三端双向可控硅等,低压配电系统中使用的 SPD 最常用的是放电间隙。其特征是无电涌出现时为高电阻,当电涌电压达到最大持续运行电压 $U$ 值时,两电极间电阻突然降低,转为低阻状态。

2)限压型 SPD。限压型 SPD 的非线性元件主要为氧化锌压敏电阻抑制二极管等,其雷电能量泄放能力小,但其过电压抑制能力好,在线路上使用的主要作用是限制过电压。其动作特点是阻值随着线路上的电涌电流及电压的增大而连续变小。

3)组合型 SPD。由电压开关型组件和限压型组件组合而成,可以显示为电压开关型或限压型或两者兼有的特性,这决定于所加电压的特性。

(2)按用途分类

按其用途分类,SPD 可以分为低压配电系统中的 SPD 和电信及信号网络中 SPD 两类。

1)低压配电系统中的 SPD

由于雷击的能量非常巨大,需要通过分级泄放的方法,将雷击的能量逐步泄放到大地。在直击雷非防护区($LPZ0_A$)或直击雷防护区($LPZ0_B$)与第一防护区(LPZ1)交界处,应安装通过Ⅰ级分类试验的 SPD 或限压型 SPD 作为第一级保护。第一防护区之后的各分区(含 LPZ1 区)交界处应安装限压型 SPD。使用直流电源的信息设备,视其工作电压要求,应安装适配的直流电源 SPD。低压配电系统 SPD 的接地应就近接到等电位电气预留端子上,第二级及以后设计的 SPD 不得利用电源 PE 线作为接地线,且连接 SPD 两端的导线长度应不大于 0.5m。当电压开关型 SPD 至限压型 SPD 之间的线路长度不大于 10m 或者限压型 SPD 电涌保护器之间的线路长度不大于 5m 时,在两级 SPD 之间应加装退耦元件。当 SPD 具有能量自动配合功能时,SPD 之间的线路长度不受限制。SPD 应有过电流保护装置,并应有劣化显示功能。低压配电系统电涌保护器冲击电流和标称放电电流参数推荐值见表 3.16。

**表 3.16　低压配电系统电涌保护器冲击电流和标称放电电流参数推荐值**

<table>
<tr><td rowspan="4">雷电防护等级</td><td colspan="2">总配电箱</td><td>分配电箱</td><td colspan="2">设备机房配电箱和需要特殊保护的电子信息设备端口处</td></tr>
<tr><td colspan="2">LPZ0 与 LPZ1 边界</td><td>LPZ1 与 LPZ2 边界</td><td colspan="2">后续防护区的边界</td></tr>
<tr><td>10/350 μs<br>Ⅰ类试验</td><td>8/20 μs<br>Ⅱ类试验</td><td>8/20 μs<br>Ⅱ类试验</td><td>8/20 μs<br>Ⅱ类试验</td><td>1.2/50 μs 和 8/20 μs<br>复合波Ⅲ类试验</td></tr>
<tr><td>$I_{imp}$(kA)</td><td>$I_n$(kA)</td><td>$I_n$(kA)</td><td>$I_n$(kA)</td><td>$U_{oc}$(kV)/$I_{sc}$(kA)</td></tr>
<tr><td>A</td><td>≥20</td><td>≥80</td><td>≥40</td><td>≥5</td><td>≥10/≥5</td></tr>
<tr><td>B</td><td>≥15</td><td>≥60</td><td>≥30</td><td>≥5</td><td>≥10/≥5</td></tr>
<tr><td>C</td><td>≥12.5</td><td>≥50</td><td>≥20</td><td>≥3</td><td>≥6/≥3</td></tr>
<tr><td>D</td><td>≥12.5</td><td>≥50</td><td>≥10</td><td>≥3</td><td>≥6/≥3</td></tr>
</table>

注:SPD 分级应根据保护距离、SPD 连接导线长度、被保护设备耐冲击电压额定值 $U_w$ 等因素确定。

2)信号线路 SPD

信号线路 SPD 的设计主要考虑两个方面,一是信号线路 SPD 安装后保证信号的正常传输。二是信号线路 SPD 安装后的保护效果。信号线路 SPD 通常安装在信号传输线路中的设备前端,用来保护后续设备,防止雷电波从信号线路涌入损伤设备。

信号线路 SPD 的选择,应根据线路的工作频率、传输介质、传输速率、传输带宽、工作电压、接口形式、特性阻抗等参数选用电压驻波比和插入损耗小的适配电涌保护器。

具有多副天线的天馈传输系统,每副天线应安装适配的电涌保护器。当天馈传输系统采用波导管传输时,波导管的金属外壁应与天线架、波导管支撑架及天线反射器作电气连通。并应在中频信号输入端口处安装适配的中频信号线路电涌保护器,其接地端应就近接地。

(3)按实验类型分类

连接至低压配电系统的 SPD 可分为以下三类：

Ⅰ级分类实验的产品，可用[T1]表示。

Ⅱ级分类实验的产品，可用[T2]表示。

Ⅲ级分类实验的产品，可用[T3]表示。

连接至电信和信号网络的 SPD 可分为 A、B、C、D 四类和 10 种，即：A1—A2、B1—B3、C1—C3 和 D1—D2。在 SPD 的应用标准中目前只采用了实验分类这一种方法。

3.4.2.2　电涌保护器的安装

（1）电涌保护器与被保护设备的两端引线应尽可能短，电涌保护器安装接线时要求引线 $L_1+L_2<0.5$m，并且尽可能做到越短越好（图 3.30）。

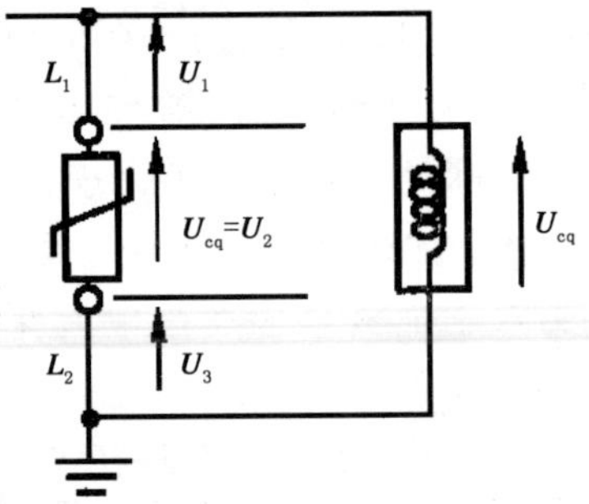


图 3.30　电涌保护器的接线应尽量短

（2）为提供最佳的保护，既能承受更强的电流又有较小的残余电压。一级保护采用电压开关型 SPD 能承受高电压和大电流，并应能快速灭弧。二级限压型 SPD 保护用来减小系统端的残余电压，它应具有较高的斩波能力。电压开关型 SPD 与限压型 SPD 两级电涌保护器之间的最短距离为 10m（图 3.31）。

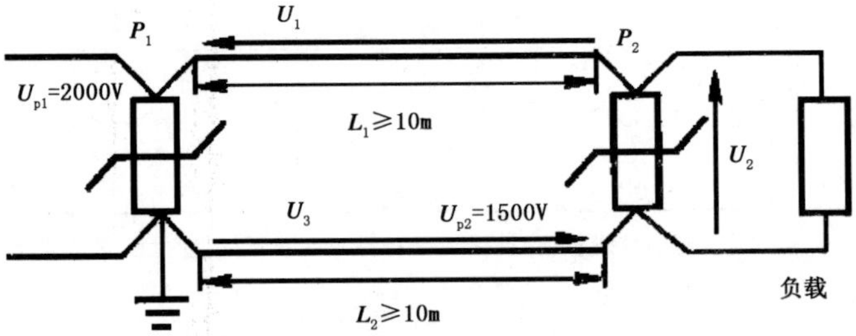


图 3.31　电涌保护器级联时的距离原则

3.4.2.3　电涌保护器保护配合中常见问题

电涌保护器都有最大通过电流 $I_{max}$，这是电涌保护器不被损坏而能承受的最大电流，当超出这个值或长期工作于感应过电压状态时，电涌保护器被击穿造成短路。在图 3.32 中，如果电涌保护器上未串接断路器 $D_2$，则线路断路器 $D_1$ 跳闸，由于故障电流 $I_{CC}$ 仍存在，只有电涌保护器被更换后，$D_1$ 才能重新合闸，这样系统就不能保证供电的连续性。

解决上述问题的措施是在电涌保护器上的上端串联一个断路器，如图 3.32 中断路器 D 的额定电流要根据电涌保护器的最大放电电流 $I_{max}$ 来选择，并采用 C 型脱扣曲线，其分断能力必须大于安装处的最大短路电流，并且要求断路器在额定电流下施加 20 个标准的 8/20 μs 和 1.2/50 μs 测试脉冲时不脱扣，但电涌保护器短路时要确保动作。

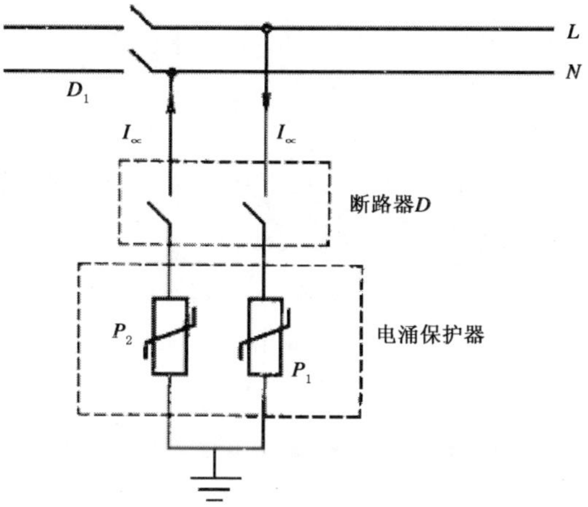


图 3.32　用断路器切除电涌保护器

(1)电涌保护器与漏电保护器的配合

在出现大气过电压时，电涌保护器将过电流泄放入地时要保证电源的漏电保护开关不能动作。应在电源进线端采用 $I_{\triangle n}$＝300/500mA，并带延时跳闸的漏电保护开关，在设备端选择 $I_{\triangle n}$＝30mA 的漏电开关，对特别重要负荷(如计算机等)采用 SI 型漏电开关，SI 型对大气过电压不敏感。这样配置的配电系统，可保证上、下级的选择性，同时与电涌保护器也可得到很好的配合(图 3.33)。

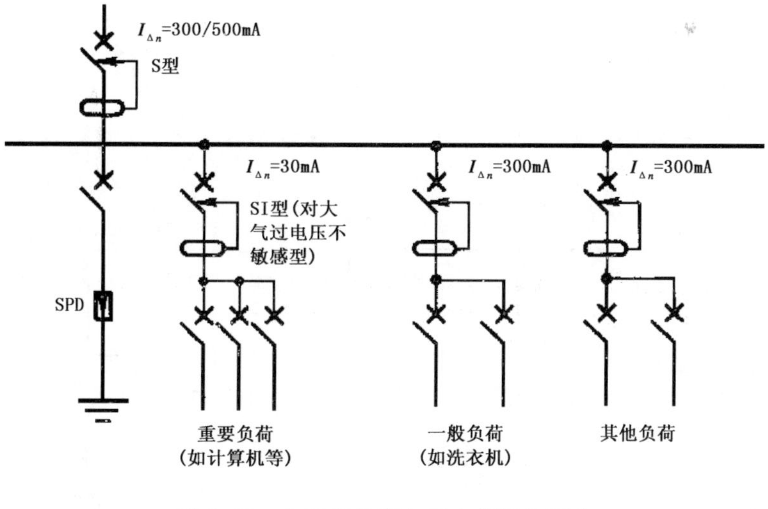


图 3.33　电涌保护器与漏电保护的配合

(2)电涌保护器防老化措施

电涌保护器正常泄漏电流很小，但泄漏电流会随雷击次数的增加而增加，导致器件发热老化，绝缘性能变差。因此，电涌保护器一般都带有在达到最大可承受热量前即断开电涌保护器的热分断装置，并要求带温度失效指示，还可带远程指示(图 3.34)。

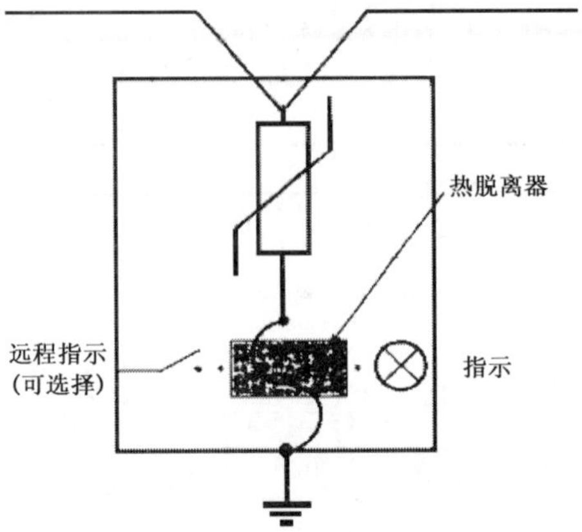


图 3.34 电涌保护器中防老化措施

(3)防止电涌保护器失效时过电流保护

防止电涌保护器短路的保护是采用过电流保护器 F,应当根据电涌保护器(SPD)产品手册中推荐的过电流保护器(PD)的最大额定值选择。如果过电流保护器的额定值小于或等于推荐用的过电流保护器 $F$ 的最大额定值,则可省去 $F$。

连接过电流保护器至相线的导线截面应根据可能的最大短路电流值选择。

电涌保护器的连接线的截面积一般第一级应大于 $16mm^2$(多股铜线),第二级应大于 $10mm^2$(多股铜线)。在所有情况下,应当明确设置的保护器间的区别:

1)若过电流保护器(PD)安装在 SPD 的回路中,则可保证供电的连续性,但再发生过电压时,无论是电气装置或是设备都得不到保护(图 3.35)。这些过电流保护器可以是设于内部的 SPD 脱离器。

2)若过电流保护器接入设有 SPD 保护电路的电气装置进线前端,则电 SPD 故障时可导致供电中断,要等到更换 SPD 后才能恢复供电(图 3.36)。

3)为了提高在同一时间内供电连续和保护连续的概率和可靠性,允许使用如图 3.37 所示的接线方式。

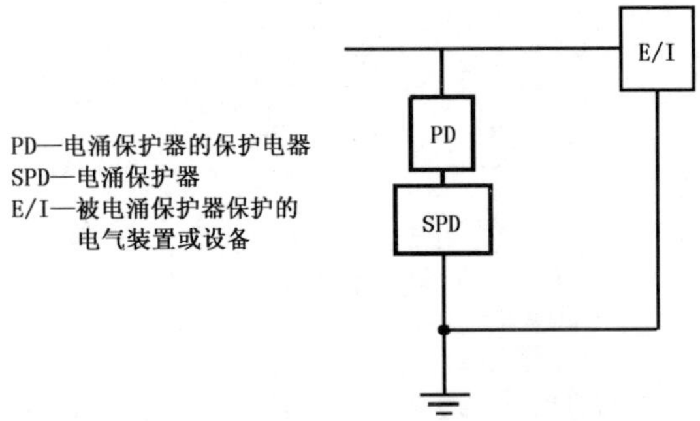


图 3.35 重点保证供电连续性

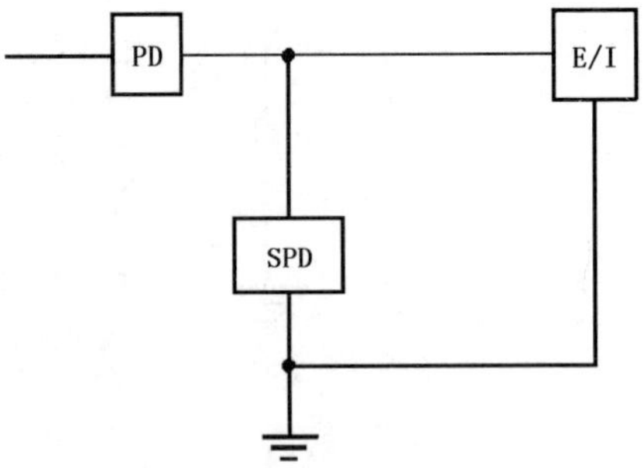


图 3.36 重点保证保护连续性

这种情况是将两个相同的电涌保护器($SPD_1$ 和 $SPD_2$)分别接入两个相同的保护器($PD_1$ 和 $PD_2$)。当一个电涌保护器($SPD_1$)发生故障,不会影响另一电涌保护器(如 $SPD_2$)工作。这

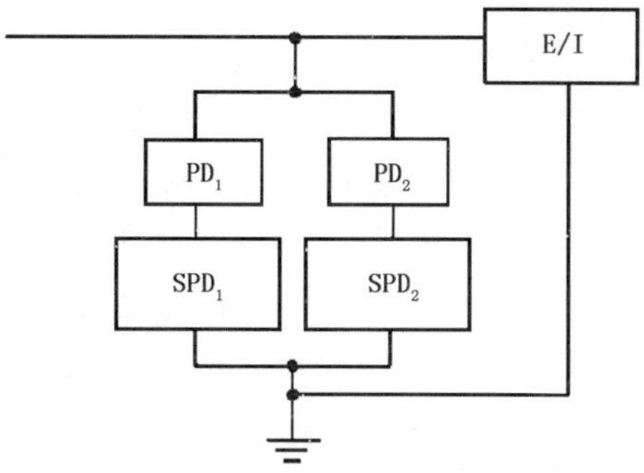


图 3.37　供电连续性和保护连续性的结合

种方式将显著提高供电连续性和保护连续性的概率。

### 3.4.3　屏蔽

电子系统所处的防雷区宜进行磁场强度的衰减计算，根据计算结果采用相应的屏蔽措施。屏蔽措施包括：外部屏蔽措施、内部屏蔽、合理布线及线路屏蔽。这些措施应联合使用，使雷击产生的电磁场向内层层衰减，最终达到ITE（信息技术设备）设备的耐磁场强度值以下。

#### 3.4.3.1　减少电磁感应的屏蔽措施

（1）当电子系统的电缆屏蔽层及金属线槽（架）等进入框架或钢筋混凝土的建筑物时应就近做等电位连接。

（2）电子系统的机房应避免设在建筑物的顶层，应选择在大楼的低层中心部位，设备尽量远离建筑物的外墙结构柱子，设置在雷电防护的最高级别（LPZ2 或 LPZ3）区域内）区域内。

（3）当系统设备为非金属外壳，且建筑物屏蔽未达到要求时，应根据系统设备的重要性和设备的耐磁场强度值（如 100A/m、300A/m 或 1000A/m），对设备加装金属屏蔽网或金属屏蔽室，金属屏蔽网应与等电位连接带连接。

（4）雷击电磁脉冲干扰是由雷电流的感应产生的电磁场对电子系统造成损害。所以建筑物应采取以下屏蔽措施：

建筑物外部屏蔽措施：将建筑物的外墙结构内金属连接作为外屏蔽的一部分；比如金属外护墙和铝合金门窗、玻璃幕墙支架、金属板门窗和建筑物的梁、板、柱及基础内的钢筋，这些部位均相互连接成统一的导电系统，构成全屏蔽的法拉第笼式防雷系统。

建筑物内部屏蔽措施：对于存放 ITE 的建筑物内部环境，应根据防雷分区和设备的抗干扰额定值（100A/m、300A/m 或 1000A/m），在设备机房内设置钢板屏蔽、铜丝网屏蔽笼等屏蔽装置，将重要的 ITE 放置在这些内部屏蔽室中，以减少空间磁场干扰。有条件时也可以将设备安装在金属机柜、操作台等处。屏蔽室的布置位置应首先考虑远离干扰源。

#### 3.4.3.2　户内外线路屏蔽原则

（1）在户外布设需要保护的信号线缆，应采用屏蔽电缆，其屏蔽层应在两端及雷电防护区交界处做等电位连接。

（2）当采用非屏蔽电缆时，入户前应敷设在金属管道内并埋入地下，其埋地长度应符合下列表达式要求，且不应小于 15m。

$$l \geqslant 2\sqrt{\rho} \tag{3.48}$$

式中，$l$ 为埋地长度，m；$\rho$ 为埋电缆处的土壤电阻率，Ω·m。

金属管应电气导通，并在雷电防护区交界处做等电位连接并接地。

(3)使用含有金属部件的光缆，在光端机前端应接通所有金属接头并直接接地。

(4)建筑物之间的互连电缆，应敷设在金属管道内。如金属管、金属格栅或采用金属箍箍紧电缆，敷设通道的两端应电气导通，并连到各建筑物的等电位连接带上。管道内的电缆屏蔽层应做等电位连接。当电缆屏蔽层能承载可预计的雷电强度时，该电缆可不敷设在金属管道内。当互相邻近的建筑物之间有电力和通信电缆连通时，宜将其接地装置互相连接。

在需要保护的空间内，当采用屏蔽电缆时，其屏蔽层应至少在两端并宜在防雷区的交界处做等电位连接。当电缆要求只在一端做等电位连接时，应采用双层屏蔽电缆，或将屏蔽电缆穿金属管引入，金属管在一端作等电位连接。屏蔽层一端接地或一点接地仅能起到静电屏蔽的作用，故必须两端接地并做等电位连接。屏蔽层应电气贯通，使感应环路阻抗最小，产生感应电流最大，起到电感耦合的最大效应。从而降低了系统的感应电压，以保护信息技术设备不受损害。

#### 3.4.3.3 电子系统综合布线安全距离

一般情况下，建筑物内敷设各种电气线路的总干线金属线槽应敷设在建筑物的中心部位的强、弱电竖井处，并应避开靠近作为引下线的柱子附近。

强、弱电干线的竖井应单独设置，若因条件限制需与强电合用竖井时，弱电干线应集中在井内一端敷设，并尽量远离强电干线。每层建筑面积超过 1000m$^2$ 或延长距离超过 100m 时，宜设 2 个弱电竖井。

220/380 V 电源线(包括照明、动力及插座，与信息系统的管线走向(垂直或水平)应合理，尽量保持一定的距离，如表 3.17 所示。

**表 3.17 电子系统信号线缆、光缆与其他管线的间距**

| 其他管线 | 最小平行净距(mm) | 最小交叉净距(mm) |
|---|---|---|
| 避雷引下线 | 1000 | 300 |
| 保护地线 | 50 | 20 |
| 给水管 | 150 | 20 |
| 压缩空气管 | 150 | 20 |
| 热力管(不包封) | 500 | 500 |
| 热力管(包封) | 300 | 300 |
| 煤气管 | 300 | 20 |

注：如线缆敷设高度超过 6000mm 时，与防雷引下线的交叉净距应按：$s \geqslant 0.05H$ 计算，式中，$H$ 为交叉处防雷引下线距地面的高度，mm；$s$ 为交叉净距，mm。

电子信息系统信号线缆与电力电缆的间距应符合表 3.18 的规定。

表 3.18　电子系统信号线缆与电力电缆的间距

| 类别 | 与电子信息系统信号线缆接近状况 | 最小净距(mm) |
|---|---|---|
| 380 V 电力电缆<2 kVA | 与信号线缆平行敷设 | 130 |
| | 有一方在接地的金属线槽或钢管中 | 70 |
| | 双方都在接地的金属线槽或钢管中 | 10 |
| 380 V 电力电缆<2～5 kVA | 与信号线缆平行敷设 | 300 |
| | 有一方在接地的金属线槽或钢管中 | 150 |
| | 双方都在接地的金属线槽或钢管中 | 80 |
| 380 V 电力电缆>5 kVA | 与信号线缆平行敷设 | 600 |
| | 有一方在接地的金属线槽或钢管中 | 300 |
| | 双方都在接地的金属线槽或钢管中 | 150 |

注:(1)当 380 V 电力电缆<2 kVA,双方都在接地的线槽中,且平行长度≤10m 时,最小间距可以是 10mm。(2)电话线缆中存在振铃电流时,不能与计算机网络在同一根双绞线电缆中一起运用。(3)双方都在接地的线槽中,系指两个不同的线槽,也可在同一线槽中用金属板隔开。

信息系统布线电缆与附近可能产生高电平电磁干扰的电动机、电力变压器等电气设备之间应保持必要的间距。信息综合布线电缆与电气设备的间距应符合表 3.19 相关规定。

各种屏蔽体的接地系统的接地电阻应不大于 4 Ω。

表 3.19　电子系统信号线缆与电气设备间的间距

| 电气设备 | 与信号线缆接近情况 | 最小间距(mm) |
|---|---|---|
| 配电箱 | 与配线设备接近 | 1.00 |
| 变电室 | 尽量远离 | 2.00 |
| 电梯机房 | 尽量远离 | 2.00 |
| 空调机房 | 尽量远离 | 2.00 |

## 3.5　案例分析

通信基站的防雷与接地

通信基站的接地系统应按均压、等电位连接的原理,将站内各种接地网,如机房接地网、铁塔接地网、变压器地网和建筑基础地网等组合成联合共用接地系统。

(1)铁塔地网:铁塔基础内的钢筋可作为其接地装置,同时在铁塔基础四角外 1.5m 的范围内,应设置网格尺寸不大于 3m×3m 的封闭式地网,当铁塔位于机房屋顶时,铁塔四角应与机房楼顶接闪带就近不少于 2 处接焊接相连通,同时应在机房地网四角设置辐射式接地体,延伸接地体的长度应限制在 10～30m 以内,以利于雷电流泄放。

(2)机房接地网:应沿机房建筑物散水线外设置环形接地体,同时应充分利用机房建筑物基础(桩基、条基、板箱式基础)的钢筋与环形地网可靠连通。

(3)基站联合地网的接地电阻应不大于 4Ω,对于雷电日小于 20d 的少雷区,接地电阻不大于 10Ω。

(4)在大地土壤电阻率较高的地区,难以达到规定的接地电阻值时,接地体宜采用降阻措施。接地体及铁塔、接地网之间应采用多股裸铜线相连接，并应采用放热式熔接方式相连接。

(5)微波站无源中继站和直放中继站的接地电阻不应大于 20Ω。

(6)联合接地网通过接地引入线与各机房接地干线网(汇集排)、工作地、保护地在此汇集。接地引入线的截面积：当采用圆钢时，截面为 35～95mm$^2$；当采用扁钢时，截面为 40mm×4mm 镀锌扁钢，接地引入线不应少于两根。从地网中心部就近的两侧引入与机房内接地汇集排连通，接地引入线长度不宜超过 30m，如联合地网未在地下连通时，则各地网应分别用接地引入线引至总汇集排。

(7)在基站的每个机房内，应设环形接地干线网或接地排。接地干线可敷设在防静电活动地板下面，也可安装在墙面或地沟内。室内接地干线网按 M 型网络设置。

(8)对于建立在高山的通信基站，为了预防来自四周的球形闪电入侵，宜采用防雷保护收集网措施加以保护。

(9)建立在高山的微波站、无线通信台站及雷达站等，由于所处地势高，又增加了天线铁塔的高度，不仅常常遭遇来自上空的雷击，而且还可能遭遇来自通信台站机房及天线铁塔四周的雷电侧击的侵袭，造成人员伤亡和设备损坏。因此，可采取沿地面周边架设防雷保护收集网加以保护。用φ50mm、长 3m 的钢管沿台站地面周边每间隔 3m 竖直安装一根顶端分叉的金属杆，其根部埋入地下 0.5m，金属杆的上、下部用 25mm×4mm 镀锌扁钢逐根焊接连通，再从防雷保护收集网埋地钢带的四个方向与台站接地网作等电位连接。

## 复习思考题

1. 现代防雷技术包含哪些主要内容？
2. 简述各类建筑物中其接闪器和引下线的布置方法。
3. 建筑物的哪些部件可用作自然接闪器？
4. 建筑物防雷电侧击的措施有哪些？
5. 建筑物防直击雷接地措施有哪些？
6. 雷电对电子系统的电磁耦合有哪些？
7. 雷击电磁脉冲整体防护方法有哪些？
8. 如何实施等电位连接来防止电磁感应火花的产生？材料选择应注意哪些问题？
9. 共用接地系统建筑物内部的防雷方法措施。
10. 中央控制室及各系统设备的接地干线和接地线的选择方法。
11. 减少电子系统电磁感应的屏蔽措施有哪些？
12. 低压配电系统系统电涌保护器的种类如何划分？
13. SPD 有哪些主要技术数据参数？
14. 接地的分类。
15. 冲击接地电阻与工频接地电阻的换算关系。

# 第 4 章　雷电灾害风险评估

**内 容 提 要**

本章主要介绍雷电灾害风险评估的基本流程、雷电灾害风险评估所依据的原则以及雷电灾害风险评估方法。通过本章学习要求了解雷电风险评估相关技术标准、流程、掌握评估现场资料采集以及评估方法的运用。

## 4.1　雷电灾害风险评估概述

风险评估的目的是认识和评价风险，进而进行风险控制和风险管理。雷电灾害风险评估是指根据雷电及其灾害特征进行分析，对可能导致的人员伤亡、财产损失程度与危害范围等方面的综合风险计算，为项目选址和功能分区布局、防雷类别(等级)与防雷措施确定等提出建设性意见的一种评价方法。雷电灾害风险评估通常采用相对值法，通过相对损失和雷击概率得出一个或多个无量纲的风险值。从安全和经济合理性出发，为决定建筑物是否需要提供防护措施，以及如何选择适当的防护措施提供技术参考。

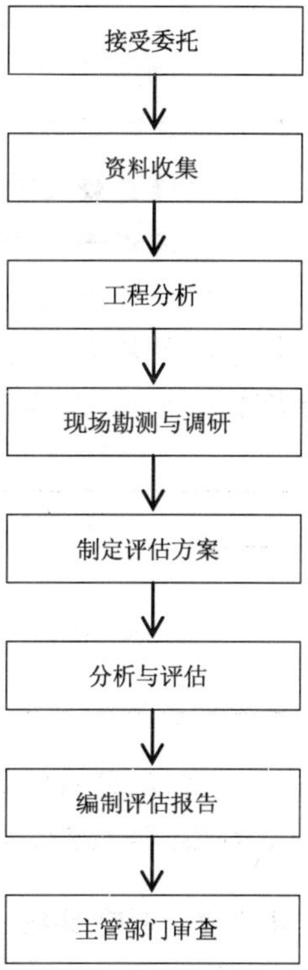

图 4.1　雷电灾害风险评估流程

通过雷电灾害风险评估可为评估对象提供雷电防护的科学设计、灾害风险控制、应急管理等方面服务，保证防雷工程安全可靠、技术先进、经济合理。雷电灾害风险评估是开展综合防雷的必经程序，也是实现科学防雷的必要条件，体现了预防为主，防治结合的理念。雷击建筑物或入户设施会导致人员生命危险及设备的损坏，为了减少或避免雷电灾害造成的损失，有必要对建筑物进行雷电灾害风险评估。

当项目方需要时，可按本文阐述的流程步骤实施雷电灾害风险评估。当预期的风险是不可避免时，可直接决定提供防雷设计。

雷电灾害风险评估流程见图 4.1。

## 4.2 雷电灾害风险评估方法

进行雷电灾害风险评估时，应对被评估项目所在地的数据进行采集，分为三类：一类为被评估项目所处地理位置参数；二类为被评估项目所处区域的雷电参数，含雷暴(电)日、地闪密度、雷电流强度、地闪季节变化规律、地闪时变化规律；三类为被评估项目所在地的土壤电阻率。

### 4.2.1 地理位置参数

被评估项目所处地理位置的不同，遭受雷击的概率就不同，所以项目所处地理位置是作为雷电灾害风险评估非常重要的一项数据，数据采集的准确与否，关系到雷电评估等级的判定，比如项目所处的位置与实际的位置相差1～2km，其雷击电流的幅值可能相差20%～30%，这么大的误差会严重影响建筑物的防雷设计，如建筑物的防雷屏蔽、电子系统的安全距离以及电涌保护器(SPD)通流量的设计等等。

那么如何才能准确对被评估项目进行位置定位呢？一般是采用GPS定位仪对被评估项目进行定位。具体做法是：

(1)如果被评估项目所处区域占地面积比较小，一般对项目两侧各定位一次，再将定位的数据记录下来就可以了。

(2)如果项目占地面积比较大，则应在被评估项目区域四周进行定位，再将定位的数据记录下来。

(3)被评估项目位置定位好后，一般是在本地区地图上标出该项目的具体位置，该地图可以是包含被评估项目的一个小区域，也可以是包含被评估项目的一个大区域，一般原则就是被评估项目能在图中清晰地反映出来就可以了。

下面列举广州某高层建筑使用GPS定位仪所进行的数据采集。

(1)对被评估项目所处的地理位置使用ETREX系列GPS定位仪进行数据采集，由于被评估项目属单体建筑物，所以取2～3点定位，见表4.1。经对被评估项目进行三次数据采集，其数据见下表，误差范围为5～10m。

**表4.1 广州某国际大厦地理位置坐标**

| 项目名称 | 纬度(北纬) | 经度(东经) |
|---|---|---|
| 某国际大厦 | 23°07′31.4″ | 113°19′0.8″ |
| | 23°07′31.6″ | 113°19′0.6″ |
| | 23°07′31.8″ | 113°19′0.5″ |

(2)根据对被评估项目定位的地理位置参数，采用MICAPS绘制了广州某国际大厦地理位置图(图4.2)，图中星号部分是被评估项目位于广州市区的地理位置。

### 4.2.2 雷电参数

雷电参数的采集一般是使用本地区闪电定位系统或气象部门的统计资料进行的，这类参数可分为：雷暴(电)日、雷电地闪密度、雷电流幅值、雷电地闪月变化、雷电地闪时变化。

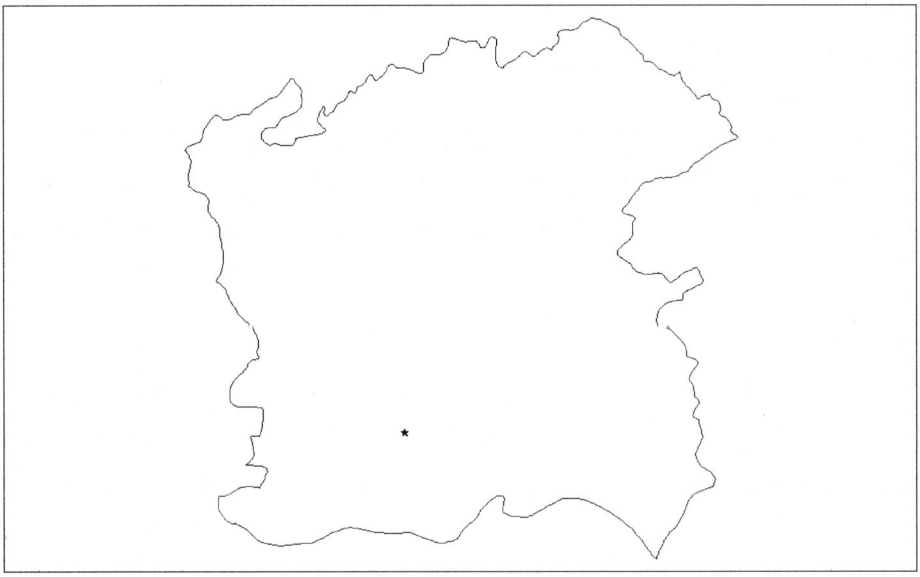

图 4.2　广州某国际大厦地理位置图

#### 4.2.2.1　雷暴(电)日

雷暴(电)日用 $T_d$ 表示，在进行雷暴日采集的时候须注意的一点是使用当地气象部门的雷暴日数还是使用当地闪电监测网的数据。根据对广州市闪电监测网的数据与当地气象部门观测数据进行比较，两者相差较大。如广州地区气象部门观测 50 年的平均雷暴日数是 87.6d，而广东省闪电监测网对广州市的检测资料显示 10 年的平均观测数据是 130d，两者数据之间相差 33.6%。

目前气象部门观测雷暴日数是通过听觉或视觉进行观测的，而听觉最大的距离一般不超过 15km 半径范围。而我国的国情是一个地区一般只有一个气象观测站，该观测站所观测到的雷暴日数也只是以该站为圆心，半径 15km 范围内的雷暴日数，该数据不能代表整个区域的雷暴日数，属局部区域的雷暴日数。闪电监测网观测的雷暴日数是针对某个区域雷暴日数，只要发生云地闪，监测系统就会将该数据显示并统计出来，因此，闪电监测网的雷暴日数观测和统计具有一定的科学性。

#### 4.2.2.2　地闪密度

地闪密度是估算建筑物年预计雷击次数的重要参数，一般用符号 $N_g$ 表示，单位为：次/($km^2$ · a)。作为被评估项目的地闪密度分析，一般情况是采用当地闪电监测系统的资料，根据被评估项目所处的地理位置，收集其附近 3km、5km、10km、15km 和 20km 半径范围的闪电数据进行分析，最后得出被评估项目的地闪密度数据。

例如，根据广州市闪电监测系统资料的数据，对广州某国际大厦进行地闪密度分析，可得到该大厦 3km 半径范围 8a(1999—2006 年)的平均地闪密度，见图 4.3 和图 4.4，其值约为：$N_g$=34.4 次/($km^2$ · a)，图中网格面积为 1.137$km^2$。

#### 4.2.2.3　雷击电流强度

一般建筑物雷电流强度的设计依据《GB 50057—2010 建筑物防雷设计规范》分为 200 kA

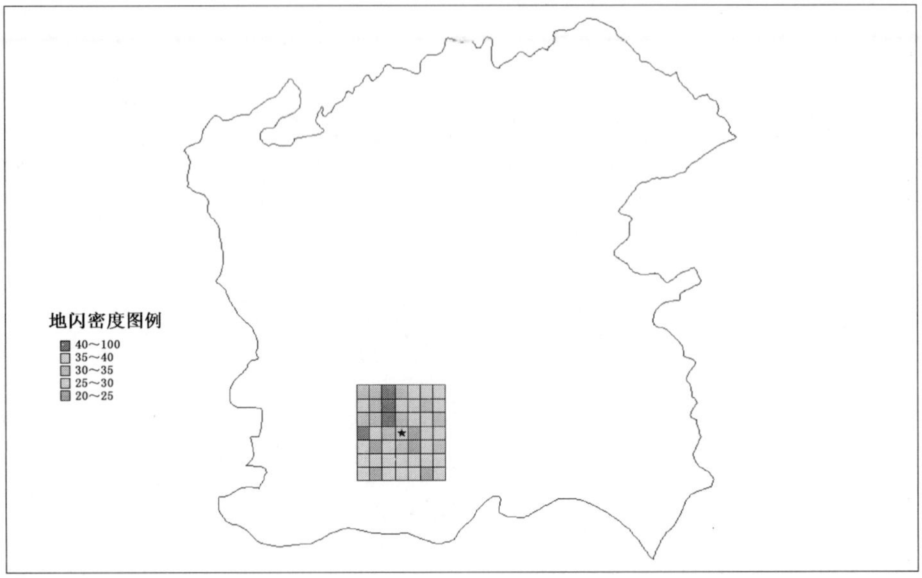


图 4.3 广州某国际大厦 3km 范围 8a(1999—2006 年)地闪密度等级范围图(次/($km^2$·a))

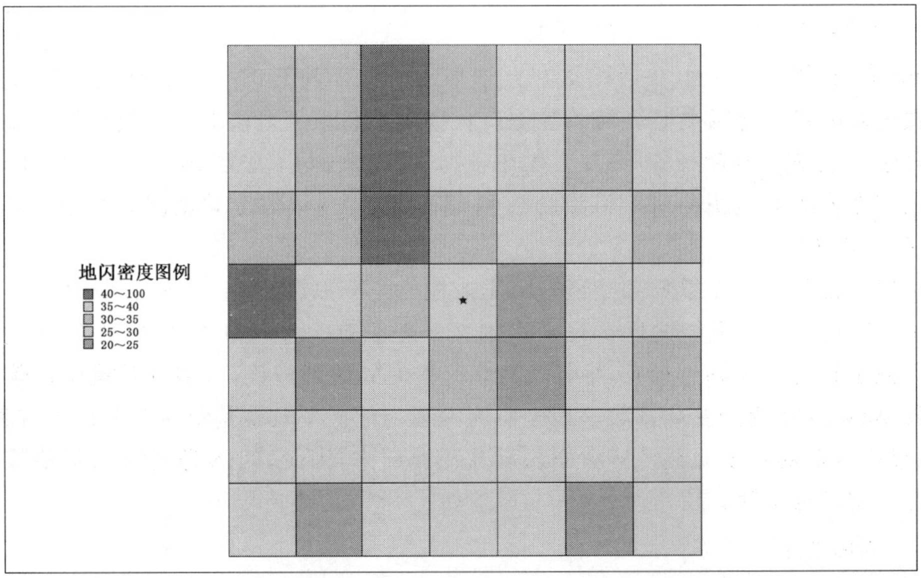


图 4.4 广州某国际大厦 3km 范围 8a(1999—2006 年)地闪密度等级图(次/($km^2$·a))

(一类防雷建筑物)、150 kA(二类防雷建筑物)和 100 kA(三类防雷建筑物),也就是全国各地只要建筑物防雷类别定了以后,其雷击电流强度也就定了,这种依据防雷类别判定雷击电流强度的方法不是很科学。应依据当地雷击发生的具体情况进行判定,尤其是对省、市重点项目、大型项目和爆炸危险环境建筑物。

下面以广州某国际大厦为例说明如何对一个被评估项目进行雷击电流的分析。首先对被评估项目所处位置的地理参数进行采集,并分析其系统数据,得出被评估项目 3km 范围(也可以是 1km 或 2km)雷电流累积概率的分布曲线,再由分布曲线得出雷电流的累积概率分别为

1%、2%、3%、10%时所对应的雷电流强度值和平均雷电流强度值。雷电流强度累计概率曲线见图4.5。

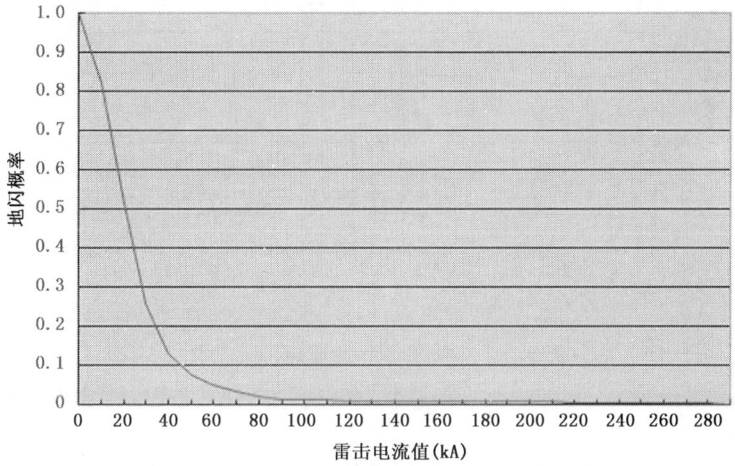


图4.5 广州某国际大厦3km范围地闪雷电流强度累积概率曲线图

广州某国际大厦(3km半径)区域范围内8a(1999—2006年)雷电流幅值为:

(1)3km半径区域范围内8a(1999—2006年)雷击电流的平均值为26 kA;

(2)1%的雷击电流为275.0 kA,即雷电流幅值大于275.0 kA的地闪概率为1%;

(3)2%的雷击电流为84.0 kA,即雷电流幅值大于84.0 kA的地闪概率为2%;

(4)3%的雷击电流为62.0 kA,即雷电流幅值大于62.0 kA的地闪概率为3%;

(5)10%的雷击电流为45.1 kA,即雷电流幅值大于45.1 kA的地闪概率为10%。

通过上述分析,可以得出地闪密度参数表,见表4.2。

**表4.2 广州某国际大厦雷电地闪参数表**

| 项目名称 | 地闪密度 次/($km^2$·a) | 雷电流累积概率(kA) | | | | 平均雷电流强度(kA) | 拦截效率(%) | | |
|---|---|---|---|---|---|---|---|---|---|
| | | 1% | 2% | 3% | 10% | | 一类 | 二类 | 三类 |
| 某大厦 | 34.40 | 275.0 | 84.0 | 62.0 | 45.1 | 26.00 | 95.55 | 78.85 | 64.05 |

备注:1. 上述雷电参数为广东省雷电监测网8a(1999—2006年)监测资料。

2. 以某大厦项目中心3km范围内雷电参数。

3. 拦截效率是指一、二、三类防雷装置对雷电流的拦截效率。

#### 4.2.2.4 雷电地闪月变化

雷电地闪月变化是指在被评估项目所在的区域范围内云地闪在一年12个月当中的变化情况。下图举例说明广州地区雷电地闪月变化情况。

图4.6是根据广州某国际大厦3km范围8a(1999—2006年)地闪数据绘制的月均分布图,依据该组图得出地闪月均活动规律:该地域地闪主要活动期为4—10月,其中6—8月份为地闪高发期,72%以上的地闪都发生在这三个月份;4月、5月、9月、10月为地闪多发期,约26%的地闪发生在这四个月;约2%的地闪发生在其余月份,主要集中在3月份,1月、2月、11月、12月基本没有地闪发生。

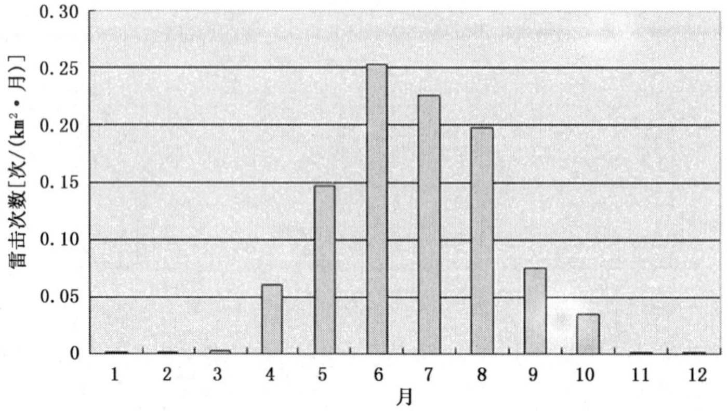


图 4.6 广州某国际大厦地闪月变化

4.2.2.5 雷电地闪时变化

雷电地闪时变化是指在被评估项目所在的区域范围内云地闪在一天 24 小时当中的变化情况。下图举例说明广州地区雷电地闪时变化情况。

图 4.7 是根据广州某国际大厦 3km 范围 8a(1999—2006 年)地闪数据绘制的日均分布图,从图中可得出地闪日均活动规律:该地域地闪主要活跃在 13—21 时,75%以上的地闪都发生在这个时段,午后 15—20 时为地闪高发时段,其中 18 时段雷电活动最为强烈;22 时—次日 12 时地闪相对较少,约 23%的地闪发生在这个时段。

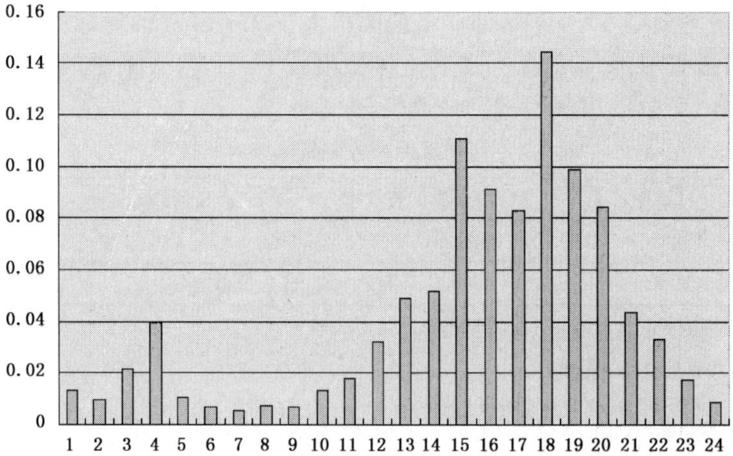


图 4.7 广州某国际大厦地闪时变化

### 4.2.3 土壤电阻率

建筑物防雷接地电阻值的设计一般是依据《GB 50057—2010 建筑物防雷设计规范》进行接地电阻值的设计,第一类防雷建筑物的接地电阻值不大于 10Ω,第二、三类防雷建筑物的接地电阻值规定共用接地电阻值不大于安全接地的要求阻值。,对于一般的建筑物,这样的接地电阻值范围比较大,一般建筑物都能达到。作为被评估对象如果也采用类似的接地电阻值评估意义不大。

那么如何开展建筑物接地电阻值的评估呢？应对建筑物的实际接地电阻进行估算，要估算接地电阻值就要对被评估对象的土壤电阻率进行采集，并对采集的数据进行分析、计算，然后给出被评估对象的实际接地电阻值。

下面列举广州某国际大厦土壤电阻率的采集方法。

采集当日天气晴朗，土壤较干燥，取季节系数 $\psi$ 为 1.4～1.5，则 $\rho$=(1.4～1.5)×32.72=(45.81～49.08)Ω·m。对于土壤电阻率的采集应将所用仪器设备的型号在报告中进行说明。如广州某大厦投入电阻率的采集所用仪器设备为 HT－TERR－234E 接地电阻综合测试仪，分别取接地极间距离 $a$=1m、2m、3m、4m、5m、6m、7m、8m、9m、10m，则所测量土壤电阻率为－0.75～－7.5m 土壤层的平均土壤电阻率，采集的数据见表 4.3。将测得的数值用曲线或柱线进行表述(图 4.8)，图中横坐标为实测土壤电阻率值，单位为 Ω·m，该值是通过三点平均得出，纵坐标代表所测的土壤层深度，单位为 m。

**表 4.3　广州某国际大厦土壤电阻率测量数据表**

| 位置 | | 第一点<br>23°07′31.4″N<br>113°19′0.8″E | 第二点<br>23°07′31.6″N<br>113°19′0.6″E | 第三点<br>23°07′31.8″N<br>113°19′0.5″E |
|---|---|---|---|---|
| | 间距(m) | $\rho$(Ω·m) | $\rho$(Ω·m) | $\rho$(Ω·m) |
| 测量值 | 1 | 43.13 | 43.13 | 48.30 |
| | 2 | 41.43 | 41.43 | 45.41 |
| | 3 | 38.29 | 38.29 | 43.90 |
| | 4 | 36.28 | 36.28 | 41.82 |
| | 5 | 25.34 | 25.34 | 37.43 |
| | 6 | 24.52 | 24.52 | 35.25 |
| | 7 | 23.95 | 23.95 | 36.50 |
| | 8 | 23.01 | 23.01 | 33.78 |
| | 9 | 22.26 | 22.26 | 34.20 |
| | 10 | 22.51 | 22.51 | 23.55 |
| | 平均值 | 30.07 | 30.07 | 38.014 |
| 平均土壤电阻率(Ω·m) | | 32.72 | | |
| 备注 | 1. 测量仪器：HT－TERR－234E，结果为地下－0.75～－7.5m 土壤层平均土壤电阻率；<br>2. 测量前两三天天气晴朗，土壤较干燥，取季节系数 $\psi$=1.4～1.5。 | | | |

通过数据转换得出广州某国际大厦所在区域－0.75～－7.5m 土壤层的平均土壤电阻率为 45.81～49.08Ω·m，见图 4.8。

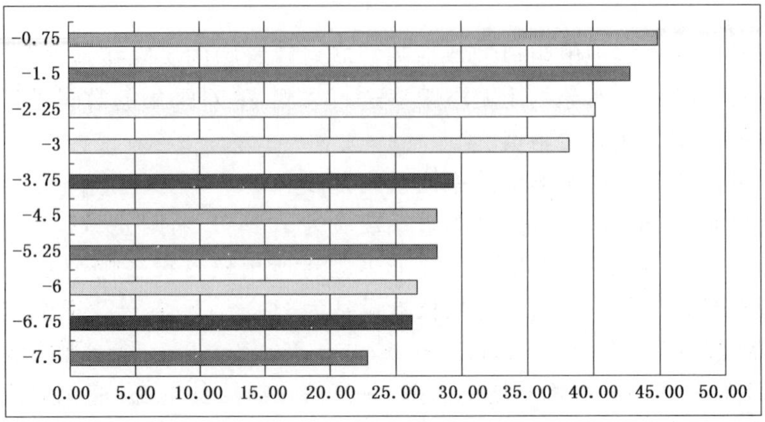


图 4.8 广州某国际大厦区域－0.75～－7.5m 土壤电阻率(Ω·m)分布图

## 4.3 雷电灾害风险评估估算

### 4.3.1 雷击损害来源

雷电流是损害的来源。根据雷击点位置的不同,下列情形需加以考虑。

$S_1$:雷击建筑物;

$S_2$:雷击建筑物的邻近区域;

$S_3$:雷击公共设施;

$S_4$:雷击公共设施的邻近区域。

### 4.3.2 雷击损害类型

雷击导致的损害随被保护物体特征之不同而各异,其特征有:

建筑类型;

内部装置及应用;

公共设施的类型;

所采用的防护措施。

雷击建筑物导致的损害可能是建筑物的一部分,也可延伸至整体,甚至其周围建筑物或周边环境(如:化学或放射性散发物)。

雷击对公共设施的影响可能是提供服务的设施本身(线路或管道),或是与其相连的电气和电子系统。损害也可能延伸至与公共设施相连的内部系统。

区分由雷击导致的损害的三种基本类型,对风险评估的实际应用是有用的。其三种基本类型有:

$D_1$:对活体的伤害;

$D_2$:实体损害;

$D_3$:电气和电子系统失效。

### 4.3.3　雷击损失类型

不同类型的损害，无论是单一的或数种类型的联合，都会使被保护物体产生不同的损失后果。依据物体本身特征的不同，损失类型各异。

下列类型的损失应加以考虑(图 4.9)：

$L_1$：致人死亡；

$L_2$：为大众服务的公共设施的损失；

$L_3$：文化遗产的损失；

$L_4$：经济损失(建筑物及其内部装置，公共设施及其功能失效)。

| 雷击点 | 损害来源 | 建筑物 | | 公共设施 | |
|---|---|---|---|---|---|
| | | 损害类型 | 损失类型 | 损害类型 | 损失类型 |
| 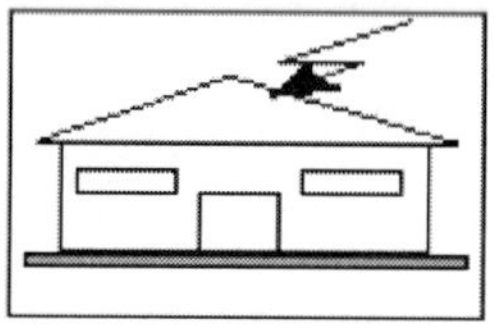 | $S_1$ | $D_1$<br>$D_2$<br>$D_3$ | $L_1$,$L_4$ * *<br>$L_1$,$L_2$,$L_3$,$L_4$<br>$L_1$,$L_2$,$L_4$ | $D_2$,$D_3$<br>$D_2$,$D_3$ | $L_2$<br>$L_4$ |
| 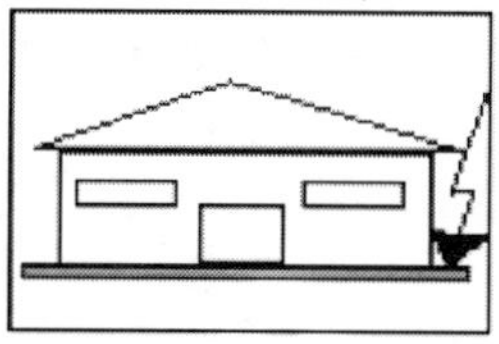 | $S_2$ | $D_3$ | $L_1$*,$L_2$,$L_4$ | | |
| 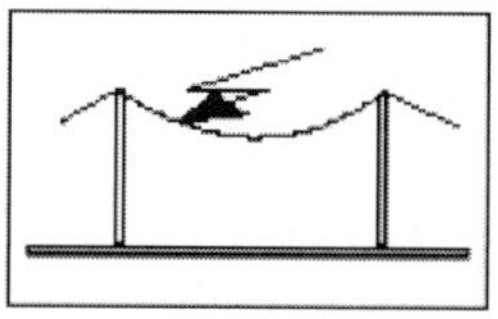 | $S_3$ | $D_1$<br>$D_2$<br>$D_3$ | $L_1$<br>$L_1$,$L_2$,$L_3$,$L_4$<br>$L_1$ *,$L_2$,$L_4$ | $D_2$,$D_3$<br>$D_2$,$D_3$ | $L_2$<br>$L_4$ |
| 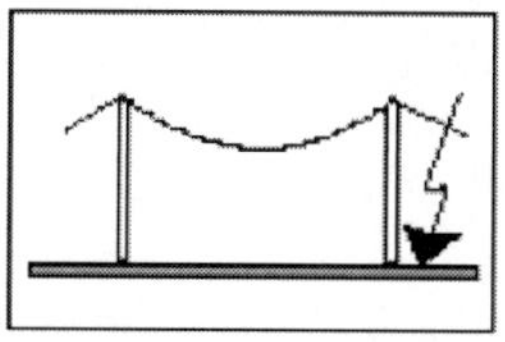 | $S_4$ | $D_3$ | $L_1$ *,$L_2$,$L_4$ | $D_2$,$D_3$ | $L_2$<br>$L_4$ |

图 4.9　依据不同雷击点的损害和损失

相关的相应风险：

$R_1$：致人死亡的风险；

$R_2$：为大众服务的公共设施损失的风险；

$R_3$：文化遗产损失的风险；

$R_4$：经济损失的风险。

根据雷击点位置划分的损害来源：

$S_1$：雷击建筑物；

$S_2$:雷击建筑物的邻近区域;

$S_3$:雷击公共设施;

$S_4$:雷击公共设施的邻近区域。

损害类型:

$D_1$:接触和跨步电压导致的人员伤亡(活体遭电击);

$D_2$:实体损害;

$D_3$:过压导致的电气和电子系统的失效。

损失类型:

$L_1$:生命损失;

$L_2$:为大众服务的公共设施的损失;

$L_3$:文化遗产损失;

$L_4$:经济损失。

* 为医院和有爆炸风险的建筑物的情况;

* * 为农业财产情况(牲畜损失)。

### 4.3.4 雷击风险组成

对每种不同类型的损失($L_1$—$L_4$)来讲,其相关的风险 $R$($R_1$—$R_4$)是不同风险组成部分 $R_x$($R_A$,$R_B$,…)的总和。

每个风险组成部分 $R_x$ 取决于:危险事件的数目 $N$,损害的概率 $P_x$,导致的损失 $L_x$,由下式计算

$$R_x = N \cdot P_x \cdot L_x \qquad (x = A, B, \cdots) \tag{4.1}$$

(1)影响危险事件数目的因素有:

雷对地闪击的密度;

被保护物体的特征;

周围环境的特征;

土壤的特征。

(2)影响损害的概率的因素有:

被保护物体的特征;

所采用的防护措施。

(3)影响导致的损失的因素有:

物体的指定用途;

人员在场情况;

向公众提供服务的公共设施类型;

受损的货物价值;

采取的减少损失的措施;

风险组成部分 $R_x$ 取决于雷击点的位置。

#### 4.3.4.1 建筑物雷击风险组成

对于建筑物来讲,取决于雷击点位置的下列风险组成必须加以考虑。

(1)雷击建筑物

在建筑物外围3m区域内,由触摸和跨步电压导致的对活体的伤害与$R_A$有关。在此情况下,建筑物内的风险是可以忽略不计的。对于农业财产情况,$L_1$型损失和夹带动物损失的$L_4$型损失可能会发生。

在建筑内由危险火花所引发的火灾或爆炸,对整个环境可能造成威胁,此情况下导致的实体损害与$R_B$有关。所有的损失类型($L_1$,$L_2$,$L_3$,$L_4$)可能都会出现。

$R_C$:与雷击电磁脉冲防护引起的内部系统失效有关。在任何情况下,$L_2$和$L_4$型损失都会涉及。对于有爆炸危险的建筑物和医院或是内部系统失效直接危及生命的建筑物,$L_1$型损失也要加以考虑。

(2)雷击建筑物的邻近区域

$R_M$:与雷击电磁脉冲防护引起的内部系统失效有关。在任何情况下,$L_2$和$L_4$型损失都会涉及。对于有爆炸危险的建筑物和医院或是内部系统失效直接危及生命的建筑物,$L_1$型损失也要加以考虑。

(3)雷击入户线路

$R_U$:与建筑物内由于触摸和跨步电压导致的对活体的伤害相关,这是由于雷电流注入入户线路引起的。$L_1$型损失可能会出现。

$R_V$:与雷电流通过或沿着入户公共设施导入所致的实体损害有关。(火灾或爆炸,通常是在入户线路的入口处,外部装置和金属部件之间产生的火花导致的。)所有的损失类型($L_1$,$L_2$,$L_3$,$L_4$)都可能会出现。

$R_W$:与入户线路中存在并导入建筑物的感应过电压引起的内部系统失效有关。在任何情况下,$L_2$和$L_4$型损失都会涉及。对于有爆炸危险的建筑物和医院或是内部系统失效直接危及生命的建筑物,$L_1$型损失也要加以考虑。

注:雷击与建筑物的等电位连接带相连接的管道或其邻近区域不会引起对建筑物的损害。因此,在建筑物的风险评估中,此种损失来源可忽略不计。需要考虑的公共设施只有入户线路。

(4)雷击入户线路邻近区域

$R_Z$:与入户线路中存在并导入建筑物的感应过电压引起的内部系统失效有关。在任何情况下,$L_2$和$L_4$型损失都会涉及。对于有爆炸危险的建筑物和医院或是内部系统失效直接危及生命的建筑物,$L_1$型损失也要加以考虑。

针对每种不同类型的损失,总值$R$可以分割为:

1)参照损失来源

$$R = R_D + R_I \tag{4.2}$$

$$R_D = R_A + R_B + R_C$$

$$R_I = R_M + R_U + R_V + R_W + R_Z$$

式中,$R_D$为雷电直接击中建筑物导致的风险(来源$S_1$);$R_I$为间接雷击对建筑物导致的风险(来源$S_2$,$S_3$和$S_4$)

2)参照损失类型

$$R = R_S + R_F + R_I$$

$$R_S = R_A + R_U$$

$$R_F = R_B + R_V$$

$$R_I = R_M + R_U + R_V + R_W + R_Z \quad (4.3)$$

式中，$R_S$ 为体伤害引起的风险；$R_F$ 为实体损害引起的风险；$R_I$ 内部系统失效引起的风险。

建筑物内存在的风险及其相应的损害和损失类型见表 4.4。

**表 4.4 建筑物内每种类型损害和损失的风险**

| 损害 | 损失 | | | |
|---|---|---|---|---|
| | $L_1$ 生命损失 | $L_2$ 向大众服务的公共设施的损失 | $L_3$ 文化遗产损失 | $L_4$ 经济损失 |
| $D_1$ 活体遭电击 | $R_A$ | — | — | $R_A^{(1)}$ |
| $D_2$ 实体损害 | $R_F$ | $R_F$ | $R_F$ | $R_F$ |
| $D_3$ 电气和电子系统失效 | $R_0^{(2)}$ | $R_0$ | — | $R_0$ |

注：(1)仅对于可能有牲畜损失的农业财产而言。(2)仅对于医院或其他建筑物，其内部电气或电子系统失效立即危及人的生命。

对于在建筑物内发生的不同类型损失，应考虑的风险组成见表 4.5。

**表 4.5 对于在建筑物内发生的不同类型损失，应考虑的风险组成**

| 损害来源 | 雷击中建筑物 $S_1$ | | | 雷击建筑物邻近区域 $S_2$ | | 雷击入户线路 $S_3$ | | 雷击入户线路邻近区域 $S_4$ |
|---|---|---|---|---|---|---|---|---|
| 风险组成 | $R_A$ | $R_B$ | $R_C$ | $R_M$ | $R_U$ | $R_V$ | $R_W$ | $R_Z$ |
| 每种类型的损失引起的风险 | | | | | | | | |
| $R_1$ | * | * | *(1) | *(1) | * | * | *(1) | *(1) |
| $R_2$ | | * | * | * | | * | * | * |
| $R_3$ | | * | | | | * | | |
| $R_4$ | *(2) | * | * | * | *(2) | * | * | * |

(1)仅对于有爆炸风险和拥有挽救生命的电气设备的医院及内部系统失效直接危及生命的建筑物而言。

(2)仅对于有可能有动物损失的农业财产而言。

#### 4.3.4.2 建筑物雷击风险因素

影响风险组成的建筑物特征和可能的防护措施特征见表 4.6。

**表 4.6 影响建筑物内风险组成的因素**

| 因　素 | $R_A$ | $R_B$ | $R_C$ | $R_M$ | $R_U$ | $R_V$ | $R_W$ | $R_Z$ |
|---|---|---|---|---|---|---|---|---|
| 等效面积 | X | X | X | X | X | X | X | X |
| 表面土壤的电阻率 | X | | | | | | | |
| 地板电阻率 | | | | | X | | | |
| 物质限制，绝缘，警告提示 | X | | | | X | | | |
| 防雷区 | X | X | X(1) | | | X(2) | | |
| 电涌保护器(SPD)系统 | | | X | X | X | | X | X |
| 空间屏蔽 | | | X | X | | | | |
| 屏蔽外部线路 | | | | | X | X | X | X |

续表

| 因　素 | $R_A$ | $R_B$ | $R_C$ | $R_M$ | $R_U$ | $R_V$ | $R_W$ | $R_Z$ |
|---|---|---|---|---|---|---|---|---|
| 屏蔽内部线路 | | | X | X | | | | |
| 布线警示 | | | X | X | | | | |
| 等电位连接网络 | | | X | | | | | |
| 防火警示 | | X | | | | X | | |
| 火灾敏感度 | | X | | | | X | | |
| 特殊危险 | | X | | | | X | | |
| 可承受脉冲电压 | | | X | X | X | X | X | X |

注：(1)仅适用于格栅形防雷区；(2)由等电位连接带导致。

#### 4.3.4.3　公共设施雷击风险组成

公共设施雷击风险的组成应从以下几项加以考虑。

(1)雷击公共设施

$R'_V$：与雷电流产生的机械力和热效应所致的实体损害有关。$L_2$ 和 $L_4$ 型损失可能会发生；

$R'_W$：与电阻耦合产生的过电压所致的相连设备的故障有关。$L_2$ 和 $L_4$ 型损失可能会发生。

(2)雷击公共设施的邻近区域

$R'_Z$：与线路中的感应过电压所导致的线路和与其相连设备的故障有关。$L_2$ 和 $L_4$ 型损失可能会发生。

(3)雷击与公共设施相连的建筑物

$R'_B$：与雷电流沿线路传导所产生的机械力和热效应所致的实体损害有关。$L_2$ 和 $L_4$ 型损失可能会发生。

$R'_C$：与耦合电阻产生的过电压所致的相连设备的故障有关。$L_2$ 和 $L_4$ 型损失可能会发生。

针对每种不同类型的损失，参照损失来源，总值 $R$ 可以分割为：

$$R = R_D + R_I \tag{4.4}$$

$$R_D = R'_V + R'_W$$

$$R_I = R'_B + R'_C + R'_Z$$

式中，$R_D$ 为雷直接击中公共设施导致的风险(来源 $S_3$)；$R_I$ 为间接雷击对公共设施导致的风险(来源 $S_1$ 和 $S_4$)。

对于在公共设施内发生的不同类型损失，应考虑的风险组成见表 4.7。

**表 4.7　对于在公共设施内发生的不同类型损失，应考虑的风险组成**

| 损害来源 | 雷电直接击中公共设施 $S_3$ | | 雷电击中公共设施的邻近区域 $S_4$ | 雷电击中建筑物 $S_1$ | |
|---|---|---|---|---|---|
| 风险组成 | $R'_V$ | $R'_W$ | $R'_Z$ | $R'_B$ | $R'_C$ |
| 每种损失引起的风险 | | | | | |
| $R_2$ | * | * | * | * | * |
| $R_4$ | * | * | * | * | * |

4.3.4.4　公共设施雷击风险因素

公共设施及相连建筑物的特征和可能的防护措施的特性影响着风险的组成，见表4.8。

**表4.8　影响公共设施内风险组成的因素**

| 因　素 | $R'_V$ | $R'_W$ | $R'_Z$ | $R'_B$ | $R'_C$ |
|---|---|---|---|---|---|
| 等效面积 | X | X | X | X | X |
| 电缆屏蔽 | X | X | X | X | X |
| 附加屏蔽导体 | X | X | X | X | X |
| 可承受脉冲电压 | X | X | X | X | X |
| 电涌保护器(SPD) | X | X | X | X | X |

### 4.3.5　雷击风险管理

建筑物或公共设施进行防雷的决定以及防护措施的选择，都应依照IEC 62305－1来执行。应用下列程序：

确认受保护的物体及其特征；

确认物体的各种类型的损失及其相关对应风险$R$($R_1$至$R_4$)；

对各种类型损失导致的风险$R$进行评估；

通过风险$R_1$,$R_2$,$R_3$与可承受风险$R_T$的比较，对防护需求进行评估；

通过整个损失的代价在采用防护措施前后的比较，对防护的经济性进行评估。在此情况下，为了估计防护费用，须对风险$R_4$的组成进行评估(详见IEC62305－2附录J)。

4.3.5.1　适用于雷电灾害风险评估的建筑物

如图4.10所示，建筑物(S)应当是孤立的楼宇(B)，或在满足下列条件下仅有一部分由此种楼宇构成。

建筑物(S)是楼宇(B)分离出来的垂直部分；

楼宇(B)是没有爆炸风险的建筑物；

通过使用耐火力达120min的墙体(REI 120)或其他等效防护措施，在建筑物S和楼宇B的其他部分之间不存在火灾蔓延的危险；

如果沿公用线路有过电压传播，通过在这些线路入口处安装电涌保护器(SPD)或其他等效防护措施能够避免。如果不能满足上述条件，那么，整个楼宇B认为是应受保护的建筑物。

受保护的建筑物包括：

建筑物本身；

建筑内的装置；

建筑物的构成；

建筑物内的人员或在建筑物外围3m区域内站立的人员；

受建筑物损害影响的环境。

4.3.5.2　适用于雷电灾害风险评估的公共设施

受保护的公共设施所指的物质财产由下列组成：

对于TLC线，指的是介于通信交换大楼和用户大楼之间；

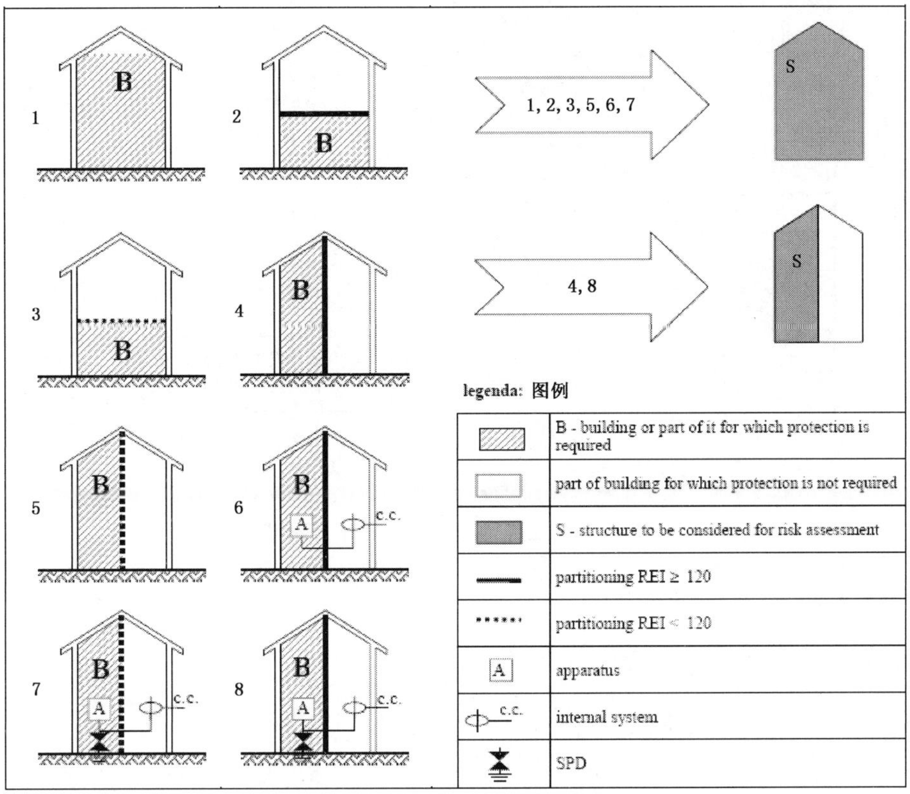


图 4.10　用于风险评估的建筑物

对于电源线，指的是介于高压配电站和用户大楼之间；

对于管道，指的是介于主分配站和用户大楼之间。

受保护的公共设施包括线路设备和线路终端设备，例如：

复用器，功率放大器，光网络单元，计量器，线路终端设备等；

断路器，过电流装置，计量器等；

控制系统，安全系统，计量器等。但不包括用户的设备。

4.3.5.3　可承受的雷击风险 $R_T$

可承受的雷击风险表现在雷电引起人的死亡或社会、文化价值的损失。其代表性值如表 4.9 所示。

**表 4.9　可承受的雷击风险典型值**

| 损失类型 | $R_T$ |
|---|---|
| 人员伤亡 | $10^{-5}$ |
| 为大众服务的公共设施的损失 | $10^{-3}$ |
| 文化遗产的损失 | $10^{-3}$ |

4.3.5.4　雷电灾害风险评估需求

雷电灾害风险评估需求流程见图 4.11。

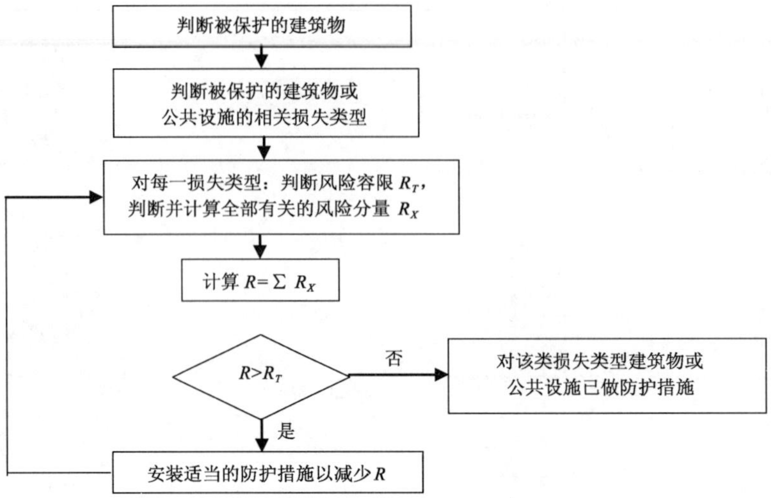


图 4.11 是否需要采取防护措施流程

4.3.5.5 防护措施经济效益评估

防护措施经济效益评估流程见图 4.12。

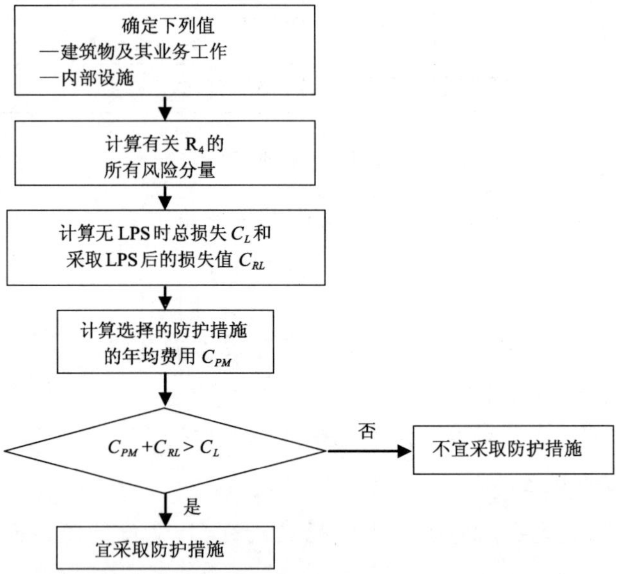


图 4.12 确定防护措施经济效益的程序

4.3.5.6 防护措施

防护措施如符合相关标准的要求，则认为是有效的。具体如下：

IEC 62305－3 建筑物内减小活体伤害和实体损害的防护(表 4.7)；

IEC 62305－4 减少内部系统失效的防护(表 4.7)；

IEC 62305－5 公共设施的防护(表 4.8)。

#### 4.4.5.7　防护措施的选择

雷电灾害风险评估防护措施的选择流程见图 4.13 和图 4.14。

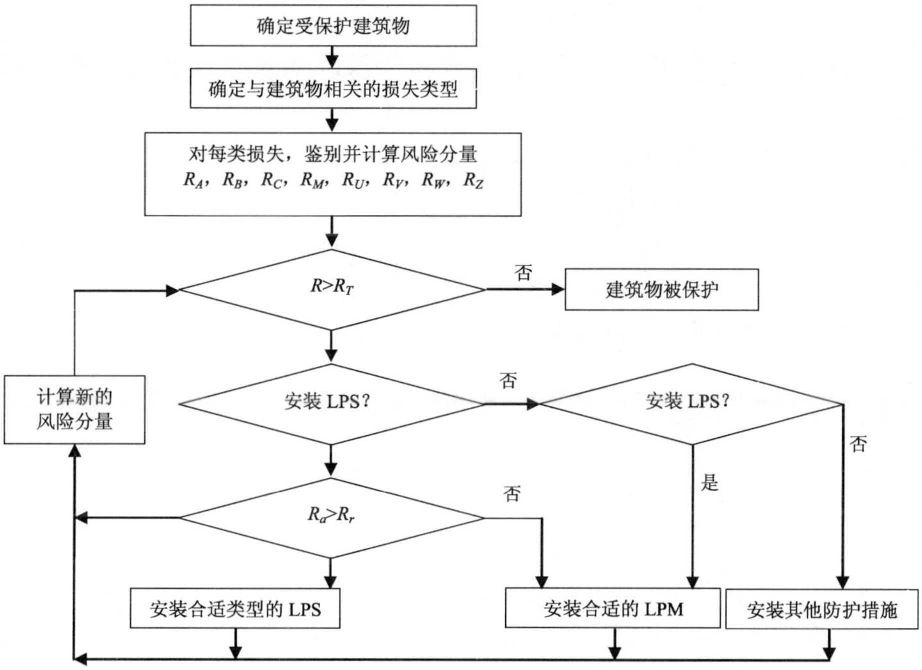


图 4.13　建筑物防护措施的选择程序

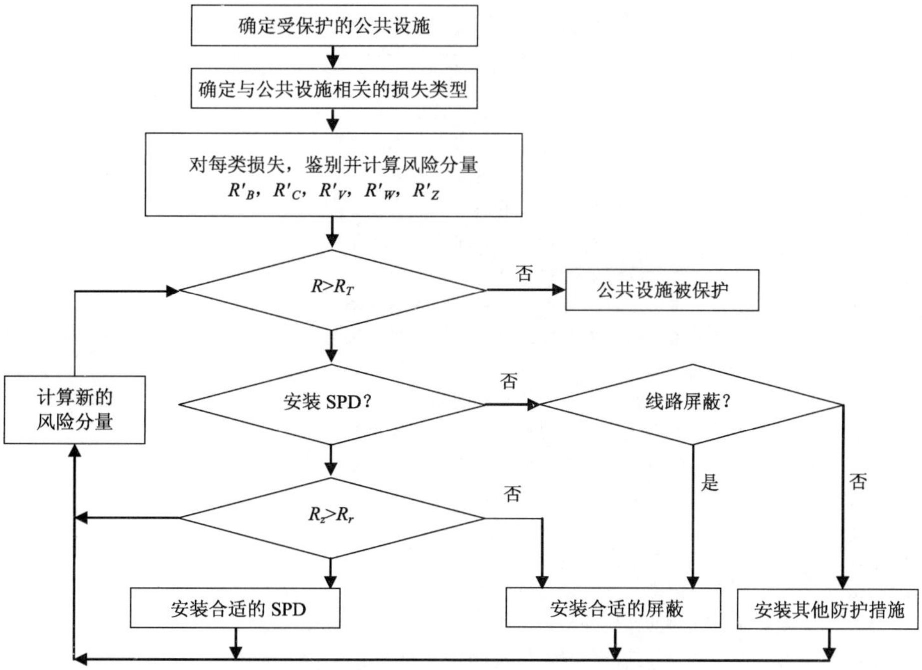


图 4.14　公共设施防护措施的选择程序

### 4.3.6 建筑物雷击风险组成的评估

#### 4.3.6.1 建筑物区 ZS 划分

为评估每项风险的组成，建筑物可划分为区 $Z_S$。然而，整个建筑物也可能或可假设为一个单独区。

区 $Z_S$ 主要由下列条件进行定义：

土壤或地面类型（风险组成 $R_A$ 和 $R_U$）；

防火仓室（风险组成 $R_B$ 和 $R_V$）；

空间屏蔽（风险组成 $R_C$，$R_M$，$R_W$ 和 $R_Z$）。

进一步的分区可根据下列条件确定：

内部系统的布局；

现有的或即将应用的防护措施；

损失数值 $L$。

在建筑物划分为区 $Z_S$ 的过程中，应考虑最适合的防护措施的可行性。

如若在一个区中一个参数的值不止一个，那么应选取导致最大风险的那个值。

对任一区 $Z_S$，每一风险组成都应加以评估，任一区 $Z_S$ 的风险 $R$ 是相关风险组成的总和。

建筑物的总风险 $R$ 是构成建筑物的分区相关的局部风险的总和。

#### 4.3.6.2 雷电灾害风险评估相关参数

雷电灾害风险评估相关参数组成见表 4.10。

**表 4.10 组成建筑物雷电灾害风险评估的相关参数**

| 符号 | 描　述 |
|---|---|
| $N_D$ | 雷击建筑物的年度平均次数 |
| $N_M$ | 雷击建筑物邻近区域的年度平均次数 |
| $N_L$ | 雷击进入建筑物的线路的年度平均次数 |
| $N_I$ | 雷击建筑物的年度平均次数 |
| $P_A$ | 雷击建筑物导致的对活体伤害的概率 |
| $P_B$ | 雷击建筑物导致实体损害的概率 |
| $P_C$ | 雷击建筑物导致内部系统失效的概率 |
| $P_M$ | 雷击建筑物邻近区域导致内部系统失效的概率 |
| $P_U$ | 雷击线路导致的对活体伤害的概率 |
| $P_V$ | 雷击线路导致实体损害的概率 |
| $P_W$ | 雷击线路导致内部系统失效的概率 |
| $P_Z$ | 雷击线路邻近区域导致内部系统失效的概率 |
| $L_A$ | 对活体伤害导致的损失 |
| $L_B$ | 实体损害导致的损失 |
| $L_C$ | 内部系统失效导致的损失 |
| $L_M$ | 内部系统失效导致的损失 |
| $L_U$ | 对活体伤害导致的损失 |
| $L_V$ | 实体损害导致的损失 |
| $L_W$ | 内部系统失效导致的损失 |
| $L_Z$ | 内部系统失效导致的损失 |

4.3.6.3 雷击建筑物风险

雷击建筑物所导致的风险数值 $R_D$ 是风险组成部分 $R_A$,$R_B$,$R_C$ 的总和

$$R_D = R_A + R_B + R_C$$
$$R_A = N_D P_A L_A$$
$$R_B = N_D P_B L_B$$
$$R_C = N_D P_C L_C \tag{4.5}$$

式中,$R_A$ 为与活体损伤相关的风险组成部分;$R_B$ 为与实体损害相关的风险组成部分;$R_C$ 为与内部系统失效相关的风险组成部分。

4.3.6.4 雷击建筑物以外区域导致的风险组成

雷击建筑物以外区域导致的连带风险 $R_I$ 是风险组成部分 $R_M$,$R_U$,$R_V$,$R_W$,和 $R_Z$ 的总和

$$R_I = R_M + R_U + R_V + R_W + R_Z \tag{4.6}$$

(1)雷击建筑物邻近区域的风险组成

下列关系式适用于与雷击建筑物邻近区域相关的风险组成的评估

$$R_M = N_M \cdot P_M \cdot L_M \tag{4.7}$$

(2)雷击入户线路导致的风险组成

下列关系式适用于与雷击入户线路导致的相关的风险组成的评估

$$R_U = (N_L + N_{Da}) \cdot P_U \cdot L_U \tag{4.8}$$

$R_U$ 为与活体损伤相关的风险组成部分;

$$R_V = (N_L + N_{Da}) \cdot P_V \cdot L_V \tag{4.9}$$

$R_V$ 为与实体损害相关的风险组成部分;

$$R_W = (N_L + N_{Da}) \cdot P_W \cdot L_W \tag{4.10}$$

$R_W$ 为与内部系统失效相关的风险组成部分。

式(4.8)—(4.10)中,$N_{Da}$为与线路"a"端相连建筑物的 $N_D$ 值(图 4.9)。

如果线路不仅一部分(架空、地下、屏蔽的、无屏蔽的等等),那么 $R_U$、$R_V$、$R_W$ 的值是与各部分相关的 $R_U$、$R_V$、$R_W$ 的总和。

如果建筑物外部线路不仅一条,且布线各异,计算应就每一条外部线路单独加以进行。

(3)雷击入户线路邻近区域导致的风险组成

下列关系式适用于与雷击入户线路邻近区域相关的风险组成的评估

$$R_Z = (N_I - N_L) \cdot P_Z \cdot L_Z \tag{4.11}$$

如果线路不仅一部分(架空,地下,屏蔽的,无屏蔽的等等),那么,$R_Z$ 的值是与各部分相关的 $R_Z$ 的总和。

如果 $N_I - N_L < 0$,应假定 $N_I - N_L = 0$。

4.3.6.5 建筑物内风险组成小结

如果建筑物的入户线路不止一条,且布线各异,那么,风险组成应就每一条外部线路单独加以评估。

表 4.11 是依据不同损害类型和不同损害来源类型做出的建筑物的风险组成的汇总。

**表 4.11 由不同来源导致的不同损害类型的建筑物风险组成**

| 损害 | 损害来源 | | | | |
|---|---|---|---|---|---|
| | $S_1$ 雷击建筑物 | $S_2$ 雷击建筑物邻近区域 | $S_3$ 雷击入户设施 | $S_4$ 雷击公共设施邻近区域 | 不同损害类型导致的风险 |
| $D_1$ 活体遭电击 | $R_A=N_DP_Ar_aL_t$ | | $R_U=(N_L+N_{Da})P_Ur_aL_t$ | | $R_S=R_A+R_U$ |
| $D_2$ 实体损害 | $R_B=N_DP_Brhr_fL_f$ | | $R_V=(N_L+N_{Da})P_Vrhr_fL_f$ | | $R_F=R_B+R_V$ |
| $D_3$ 电气和电子系统失效 | $R_C=N_DP_CL_O$ | $R_M=N_MP_ML_O$ | $R_W=(N_L+N_{Da})P_WL_O$ | $R_Z=(N_I-N_L)P_ZL_O$ | $R_O=R_C+R_M+R_W+R_Z$ |
| 不同损害来源导致的风险 | $R_D=R_A+R_B+R_C$ | | $R_I=R_M+R_U+R_V+R_W+R_Z$ | | |

### 4.3.7 建筑物雷击的风险计算

4.3.7.1 建筑物特征

(1)大厦入口区域

混凝土层；

无防伤害的防护措施。

(2)大厦外部区域

地面：大理石地面；

火灾风险：低；

防伤害的防护措施；

二类防雷建筑物；

安装一级电涌保护器(SPD)防护；

灭火设施：火灾自动报警系统；消防联动控制系统；火灾应急广播系统；

特殊危险：高恐慌(人数>1000)；

内部系统：$P_1+S_1$。

(3)内部系统

系统 $P_1$：在建筑物入口处，通过高/低压变压器与高压电力线相连，做一级电涌保护器(SPD)防护；

系统 $S_1$：与电话线相连，无防故障的防护措施。

(4)建筑物周边环境

项目位于地闪密度为 $N_g=34.4$ 次/(km$^2$·a)的城市中心；周围有较高建筑物群。建筑物特征参见表 4.12。

**表 4.12 建筑物特征**

| 参数 | 描述 | 符号 | 数值 |
|---|---|---|---|
| 位置因子 | 周围有其他建筑物 | $C_{db}$ | 0.5 |
| LPS | 二类防雷建筑物 | $P_B$ | 0.05 |

下列区域规定为：Z1 区：大厦入口；Z2 区：大厦外部，区域特征见表 4.13 和表 4.14。

**表 4.13　Z1 区(大楼内部)的特征**

| 参数 | 描述 | 符号 | 数值 |
| --- | --- | --- | --- |
| 地面类型 | 入口混凝土层 | $r_a$ | $1.00\times10^{-2}$ |
| 火灾风险 | 无 | $r$ | $1.00\times10^{0}$ |
| 特殊危险 | 无 | $h$ | $1.00\times10^{0}$ |
| 火灾防护 | 无 | $r_f$ | $1.00\times10^{0}$ |
| 电击防护 | 无 | $P_A$ | $1.00\times10^{0}$ |
| LPS 屏蔽 | 无 | $K_{S1}$ | — |
| 空间屏蔽 | 无 | $K_{S2}$ | — |
| 内部系统 | 无 | — | — |
| $R_1$ 型电击损失 | 是 | $L_t$ | $1.00\times10^{-5}$ |
| $R_1$ 型物质损失 | 无 | $L_f$ | — |
| $R_1$ 型故障损失 | 无 | $L_O$ | — |
| 现场人员 | 是 | $n$ | $<10$ |

**表 4.14　Z2 区(大厦内部)的特征**

| 参数 | 描述 | 符号 | 数值 |
| --- | --- | --- | --- |
| 地面类型 | 水泥砂浆 | $r_a$ | $1.00\times10^{-2}$ |
| 火灾风险 | 低 | $r$ | $1.00\times10^{-3}$ |
| 特殊危险 | 高级别 | $h$ | $1.00\times10^{1}$ |
| 火灾防护 | 自动报警装置 | $r_f$ | $1.00\times10^{-2}$ |
| 电击防护 | 等电位措施 | $P_A$ | $1.00\times10^{-2}$ |
| LPS 屏蔽 | 幕墙龙骨与百叶窗 | $K_{S1}$ | 1.12 |
| 空间屏蔽 | 幕墙龙骨与百叶窗 | $K_{S2}$ | 1.12 |
| 内部系统 | $P_1+S_1$ | — | — |
| $R_1$ 型电击损失 | 是 | $L_t$ | $1.00\times10^{-2}$ |
| $R_1$ 型物质损失 | 商业用途 | $L_f$ | $1.00\times10^{-3}$ |
| $R_1$ 型故障损失 | 无 | $L_O$ | — |
| 现场人员 | 是 | $n$ | $>1000$ |

内部系统和相关入户线路的特征见表 4.15 和表 4.16。

**表 4.15　内部系统 $P_1$ 和相关入户设施的特征**

| 参数 | 描述 | 符号 | 数值 |
| --- | --- | --- | --- |
| 长度(m) | 距 SPD 安装距离 | $L_c$ | $\leqslant1000$ |
| 架空 | 否 | — | — |
| 高度(m) | 架空线距地高度 | $H_c$ | — |
| 土壤电阻率(Ω·m) | 现场实测值 | $\rho$ | 49.08 |
| 变压器 | 是 | $C_t$ | 0.2 |
| 线路位置因子 | 周围有其他建筑物 | $C_d$ | 0.5 |
| 线路环境因子 | 城市 | $C_e$ | 0 |
| 线路屏蔽 | 屏蔽电缆或穿金属管 | $P_{LD}$ | 0.04 |
| | | $P_{LI}$ | 0.04 |
| 内部布线警告 | 屏蔽电缆 $R<1$ | $K_{S3}$ | $1.00\times10^{-3}$ |
| 抗压 $U_i$ 的设备 | $U_i=2.5$ kV | $K_{S4}$ | 0.6 |
| SPD 系统 | 一级 SPD | $P_{SPD}$ | 0.03 |
| 线路 a 端建筑物高度(m) | 周围有其他建筑物 | $H_a$ | 309.4 |

表 4.16 内部系统 $P_2$ 和相关入户设施的特征

| 参数 | 描述 | 符号 | 数值 |
|---|---|---|---|
| 长度(m) | 距 SPD 安装距离 | $L_c$ | ≤1000 |
| 架空 | 否 | — | — |
| 高度(m) | 架空线距地高度 | $H_c$ | — |
| 土壤电阻率(Ω·m) | 现场实测值 | $\rho$ | 49.08 |
| 变压器 | 是 | $C_t$ | 0.2 |
| 线路位置因子 | 周围有其他建筑物 | $C_d$ | 0.5 |
| 线路环境因子 | 城市 | $C_e$ | 0 |
| 线路屏蔽 | 屏蔽电缆或穿金属管 | $P_{LD}$ | 0.9 |
| | | $P_{LI}$ | 0.9 |
| 内部布线警告 | 屏蔽电缆 $1<R<5$ | $K_{S3}$ | $1.00\times10^{-3}$ |
| 抗压 $U_i$ 的设备 | $U_i=1.5$ kV | $K_{S4}$ | 1 |
| SPD 系统 | 一级 SPD | $P_{SPD}$ | 0.03 |
| 线路 a 端建筑物高度(m) | 周围有其他建筑物 | $H_a$ | 309.4 |
| a 处建筑物位置因子 | 周围有其他建筑物 | $C_{da}$ | 0.5 |

4.3.7.2 年预计雷击次数估算

年预计雷击次数包括：建筑物的直击雷年预计雷击次数($N_D$)和雷击建筑物邻近区域的年预计雷击次数($N_M$)见图 4.9。入户设施直击雷年预计次数($N_L$)，雷击入户设施邻近区域的年预计雷击次数($N_I$)，其中入户设施包括：电源线、电话线等。建筑物及线路等效截收面积见图 4.9，年预计雷击次数见表 4.17。

大厦顶部设计有几十米高的金属杆，可作为接闪器。一般来说，高层建筑物虽然发生上行先导雷击的概率较一般建筑物高出许多，但这种雷击起源于接闪线或接闪杆的尖端，不是接受闪电而是发出闪电，因此就不必考虑防雷装置对这类雷击的保护范围问题。故本评估暂不考虑接闪杆对建筑物的保护。

表 4.17 建筑物及线路雷击次数

| 项目 | 符号 | 数值($km^2$) |
|---|---|---|
| 年预计直接雷击次数 | $N_D$ | 9.13 |
| 年预计邻近雷击次数 | $N_M$ | 0.00 |
| 年预计雷击线路次数 | $N_{L(P1)}$ | 0.00 |
| | $N_{L(S1)}$ | 0.00 |
| | $N_{L(S2)}$ | 0.00 |
| 年预计邻近雷击线路次数 | $N_{I(P1)}$ | 0.00 |
| | $N_{I(S1)}$ | 0.00 |
| | $N_{I(S2)}$ | 0.00 |

#### 4.3.7.3　雷击造成人身伤亡风险的估算

(1)风险组成及计算

项目每一区的风险组成部分见表 4.18。

**表 4.18　风险 $R_1$ 在不同分区内的风险组成**

| 风险 | Z1 | Z2 |
| --- | --- | --- |
| $R_A$ | √ | |
| $R_B$ | | √ |
| $R_{U(P1)}$ | | √ |
| $R_{V(P1)}$ | | √ |
| $R_{U(S1)}$ | | √ |
| $R_{V(S1)}$ | | √ |

风险计算结果见表 4.19。

**表 4.19　不同分区内风险 $R_1$ 的组成**

| | Z1 | Z2 | 建筑物 |
| --- | --- | --- | --- |
| $R_A$ | $9.13\times10^{-7}$ | | $9.13\times10^{-7}$ |
| $R_B$ | | $5.70\times10^{-7}$ | $5.70\times10^{-7}$ |
| $R_{U(P1)}$ | | $3.65\times10^{-5}$ | $3.65\times10^{-5}$ |
| $R_{V(P1)}$ | | $1.37\times10^{-6}$ | $1.37\times10^{-6}$ |
| $R_{U(S1)}$ | | $8.21\times10^{-4}$ | $8.21\times10^{-4}$ |
| $R_{V(S1)}$ | | $1.37\times10^{-6}$ | $1.37\times10^{-6}$ |
| 总计 | $9.13\times10^{-7}$ | $8.61\times10^{-4}$ | $8.62\times10^{-4}$ |

对于建筑物,风险 $R_1=8.62\times10^{-4}$ 比可接收风险值 $R=10^{-5}$ 的值高,主要因素是组成部分 $R_U$(雷击入户线路由于接触和跨步电压导致的人身伤亡风险)约占总风险的 99%。

(2)防护措施的选择

为降低雷击造成的风险,可采用下列防护措施:

1)增加雷击电磁脉冲防护等级到 2～3 级,则参数 $P_C=0.02$;

2)对于 Z1,将地面铺设沥青;对于 Z2,将地面类型改为木制或者增加绝缘层,则参数 $r_a=10^{-5}$。

根据所选方案,各区的风险值可降至表 4.20 所示值。

**表 4.20　根据所选方案所得的风险值**

| | |
| --- | --- |
| Z1 | $9.13\times10^{-7}$ |
| Z2 | $3.25\times10^{-6}$ |
| 总计 | $4.17\times10^{-6}$ |

采取所选方案后,风险降至可承受风险值之下。

## 4.4 雷电灾害风险评估报告编制

雷电灾害风险评估报告应包含以下几个方面的内容：

(1)雷电风险评估概述；

(2)雷电风险评估的数据采集和分析；

(3)雷电风险的估算；

(4)防雷参数的计算；

(5)防雷设计；

(6)施工安全说明。

## 4.5 案例分析

案例分析见附录B。

### 复习思考题

1. 雷电风险评估的总体思路是什么？
2. 雷电风险评估现场应采集哪些数据？每一数据的用途是什么？
3. 雷电风险评估的作用是什么？

# 第5章　综合防雷工程

**内容提要**

本章主要介绍综合防雷工程勘察和设计及注意事项，并通过实例说明综合防雷工程设计的全过程。通过本章学习可以初步了解综合防雷工程基本知识，运用相关技术规范、标准图集进行民用建筑、一般工业建筑和通信防雷工程设计和设计审核。

## 5.1　综合防雷工程勘察

防雷工程保护对象是建筑物(或构筑物)、设备和人。对从属于一、二、三类的工程项目，就应采用有效的防雷技术，科学、合理地进行综合防护，力求防雷安全。所有项目既要考虑其安全性、也要考虑经济成本。

雷电防护工程首先要保证被保护对象正常运行，在防雷工程设计前，须明确防雷保护对象具体情况，防雷工程勘察是防雷工程设计的基础，对整个防雷工程起着重要作用，进行充分的工程勘察是防雷工程能够做到安全可靠、技术先进、经济合理的前提。

通过设计前的缜密工程勘察，设计人员可以对被保护项目的防雷工程设计有了充分设计依据，设计是可根据被保护物特点，雷电危害规律、雷电危害可能造成的后果进行综合评估，提出设计思路，依据现行的国家或行业设计规范、标准进行初步方案设计、计算和方案比较，编制工程概算，在方案通过后进行施工图设计和施工预算。

防雷工程包括新、改、扩建工程，勘察工作包括几下5个方面。

### 5.1.1　资料收集

被保护项目历史沿革、文物价值、对社会服务的性质、项目建设的近远期规模，用于判断雷电损坏可能造成政治和经济等方面影响状况。

工程设计图纸(建筑、结构、工艺、设备等)收集、工程图纸阅读并编制勘察报告内容。

阅读图纸可以了解建筑物长、宽、高以及建筑物屋面状况和屋面突出部位、安装设备和排气管道(管口)位置与高度。可以明确建筑物具体用途，可以了解进出建筑物各种管线位置、线路与管道敷设情况。

可以了解建筑物各系统组成与系统设备布置位置。

了解电气系统的接地型式(如TN、TT、IT等)、入户方式、屏蔽情况和系统总体布局和各配电箱具体安装位置。

了解电子系统种类(包括电话、广播、有线电视、视频监控、防盗、天馈、程控、网络、设备监控、火灾自动报警与消防联控等)、系统入户方式、室内外线路屏蔽情况、系统工作参数(工作频率、传输介质、速率、带宽、工作电压、接口形式和特性阻抗)、系统总体布局和信息点、处理计算机、交换器与伺服设备数量和具体安装位置。

相关工程文件(工程分期实施计划、可行性研究报告文件和批准文件)收集和信息解读获取有用信息;可以了解工程分期实施情况,各分期防雷保护的相互衔接。

水文地质资料收集和判读用于了解土壤含水率变化和初步判断土壤电阻率范围;查看地质勘探报告可以了解土壤分层情况、旱季与雨季地下水位变化情况、受季节影响土壤冻土变化情况,对于高土壤电阻率地区工程尤其重要。

当地气象和雷暴资料的收集用于确定项目雷击的频率和雷击的可能性判断。

勘察工作中资料收集和整理主要通过材料复印、扫描、图纸绘制、文件编写手段,采用复印机、扫描仪、计算机、打印机为主要工具。

### 5.1.2 现场勘察

被保护工程现场条件(包括地形、地貌和周边环境,必要时进行丈量绘制相应图纸)用于判断项目的雷电选择性。

可用于实施雷电防护的场地条件用于确定独立接闪装置和独立接地网或降阻接地网可以利用土地的尺寸范围。

测量土壤电阻率,并根据土壤干湿程度、气温和土壤温度进行相应调整,用于接地设计计算的依据。

既有防雷设施(包括直击雷防护、电源与信号系统过电压防护、屏蔽、综合布线、等电位连接)完成情况、完好状况的详细记录,作为防雷设计的依据。

核定建筑物外形尺寸、屋面坡度、屋面接闪器布置、突出屋面各种设施情况,接闪器是否能有效保护全部易受雷击部位,检查屋面是否存在爆炸危险气体、蒸汽或粉尘的放散管、呼吸阀、排风管等,屋面是否存在可燃物或结构构件。

查看核对电气系统的线路进线数量、架空或埋地、线缆屏蔽层(或金属套管)截面积,总配电箱位置、数量,分配电箱位置、数量,UPS(不间断电源)型号、容量、进出线配置和由各自UPS服务设备情况(根据查看情况现场绘制供配电系统示意图),丈量各配电箱之间相对位置(确定相互间距离,估算相互间连接所用导线长度),检测各配电箱接地电阻是否符合要求。

查看核对信号线路进线线缆路数、进线方式、线缆介质(光缆/铜缆/双绞线、同轴电缆)线缆是否为屏蔽或穿金属套管(桥架)引入,信号接线/过渡、交换机箱)位置、数量,各品种信号线布线情况(干线或支线具体走向)绘制信号系统布线图(树状图)。

核对清点和记录各系统(包括电话、广播、有线电视、视频监控、防盗、天馈、程控、网络、设备监控、火灾自动报警与消防联控等)主要设备数量、安装位置,查看并记录各系统线路的工作电压、接口形式、工作频率、传输速率、带宽和特性阻抗等参数。

各信息处理机房屏蔽和等电位勘察时,测绘和记录以下内容:

①机房平面尺寸、设备尺寸、品种和布置位置的平面图;

②绘制机房内电源、信号线路布线图;

③测量机柜、设备与墙或柱之间距离；

④检查、测试防静电地板是否可靠接地、接地电阻、金属门窗是否可靠接地；

⑤检查机房局部等电位端子设置位置、等电位连接网络、需要接地的设备/机柜是否已做接地、接地线规格、查看并测量机柜和设备电阻测试；

⑥如果机房已采用屏蔽措施时，检查机房原有屏蔽措施，测量屏蔽效果；

⑦机房如采用人工接地时，检查测试人工接地与建筑物基础是否共地。

根据工程进度已完成的设备安装和将要完成的设备安装详细记录，了解近期和中远期的设备装机数量或规模，用于判断雷电可能造成的直接经济损失的额度以及对社会服务的影响，为设计提供依据。

建筑内部原材料及成品存储(包括品种、数量及最大存量，尤其是危化物品、爆炸和放射性物质)清单，用于判断雷电可能造成的直接经济损失、对区域自然环境、全球环境造成的间接影响。

测量由于工程图纸不能明确表达的外部管线(架空或埋地电源/信号、给排水、热力、燃气等各种管线)连接节点、管线走向及长度。

测量由于工程图纸不能明确表达的建筑(建筑物、构筑物、设备间)的几何尺寸、测绘被保护建筑的平面布置、房间平面布置和设备平面布置、列出可能会影响到雷电防护保护效果的树木/塔架/架空管线具体位置和高度(通常用图、文表述)，用于详细的防雷工程施工图设计和防雷措施实施的依据。

勘察工作中现场勘察主要通过填写现场勘查记录表格和文字描述。采用尺、测距仪、经纬仪、全站仪测量、土壤电阻率测试仪测出数据，数码相机拍摄等手段进行。

### 5.1.3　会议纪要

听取业主对工程情况介绍的会议记录，初步了解项目总体情况、向有关负责人或专业技术人员进行技术交流的会议记录、技术咨询答复函。

### 5.1.4　资料查询

被保护设备资料查询结果(包括设备使用说明书、设备设计安装文件、系统设计文件、设备及系统安装条件要求文件、设备工作参数、系统通信协议)、估算设备耐冲击能力值、被保护空间存储材料或物品的理化性能和防火防爆要求。

设计前期勘察以报告书的形式编制装订，图形和文字表达要求达到精练、准确能全面反映被保护物实际情况，为雷电防护方案设计、计算和施工图设计提供科学依据。

### 5.1.5　民用建筑防雷工程勘察内容

查阅总图，包括：总规划平面图；建筑总平面图、总管道平面图、总电气电子系统线路平面图。

从总规划平面图可以了解项目地理环境、周围情况、雷击选择性情况，可以根据项目坐标位置查看闪电定位统计资料，确定项目所在区域闪电密度。

从建筑总平面图可以了解项目中单体工程数量、建筑间相对位置关系、判断雷电可能出现直击建筑物或在建筑物附近相邻建筑落雷情况。

从室外管线平面图中，可以计算引入建筑物各类线路在建筑物外部的布线方式、线缆总类、线缆截面情况、电源、信号线路室外最后节点位置。

查阅建筑施工图、结构施工图、电气施工图、弱电施工图。

通过阅读设计说明可以了解工程使用性质、建设规模、建筑采用结构形式。

查看建筑平面图可以了解建筑物各层主要用途，配电房、电气间、弱电间、设备机房、卫生间在建筑物中位置，确定项目重点需要保护、等电位连接部位分布。

查看建筑立面图可以了解建筑物楼层数量、建筑物突出部位情况、建筑造型及建筑物各部分总高度。

查看建筑详图，可以了解建筑物外部门窗、阳台栏杆、空调托架、屋面护栏、爬梯、玻璃幕墙、观光电梯等所用材料和节点做法，确定外部等电位连接、防雷电侧击、建筑物初级屏蔽设计。

查看结构施工图，可以了解屋面板内钢筋网材料直径、网格大小，屋面梁内主筋与构造柱框架柱连接情况，用于测算屋面分流、屏蔽效能；查看建筑结构平面图可以了解可利用建筑物立柱分布，查看详图可分析利用建筑物金属体规格；查看基础平面图、大样图可以了解桩基、承台、基础梁或圈梁用作自然接地的范围、以及可以计算地电位升高和存在危险。

查看电气系统施工图，掌握电力/低压配电系统情况，掌握进线、出线数量、敷设方式、导线规格型号；掌握项目配电系统分布、位置数量；掌握线路在建筑物中的走向和布线方式布线路径；用电设备在项目中的安装位置、设备的容量、数量；由此确定雷电流在项目中行走路径和可能袭击对象；明确或模糊确定需要被保护设备品种和数量、判断设备耐冲击能力 $U_w$ 值。

表 5.1 为样表，勘察时根据实际情况、勘察内容制表和绘制图纸。

**表 5.1 防雷工程现场勘察表**

<table>
<tr><td>单位名称</td><td colspan="8"></td></tr>
<tr><td>项目名称</td><td colspan="8"></td></tr>
<tr><td>项目地点</td><td colspan="4"></td><td>日期</td><td colspan="3"></td></tr>
<tr><td>建筑物尺寸(m)</td><td>长</td><td colspan="2"></td><td>宽</td><td></td><td colspan="2">高</td><td></td></tr>
<tr><td>当地年平均雷暴日数</td><td colspan="2"></td><td colspan="5">建筑物年预计雷击平均次数</td><td></td></tr>
<tr><td>孤立建筑周围地形</td><td colspan="4"></td><td colspan="3">土壤电阻率</td><td></td></tr>
<tr><td>周围建筑物情况</td><td>东</td><td colspan="2"></td><td>南</td><td></td><td>西</td><td></td><td>北</td></tr>
<tr><td>综合管线情况</td><td colspan="8"></td></tr>
<tr><td>电气系统描述</td><td colspan="8"></td></tr>
<tr><td>电子信息系统描述</td><td colspan="8"></td></tr>
<tr><td>被保护物描述</td><td colspan="8"></td></tr>
<tr><td>原有防雷设施</td><td colspan="8"></td></tr>
<tr><td>备注</td><td colspan="8"></td></tr>
<tr><td>现场勘察人</td><td>甲方</td><td colspan="2"></td><td>乙方</td><td colspan="4"></td></tr>
</table>

查看电子系统施工图，可以了解设备机房内部设备品种、数量、型号，在设备间安装位置；了解前端设备、终端设备安装的位置、环境以及设备数量；了解信号线路进出建筑物的具体位置，敷设方式、距离长短；了解信号线路在建筑物内部布线路径和布线方式；由此判断线路是否

会受到雷电直击、雷电感应、受环境强电场、强磁场的影响和过电压波侵入；选择屏蔽、等电位、综合布线、过电压防护等设计。

现场场地、与其他资料勘察。

地理位置、周围环境，如当地气象条件、年雷暴次数、计算机网络机房的建筑物的结构构造情况。

对已建(扩、改建)工程核查防直击雷接闪装置、引下线的施工状况及其信息设备接地系统的安全距离是否符合规范要求；高层建筑物防侧击雷的措施。

对已建(扩、改建)工程检查电气竖井内和楼层走廊吊顶内线路布置是否合理；系统设备、配电线路、信号线路进入建筑物的方式进行记录；总等电位连接及各局部等电位连接情况、共用接地装置实际情况记录；地下管线分布情况，查阅隐蔽工程资料。

仔细勘察计算机网络布线情况，如有卫星线路、微波线路传输媒介，应具体测量馈线引下线与防雷引下线间的距离，查看室内网络布线是否符合规定、由室外进入室内的线缆的情况、综合布线系统与干扰源的距离，勘察系统设备机房内的设备安装和布线情况是否合理。

登记各楼层重要设备机房内需保护的设备类型、功能及性能参数(如工作频率、功率、工作电平、传输速率、特性阻抗、传输介质等)；计算机网络和通信网络的拓扑结构；电子设备之间的电气连接关系，信号的传输方式，供、配电情况及其系统接地型式。

不同型号设备接口是不同的，应了解各设备在整个网络系统中的用途，仔细记录各台电子设备在整个网络系统的作用。网络拓扑结构与网络类型。不同的网络传输媒介不同，依据网络标准计算电涌保护器的插入损耗与网络最大传输距离的关系。详细记录网络远程通信方法与方式，因为不同通信方式采用的设备有很大的差别，且工作电平差别较大，在设计时必须考虑到箝位电压的问题，同时考虑采用那一级保护措施等问题。

供电系统情况及额定电压情况，采用频率 50Hz、电压 220/380 V TN—S 系统或 TN—C—S 系统。了解额定电压下计算机系统总容量(即总功率)，或者是额定电压下的总电流。外部设备中磁盘机具有较大的启动电流须特别注意。

建筑物接地情况的了解。计算机机房接地应有直流工作地、交流工作地、安全保护地、屏蔽接地、防雷保护地，在勘察时应注意各个地连接方式、地网分布情况。

### 5.1.6　工程勘察案例

例 1：××政府大院雷电综合防护工程勘察报告书

根据《中华人民共和国气象法》《防雷减灾管理办法》等法律、法规及有关的文件精神，依据国家强制性防雷设计标准、规范及规定的技术要求，××市防雷装置检测中心于××年××月××日××时，采用日产 MODEL4102 接地电阻测试仪、万用表等仪器仪表，对××市政府大院内的市长楼、1 号楼、2 号楼、东大院南、北大楼的现有防雷装置进行了年度检测，对照有关标准、规范、规定，发现存在不少防雷安全隐患，主要问题是市政府大院内各部、委、办、局的信息网络系统没有较完善的防止感应雷击及闪电电涌侵入的措施，而随着现代科技的迅猛发展，弱电电子设备遭受雷击事故的概率越来越高，其主要原因就是防止雷击电磁脉冲措施不完善，因此，必须立即进行整改。

为提高××市政府大院防雷安全系数，避免和减少雷击灾害事故，保障人身和财产安全，将可能遭受的雷击损失降低到最低限度，经商榷，双方取得了共识，一致认为：必须认真贯彻执行国家有关防雷减灾工作法律、法规及有关文件精神，市政府行管局委托××市防雷中心对第一期整改工程进行勘测、设计。现报告如下。

依据《GB 50057—2010 建筑物防雷设计规范》、《QX 3—2000 信息系统雷击电磁脉冲防护规范》及《GB 50311—2000 建筑与建筑群综合布线系统工程设计规范》等国家标准对建筑物防雷提出的新要求——建筑物的防雷装置不仅须有效保护建筑物本身，而且须为其内部的各类信息设备和网络系统提供良好的电磁环境，还须为系统防护雷击电磁脉冲和雷电地电位反击提供必要的条件；又因为市政府大院市长楼、1 号楼、2 号楼等建筑物内有大量信息设备和网络系统，它们的雷电安全不仅关系到市政府的信息系统的安全，还涉及内部许多部、委、办、局信息系统的安全。因此，必须按国家标准新的技术要求，对上述建筑物的防雷装置进行完善。其整改方案如下：

根据雷电灾害最新调查资料表明，由配电系统（无论是雷电直接击中供配电线路，还是由供配电线路引入的雷电感应过电压）引起的电子系统的雷灾事故约占整个信系统雷灾事故的70%，供配电系统的雷电防护在系统雷电防护中占主导地位，因此必须在上述建筑物的供配电系统分别实施雷电防护，其主要措施是：

(1)供电方式必须使用 TN—S 系统，所有电源插座必须满足“左零右火上为地”的接法。

(2)所有配电箱、配电盘、分电盘处均设置有保护地(PE)，与建筑物钢筋基础网和建筑物框架金属结构钢筋实施等电位连接，强电竖井内设置有专用接地干线，且竖井上下两端及中间多处与建筑物钢筋作等电位连接。

(3)在配电房、大楼进线总配电箱、各楼层分电盘处分别安装满足性能参数要求的电涌保护器(SPD)。

例 2：××企业综合楼勘察报告书

1. 建筑概况

本工程建筑占地面积 924.6m²，建筑面积 5332.8m²。使用功能及组成：由厨房、餐厅、办公室、火灾自动报警及联动控制室、消防栓泵房、电梯机房、活动室、值班休息室等组成。其中值班休息室 80 间。建筑层数及高度：建筑地上 6 层；建筑主体最大高度 22.95m。

2. 电气系统

包括以下系统：建筑配电、照明、防雷接地、弱电埋管。

供电电源：本工程从厂区箱式变电站及发电机房引来 4 路 380 V 电源，分别供宿舍办公、食堂及消防用电。从厂区变配电所采用铠装交联聚乙烯铜芯电缆直埋敷设引来电源。

供电方式：本工程采用放射式和树干式相结合的供电方式(图 5.1)。

3. 电子系统

综合楼弱电系统含电话系统、网络系统和电视系统。每间宿舍设置弱电分线箱。弱电分线箱底边距地 0.4m 安装(图 5.2)。

电话系统：电话信号从城市电信网引来，在宿舍、值班室及活动室按需设置电话插座。电话交接箱距地 1.4m 安装，电话插座底边距地 0.4m 安装。进线埋地引来，支线在走廊内沿桥架敷设，出桥架后穿 PC 管沿墙和楼板暗敷。

网络布线系统：从城市电信网引来网络信号，在每间宿舍设置两个网络插座。网络前端距地 1.4m 安装。进线埋地引来，支线在走廊内沿桥架敷设，出桥架后穿 PC 管沿墙和楼板暗敷。网络插座选用 RJ45 超五类型，与网线匹配，底边距地 0.4m 暗装。

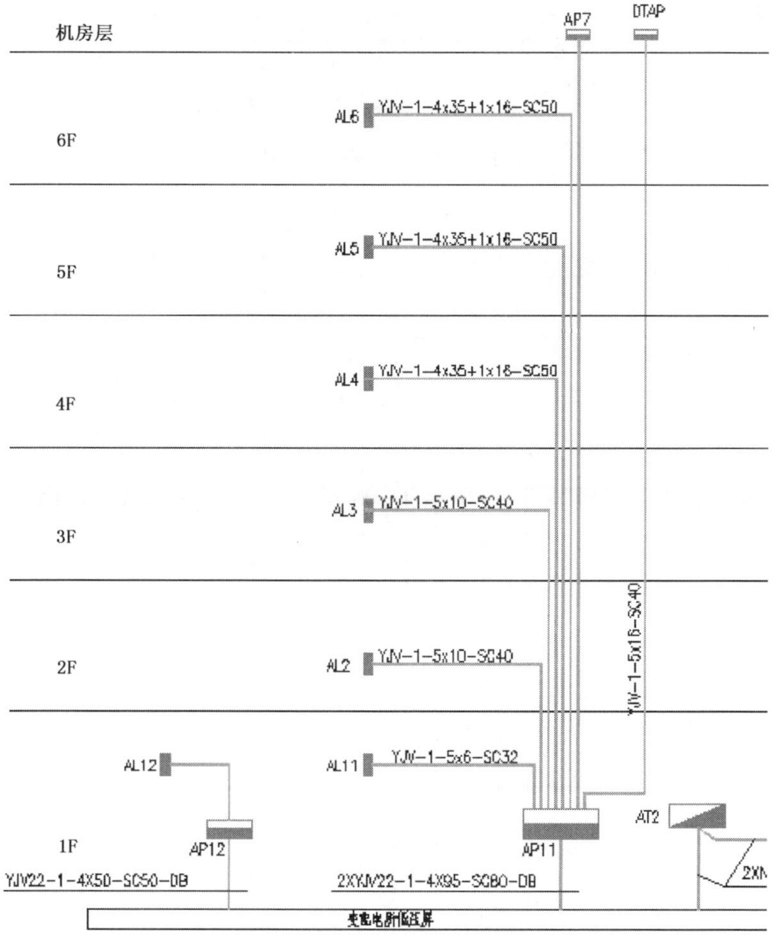


图 5.1　综合楼供配电系统图

有线数字电视系统：电视信号由市有线数字电视网络引来，经放大器后接至各宿舍电视插座。放大器箱和分配器箱挂墙明装，底边距地 1.8m，除注明外，电视插座底边距地 0.4m 安装。

进线电缆由市政埋地引来，支线在走廊内沿桥架敷设，出桥架后穿 PC 管沿墙和楼板暗敷。

4. 综合布线系统

综合楼综合布线系统包括计算机网络系统、语音通信系统。按办公区每 $10m^2$，会议室每 $25m^2$ 预留一对数据/语音点。

数据干线子系统采用多模光纤，语音干线子系统采用三类大对数对绞电缆，其中数据干线子系统每层留 1 对线作为备用。配线子系统均采用超五类 4 对非屏蔽双绞线。数据通信系统主干线进线采用 8 芯多模光纤，语音进线采用大对数三类铜缆。

支持语音的楼层配线架采用超五类 IDC 型；支持数据的楼层配线架采用超五类 RJ45 型。

设备间设于办公楼二楼网络机房内；干线子系统在楼梯间垂直间敷设；配线子系统沿专用弱电桥架敷设，出桥架后沿墙/地面暗敷至各终端插座，其中 2 根及以下穿 KBG20、3～4 根穿

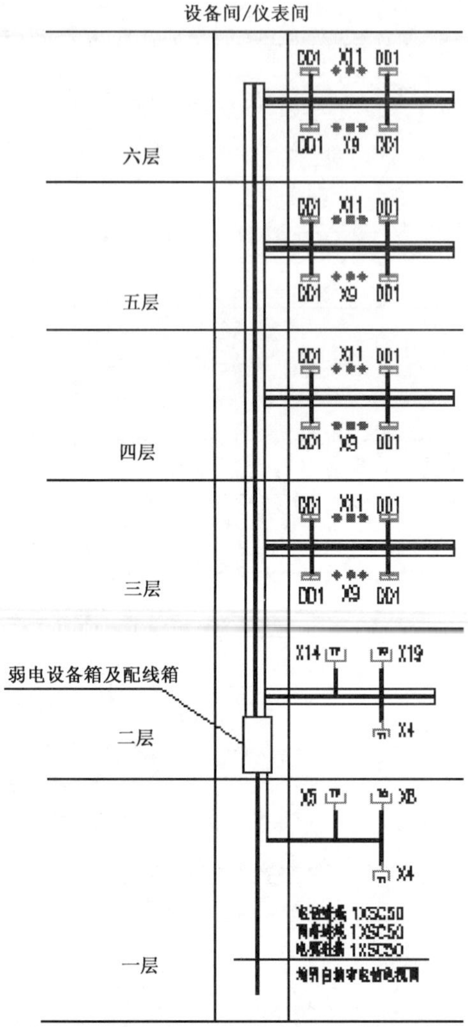


竖向桥架采用200×100，水平桥架见平面图标注

图 5.2　综合楼弱电系统

KBG25、5～6 根穿 KBG32、7～10 根穿 KBG40、10 根以上分管敷设。

综合布线信息/语音点距地 0.4m 安装。综合布线楼层配线架在电井内采用壁挂机柜，底边距地 1.8m 挂墙安装。

5. 火灾自动报警及联动控制系统

本工程包括以下内容：火灾自动报警系统、火灾联动系统、消防通信系统等。

系统的成套设备，包括报警控制器、联动控制台、CRT 显示器、打印机、应急广播、消防专用电话总机、对讲录音电话及电源设备等均由该承包商成套供货，并负责安装、调试。

(1)火灾自动报警系统见图 5.3。

本工程火灾自动报警系统的保护等级按二级设置。系统组成：火灾自动报警系统；电梯监视控制系统；应急照明控制系统。

消防控制室：消防控制室的报警控制设备由火灾报警控制主机、联动控制台、CRT 显示

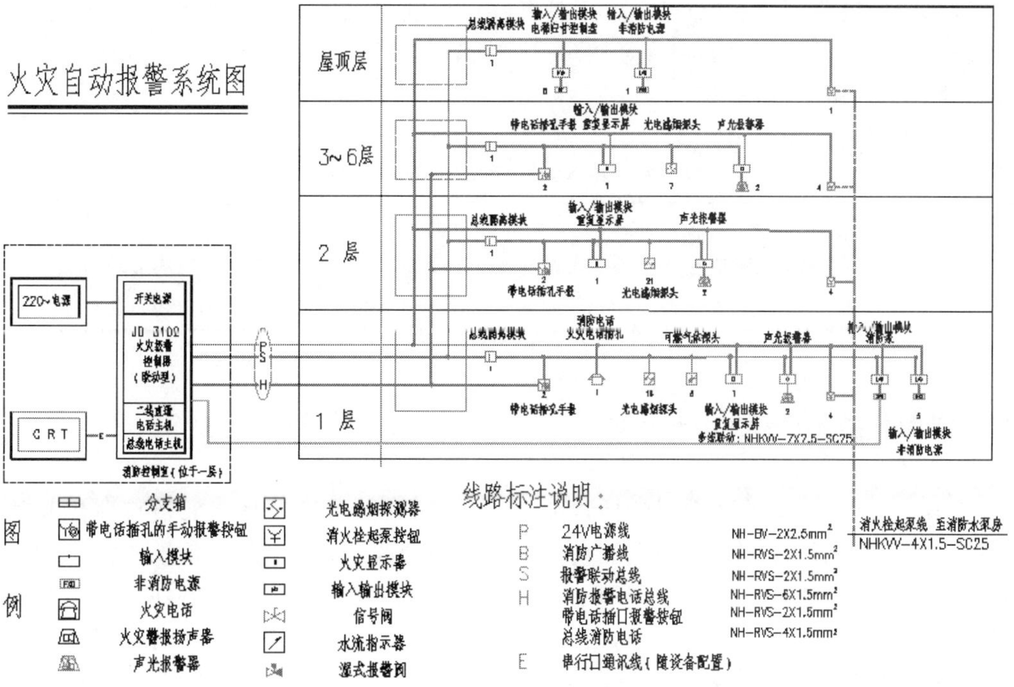


图 5.3　综合楼火灾自动报警系统

器、打印机、应急广播设备、消防直通对讲电话设备、电梯监控盘和电源设备等组成。

各个车间均采用集中火灾报警系统，信号从综合楼消防控制室引来。消防自动报警系统按总线制产品设计，每回总线均设有隔离器模块，任一回路断线不应影响其他回路报警。

探测器：各个车间需探测部位设置感烟探测器。

手动火灾报警按钮设置在出入口或楼梯入口处，设置手动报警按钮的地方均设置消防对讲电话插孔。手动报警按钮及对讲电话插孔底距地 1.4m。同一防火分区的消防电话插孔统一编号。

(2)火灾联动系统

消防控制室可接收感烟、感温等探测器的火灾报警信号及手动报警按钮、消火栓按钮的动作信号；消防控制室可显示消防水池、消防水箱水位，显示消防水泵的电源及运行状况；消防控制室可联动控制所有与消防有关的设备。

消防联动控制：火灾报警后，消防控制室应根据火灾情况对应急照明、非消防电源进行控制，即可通过现场模块进行自动控制也可在联动控制台上通过硬线手动控制，并接收其反馈信号。

消火栓泵控制：平时由压力开关自动控制增压泵维持管网压力，管网压力过低时，直接起动主泵；消火栓按钮动作后，直接启动消火栓泵，消防控制室能显示报警部位并接收其反馈信号；消防电源控制：本工程主电源开关可实现分离脱扣，由消防控制室在火灾确认后断开相关电源；应急照明平时不亮，火灾时由消防控制室切断非消防电源时点亮应急照明灯。

(3)消防通信系统

消防直通对讲电话系统：在各手动报警按钮处设置消防直通对讲电话插孔。

消防系统线路敷设要求：平面图中所有火灾自动报警线路及 50V 以下的供电线路、控制线路型号见图例说明和控制原理图，水平各种线缆分别穿阻燃 PC 管，暗敷在楼板或墙内。由顶板接线盒至消防设备一段线路穿金属耐火(阻燃)波纹管。

(4)消防主要用电设备

消防主要用电设备见表 5.2。

**表 5.2 综合楼主要设备一览表**

| 序号 | 设备名称 | 台套数 | 序号 | 设备名称 | 台套数 |
|---|---|---|---|---|---|
| 1 | 无负压变频供水设备 | 2 台 | 3 | 水泵(消防栓泵，潜污泵各 2 台) | 4 台 |
| 2 | 电梯设备 | 1 套 | 4 | 火灾自动报警及联动控制设备 | 1 套 |

## 5.2 综合防雷工程设计

雷电具有高电压、大电流和瞬时性特征，强大的闪电向其通道外释放数百兆焦耳能量，产生静电场、电磁场和电磁辐射。雷电能量作用于各种导线上，雷电波或感应过电压沿导线侵入设备；另一种是雷电能量直接耦合作用于电路或电子元器件上，造成元器件误动作和损坏；再者，由于入地雷电流造成地电位反击，损坏设备的元器件的绝缘材料。目前，任何一个单一的电涌保护器(SPD)都无法保证某一特定空间内所有需保护对象的防雷安全。因此，合理的防雷工程保护方式既要防护直接雷击，又要防护雷击电磁脉冲(LEMP)，故称为综合防雷工程(图 5.4)。

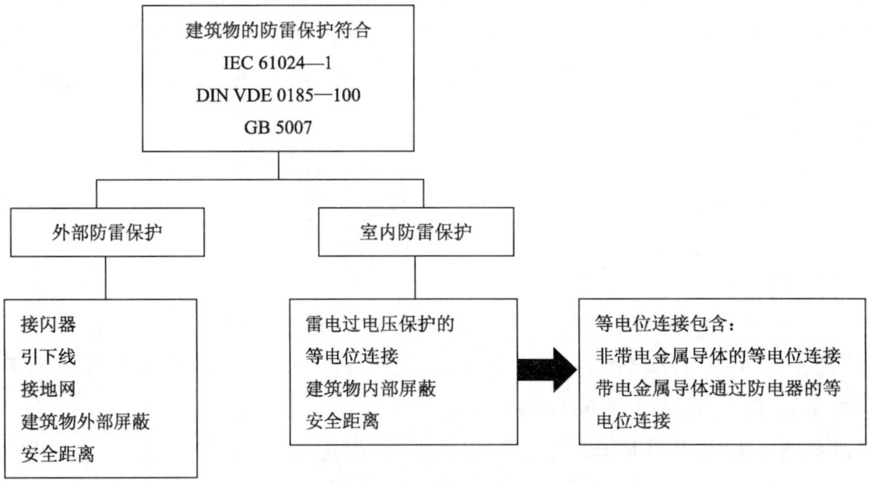


图 5.4 综合防雷工程概念

综合防雷工程应考虑：

防护对象所处环境：位置、地理地貌、雷电分布、雷灾史、地质状况、土壤电阻率

防护对象基本情况：建筑结构、高度、面积、布局；设备布局、传输系统、耐过电压水平；供电高压、变压器、低压配电型式、走线方法；已具备的防雷装置状况；水、暖、燃气管道等状况；树木、人流状况等。

综合防雷工程依据标准：涉及防护对象、防护设备的国家、行业、军用、国外先进标准等。

相对于建筑物，综合防雷工程的保护对象和具体要求：

明确防雷空间范围、建筑物的防雷类别；要求保护的设备清单；设计应能承受的雷电流和过电压水平。

防护方案：建筑物防雷类别的确定（采用计算方式）；建筑物防雷区的划分；直击雷防护（外部防雷装置：接闪器、引下线、接地装置）；屏蔽措施（屏蔽效果计算，屏蔽设计图）；等电位连接（均有图）、等电位连接预留件；共地系统的实施；综合布线做法；SPD 的选择和使用（低压配电系统的选择和使用、传输系统的选择和使用、SPD 的性能参数）。

质量管理：设计、施工单位的资质；设计、施工单位的能力（完成的工程介绍）；质量保证措施。

综合防雷工程是一项系统工程。包括建筑物基本雷电防护和电子信息系统专业雷电防护两个方面。

### 5.2.1　建筑物基本雷电防护

接闪功能：采用接闪杆、接闪带、接闪线、接闪网、均压环；指实现来自各个方向雷击接闪功能所应具备的条件，包括接闪器的形式（接闪杆、接闪带和接闪网）、耐流耐压能力、连续接闪效果、造价以及接闪器与建筑物的美观统一性等。

分流影响：接闪器与建筑物顶部的各种金属连接，确保接闪器有效分流引导雷电流进入引下线，引下线布置的位置、数量、截面大小和采用的材料直接影响分流效果，引下线多，每根引下线通过的雷电流就小，其电磁感应强度就小。

均衡电位：采用的笼型防雷方式将建筑物自身的各种金属导体（金属结构、结构内钢筋、金属门窗和外露金属等）连接形成一个综合等电位体，以减少甚至消除导体间危险的电位差，以期实现建筑物内部不会产生导体间的反击现象和减小危及人身安全的接触电压。

建筑屏蔽：建筑屏蔽的主要目的是使建筑物内部在雷击发生时有较安全的电磁环境。通过均衡电位达到建筑屏蔽的目的，降低雷电侧击，同时也削弱电磁波对内部空间的影响。

防雷接地：建立闭合均压低阻地网，实现建筑范围内的地面无危险的跨步电压，同时又为电源的电涌冲击防护、信号及数据线的瞬变保护时雷电能量的对地泄放、建筑物总的参考电位（或总等电位连接）提供条件。每个建筑物都需要考虑选择哪种接地方式的效果最好且最经济，良好的接地效果是防雷成功的重要保证之一。

合理布线：指综合布线才能获得最好的防止相互干扰的效果。现代化的建筑物都离不开照明、动力、电话、电视和信息系统等设备的管线，在防雷设计中，必须考虑强、弱电的分离布线，强、弱电管线与直击雷防护系统的相互距离和干扰问题。

### 5.2.2　电子系统雷电防护

电子系统的防雷重点是雷击电磁脉冲（LEMP）防护。雷击电磁脉冲的防护针对各种入侵通道将雷电过电压、过电流泄放入地，从而达到保护电子设备的目的。拦截雷电能量侵入电子系统设备的各种途径，使得过电压在进入电子设备内部时，已衰减到各种电子系统设备能够承受的水平，这是电子系统设备防雷的主要任务。

针对电子系统设备的雷击电磁脉冲的防护，必须采取前节所述建筑物基本雷电防护措施外，还需要进一步采用电子系统的精细防护，包括：系统设备的防雷击电磁脉冲的屏蔽措施；系统设备接地与等电位连接；系统的综合布线；加装 SPD，限制侵入电子设备的雷电过电压幅值；将接地地线按联合接地原则接入系统的接地端子，从而真正起到安全保护接地的目的。主要方法是采用隔离、箝位、均压、滤波、屏蔽、过压（过流）保护、接地等方法将雷电过电压、过电流及雷击电磁脉冲消除在设备外围，从而有效地保护各类设备。

### 5.2.3 雷电防护工程设计

一个完整的雷电防护系统设计包括以下几个方面：建（构）筑外部防雷设计；电气系统防雷；信号线防雷；等电位连接；接地系统。

#### 5.2.3.1 建（构）筑外部防雷设计

(1)设计依据：应说明本项目防雷设计引用的依据。

(2)防雷类别：依据引用规范进行的防雷分类结果、内部电子系统防雷分级判断结果，以及确定分类设计的其他原因和条件。

(3)屋面接闪杆、网、带布置(直击雷防护措施)

沿屋面外侧(或女儿墙上外侧)、楼梯间外围、屋盖水池顶外围、屋角、屋脊、屋檐和檐角等易受雷击的部位敷设接闪带，用支持卡固定，支持卡的间距为 0.5～1.0m，拐弯处小于 1m(通常为 0.5m)，接闪带高度为 0.15～0.2m(南方较高北方较底)，在接闪带每个阳角处安装短接闪杆(南方多雷地区需要安装，其他地区可以不安装)。接闪网(带)采用：①∅10mm 热镀锌圆钢；②∅8mm 热镀锌圆钢：③－40mm×4mm 热镀锌扁钢。

接闪杆用镀锌钢管或圆钢直径：针长 1m 以内的圆钢为∅12mm，钢管为∅20mm；针长 1～2m 时圆钢为∅16mm，钢管为∅25mm。

利用屋面圈梁、框架梁、现浇屋面板内的钢筋组成暗敷接闪网格。

接闪网格明敷：接闪网格尺寸第一类防雷建筑物：5m×5m 或 6m×4m；第二类防雷建筑物 10m×10m 或 12m×8m；第三类防雷建筑物：20m×20m 或 24m×16m。

突出屋面的设备、管道，安装接闪杆并连接到接闪带。

突出屋面的金属物体(如铁爬梯、水管、透气管、冷却塔、广告牌等)，均应与就近的接闪带连接，连接点不少于二处。

第二、三类防雷建筑物的金属屋面可作为接闪器，但应符合 GB50057—2010 中 5.2.7 条的要求，金属屋面周边每隔 18～24m 应用引下线接地一次。

(4)引下线布置：可利用柱内钢筋为自然引下线，其上端与接闪装置(接闪杆、网、带)，下端与接地装置连通。

引下线的敷设：

1)沿建筑物外墙暗敷在墙体层内。用≥∅10mm 镀锌圆钢或截面积大于 $80mm^2$ 的扁钢；

2)沿建筑物外墙明敷，并经最短路径接地，用≥∅8mm 镀锌圆钢或截面积大于 $48mm^2$ 的扁钢。

在各条引下线上距地面 0.3～1.8m 装设断接卡；在易受机械损坏和人身接触的地方，地面上 1.7m 至地下 0.3m 的一段接地线应采取暗敷或镀锌角钢、改性塑料管或橡胶管等保护措施。

每根防雷引下线上距地面不低于 0.3m 处，用≥∅12mm 镀锌圆钢或－40mm×4mm 扁钢焊出 1m，用作基础接地极与进出金属管道或增补接地极的连接。用作引下线的结构柱子应作标记，如：、等通长焊接。

(5)均压环(侧击雷防护措施)

第一类防雷建筑物自 30m 以上，每 6m 利用建筑物外圈梁的二条主筋通长焊接，构成闭合环路，并与所有的引下线连通。第二、三类防雷建筑物高于 60m 时，其上部占高度的 20%并超过 60m 的部分应防侧击。

5.2.3.2　电气系统防雷

电气系统过电压保护根据内部系统防雷分级，电气系统 SPD 安装部位、数量、参数和保护水平。

5.2.3.3　信号系统防雷

信号系统过电压保护，根据内部系统防雷分级，各类信号系统 SPD 安装部位、数量、参数和保护水平。

5.2.3.4　等电位措施

第一类防雷建筑物中埋地进入建筑物的各种线路、管道，在入户端将电缆的金属外皮、金属线管与接地装置连接。

供电线路应埋地引入，埋地长度应大于 $2\sqrt{\rho}$($\rho$ 为土壤电阻率)，但不小于 15m。架空金属管道，在进出建筑物处，应与防雷电感应的接地装置相连。低压架空线在引入端处应装设低压电涌保护器，注明具体的器材型号规格。

平行敷设的管道、构架和电缆金属外皮等长金属物，其净距离小于 0.1m 时应采用金属线跨接，跨接点间距离不应大于 30m，交叉净距离小于 0.1m，其交叉处也应跨接。

电梯井导轨、竖直敷设的水管、风管等电位连接点，除上端、下端与防雷装置连接外，每隔 30m 连接一次。

电缆井每层预留接地端子。

玻璃幕墙龙骨(金属支架)与均压环相连，连接点按防雷网格尺寸布置。

5.2.3.5　接地系统

自然接地体：利用建筑物的基础结构钢筋作防雷接地体(包括桩钢筋、基坑钢筋或桩台分布筋、地梁钢筋、柱钢筋)。

人工接地体：垂直接地体用镀锌∟ 50mm×50mm×5mm，长度 2.5m，地极间距一般为 5m，不小于 3m。水平接地体用一：扁钢 40mm×4mm 镀锌扁钢或＞∅12mm 的镀锌圆钢，长度≤$2\sqrt{\rho}$($\rho$ 为土壤电阻率)。沿建筑物周边布置。埋设深度应大于 0.5m，一般取 0.8m。

5.2.3.6　其他

焊接要求：凡防雷装置均应搭接焊，焊缝长度不应小于圆钢直径的 6 倍，扁钢宽度的 2 倍。焊接点处应作防锈处理。

医疗、邮电、电力、煤气等防雷设施设计，还应符合相关的行业规定，并明确加以说明。

防雷设施做法见防雷施工大样图(除通用图外，应把大样图在相应图纸上一并给出)。

### 5.2.4　建筑物内部信息网络系统设计流程

工作流程包括：勘察资料收集；防雷设计方案编制；防雷工程预算报价、方案送审，技术评估、审核、批准；防雷工程施工图设计、图纸会审；设计资料交接(图 5.5)。

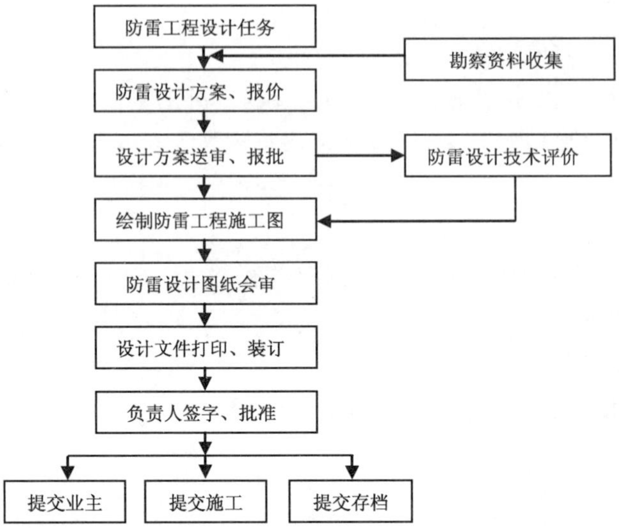


图 5.5 防雷工程设计流程

建筑物内部信息网络系统设计流程见图 5.6。

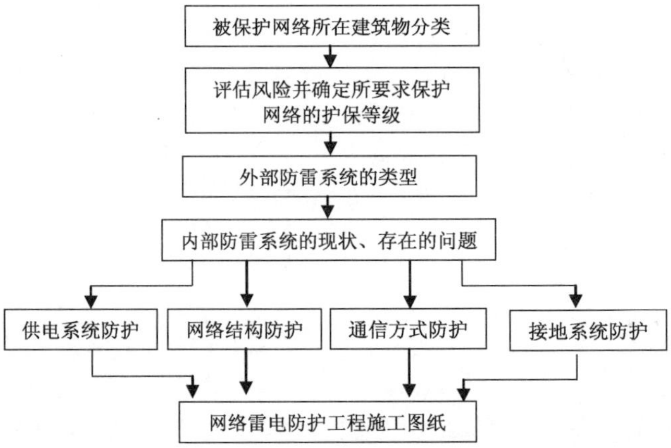


图 5.6 建筑物内部信息网络系统设计流程

### 5.2.5 计算机网络防雷工程设计

为了保证计算机安全，计算机机房不应设置在强电磁场区内，并尽量避免建立在经常有落地雷的地方。计算机机房所在的建筑物必须依据《GB 50057—2010 建筑物防雷设计规范》的要求设防直击雷的措施。计算机网络防雷工程设计步骤如下：

(1)系统勘察：了解计算机网络系统作用与性质；了解计算机网络系统所在建筑物建设场地环境及气象条件；勘察该计算机网络通信线路的架设和进入机房走线情况；

(2)防雷分级判断、设备易损度分析：根据以上信息对系统进行被保护设备易损度分析、评估；确定评估等级，选择电涌保护器级别、安装部位。对该系统进行风险评估；

(3)分析线路上可能产生过电流与过电压量值，确定安装级别与各级别选择电涌保护器的一般参数；

(4)绘制各级 SPD 安装位置，原则上先过电流，后过电压保护；有机结合系统所采用设备原保护措施情况(如室内单元与室外单元设备抗干扰能力)，画出最终通信系统防雷施工图。

信号系统防雷设计注意：网线是指构筑计算机系统的双绞线、细缆、粗缆、光缆等计算机网络通信的物理介质。

普通电话线防雷应在调制解调器前串接电话线路 SPD，接口形式 RJ11，启动电压 160V，响应时间<10ns。

调制解调器后串接 RS232 接口 9 针或 25 针 SPD 以保护通话机，其启动电压为 40V。

X. 25、DDN、ISDN，其工作方式为零电压传输，防雷安装方式同上，选用 SPD 主要技术指标：响应时间<1ns，RS232 接口保护同上，以保护路由器等设备安全。

计算机网络系统重点应考虑小型机与网络交换机、路由器等设备，上述设备有良好接地外，在网络接口处必须安装信号 SPD。

交换机到各个子网络，根据实际各子网之间网络物理设置而定，在同一机房内，双绞线连接长度在 5m 内可以不加信号电涌保护器；如超过 5m 以上应视综合布线情况安装信号 SPD；安装时，必须了解网络的拓扑结构、网络的传输速率、选用的传输介质和网络瓶颈等方面内容。

设计系统防雷方案前，应由有关人员提供不同传输介质相应不同传输速率极限值；确保系统正常运行，防雷设计人员必须了解信号 SPD 在不同传输介质，传输频率的插入损耗，换算其等效长度，加上实际长度不能大于极限值。细缆、粗缆在进入机房前必须做一次屏蔽接地，与设备连接端串接信号电涌保护器。

### 5.2.6　设计文件编制

对新(扩、改)建工程进行防雷设施设计之前，首先要进行资料的收集。

(1)新建工程资料

观察了解被保护建(构)筑物所在地区的地形、地物状况、当地气象条件(雷暴日)和地质条件(建设场地的水文地质条件及土壤电阻率)。

需保护的建筑物(或建筑物群体)的形状、结构、长度、宽度、高度及位置分布，相邻建筑物的高度及与需保护的建筑物的距离。

各建筑物内各楼层及楼顶需保护的电子信息系统设备的分布状况、配置各楼层工作间或设备机房内需保护的设备种类、功能及性能参数(如工作频率、功率、工作电平、传输速率、特性阻抗、传输介质等)。

电子系统的计算机与通信系统网络的拓扑结构。

电子系统设备之间的电气连接关系、信号的传输方式。

供电、配电及电网质量情况，以及供配电系统形式。

有无备用发电机供电，市电和发电机供电的切换方式。

有无直流供电系统(包括整流设备供电、蓄电池供电或太阳能电池供电)，供电电压及工作接地方式。

对将配置电子设备的各工作间或机房依次进行详细了解。

了解建筑物其他构件结构及屋内其他构筑物情况，了解建筑物立面装饰形式及材料。

(2)已建工程补充资料

检查防直击雷接闪装置(接闪杆或带及网等)的设置现状,屋顶上部各种天线、金属杆、及与引下线连接可靠性的程度,预留、预埋引入各种信号线的管道及设备基座接地情况是否符合设计要求。

防雷引下线系统分布路线是否利用靠柱内主筋作引下线,与信息技术设施接地系统的安全距离是否符合规范要求。

高层建筑防侧击雷措施设置情况。

强电及弱电竖井布置位置是否合适。

安装于建筑物内(或竖井内)的各种金属管道、电气设备的金属外壳、电缆桥梁等与防雷装置等电位连接情况。

由室外引入(或引出)建筑物的各种金属管道与建筑物环形接地装置等电位连接情况。

各个隐蔽施工部位的检测记录及质检验收报告。

建筑物金属幕墙及墙板,在上、下端及中间相应楼层等电位连接施工情况,是否符合规范要求。

电子系统的安装特性及系统设备特性的相关资料。

总等电位连接及其他局部等电位连接现况;共用接地装置施工现况等及图纸资料。

(3)电子系统的安装特性资料

ITE 是否全部位于建筑物内。

ITE 在建筑物内的布置位置。

供电方式(HV、LV 等)与容量。

供电配置方式(TN—S、TT、IT)。

电缆引入建筑物的方式。

内部电缆布局。

机房内是否放了 CBN(或 MCBN)。

机房内是否有 CBN 接地端口。

电源线与信号(信息)电缆敷设在“强电井”、“弱电井”或专用金属导槽,走线架具体位置和屏蔽情况。

在电力室是否安装了接地汇集排。

建筑各层是否安装了接地分汇集排(或端子板)。

各种地线、汇流线、汇流排的材质及有效截面。

本建筑物是否有金属线与周边其他建筑物相连。

(4)信息系统的设备特性资料

各种 ITE 的端口耐压特性及浪涌抗扰度。

已装设备的雷击防护水平及效果。

ITE 的布线系统。

投产以后是否有过雷击故障。

ITE 的业务重要性。

## 5.3 案例分析

### ××市公安局业务技术大楼的雷电防护

【工程勘察】

本工程为××市公安局公安业务技术大楼，基地位于市西区规划中的A路与B支路交汇处的西南侧，占地3.32 $hm^2$，东西长180m，南北长185m。基地东临6车道的A路，北依30m宽的B支路，南侧为规划中的商业住宅区，西侧为规划行政办公区。整个工程建筑面积约35200$m^2$(不含地下室)。建成后将成为××市西区的标志性建筑，形成新的城市景观。

本工程建筑高度为78.2m，其中地下室4.5m，整个建筑物地面以上20层，1～4层每层层高4.4m，5～18层每层层高3.8m，19～20层高3.7m，屋面构架层挑板顶高度82.1m。地下一层为全埋式，功能为车库、设备层及机械库，人防等级为6B级，1至5层为裙房，其中1层为办证大厅、大餐厅、档案库、消防控制中心等；2层为机房、小餐厅、局史室；3层为医疗、后勤办公、会议室；4层为报告厅、阅览室、活动室；5至6层为值班室及治安办公室；7至18层为办公室，其中8至9层为局长、副局长办公室；19至20层为指挥大厅。

1. 电源设计

本工程属一类高层建筑，按一级负荷供电。其中消防、应急照明、疏散指示、主楼电梯、地下层排污泵、变频供水泵、计算机等用电按一级负荷供电，通信、电视、安保监控、广播等用电为二级负荷供电、其余为三级负荷。

本工程采用10kV高压双回路供电，二路电源同时供电，当其中一路10kV高压因故障停电时，由另一路10kV高压电源供给全部负荷，低压侧设功率因数自动补偿装置，同时另外设置一台柴油发电机组作为应急备用电源。

2. 变配电设计

本工程在大楼地下一层设变配电所1座，内设1600kVA变压器2台，变压器采用SC10环氧树脂浇铸干式变压器，10kV高压开关柜采用WZ－1型中置手车式开关柜，低压开关柜采用MB200抽屉式开关柜，变配电设备均采用无油安全型设备。

本工程在大楼地下一层设柴油发电机房，内设一台750kW柴油发电机组。

3. 照明设计

门厅等公共用房采用白炽灯配以装饰灯具作为主要照明，办公、会议、车库等用房采用高效荧光灯光源为主，设备用房、库房等其他公共用房采用节能灯具，外立面照明光源采用金属卤化物灯，本工程照度按建筑照明标准设计。

4. 低压配电系统的设计

从变配电所引至大楼各层动力、照明、空调总配电箱柜的干线采用封闭式母线或YJV型铜芯电力线缆在电缆桥架和垂直井道内敷设，总配电柜至各开关箱采用BV型铜芯塑料线在电缆桥架或穿钢管(电线管)保护作放射式配电。

5. 弱电系统的设计

本工程设置计算机网络系统、通信系统、闭路电视系统、电视监控系统、音响广播系统、楼宇自动化系统。

(1)计算机网络系统、通信系统、楼宇自动化系统纳入 PDS 综合布线系统,传输网络干线采用光纤,支线采用六类对绞电缆,闭路电视系统、电视监控系统采用射频同轴电缆传输,广播系统采用铜芯塑料软线传输。

(2)计算机网络系统

本工程办公用房等设有计算机网络,信息机房设在一层。

(3)通信系统

在大楼二层设程控交换机房一间,内设 1000 门程控交换机,干线经弱电井道敷设至各层分线箱,办公用房、设备用房及公共场所等均设电话出线座。

6. ××市公安局 350m 集群指挥通信系统的组成

集群通信系统是一种指挥调度系统,是一种资源共享的专用移动通信系统。它具有大区覆盖、频率公用、持续时间短、分组方式灵活、调度能力强的特点。

××市公安局集群系统是一个单基站 12 信道的三代集群系统,其组成和结构如下:系统是由天线、天馈、信道机、集群控制器、调度台、操作维护终端和移动台组成。如图 5.7 所示。

××市公安局 350m 集群系统的基站放置在××市局通信塔上,由于通信覆盖很大程度上取决于天线高度,同时还要考虑到因频率资源的限制引起的同频干扰,因此,基站天线高度的选择是很重要的参数。××市公安局集群基站目前为 T 型天线,距地面高度为 84m,有效覆盖范围约为手持台 15km,车载台 30km。

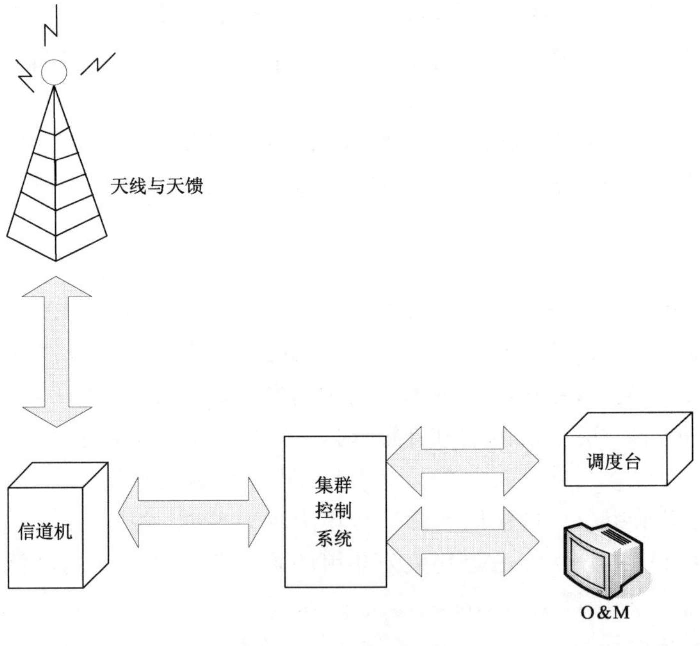


图 5.7 单机站系统

7. 闭路电视系统

在附房顶部设卫星电视接收天线,闭路电视系统前端设备设在顶层微波机房内,系统采用 U 频道传输,以便提高抗干扰能力,传输干线经弱电井道至各层,系统采用分配器、分支器方式送至各层,每个房间设置若干个电视插座,用户端信号电平应不低于(70±5)dBμV。

8. 视频监控系统

本工程对主要出入口，地下车库出入口，电梯轿厢等进行电视监控，并在重点部位设置红外防侵入报警探头，监控机房与消防控制室合用。

9. 音响广播系统

本工程大堂、门厅、走道等公共活动用房设背景音响广播系统，火灾时能强制切换成消防广播，广播机房与消防控制室合用。

10. 楼宇自动化系统

本设计对冷水机组、冷却塔、空调机组、新风机组、送风排风机、热交换机、油锅炉、生活水泵、污水泵、水箱水池水位、变配电及照明系统进行监控，BA 机房设在一层弱电机房内。

【雷电防护分类】

1. 建筑物年预计雷击次数($N_1$)：

$$N_1 = k \cdot N_g \cdot A_e \tag{5.1}$$

式中，$N_1$ 为建筑物预计雷击次数(次/a)；$k$ 为校正系数，根据本大楼所处的地理位置及周边环境，$k$ 应选取 1；$N_g$ 为建筑物所处地区雷击大地的年平均密度[次/(km$^2$ · a)]，应按下式确定

$$N_g = 0.1T_d = 3.5\ 次/(\mathrm{km}^2 \cdot \mathrm{a}) \tag{5.2}$$

式中，$T_d$ 为年平均雷暴日，根据当地气象台、站资料确定(d/a)。××地区的年平均雷暴日为 35 d/a；

$A_e$ 为与建筑物截收相同雷击次数的等效面积(km$^2$)。建筑物等效面积 $A_e$ 应为其实际平面积向外扩大后的面积。其计算方法应符合下列规定：

当建筑物的高 $H$ 小于 100m 时，其每边的扩大宽度和等效面积应按下列公式计算确定

$$D = [H(200 - H)]^{1/2} \tag{5.3}$$

$$A_e = \{L \cdot W + 2(L + W) \cdot [H(200 - H)]^{1/2} + \pi \cdot H(200 - H)\} \cdot 10^{-6} \tag{5.4}$$

根据该建筑物剖面设计图，其高度 $H$=78.2m，$L$=121.4m，$W$=48.9m，计算所求得结果为 $A_e$=0.069km$^2$。所以

$$N_1 = k \cdot N_g \cdot A_e = 1 \times 3.5 \times 0.069 = 0.2415(次/\mathrm{a})$$

2. 入户设施年预计雷击次数($N_2$)：

$$N_2 = N_g \cdot A'_e = (0.1T_d) \cdot (A'_{e1} + A'_{e2})(次/\mathrm{a}) \tag{5.5}$$

式中，$N_g$ 为建筑物所处地区雷击大地的年平均密度[次/(km$^2$ · a)]；$A'_{e1}$为电源线缆入户设施的截收面积(km$^2$)；$A'_{e2}$为信号线缆入户设施的截收面积(km$^2$)。

根据该建筑物大楼的具体情况，取 $L$=1000m，$d_s$=100，具有外引高压埋地电源线缆和光纤信号电缆。由计算可得

$$A'_{e1} = 0.1 \cdot d_s \cdot L \cdot 10^{-6} = 0.1 \times 100 \times 1000 \times 10^{-6} = 0.01(\mathrm{km}^2)$$

$$A'_{e2} = 2 \cdot d_s \cdot L \cdot 10^{-6} = 2 \times 100 \times 1000 \times 10^{-6} = 0.2(\mathrm{km}^2)$$

所以　$N_2 = N_g \cdot A'_e = (0.1T_d) \times (A'_{e1} + A'_{e2}) = 3.5 \times (0.2 + 0.01) = 0.735(次/\mathrm{a})$

3. 建筑物及入户设施年预计雷击次数($N$)的计算

$$N = N_1 + N_2 = 0.2415 + 0.735 = 0.9765(次/\mathrm{a})$$

4. 可接受的最大年平均雷击次数($N_c$)的计算

因直击雷和雷击电磁脉冲引起电子系统设备损坏的可接受的最大年平均雷击次数 $N_c$ 按下式确定

$$N_c = 5.8 \times 10^{-1}/C \tag{5.6}$$

$$C = C_1 + C_2 + C_3 + C_4 + C_5 + C_6 \tag{5.7}$$

式中,$C$ 为各类因子,分别为:

$C_1$ 为电子系统所在建筑物材料结构因子。该业务技术大楼建筑物屋顶和主体结构均为钢筋混凝土材料,所以 $C_1$ 取 1.0;

$C_2$ 为电子系统重要程度因子。该业务技术大楼具有集成化程度较高的低电压微电流设备,所以 $C_2$ 取 3.0。

$C_3$ 为电子系统设备耐冲击类型和抗冲击过电压能力因子。该业务技术大楼电子系统设备耐冲击类型和抗冲击过电压能力较弱,所以 $C_3$ 取 1.0;

$C_4$ 为电子系统设备所在雷电防护区(LPZ)的因子。根据设备的存放位置,$C_4$ 取 1.0。

$C_5$ 为电子系统发生雷击事故的后果因子。该大楼实际情况为信息系统业务原则上不允许中断,但在中断后无严重后果,所以 $C_5$ 取 1.0,

$C_6$ 表示区域雷暴等级因子,取 1.0。

综上,有

$$C = C_1 + C_2 + C_3 + C_4 + C_5 + C_6 = 8.0$$

$$N_c = 5.8 \times 10^{-1} / C = 0.725(\text{次}/\text{a})$$

5. 防雷装置拦截效率 $E$

$$E = 1 - N_c / N = 1 - 0.0725/0.9765 = 0.926$$

防雷分类与防雷等级划分结论

经过对××市公安局业务技术大楼现场勘察数据的分析和处理,雷击风险评估结论如下:

预计雷击次数 0.2415 次/a 大于 0.05 次/a 且该大楼为人员密集的重要建筑物,所以判断为第二类防雷建筑物。

机房综合防雷工程应采取的防雷措施为在低压配电系统中设计安装 2~3 级 SPD(电涌保护器)。

【雷电防护设计】

1. 建筑物本身的防雷

按照国家标准《GB 50057—2010 建筑物防雷设计规范》的要求,该业务技术大楼为第二类防雷建筑物。由接闪网(带)、接闪杆或混合组成的接闪器,立柱基础的钢筋网与屋面板钢筋等应构成一个整体,形成了一个稀疏的法拉第笼。

2. 计算机系统的防雷保护

计算机系统安置在建筑物内,机房处在 $LPZ_1$ 区,理论上讲受到建筑物防雷系统保护,直击雷击中计算机网络的可能性很小,且由于建筑物的屏蔽措施,本区内的电磁场强度得到初步的衰减,进出此区域的各类管线是雷电波入侵的主要途径。

3. 天线的防雷(见设计方案)

4. 接地保护系统

针对雷电对建筑物的破坏形式以及雷电对弱电系统的破坏形式,该大楼按二类建筑设置防雷接地装置。由于该建筑中安装有大量的电气、电子设备,这些设备分属于不同的子系统,它们的工作频率、抗干扰能力和功能等都不相同,对接地的要求也不相同。在实际安装时应按下述方法进行接地。

(1)电子设备的信号接地、逻辑接地、功率接地、屏蔽接地和保护接地一般合用一个接地系统，其接地电阻小于4Ω。

(2)当电子设备接地和防雷接地采用共同接地装置时，为了避免雷击时遭受反击和保证设备安全，应采用埋地铠装电缆供电。

(3)电缆屏蔽层必须接地。为了避免产生干扰电流，信号电缆和1MHz及以下的低频电缆应采用M型连接网络。

5. 等电位连接系统

(1)总等电位连接端子的设置

就建筑物而言，当金属管线从不同方向和不同位置进入建筑物时，应设置多个总等电位连接端子，这时可以以地梁或环型基础主钢筋作为总等电位连接带。按照GB 50057—2010，当外来导电物在不同地点进入建筑物时，宜设若干等电位连接带，并应将其就近连到环型接地体、内部环型导体或此类钢筋上，对于埋地进入建筑物的外来导电物，实质上等同于以地梁或环型基础主钢筋作为总等电位连接带。

(2)局部等电位连接方式

目前建设工程防雷设计人员大都重视局部等电位的设置，但局部等电位的连接方式不够科学。如电子系统机房局部等电位端子，通过十几米、甚至上百米的连接线从总等电位端子板或基础地网引出，不少设计人员敷设一根铜材作为接地干线或－40mm×4mm镀锌扁钢作为专用等电位连接带，不仅造成巨大浪费，而且也给施工带来很大困难。另一方面，由于

$$Z = \sqrt{R^2 + (2\pi fL)^2} \tag{5.8}$$

式中，$Z$为接地干线阻抗，$L$为分布电感，$f$为工作频率，$R$为接地体电阻。由上式可知，设置专用接地干线或专用等电位连接线，在雷电高频下，其阻抗是很大的。因此，设置专用接地干线或专用等电位连接线是毫无意义的。

(3)弱电机房预留等电位连接板

机房内每个结构柱都应从主钢筋引出预留等电位连接端子，以备将来机房内设置等电位连接带时使用。

(4)卫生间设计局部等电位连接端子

许多设计人员认为卫生间无金属管材可连接，不必设计等电位，或者虽有设计，但施工时又去掉了，这是一个误区。建筑物内卫生间施工时虽无管材，但投入使用后用户会增添金属物件和用电设备，这些金属物件、电源PE接地或者安装的SPD接地等都应与等电位连接端子相连接。

(5)在空调室外托板部位设计等电位连接端子

高层建筑外墙悬挂的空调机本身就成了接闪器，再加上雷电的静电感应和电磁感应的危害，空调遭受雷击也就不难理解了，因此，在空调室外托板部位设计等电位连接端子的目的是：室外空调机的接地有一个良好的连接点。

(6)阳台护栏应做等电位连接

当雷闪时存在静电感应，阳台金属护栏可能会产生很高的电位，如果没做等电位接地，当有人触摸金属护栏时，就会对人体产生伤害。

6. 综合布线系统

综合布线系统包括6个子系统：工作区子系统、水平子系统、管理区子系统、垂直主干线子系统、设备子系统和建筑群子系统。

工作区子系统是由工作区(各个办公室)内终端设备连接到信息插座之间的设备组成的。每个五类数据点含一个 RJ45 插座,每个三类语音点也含一个 RJ45 插座。连接计算机网络的数据点在管理区子系统中已经采取了保护措施,一般不需要加装防雷设施。

水平子系统布置在同一楼层上,一端接在信息插座上,另一端接在楼层配线间的跳线架上。连接管理子系统至工作区的电缆要求铺设在金属桥架或金属管内。与连接接地系统相连的金属桥架和金属管线充当了屏蔽层,两端既可以连接到网络设备上也可以连接到垂直干线上,不必再另外采取防雷设施。

管理区子系统布置布线系统的设备包括水平和主干布线系统的终端设备和交换线路,需要加装信号 SPD,作为通信线路的第二级防雷措施。

垂直主干线子系统分布于主设备间(如计算机机房、程控交换机房)至各层管理间之间,采用大对数的电缆馈线或光缆进行连接。

设备间子系统是整个布线系统的中心。所有楼层的信息都由光纤和电缆传送至此。通常此系统安装在程控交换机房内,通常分为语音设备管理子系统和数据设备管理子系统两部分。为了避免雷电影响或损害语音设备管理子系统,应在其前端安装通信防雷柜(保安配线柜)以连接进出建筑物的所有通信线路。

建筑群子系统是将多个建筑物的数据通信信号线连成一体的布线系统。若采用光纤作为网络连接介质,不需要安装电涌保护器。

7. 配电系统的防雷

雷电或大容量电气设备的操作会在供电系统内外产生电涌,其对供电系统和用电设备的影响已成为人们关注的焦点。低压供电系统的外部电涌主要来自于雷击放电,它由一次或若干次单独的闪电组成,每次闪电都携带若干幅值很高、持续时间很短的电流。供电系统的内部浪涌主要来自于供电系统中大容量设备、变频设备和非线性用电设备的使用。供电系统的内、外部浪涌会对一些敏感的电子设备造成损坏,即使是很窄的过电压冲击也会造成设备的电源部分或整个电子设备的破坏。

8. 弱电系统的防雷

(1)计算机网络系统的防雷保护

防止由线路进入的过电压:根据国家有关低压防雷的有关规定,外接金属线路进入建筑物之前必须埋地穿金属管槽 15m 以上的距离进入建筑物,且要在建筑物的线路进入端加装低压电涌保护器。必须做到在电源的进入端安装低压端的总电源 SPD,将由外部线路可能引入的雷击高电压引至大地泄放,以确保后接设备的安全。

计算机机房配电系统的防护:根据 IEC 和我国的有关标准规定,可在该机房不间断的电源输入端实施三级保护。其中,第一级使用类 SPD,第二级使用类 SPD[T1],一、二级 SPD 之间的距离应大于 15m,二、三级 SPD[T2] 之间的距离应大于 5m,利用电力线上的离散电感和离散电阻进行级间解耦,以使级间保护器的响应时间相配合,实现真正的多级保护。当不能利用电力线实施距离解耦时,应该采用人为的电阻、电感实施 RL 延迟解耦,以达到多级保护的目的。

传输网络的雷电防护:计算机机房网络通信系统的雷电防护包括广域网雷电防护、局域网雷电防护、无线通信系统雷电防护、光缆通信系统雷电防护和机房内部设备之间的串口雷电防护。

计算机设备及网络设备的终端防雷电感应：雷电感应可由静电感应产生，也可由雷击电磁脉冲产生感应高电压，形成感应过电压的概率很高，对建筑物内的低压电子设备威胁巨大，计算机网络系统及各种微电子设备的重要终端防雷工作(除防直击雷是重点外)重点是防雷电感应入侵。

(2)入侵计算机系统的雷电过电压过电流主要有以下 3 个途径。

由交流电源供电线路入侵：计算机系统的电源由户外电力线路输入室内，电力线路可能遭受直击雷和雷电感应；直击雷击中户外电力线路，经过低压配电系统，入侵计算机供电设备(UPS 不间断电源或稳压电源)；另外低压普通电力线路也可能被直击雷击中或感应出雷电过电压。相线与零线之间、相线与地线之间、相线与相线之间、零线与地线之间产生雷电过电压，在 220V/380V 电源线上出现的雷电过电压平均可达数万伏，对计算机及网络系统可造成毁灭性(无可修复性)打击。

由计算机通信线路入侵：由计算机通信线路入侵分为三种情况。情况一，当地面突出物遭直击雷打击时，强雷电压将邻近土壤击穿，雷电流入侵到电缆外皮，进而击穿外皮，形成高电位入侵通信线路，造成调制解调器烧毁；情况二，雷云对地面接闪杆放电时，在接闪杆附近的线路上感应出数千伏的过电压，击坏与线路相连的电器设备，通过设备连线侵入通信线路。这种入侵沿通信线路传播，涉及面广，危害范围非常大；情况三，若通过一条多芯电缆连接不同来源的导线或者多条电缆平等铺设时，当某一导线被雷电击中时，会在相邻的导线感应出过电压，击坏低压电子设备。

地电位反击电压通过接地体入侵：雷击时强大的雷电流经过引下线和接地体泄入大地，由于土壤电阻率较大，在接地体附近产生放射型的电位分布，若有连接电子设备的其他接地体(如机房直流逻辑地线)靠近时，即产生高压地电位顺地线反击进入机房的设备的外壳，入侵电压可高达数万伏以上。

(3)通信系统防雷保护

现代通信系统的通信设备必须遵循 EMC 标准的两个要素，即它既不是干扰者又不能是受干扰者，即不能是电磁干扰源也不能易受此干扰影响。

通信机房的防雷对象主要有网络设备、通信设备、自动化设备、相关的电源等附属设备及其相互传输各类信号的线缆。

天馈系统主要是指收发信机天线和连接天线与收发信机的传输线，一般均应由天线、馈线、天线塔、防雷设施和接地系统等几个要素构成。

天线是无线通信系统中非常重要的一个组成部分，天线性能的优劣将直接影响到系统的整体性能，天线的作用是有效地发射或接收电磁波。发射天线的作用是：把发信机输出的射频信号的高频电流转变为同频率的无线电波发射并传播出去。接收天线的作用是：把从空中接收下来的射频无线电波转变成同频率的电流传送给收信机。

馈线是连接天线与收发信设备的传输导体。移动通信中，馈线主要使用开放式平衡馈线和封闭式不平衡馈线。

由于开放式馈线存在易接收干扰电波和当两线不平衡时，会产生寄生辐射等缺点。其使用仅限于较低频段的简单设备的馈线系统中。在甚高频和特高频段，则主要使用不平衡式馈线(如同轴电缆)。

因此，一个容量为 350m 集群系统的天馈系统应包括以下几种设备：天线塔、发射合路器、接收耦合器、低损耗馈线、防雷及接地设施、高增益垂直极化天线、塔顶前置放大器(馈线过长则需要)。

天馈系统的防雷内容主要有:使天线处在接闪杆的保护范围之内;选用合适的 SPD 使得天馈系统安全工作在不同的频段内;要求天线馈线系统的驻波比小于或等于 1.5。

(4)闭路电视系统的雷电防护(略)。

(5)电视监控系统的雷电防护

电视监控系统一般由以下三个部分组成:

前端部分:主要由彩色摄像机、镜头、云台、防护罩以及支架等组成。

传输部分:使用同轴电缆、电线和多芯线以沿墙敷设等方式传输视频、音频或控制信号等。

终端部分:主要由画面分割器、监视器和控制设备等组成。

为保证设备安全,应分别对以上三个部分进行雷电防护。

(6)音响广播系统的防雷保护(略)

(7)楼宇自动化系统的防雷保护(略)

【××市公安局业务技术大楼防雷设计方案】

1. 建筑物的外部防雷

××市公安局业务技术大楼屋面采用接闪带和避雷短针相结合保护,屋顶接闪带部分采用∅10mm 圆钢暗敷,部分采用∅12mm 镀锌圆钢暗敷,沿女儿墙及屋面不大于 10m×10m 的网格敷设,女儿墙部位接闪带沿突出(或平齐)外墙垂直面敷设,接闪带支架高出顶面 0.15m,支架间距为 1m,转角处间距为 0.5m,网格支架间距为 1.5m。自 45m 以上每层利用圈梁内两根主筋焊接成环状作为防雷电侧击接闪带。

防雷接地引下线利用柱内二根以上主筋,共有 31 根,并预留接地电阻测试点,采用接闪杆或网通过全部立柱基础的钢筋(单独的引下线)作为接地体,将强大的雷电流引入大地,其接地电阻不应大于 1Ω。接闪器、引下线与接地级各连接处应可靠跨焊。如图 5.8 所示。

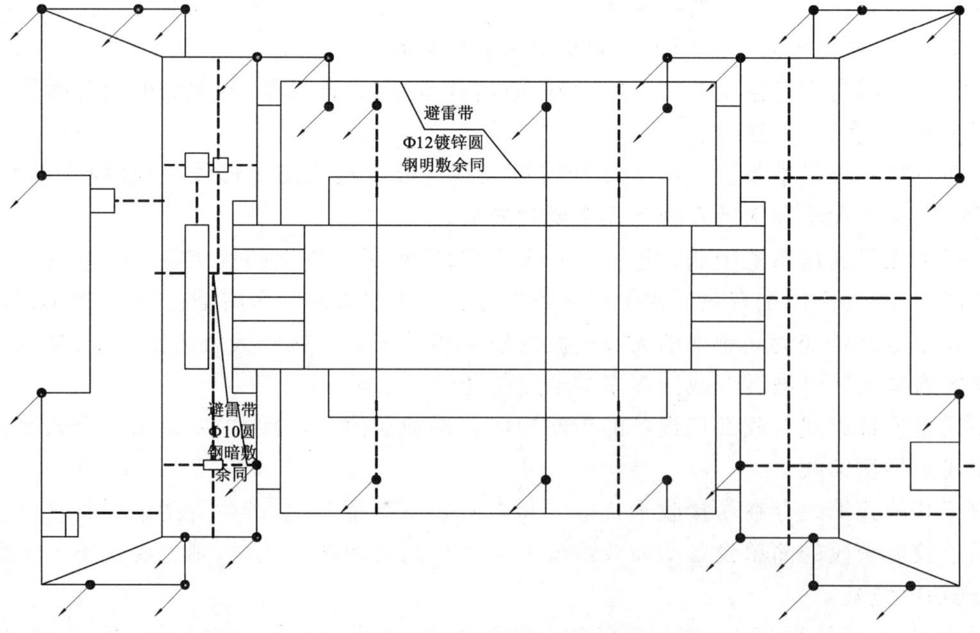


图 5.8 ××市公安局业务技术大楼屋顶防雷平面图

2. 天线的直击雷防护

根据该大楼的实际情况，T形天线距地面高度为84m，建筑物高78.2m。所以天线高5.8m。选择高度为10m的接闪杆安装在大楼的屋面，接闪杆顶部距地面88.2m，则

$$r_x = [h(2h_r - h)]^{1/2} - [h_x(2h_r - h_x)]^{1/2} = 8.84(\text{m})$$

式中，$h_r$=45m，$h_x$=5.8m。所以接闪杆距天线8m即可保护天线。如图5.9所示。

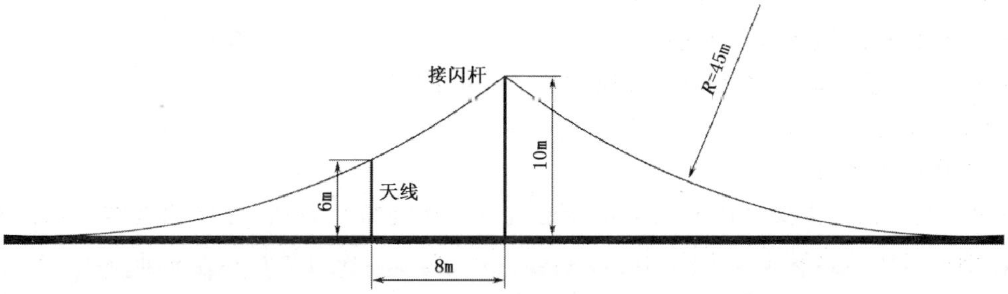


图5.9 屋面天线的保护范围

3. 接地保护系统

该大楼工程采用TN—S系统，变配电所、消防控制室、信息机房、电话总机房、闭路电视机房、广播机房、BA机房、电梯机房等均利用基础钢筋作为共用接地极，电器设备的工作接地及保护接地与建筑物防雷接地均利用大楼的桩基，承台内的钢筋及地梁内的主筋连通作为接地系统的接地装置，接地电阻不应大于1Ω。

4. 等电位连接系统

(1)总等电位连接端子的设置

根据该大楼的实际情况，采用总等电位连接，等电位连接中金属管道连接处应可靠地连通导电，下列导电体应作总等电位连接：

①PE干线；②接地级的接地干线；③水管、煤气管、采暖和空调管道等金属管道；④金属构件等导电体。

(2)局部等电位连接方式

根据GB 50057—2010中6.3.3的规定，该大楼为含有电子系统的建筑物，应采取每层等电位连接方式，局部等电位连接端子应从结构柱主钢筋引出。在大楼10层圈梁内选用两根主筋作可靠焊接，并与作为引下线的结构柱内的主筋进行连接形成均压环，中心机房、电视电话会议室进行了局部等电位连接，内敷设400mm×100mm×10mm的铜板作为设备接地的局部等电位连接排，将室内所有电子设备以及所有进入机房的金属管道、金属门窗、信号电缆外屏蔽层、电力电缆外铠装、计算机装置本身(含外露可导电部分)、PE线、防静电地板、电力线(通过SPD连接)等与等电位端子排连接并接地。

(3)弱电机房预留等电位连接板

该大楼机房内应从每个结构柱的主钢筋引出预留等电位连接端子，以备将来机房内设置等电位连接带时使用，通过M形连接网络结构把设备直流地以最短的距离连到邻近的等电位连接带上。

(4)卫生间设计局部等电位连接端子

该大楼卫生间局部等电位连接包括金属给排水管、冷水/热水管道、金属采暖管、淋浴隔断龙骨、毛巾架及建筑物钢筋网，每间设局部等电位箱一只，安装在不被水浸泡部位。

(5)空调室外托板设计等电位连接端子

由于该大楼的空调主机都位于室外，高层建筑外墙悬挂的空调机本身就成了接闪器，因此，该大楼的空调室外托板应设计等电位连接端子，以便将来安装空调时，将托板的金属栏杆、空调的金属外壳等与接地端子相连接。

(6)阳台护栏应做等电位连接

设计人员在设计时应考虑阳台金属护栏的等电位连接。

5. 综合布线

(1)工作区子系统

该业务技术大楼需要利用调制解调器通过语音点连接计算机，由于语音线路与外线连接在一起，因此有必要安装信号 SPD 作为末级防雷措施。具体可选择信号电涌保护器。额定工作电压 $U_n$ 为 6～120 V，额定工作电流为 300mA，额定放电电流为 10 kA。具体安装如图 5.10 所示。

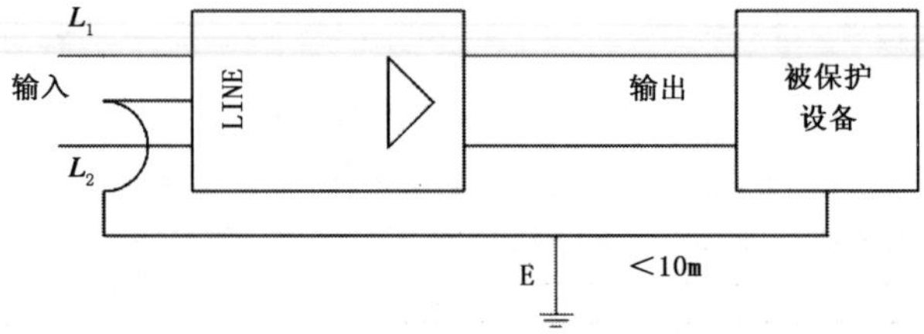


图 5.10 语音信号 SPD 安装示意图

(2)水平子系统

该业务技术大楼水平子系统不必再另外采取防雷设施。

(3)管理区子系统

该业务大楼管理区子系统的数据部分安装在一个 19 英寸(1 英寸≈2.54cm)的机柜中，所需材料包括五类配线架、光纤配线架、绕线环以及标签等，采用双绞线作为垂直主干线，需要在机柜中安装计算机网络电涌保护器作为计算机网络的第二级防雷措施，防护由于引下线泄放雷电流而形成的电磁场突变产生的感应过电压。语音部分采用 BLX 安装架固定在墙面上并罩上防尘盖，所需材料包括 25 对接线板、绕线环和标签等。

具体安装信号 SPD 作为末级防雷措施。具体可选择信号 SPD。额定工作电压 $U_n$ 为 6～120V，额定工作电流为 300mA，额定放电电流为 10kA。

(4)垂直主干线子系统

该大楼采用光纤(无加强筋)作为数据传输主干线，可满足 FDDI、ATM、快速以太网以及光纤以太网的传输要求，可绝对避免由于防雷引下线泄放雷电流而形成的电磁场突变产生雷电感应，是最好的防雷措施。

(5)设备间子系统

该大楼数据设备管理子系统是计算机网络的中心，采用大对数双绞电缆作为数据传输主干线，所以需要在机柜中安装计算机网络电涌保护器，具体型号可选择 RJ45 网络信号电涌保护器。额定工作电压 $U_n$ 为 5VDC，响应时间为 1ns，最大放电电流为 500A。

(6)建筑群子系统

该大楼采用电缆将多个建筑物的数据通信信号线连成一体，所以必须埋地敷设。在进入建筑物内敷设时，电缆必须单独敷设在弱电金属桥架或金属管内。金属桥架和金属管线应与接地系统良好相连，充当导线的屏蔽层，不能共用强电金属桥架或金属管。

6. 供配电系统的防雷

因为该大楼采用的是 TN—S 系统，所以 PE 线与 N 线在变压器低压侧出线端相连，而在后面的供电电路中 PE 线与 N 线分开布放，插座及电气设备金属外壳均应与 PE 线连接，变配电所及强、弱电管井均设接地引下线一组，PE 干线采用－40mm×4mm 铜母线在强电井道内敷设，PE 支线采用 BVR 铜芯塑料软线，凡穿线钢管连接处应用(6mm 圆钢跨焊，电缆桥架采用 BVR－16 多股铜芯塑料软线连接形成良好的电气通路。低压配电系统的浪涌防护如下。

(1)第一级防护

在大楼变配电房变压器低压侧总配电柜内安装Ⅰ级试验(T1)的电涌保护器。电涌保护器的电压保护水平值应小于或等于 2.5 kV。每一保护模式的冲击电流值，当无法确定时，冲击电流应取等于或大于 12.5 kA。选用和安装电涌保护器时需要分别在相线与 PE 线之间以及 N 线和 PE 线之间进行保护，如图 5.11 所示。

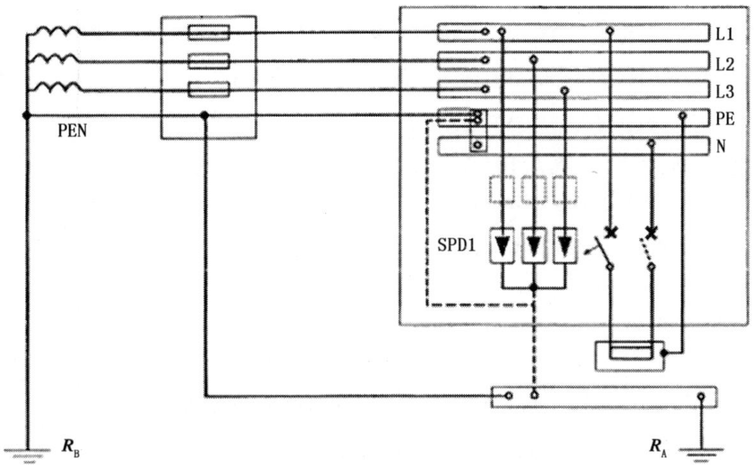


图 5.11　变配电所低压侧 TN—S 系统电涌保护器器的配置

对于低压配电系统中电涌引起的瞬态过电压，应采用分级保护的方式进行保护。应从供电系统的入口(比如大楼的总配电房)开始逐步进行电涌能量的吸收，对瞬态过电压进行分级防护。如图 5.12 所示。

(2)第二级防护

分配电柜线路输出端的电源电涌保护器作为第二级防护时应为 T2SPD。其标称放电电流值 $I_n$ 不应低于 20kA，应安装在向重要或敏感用电设备的分路配电设备处。这些电源电涌保护器对于用户供电入口处电涌保护器的剩余浪涌能量进行更完善的吸收，对于瞬态过电压具有极好的抑制作用。标称通流量为 40kA，保护电压 $U_P$ 为 1.8kV，响应时间等于 25ns。

(3)第三级防护

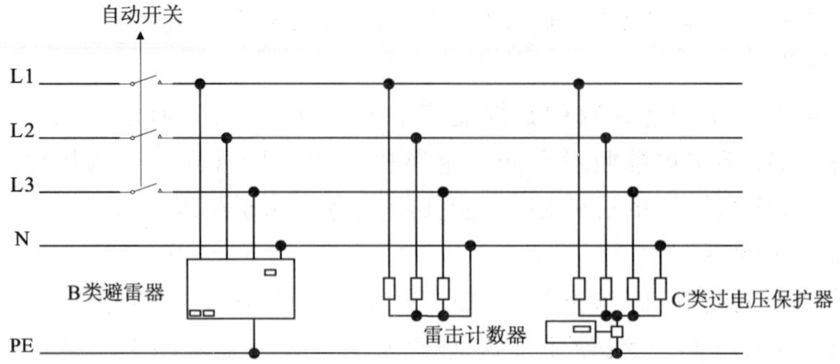


图 5.12 组合式电源电涌保护器器电路图

在电子信息设备交流电源进线端安装的电源 SPD 作为第三级保护时应为串接式限压型电源 SPD。最后的防线可在用电设备内部电源部分采用一个内置式的电源电涌保护器，以达到完全消除微小的瞬态过电压的目的。$I_n$ 为 20kA，保护电压 $U_P$ 为 1.2kV，响应时间等于 25ns。对于该大楼内部的一些特别重要或特别敏感的电子设备保护。

7. 电子系统的防雷

广域网雷电防护：该大楼机房租用电信专用线路 ISDN（综合业务数字网）和 PSDN（ 交换数据网），根据计算机设备的 IEEE 标准的有关要求，租用电信线路进行数据传输的电涌保护器必须抵御和吸收 5A 的雷电流，必须具备线与大地之间的防雷保护功能。PSDN 电涌保护器件使用于 48V 系统中，且包括 110V 振铃电压。根据这一实际情况，选择额定工作电压 $U_n$ 为 120V，额定工作电流为 300mA，额定放电电流为 0.5kA。

局域网雷电防护：局域网雷电防护的重点是做好局域网网线的屏蔽措施，同时加强终端设备局域网端口的雷电防护。该大楼机房内的服务器、网络交换机以及集线器等的端口应加设专用电涌保护器，同时 BNC 接口远程局域网也须安装电涌保护器。对于一些 RJ45 端口，应加设型号为 RJ45 的 SPD，额定工作电压 $U_n$ 为 5VDC，最大放电电流为 300mA，响应时间为 1ns。

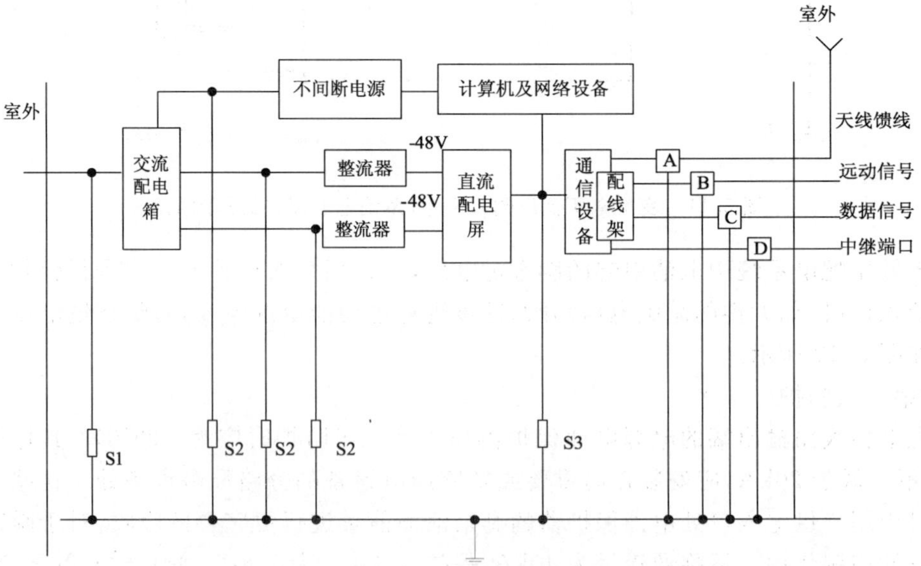


图 5.13 通信机房雷电过电压保护配置示意图

通信系统防雷保护：图 5.13 所示为该大楼通信机房雷电过电压保护配置示意图。其中 S1 为一、二级复合 SPD，S2 为二级 SPD，S3 为三级 SPD（直流 48V），A 为天线馈线 SPD，B 为音频信号电涌保护器，C 为数据信号电涌保护器，D 为同轴 SPD。S1、S2 的额定电压为 12～220V，$I_n$ 为 20kA，漏电流$<10\mu A$。

8. 350m 集群通信系统的雷电防护

天线和馈线的输出端应安装专用的 SPD。因为 350m 集群通信系统工作频率在 1000MHz 以下时，可选用 BNC 型，匹配阻抗为 50Ω，最大容许功率为 300W，标称放电电流为 10kA，驻波比小于 1.2。也可选用 F 型特性阻抗为 75Ω，最大容许功率为 300W，标称放电电流为 10kA，驻波比小于 1.2。

9. 视频监控系统（CCTV）的防护

前端设备的防雷：前端设备（如摄像头）应置于接闪器有效保护范围之内。当摄像机独立架设时，接闪杆架设在摄像机的支撑杆上，引下线可直接利用金属杆本身或选用∅8mm 的镀锌圆钢。为防止电磁感应，沿杆引上的电源线和信号线应穿金属管屏蔽。摄像机的电源一般使用交流 220V，具体的 SPD 可选择 $I_n$ 为 20kA，保护电压 $U_P$ 为 1.8kV。

传输线路的防雷：室外摄像机的电源从终端设备处引入，也可以从监视点附近的电源引入。控制信号传输线和控制信号传输线选用多芯屏蔽软线埋地、穿管敷设。

终端设备的防雷：在监控系统中监控室的防雷最为重要，应从直击雷防护、雷电波侵入、等电位连接和电涌防护多方面进行考虑。

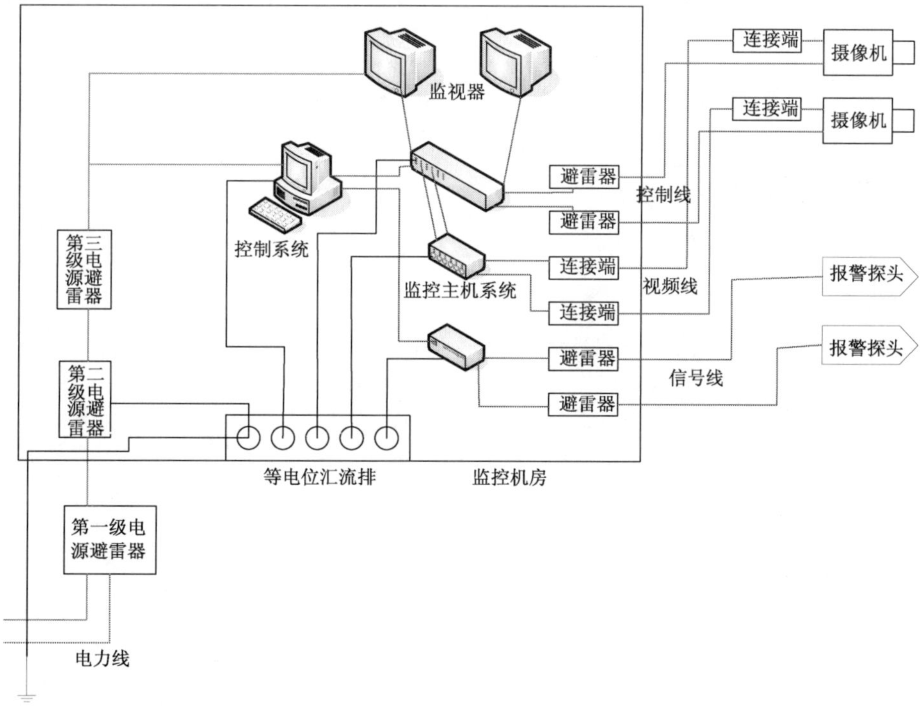


图 5.14　监控系统防雷图

进入监控室的各种金属管线应接到防雷接地装置上。架空电缆线直接引入时，在入室端应加装 SPD，将线缆金属外护层接到接地装置上。监控室内应设置一等电位连接母排，与建筑物防雷接地、防雷保护线 PE、设备保护地以及防静电接地等连接到一起以防止产生危险的电位差。各种电涌保护器的接地线应以最短的距离与等电位连接母排进行可靠电气连接。

为保证设备安全，一般电源上应设置三级防雷防护，具体型号可参考供配电系统的 SPD 型号。在视频传输线、信号控制线和报警信号线进入前端设备之前或进入中心控制台之前应加装相应的 SPD，具体可选择同轴信号 SPD。详图如图 5.14 所示。

## 复习思考题

1. 雷电综合防护工程勘察报告书编写。
2. 建筑物基本雷电防护内容。
3. 电子信息系统雷电防护内容。
4. 雷电防护工程设计内容。
5. 电源系统过电压保护的设计依据和方法。
6. 信号系统过电压保护设计依据和方法。
7. 实训：某工程综合防雷设计。

# 第6章 防雷装置设计技术评价与施工监督

**内容提要**

本章主要介绍防雷装置设计评价技术方法、防雷施工监督与验收技术标准和措施。通过本章学习要求了解防雷设计技术评价和施工监督的流程、规范标准、评价的法律依据以及如何填写防雷施工监督和验收手册。

## 6.1 设计评价流程

防雷装置设计评价，或者称之为防雷技术评价，就是在施工前对新建建筑物的防雷图纸进行审核，然后出具防雷审核或防雷评价意见。防雷装置一般包括：接闪器、引下线、接地装置（又分为人工接地装置、自然接地装置以及人工和自然接地装置共用的混合接地装置）、屏蔽、等电位、电涌保护器等，其材料、规格及其技术参数应与《GB 50057—2010 建筑物防雷设计规范》相符合。

(1)防雷装置设计评价内容包括：

1)直击雷防护；

2)侧击雷防护；

3)引下线；

4)接地装置；

5)建筑物以及建筑物内电子信息系统屏蔽；

6)等电位；

7)电涌保护器。

(2)防雷装置设计评价流程见图6.1。

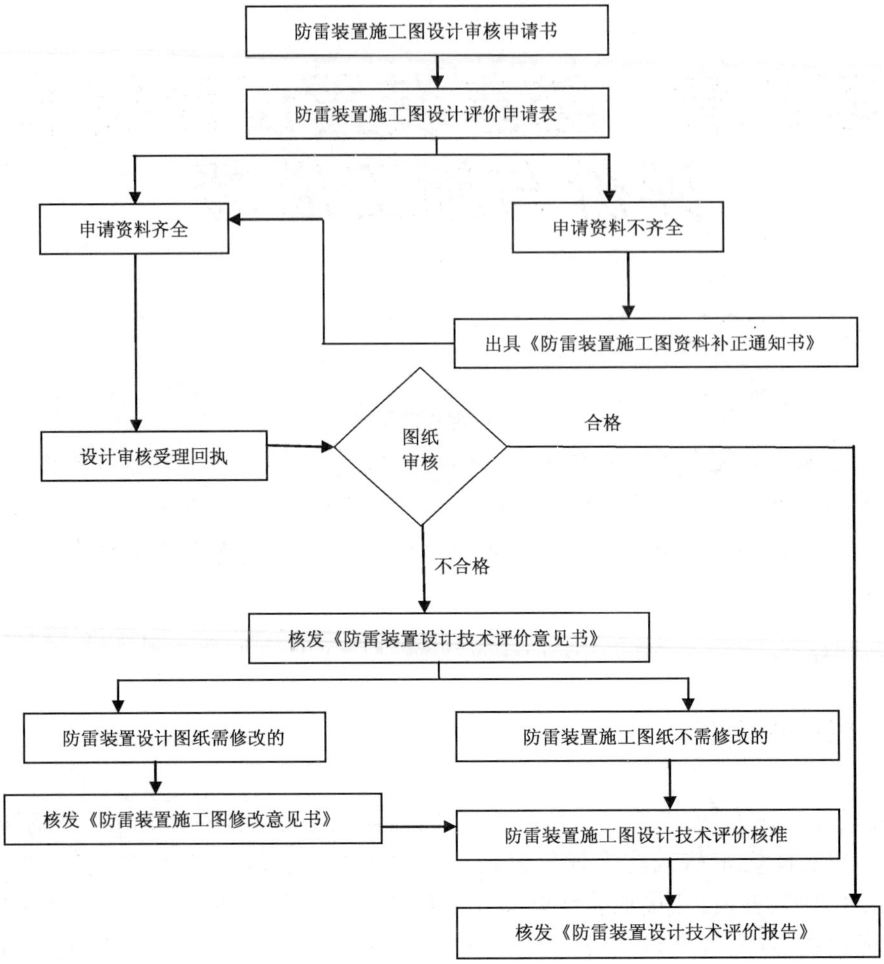


图 6.1 防雷装置设计技术评价流程

## 6.2 设计评价内容及方法

### 6.2.1 接地装置

进行接地装置的审核时,一般要求建筑物的接地优先采用自然接地装置,主要原因是:(1)接地装置是敷设于建筑物的混凝土中,一般不会生锈,也不存在金属防腐的问题;(2)自然接地装置敷设于混凝土−1.00m以下的位置,当建筑物发生雷击的时候,其地面部分一般不会因自然接地装置而产生跨步电压;(3)该装置是利用建筑物自身的钢筋,因此可节省因接地装置敷设所需的施工材料和人工费用。

那么什么情况下需要采用人工接地装置呢?简单来讲就是当自然接地装置钢筋的表面积或接地电阻不能满足设计要求时,才允许采用人工接地装置作为自然接地装置的辅助装置,敷设多少人工接地装置应以满足接地装置对接地电阻的要求为宜。

6.2.1.1　接地电阻值一般要求

接地装置对接地电阻值一般要求在经济合理的情况下越小越好，如果某建筑物接地电阻值达不到规范或设计要求时，可适当放宽对接地电阻值的要求。如接地电阻值设计时要求不大于 1Ω，但当地的土壤电阻率比较大，1Ω 的接地电阻值设计有困难时，允许其接地电阻值按照不大于 4Ω 或 10Ω 设计。

各类接地装置接地电阻值应满足表 6.1 的要求。

**表 6.1　各类防雷装置对接地电阻值的要求(单位:Ω)**

| 建筑物防雷类别 | 自然深基础接地装置 | 自然浅基础接地装置 | 人工接地装置 |
|---|---|---|---|
| 第一类防雷建筑物 | 1 | 4 | 10 |
| 第二类防雷建筑物 | 1 | 4 | 10 |
| 第三类防雷建筑物 | 1 | 4 | 30 |

表 6.1 中的接地电阻为冲击接地电阻。在建筑物防雷装置审核过程中应按照冲击接地电阻值考虑。测试建筑物接地电阻值时，接地电阻测试表的读数为工频接地电阻，因此，应将工频接地电阻换算为冲击接地电阻，冲击接地电阻($R_i$)与工频接地电阻($R_-$)的换算系数($A$)见表 6.2。

6.2.1.2　自然接地装置审核

建筑物在设计接地装置时首先考虑的是采用建筑物基础内的钢筋，如桩、承台和地梁内的钢筋。具体做法是先将桩内两条主钢筋作为垂直接地装置，再将承台内的钢筋构成防雷接地网格，然后再将地梁内两条主钢筋作为水平接地装置，最后将垂直接地装置与水平接地装置的钢筋两两相焊接构成自然接地装置，防雷装置基础接地体设计审核大样图见图 6.2。

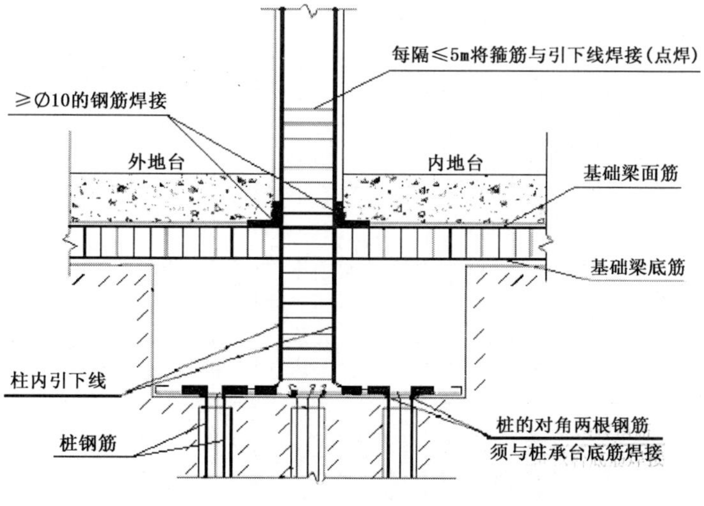


图 6.2　自然基础接地装置防雷大样图

表 6.2　冲击接地电阻($R_i$)与工频接地电阻($R_-$)换算系数($A$)查算表

| $l/l_e$ | ρ | | | | | | | | | | | | | | | | | | |
|---|---|---|---|---|---|---|---|---|---|---|---|---|---|---|---|---|---|---|---|
| | ≤100 Ω·m | 120 Ω·m | 140 Ω·m | 160 Ω·m | 180 Ω·m | 200 Ω·m | 220 Ω·m | 240 Ω·m | 260 Ω·m | 280 Ω·m | 300 Ω·m | 320 Ω·m | 340 Ω·m | 360 Ω·m | 380 Ω·m | 400 Ω·m | 420 Ω·m | 440 Ω·m | 460 Ω·m |
| 0.050 | 1.000 | 1.025 | 1.050 | 1.075 | 1.100 | 1.125 | 1.150 | 1.175 | 1.200 | 1.225 | 1.250 | 1.275 | 1.300 | 1.325 | 1.350 | 1.375 | 1.400 | 1.425 | 1.450 |
| 0.100 | 1.000 | 1.025 | 1.050 | 1.075 | 1.100 | 1.125 | 1.150 | 1.175 | 1.200 | 1.225 | 1.250 | 1.275 | 1.300 | 1.325 | 1.350 | 1.375 | 1.400 | 1.425 | 1.450 |
| 0.150 | 1.000 | 1.025 | 1.050 | 1.075 | 1.100 | 1.125 | 1.150 | 1.175 | 1.200 | 1.225 | 1.250 | 1.275 | 1.300 | 1.325 | 1.350 | 1.375 | 1.400 | 1.425 | 1.450 |
| 0.200 | 1.000 | 1.025 | 1.050 | 1.075 | 1.100 | 1.125 | 1.150 | 1.175 | 1.200 | 1.225 | 1.250 | 1.275 | 1.300 | 1.325 | 1.350 | 1.375 | 1.400 | 1.425 | 1.450 |
| 0.250 | 1.000 | 1.025 | 1.050 | 1.075 | 1.100 | 1.125 | 1.150 | 1.175 | 1.200 | 1.225 | 1.250 | 1.275 | 1.300 | 1.325 | 1.350 | 1.375 | 1.400 | 1.425 | 1.450 |
| 0.300 | 1.000 | 1.025 | 1.050 | 1.075 | 1.100 | 1.125 | 1.150 | 1.175 | 1.200 | 1.225 | 1.250 | 1.275 | 1.300 | 1.325 | 1.350 | 1.375 | 1.400 | 1.425 | 1.450 |
| 0.350 | 1.000 | 1.025 | 1.050 | 1.075 | 1.100 | 1.125 | 1.150 | 1.175 | 1.200 | 1.225 | 1.250 | 1.275 | 1.300 | 1.325 | 1.350 | 1.375 | 1.400 | 1.418 | 1.433 |
| 0.400 | 1.000 | 1.025 | 1.050 | 1.075 | 1.100 | 1.125 | 1.150 | 1.175 | 1.200 | 1.225 | 1.250 | 1.275 | 1.300 | 1.317 | 1.335 | 1.353 | 1.368 | 1.384 | 1.400 |
| 0.450 | 1.000 | 1.025 | 1.050 | 1.075 | 1.100 | 1.125 | 1.150 | 1.175 | 1.200 | 1.225 | 1.240 | 1.257 | 1.275 | 1.292 | 1.308 | 1.324 | 1.338 | 1.353 | 1.366 |
| 0.500 | 1.000 | 1.025 | 1.050 | 1.075 | 1.100 | 1.125 | 1.150 | 1.175 | 1.190 | 1.203 | 1.218 | 1.235 | 1.250 | 1.265 | 1.278 | 1.296 | 1.306 | 1.322 | 1.333 |
| 0.550 | 1.000 | 1.025 | 1.050 | 1.075 | 1.100 | 1.125 | 1.142 | 1.157 | 1.171 | 1.183 | 1.196 | 1.211 | 1.225 | 1.238 | 1.250 | 1.265 | 1.276 | 1.287 | 1.300 |
| 0.600 | 1.000 | 1.025 | 1.050 | 1.075 | 1.100 | 1.112 | 1.126 | 1.139 | 1.152 | 1.163 | 1.174 | 1.187 | 1.200 | 1.212 | 1.223 | 1.236 | 1.245 | 1.255 | 1.266 |
| 0.650 | 1.000 | 1.025 | 1.050 | 1.075 | 1.088 | 1.098 | 1.112 | 1.121 | 1.133 | 1.143 | 1.152 | 1.164 | 1.175 | 1.186 | 1.195 | 1.205 | 1.215 | 1.224 | 1.232 |
| 0.700 | 1.000 | 1.025 | 1.050 | 1.065 | 1.075 | 1.084 | 1.095 | 1.103 | 1.114 | 1.122 | 1.130 | 1.140 | 1.150 | 1.158 | 1.168 | 1.176 | 1.185 | 1.192 | 1.200 |
| 0.750 | 1.000 | 1.025 | 1.040 | 1.054 | 1.063 | 1.070 | 1.080 | 1.087 | 1.095 | 1.102 | 1.109 | 1.117 | 1.125 | 1.133 | 1.140 | 1.147 | 1.154 | 1.160 | 1.167 |
| 0.800 | 1.000 | 1.025 | 1.032 | 1.04 3 | 1.050 | 1.056 | 1.064 | 1.069 | 1.076 | 1.081 | 1.087 | 1.093 | 1.100 | 1.106 | 1.112 | 1.118 | 1.123 | 1.128 | 1.133 |
| 0.850 | 1.000 | 1.018 | 1.024 | 1.032 | 1.038 | 1.042 | 1.048 | 1.052 | 1.057 | 1.061 | 1.065 | 1.069 | 1.075 | 1.080 | 1.083 | 1.088 | 1.092 | 1.096 | 1.100 |
| 0.900 | 1.000 | 1.013 | 1.016 | 1.021 | 1.025 | 1.028 | 1.032 | 1.034 | 1.038 | 1.040 | 1.042 | 1.046 | 1.050 | 1.052 | 1.055 | 1.058 | 1.061 | 1.066 | 1.069 |
| 0.950 | 1.000 | 1.008 | 1.009 | 1.011 | 1.013 | 1.014 | 1.016 | 1.018 | 1.019 | 1.020 | 1.021 | 1.023 | 1.025 | 1.026 | 1.027 | 1.028 | 1.030 | 1.032 | 1.034 |
| 1.000 | 1.000 | 1.000 | 1.000 | 1.000 | 1.000 | 1.000 | 1.000 | 1.000 | 1.000 | 1.000 | 1.000 | 1.000 | 1.000 | 1.000 | 1.000 | 1.000 | 1.000 | 1.000 | 1.000 |

续表

| $l/l_e$ | ρ | | | | | | | | | | | | | | | | |
|---|---|---|---|---|---|---|---|---|---|---|---|---|---|---|---|---|---|
| | 480 Ω·m | 500 Ω·m | 600 Ω·m | 700 Ω·m | 800 Ω·m | 900 Ω·m | 1000 Ω·m | 1100 Ω·m | 1200 Ω·m | 1300 Ω·m | 1400 Ω·m | 1500 Ω·m | 1600 Ω·m | 1700 Ω·m | 1800 Ω·m | 1900 Ω·m | 2000 Ω·m |
| 0.05 | 1.475 | 1.5 | 1.6 | 1.7 | 1.8 | 1.9 | 2.0 | 2.1 | 2.2 | 2.3 | 2.4 | 2.5 | 2.6 | 2.7 | 2.8 | 2.9 | 3.0 |
| 0.10 | 1.475 | 1.5 | 1.6 | 1.7 | 1.8 | 1.9 | 2.0 | 2.1 | 2.2 | 2.3 | 2.4 | 2.5 | 2.6 | 2.7 | 2.8 | 2.9 | 3.0 |
| 0.15 | 1.475 | 1.5 | 1.6 | 1.7 | 1.8 | 1.9 | 2.0 | 2.1 | 2.2 | 2.3 | 2.4 | 2.5 | 2.585 | 2.655 | 2.740 | 2.825 | 2.895 |
| 0.20 | 1.475 | 1.5 | 1.6 | 1.7 | 1.8 | 1.9 | 2.0 | 2.085 | 2.175 | 2.255 | 2.335 | 2.415 | 2.495 | 2.555 | 2.635 | 2.710 | 2.775 |
| 0.25 | 1.475 | 1.5 | 1.6 | 1.7 | 1.795 | 1.870 | 1.945 | 2.025 | 2.105 | 2.180 | 2.255 | 2.325 | 2.400 | 2.475 | 2.535 | 2.610 | 2.675 |
| 0.30 | 1.475 | 1.5 | 1.585 | 1.665 | 1.735 | 1.810 | 1.875 | 1.955 | 2.025 | 2.095 | 2.165 | 2.235 | 2.305 | 2.375 | 2.435 | 2.500 | 2.555 |
| 0.35 | 1.448 | 1.465 | 1.545 | 1.615 | 1.685 | 1.750 | 1.815 | 1.885 | 1.965 | 2.015 | 2.085 | 2.145 | 2.210 | 2.275 | 2.335 | 2.395 | 2.445 |
| 0.40 | 1.414 | 1.425 | 1.5 | 1.565 | 1.530 | 1.695 | 1.750 | 1.815 | 1.880 | 1.940 | 2.000 | 2.055 | 2.115 | 2.175 | 2.225 | 2.280 | 2.335 |
| 0.45 | 1.378 | 1.392 | 1.460 | 1.520 | 1.575 | 1.620 | 1.685 | 1.755 | 1.805 | 1.860 | 1.915 | 1.965 | 2.020 | 2.075 | 2.120 | 2.170 | 2.225 |
| 0.50 | 1.345 | 1.355 | 1.415 | 1.475 | 1.525 | 1.575 | 1.625 | 1.675 | 1.745 | 1.780 | 1.835 | 1.880 | 1.935 | 1.975 | 2.020 | 2.070 | 2.110 |
| 0.55 | 1.311 | 1.320 | 1.375 | 1.425 | 1.470 | 1.515 | 1.560 | 1.610 | 1.655 | 1.700 | 1.750 | 1.790 | 1.835 | 1.875 | 1.915 | 1.960 | 2.000 |
| 0.6 | 1.276 | 1.285 | 1.330 | 1.375 | 1.420 | 1.465 | 1.500 | 1.540 | 1.585 | 1.625 | 1.665 | 1.705 | 1.745 | 1.780 | 1.815 | 1.855 | 1.890 |
| 0.65 | 1.238 | 1.250 | 1.295 | 1.330 | 1.370 | 1.405 | 1.435 | 1.475 | 1.515 | 1.545 | 1.585 | 1.615 | 1.650 | 1.685 | 1.715 | 1.750 | 1.785 |
| 0.7 | 1.208 | 1.215 | 1.250 | 1.285 | 1.315 | 1.345 | 1.375 | 1.405 | 1.440 | 1.470 | 1.500 | 1.525 | 1.555 | 1.585 | 1.610 | 1.645 | 1.675 |
| 0.75 | 1.172 | 1.175 | 1.205 | 1.235 | 1.260 | 1.290 | 1.315 | 1.345 | 1.365 | 1.390 | 1.420 | 1.440 | 1.465 | 1.495 | 1.505 | 1.540 | 1.555 |
| 0.8 | 1.140 | 1.140 | 1.165 | 1.185 | 1.210 | 1.230 | 1.250 | 1.275 | 1.295 | 1.315 | 1.330 | 1.355 | 1.375 | 1.395 | 1.405 | 1.435 | 1.450 |
| 0.85 | 1.103 | 1.105 | 1.125 | 1.140 | 1.155 | 1.175 | 1.185 | 1.200 | 1.220 | 1.240 | 1.255 | 1.270 | 1.285 | 1.295 | 1.305 | 1.330 | 1.340 |
| 0.90 | 1.072 | 1.075 | 1.085 | 1.095 | 1.105 | 1.115 | 1.125 | 1.135 | 1.145 | 1.155 | 1.165 | 1.175 | 1.185 | 1.195 | 1.205 | 1.215 | 1.225 |
| 0.95 | 1.036 | 1.039 | 1.045 | 1.050 | 1.055 | 1.060 | 1.065 | 1.070 | 1.075 | 1.080 | 1.085 | 1.090 | 1.095 | 1.100 | 1.105 | 1.110 | 1.115 |
| 1.00 | 1.000 | 1.0 | 1.0 | 1.0 | 1.0 | 1.0 | 1.0 | 1.0 | 1.0 | 1.0 | 1.0 | 1.0 | 1.0 | 1.0 | 1.0 | 1.0 | 1.0 |

说明:$R_{\sim}=AR_i$;$l$ 为接地体的实际长度。$l_e$ 为接地体的有效长度,$l_e=2\sqrt{\rho}$,$\rho$ 为土壤电阻率,单位为:Ω·m。当 $l$ 的实际长度大于 $l_e$ 时,取 $l=l_e$。

6.2.1.3　垂直接地装置

建筑物的垂直接地装置是利用每根引下线下不少于50%的桩，且每根桩的两条纵向主钢筋应与桩承台钢筋网焊接，焊接长度应满足表6.3的要求。

**表6.3　各类防雷装置材料焊接长度的要求**

| 焊接材料 | 焊接要求 |
| --- | --- |
| 扁钢与扁钢 | 扁钢宽度的2倍，且三面焊接 |
| 圆钢与圆钢 | 直径6倍(双面焊接)或直径12倍(单面焊接) |
| 圆钢与扁钢 | 圆钢直径的6倍(双面焊接)或圆钢直径12倍(单面焊接) |
| 扁钢与钢管 | 接触部位两侧进行焊接，且由钢带弯成的弧形 |
| 扁钢与角钢 | 接触部位两侧进行焊接，且由钢带本身弯成直角形 |

若建筑物单根引下线下桩的接地电阻值≥10Ω(第二类防雷建筑物)或30Ω(第三类防雷建筑物)时，为满足每根引下线的接地电阻值不大于10Ω(第二类防雷建筑物)或30Ω(第三类防雷建筑物)，则应增加引下线附近其他承台桩内主钢筋作为垂直接地装置，增加承台桩内钢筋的数量取决于每根引下线对接地电阻值的要求。

有的建筑物在设计基础时候不采用桩基础，而是采用了以前很少接触到的地矛。对于采用地矛设计的基础，其防雷的做法是将引下线下就近的四支地矛作为一组接地装置，矛与矛之间要求采用不小于∅16mm的圆钢两两焊接，然后再将地矛与基础防雷网格相焊接。

6.2.1.4　水平接地装置

建筑物的水平接地装置一般是利用建筑物地梁内的钢筋设计，如利用地梁内不少于两条主钢筋(地梁面上的钢筋，简称为面筋)作为水平接地装置，在条件允许的情况下，也可以采用地梁的底部钢筋(简称为底筋)作为水平接地装置，地梁的面筋或底筋应与承台或引下线柱内对角两条钢筋相焊接，焊接长度应满足表6.3的要求。

承台接地装置底板钢筋网格(筏式承台)或网箱应与作为引下线的两条对角钢筋相焊接，焊接长度应满足表6.3的要求。

若建筑物基础没有地梁设计，其水平接地装置应采用两条不小于∅16mm的热镀锌圆钢与桩承台钢筋或引下线钢筋焊接；若引下线为钢柱结构，则应采用两条不小于∅10mm的圆钢，每条圆钢的一端与钢柱焊接，另一端与承台底板钢筋焊接。见图6.3和图6.4。

($D$为圆钢直径，下同)

6.2.1.5　基础防雷网格

建筑物防雷网格在《GB 50057—2010建筑物防雷设计规范》中的叙述时指屋面防雷网格，而不是指基础防雷网格，但为什么又要在设计审核的时候考虑基础的防雷网格呢？首先，建筑物基础网格的设计是为各类设备接地用的。如果基础没有防雷网格设计，安装在建筑物基础层上的各类电气设备的接地如何解决？如高、低压配电设备、柴油发电机、风机以及各类管线等的接地。《QX 106—2009防雷装置设计技术评价规范》对接地装置的规定中就要求建筑物的基础设计防雷网格，网格的大小按照《建筑物防雷设计规范》中有关屋面防雷网格的要求设计，具体做法就是：建筑物基础防雷网格应由建筑物地梁内的两条不小于∅10mm的圆钢构成，若建筑物基础防雷网格就近处没有基础钢筋，则应在网格就近处采用两条不小于∅16mm

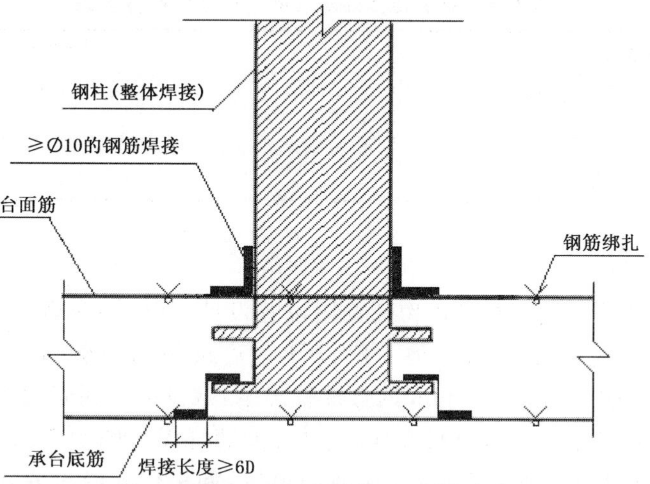


图 6.3　钢柱与承台钢筋体连接大样图

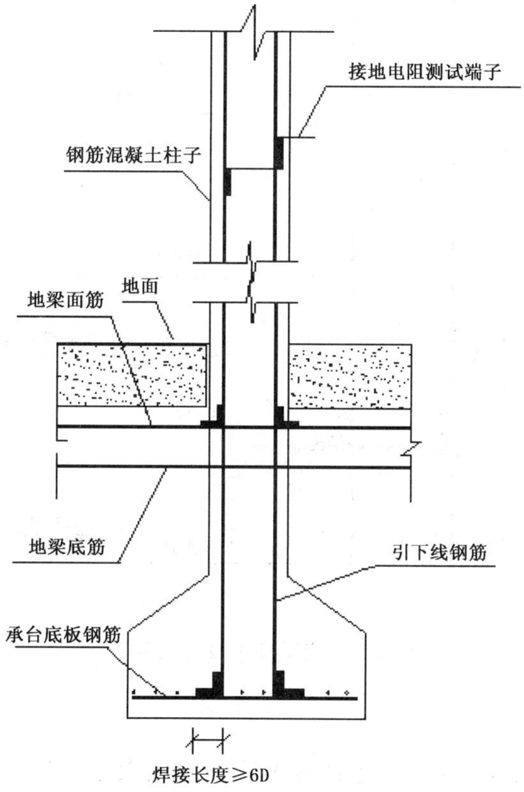


图 6.4　接地装置与引下线连接大样图

的(敷设于非混凝土中的圆钢应采用热镀锌材料)圆钢连接基础防雷网格，网格尺寸应满足表 6.4 的要求。在建筑工程的“地基与基础”分部工程设计中，网格尺寸一般会比表 6.4 要密得多。

**表 6.4 建筑物基础防雷网格尺寸的最低要求**

| 建筑物防雷类别 | 网格尺寸 |
|---|---|
| 第一类防雷建筑物 | 5m×5m 或 4m×6m |
| 第二类防雷建筑物 | 10m×10m 或 8m×12m |
| 第三类防雷建筑物 | 20m×20m 或 16m×24m |

6.2.1.6 电阻测试端子

建筑物电阻测试端子就是在建筑物的首层位置设计，其作用是做等电位连接预留和检测建筑物接地电阻。建筑物接地端子是一般设计在建筑物的两侧，使用的材料为不小于∅12mm 的热镀锌圆钢或－40mm×4mm 的热镀锌扁钢，敷设可采用暗敷在建筑物外墙内，高度为 0.3m，端子的面板可采用绝缘材料设计，设计和安装详图见图 6.5 和图 6.6，。使用绝缘材料的目的是当大楼发生雷击时，接地端子带有高电压，如果行人经过或在其附近，则容易发生旁侧闪击的雷击事故，如果加了绝缘材料的面板后，这种事故则可以避免。

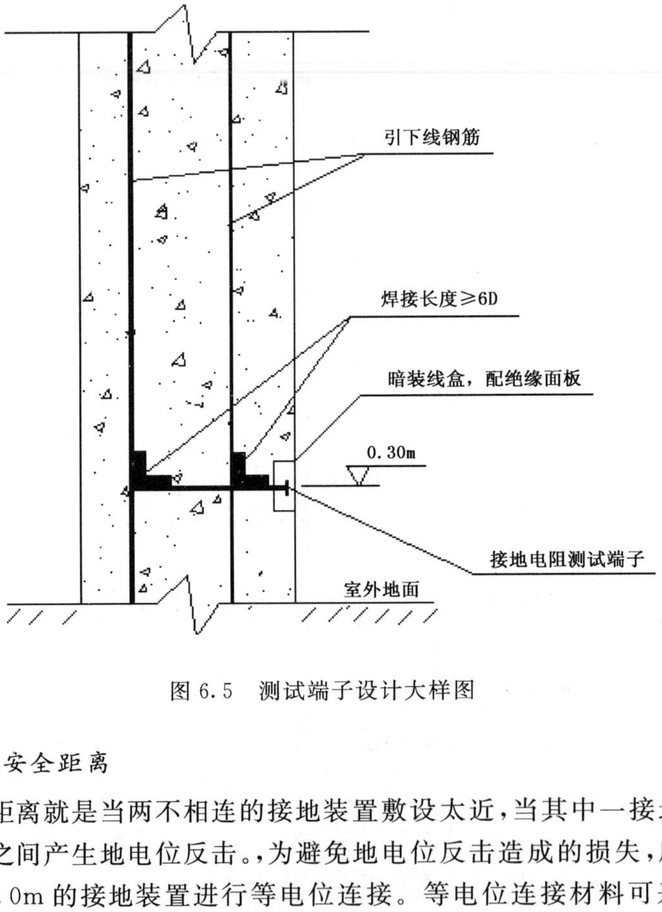


图 6.5 测试端子设计大样图

6.2.1.7 接地装置安全距离

接地装置安全距离就是当两不相连的接地装置敷设太近，当其中一接地装置电位升高时会与另一接地装置之间产生地电位反击。，为避免地电位反击造成的损失，应将两独立接地装置水平距离小于 20.0m 的接地装置进行等电位连接。等电位连接材料可采用两条不小于∅16mm 的热镀锌圆钢或－40mm×4mm 的热镀锌扁钢，埋设深度不小于 0.6m，在出、入口或人行道路的地方埋设深度不小于 0.8m，这样才能保证两接地装置之间不会产生干扰，保障设备和人身安全。

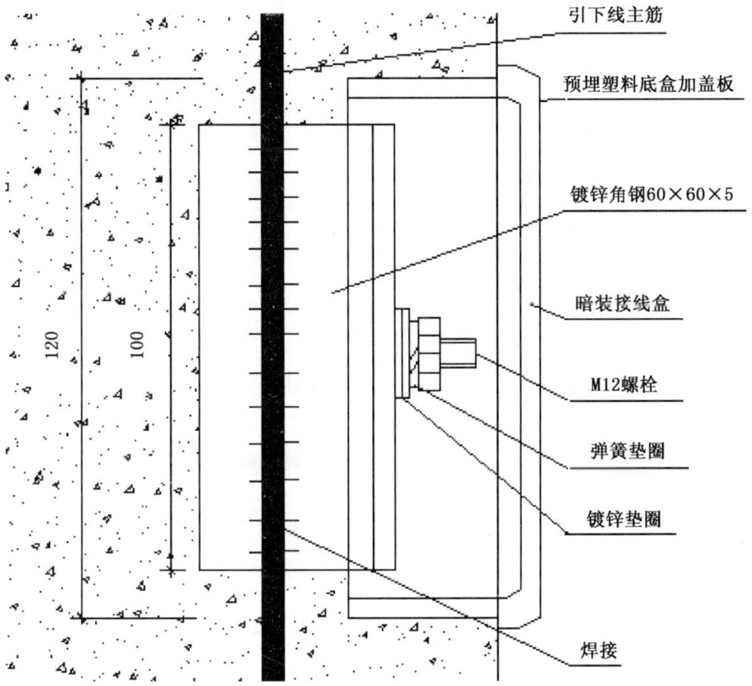


图 6.6　测试端子板设计大样图

6.2.1.8　人工接地装置

一般情况下，建筑物应采用自然接地装置，但当自然接地装置不能满足建筑物对接地电阻的要求或无自然接地装置时，允许采用人工接地装置。

人工垂直接地装置长度宜为 1.5～2.5m，间距为其自身长度的 1.5～2.0 倍，若遇到土壤电阻率不均匀的地方，可适当增加接地装置的长度。

当垂直接地装置埋设有困难时，可设多根环状水平接地装置，彼此间隔为 1.0～1.5m，且应每隔 3.0～5.0m 相互焊接连通一次。

接地装置之间所有焊接点，除浇注在混凝土中的以外，均应进行防腐处理。

接地装置上端距地面应不小于 0.7m，接地极有效长度 $l_e$ 不大于 $2\sqrt{\rho}$（$\rho$ 为土壤电阻率）。在寒冷地区，接地装置应埋设在冻土层以下。

当土壤电阻率一定时，接地极的有效长度应符合表 6.5 的数据要求。

6.2.1.9　接地装置连接设计

接地装置的连接有绑扎法、螺丝扣连接、对焊和搭焊。当接地装置埋在土壤中时其连接宜采用放热焊接，当采用通常的焊接方法时，应在焊接处做防腐处理。

既然采用焊接就要求焊接牢固且无虚焊。如果有些地方不能采用焊接时，也可以采用镀锌螺栓连接，螺栓连接处的接触面应按现行国家标准《GB 50169—2006　电气装置安装工程接地装置施工及验收规范》的规定处理。

各种金属构件、金属管道等作为接地线时，应保证其全长为完好的电气通路。利用串联的金属构件、金属管道作接地线时，应在其串接部位焊接金属跨接线。埋于土壤中的接地装置与

**表 6.5 土壤电阻率($\rho$)与接地极有效长度($l_e$)对照表**

| $\rho$ (Ω·m) | $l_e$ (m) | $l_e$ (m) | $\rho$ (Ω·m) | $l_e$ (m) | $l_e$ (m) | $\rho$ (Ω·m) | $l_e$ (m) | $l_e$(m) | $\rho$ (Ω·m) | $l_e$ (m) | $l_e$ (m) |
|---|---|---|---|---|---|---|---|---|---|---|---|
| 100 | 20(取20) | 20 | 300 | 34.64(取35) | 35 | 500 | 44.72(取45) | 45 | 900 | 60.00(取60) | 60 |
| 110 | 20.98(取21) | 21 | 310 | 35.21(取36) | 36 | 520 | 45.61(取46) | 46 | 920 | 60.66(取61) | 61 |
| 120 | 21.91(取22) | 22 | 320 | 35.78(取36) | 36 | 540 | 46.58(取47) | 47 | 940 | 61.32(取62) | 62 |
| 130 | 22.80(取23) | 23 | 330 | 36.33(取37) | 37 | 560 | 47.33(取48) | 48 | 960 | 61.97(取62) | 62 |
| 140 | 23.66(取24) | 24 | 340 | 36.88(取37) | 37 | 580 | 48.17(取49) | 49 | 980 | 62.61(取63) | 63 |
| 150 | 24.49(取25) | 25 | 350 | 37.42(取38) | 38 | 600 | 48.99(取49) | 49 | 1000 | 63.25(取64) | 64 |
| 160 | 25.30(取26) | 26 | 360 | 37.95(取38) | 38 | 620 | 49.80(取50) | 50 | 1100 | 66.33(取67) | 67 |
| 170 | 26.08(取27) | 27 | 370 | 38.47(取39) | 39 | 640 | 50.60(取51) | 51 | 1200 | 69.28(取70) | 70 |
| 180 | 26.83(取27) | 27 | 380 | 38.99(取39) | 39 | 660 | 51.38(取52) | 52 | 1300 | 72.11(取73) | 73 |
| 190 | 27.57(取28) | 28 | 390 | 39.50(取40) | 40 | 680 | 52.15(取53) | 53 | 1400 | 74.83(取75) | 75 |
| 200 | 28.28(取29) | 29 | 400 | 40.00(取40) | 40 | 700 | 52.92(取53) | 53 | 1500 | 77.46(取78) | 78 |
| 210 | 28.98(取29) | 29 | 410 | 40.50(取41) | 41 | 720 | 53.67(取54) | 54 | 1600 | 80.00(取80) | 80 |
| 220 | 29.66(取30) | 30 | 420 | 40.99(取41) | 41 | 740 | 54.41(取55) | 55 | 1700 | 82.46(取83) | 83 |
| 230 | 30.33(取31) | 31 | 430 | 41.47(取42) | 42 | 760 | 55.14(取56) | 56 | 1800 | 84.85(取85) | 85 |
| 240 | 30.98(取31) | 31 | 440 | 41.95(取42) | 42 | 780 | 55.86(取56) | 56 | 1900 | 87.18(取88) | 88 |
| 250 | 31.62(取32) | 32 | 450 | 42.43(取43) | 43 | 800 | 56.57(取57) | 57 | 2000 | 89.44(取90) | 90 |
| 260 | 32.25(取33) | 33 | 460 | 42.90(取43) | 43 | 820 | 57.27(取58) | 58 | 2200 | 93.81(取94) | 94 |
| 270 | 32.86(取33) | 33 | 470 | 43.36(取44) | 44 | 840 | 57.97(取58) | 58 | 2400 | 97.98(取98) | 98 |
| 280 | 33.47(取34) | 34 | 480 | 43.82(取44) | 44 | 860 | 58.65(取59) | 59 | 2600 | 101.98(取102) | 102 |
| 290 | 34.06(取35) | 35 | 490 | 44.27(取45) | 45 | 880 | 59.33(取60) | 60 | 2800 | 105.83(取106) | 106 |
| 300 | 34.64(取35) | 35 | 500 | 44.72(取45) | 45 | 900 | 60.00(取60) | 60 | 3000 | 109.54(取110) | 110 |

埋于混凝土中的钢筋基础接地相连时，宜采用铜材或不锈钢材料。

6.2.1.10 高层建筑物核心筒防雷设计

超高建筑物就是高度超过 100m 的建筑物，这类建筑物设计一般是在建筑物的几何中心位置设计一个由钢筋混凝土构成的核心筒，如广州电视观光塔(塔身高度超过 450m)其中心位置就设计了一个核心筒，又如广州西塔(高度超过 400m)中心部位也设计了一个核心筒，一般情况超高层建筑物都采用核心筒作为建筑的核心，核心筒内可设计电梯、电缆井等设施，是组成建筑物构造核心，作用非常重要。

超高层建筑核心筒的防雷如何考虑呢？一般情况下，核心筒的防雷要求如下：

(1)垂直接地装置

超高层建筑物核心筒的防雷设计按照 6.2.1.3 节的要求设计。

(2)水平接地装置

高层建筑核心筒的防雷设计按照 6.2.1.4 节的要求设计，其网格设计不应按照表 6.4 的要求设计，而应按照应不大于 1m×1m 设计。

(3)引下线

核心筒的四个角设计防雷引下线，每条引下线应采用两条不小于∅16mm 的圆钢从承台底部引至建筑物屋面的防雷网格钢筋上。

(4)均压环

核心筒应每层设计均压环，均压环与核心筒的所有引下线应焊接，焊接长度满足表 6.3 的要求。

(5)电气预留接地

核心筒的预留接地是供电梯或电缆井接地用的，所以核心筒内的强电井、弱电井和电梯井应每层预留电气接地端子箱。

### 6.2.2 引下线

应优先利用建筑物柱内或剪力墙内两条纵向主钢筋作为防雷引下线。当利用两根钢筋作为一组引下线时，其钢筋直径不小于∅16mm；当利用四根钢筋作为一组引下线时，其钢筋直径应不小于∅10mm，其纵向的两条不小于∅16mm 的主筋应逐层通长焊接，焊接长度应满足表 6.3 的要求。引下线主筋的顶部应与建筑物外圈梁的两条主钢筋焊接(图 6.7)。

建筑物有均压环设计时，引下线的两条纵向主钢筋应与均压环的两条水平主钢筋焊接，焊接长度应满足表 6.3 的要求。

每根引下线的接地电阻值应满足≤10Ω(第一、二类防雷建筑物)或 30Ω(第三类防雷建筑物)。

按照防雷类别及分流系数要求，每根引下线离地面深 0.5m 以下连接的钢筋总表面积应达到表 6.6 中的数据要求。

当利用消防梯、钢柱等金属构件作引下线时，要求各部件之间应焊接并构成良好的电气通路，且所有钢柱应作为引下线，对于裸露的钢柱且人能触及部分应采用绝缘物包裹。

当建筑物采用自然引下线时应设计接地电阻测试端子，当采用人工引下线时应设计接地电阻断接卡子。建筑物接地电阻测试端子和断接卡子应设计在建筑物两侧(图 6.8)，高度应满足 0.3～1.8m 的要求。

**表 6.6　钢筋表面积总和(S)与钢筋总长度(L)换算表**

| 钢筋规格 | 长度为1m表面积($m^2$) | 第二类防雷($S_2 \geqslant 4.24K_c^2$) | | | 第三类防雷($S_3 \geqslant 1.89K_c^2$) | | |
|---|---|---|---|---|---|---|---|
| | | $K_c=1$ 时，$S_2 \geqslant 4.24m^2$，所需长度(m) | $K_c=0.66$ 时，$S_2 \geqslant 1.85m^2$，所需长度(m) | $K_c=0.44$ 时，$S_2 \geqslant 0.82m^2$，所需长度(m) | $K_c=1$ 时，$S_3 \geqslant 1.89m^2$，所需长度(m) | $K_c=0.66$ 时，$S_3 \geqslant 0.82m^2$，所需长度(m) | $K_c=0.44$ 时，$S_3 \geqslant 0.37m^2$，所需长度(m) |
| ϕ8 | 0.0251328 | 167.1(取 168) | 73.6(取 74) | 32.6(取 33) | 75.2(取 76) | 32.6(取 33) | 14.7(取 15) |
| ϕ10 | 0.031416 | 135.0(取 135) | 58.9(取 59) | 26.1(取 27) | 60.2(取 61) | 26.1(取 27) | 11.8(取 12) |
| ϕ12 | 0.0376992 | 112.5(取 113) | 49.1(取 50) | 21.8(取 22) | 50.1(取 51) | 21.8(取 22) | 9.8(取 10) |
| ϕ14 | 0.0439824 | 96.4(取 97) | 42.1(取 43) | 18.6(取 19) | 43.0(取 43) | 18.6(取 19) | 8.4(取 9) |
| ϕ16 | 0.0502656 | 84.4(取 85) | 36.8(取 37) | 16.3(取 17) | 37.6(取 38) | 16.3(取 17) | 7.4(取 8) |
| ϕ18 | 0.0565488 | 75.0(取 75) | 32.7(取 33) | 14.5(取 15) | 33.4(取 34) | 14.5(取 15) | 6.5(取 7) |
| ϕ20 | 0.062832 | 67.5(取 68) | 29.5(取 30) | 13.1(取 14) | 30.1(取 31) | 13.1(取 14) | 5.9(取 6) |
| ϕ22 | 0.0691152 | 61.4(取 62) | 26.8(取 27) | 11.7(取 12) | 27.4(取 28) | 11.7(取 12) | 5.4(取 6) |
| ϕ24 | 0.0753984 | 56.2(取 57) | 24.5(取 25) | 10.9(取 11) | 25.1(取 26) | 10.9(取 11) | 4.9(取 5) |
| ϕ26 | 0.0816816 | 51.9(取 52) | 22.7(取 23) | 10.1(取 11) | 23.1(取 24) | 10.1(取 11) | 4.5(取 5) |
| ϕ28 | 0.0879648 | 48.2(取 49) | 21.1(取 22) | 9.3(取 10) | 21.5(取 22) | 9.3(取 10) | 4.2(取 5) |
| ϕ30 | 0.094248 | 45.0(取 45) | 19.7(取 20) | 8.7(取 9) | 20.1(取 21) | 8.7(取 9) | 3.9(取 4) |
| ϕ32 | 0.1005312 | 42.2(取 43) | 18.4(取 19) | 8.2(取 9) | 18.8(取 19) | 8.2(取 9) | 3.7(取 4) |
| ϕ36 | 0.1130976 | 37.5(取 38) | 16.4(取 17) | 7.3(取 8) | 16.7(取 17) | 7.3(取 8) | 3.3(取 4) |

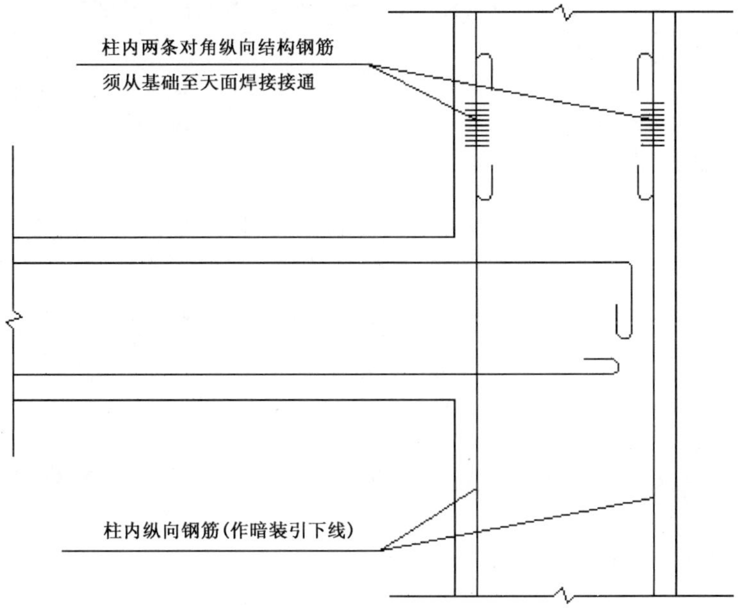


图 6.7　利用柱内钢筋作引下线

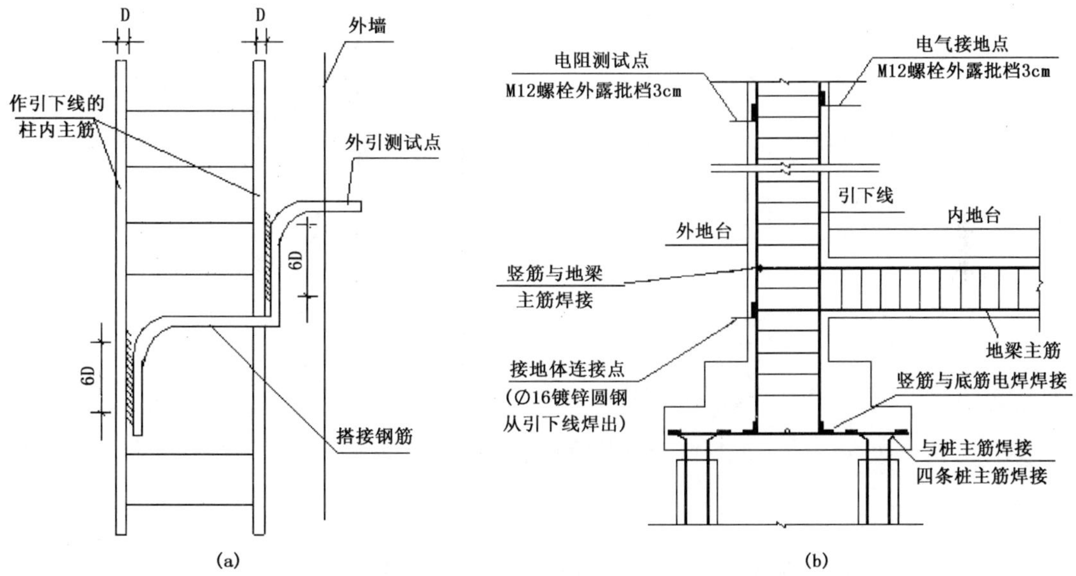


图 6.8　外引测试点的设计大样图

### 6.2.3　接闪器

第一类中的爆炸危险环境建筑物应设计独立接闪器，但受条件限制时，也可以在屋面敷设接闪网。其他建筑物均可利用屋面暗敷的钢筋作为接闪器。独立接闪器与需要防雷空间内任何金属设施间的距离应满足表 6.7 的要求。

**表 6.7 各类建筑物独立接闪器防雷安全距离的最低要求**

| 建筑物防雷类别 | 安全距离 |
|---|---|
| 第一类防雷建筑物独立接闪器 | 3m(地上部分或地下部分) |
| 第二类防雷建筑物独立接闪器 | 2m(地上部分或地下部分) |
| 第三类防雷建筑物独立接闪器 | 2m(地上部分或地下部分) |

当存在因雷击可能发生混凝土碎块坠落的事故隐患时,建筑物不应采用暗敷接闪器的设计。

6.2.3.1 接闪杆

接闪杆应设计在建筑物易受雷击的部位:建筑物的女儿墙外侧、屋角、水塔、楼梯屋顶四角、人字屋面脊的两端,应采用滚球法确定接闪器的保护范围。

6.2.3.2 接闪带

接闪带应设计成一个完整的闭合通路,任何两点之间都必须连通。跨越伸缩缝和沉降缝处接闪带应采取弧型跨接,见图 6.9 和图 6.10。

接闪带设计的接地电阻值应满足表 6.1 的要求。

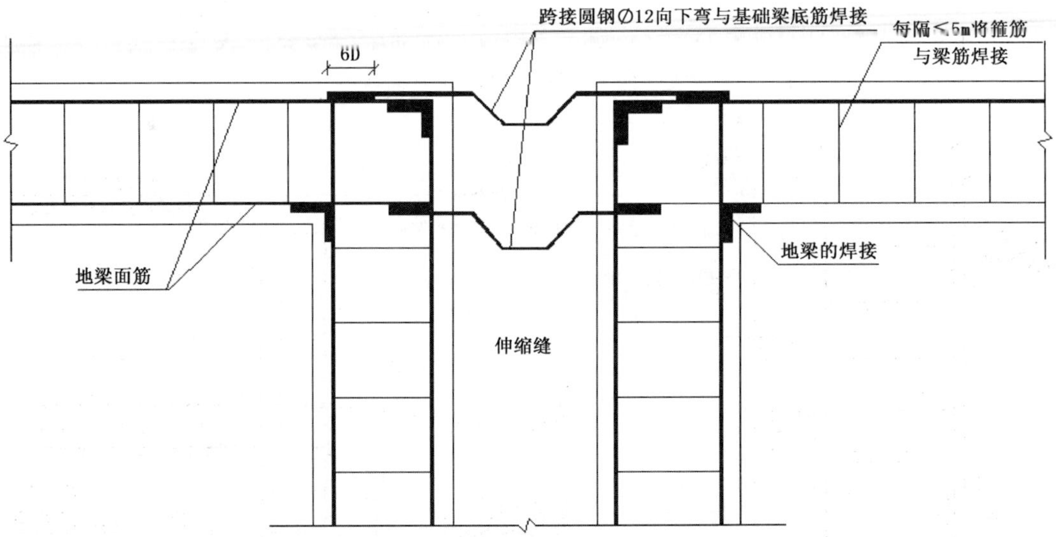


图 6.9 基础伸缩缝接地体处理(平面)

6.2.3.3 屋面防雷网格

防雷装置屋面防雷网格可采用明敷或暗敷设计。明敷时网格钢筋应不小于∅12mm;暗敷时应不小于∅10mm。当采用暗敷设计时,建筑物屋面应设计接闪杆或接闪带或接闪线或其组合。各类建筑物屋面防雷网格的最小尺寸应满足表 6.4 的要求。

古建筑防雷工程设计中,必须遵守不改变文物原状的文保原则。选择使用接闪导线的颜色应与古建筑物屋面的颜色协调一致,接闪导线应随建筑物的形状敷设。固定支架固定在屋面脊瓦时不应对脊瓦造成破坏或破坏屋面的防水结构。

6.2.3.4 自然接闪器

建筑物以下部件可以作自然接闪器:

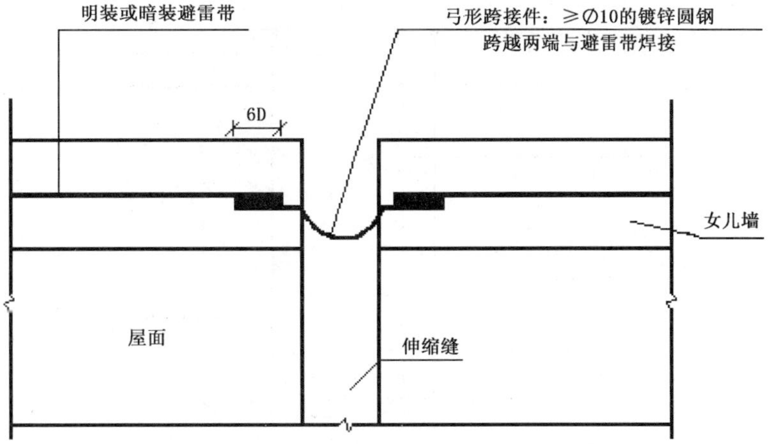


图 6.10　屋面伸缩缝接闪带处理(平面)

(1)覆盖于需防雷空间的金属板,应符合以下要求:

1)各个金属板间有电气贯通连接;

2)当需要防止金属板穿孔或需要考虑热斑问题时,金属板的厚度不小于表 6.8 的要求;

3)金属板无绝缘覆盖层;

4)金属板上或上方的非金属材料可被排除于需要防雷的空间之外。

**表 6.8　各类防雷建筑物自身作接闪器的要求**

| 金属物体的要求 | 金属板之间采用搭接时 | 金属板下面无易燃物品时 | 金属板下面有易燃物品时 |
|---|---|---|---|
| 铅板厚度 | ≥100mm | ≥2mm | |
| 钢、钛板厚度 | ≥100mm | ≥0.5mm | ≥4mm |
| 铜板厚度 | ≥100mm | ≥0.5mm | ≥5mm |
| 铝板厚度 | ≥100mm | ≥0.65mm | ≥7mm |
| 锌板厚度 | ≥100mm | ≥0.70mm | ≥4mm |

(2)当非金属屋顶可排除于需防雷空间之外时,其下方的屋顶结构的金属部件(桁架、相互连接的钢筋网等),应符合以下要求:

1)如排水管、装饰物、栏杆等金属部件,其截面积不小于对标准接闪器部件所规定的截面;

2)厚度不小于 2.5mm 的金属管、金属罐,且雷击时不会发生危险或其他不可接受的情况;

3)厚度不小于表 6.8 所规定的金属管、金属罐,且雷击点内表面的温升不构成危险。

(3)建筑物自身作接闪器时要求金属板之间具有贯通连接,并应满足表 6.8 的要求。

### 6.2.4　等电位连接

所有进入建筑物的外来导电物应在 $LPZ0_A$、$LPZ0_B$ 与 LPZ1 区的界面处应做等电位连接,当等电位连接带采用不同材质的导体连接时,可采用熔接法进行连接,也可采用压接法。压接时压接处应进行热搪锡处理,等电位连接用的螺栓、垫片、螺母等应进行热镀锌处理。等电位连接设计可参见图 6.11—图 6.21 的大样图或示意图。

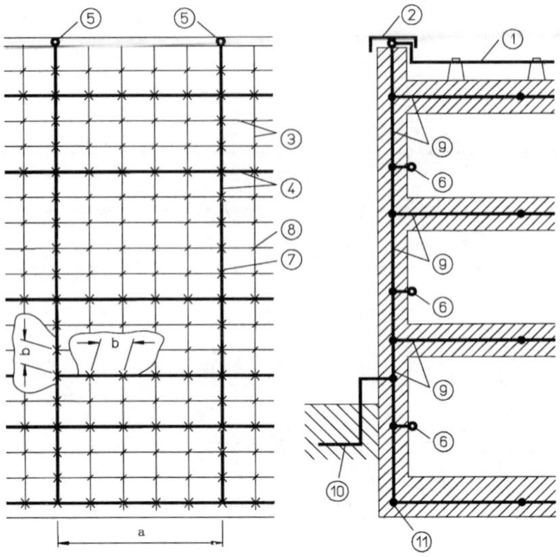


图 6.11 利用建筑物的钢筋作屏蔽及等电位连接

(典型尺寸：$a=5$m，$b=1$m)

①——接闪器(接闪带)；②——屋顶女儿墙的金属盖板；③——钢筋；④——迭加于钢筋上的网格形导体；⑤——网格形导体的接头；⑥——内部等电位连接带的接头；⑦——焊接或夹接；⑧——任意连接；⑨——混凝土中的钢筋(有叠加的网格型导体)；⑩——环形接地体(如设有)；⑪——环形接地体(如设有)。

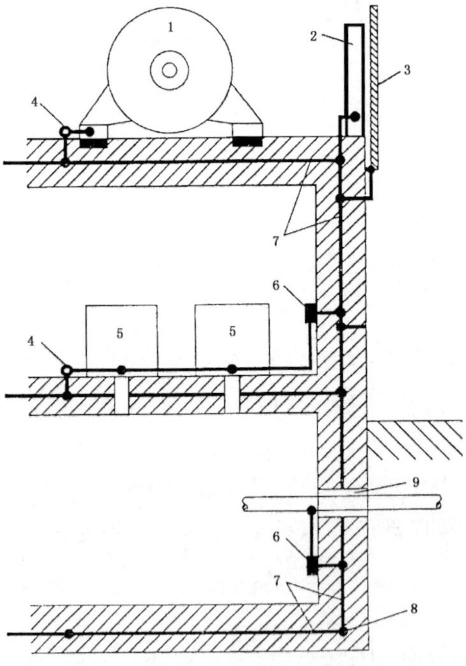


图 6.12 钢筋结构建筑物的等电位连接

(典型尺寸：$a=5$m，$b=1$m)

1——电动设备；2——钢支架；3——立面的金属盖板；4——等电位连接点；5——电气设备；6——等电位连接带；7——混凝土中的钢筋(有叠加的网格形导体)；8——基础接地体；9——各种公共设施的公用入口。

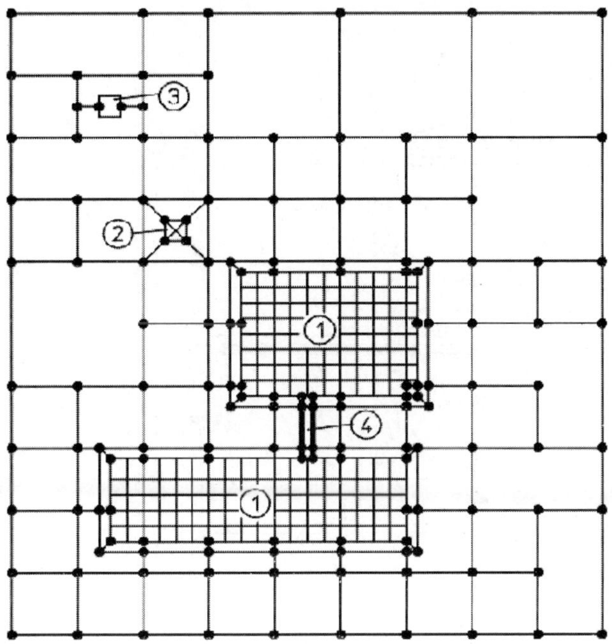


图 6.13　工厂的网格状接地装置

①——具有网格状钢筋的建筑物；②——工厂内部的塔；
③——孤立的设备；④——电缆槽

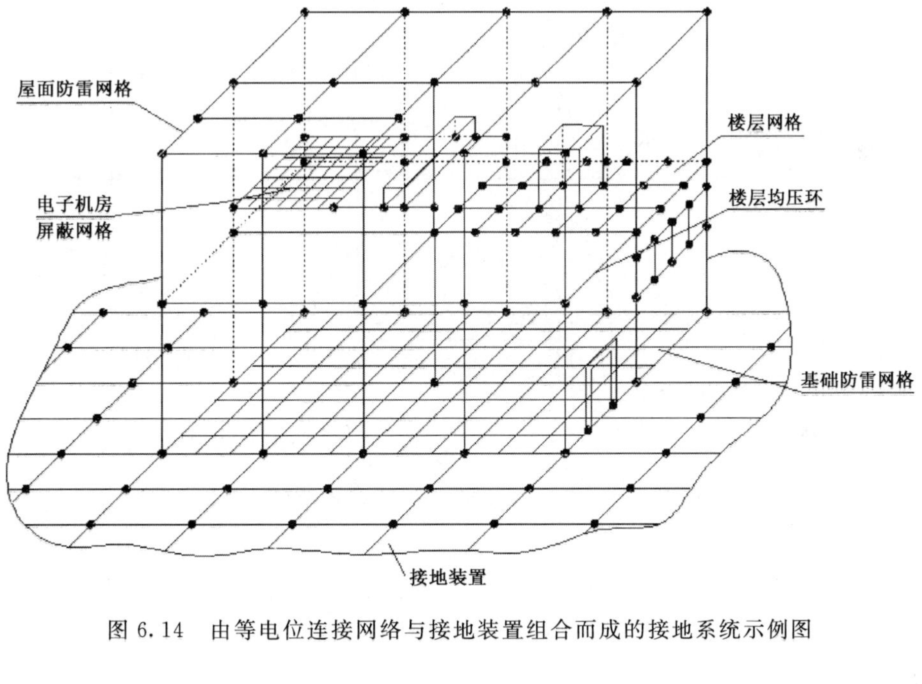


图 6.14　由等电位连接网络与接地装置组合而成的接地系统示例图

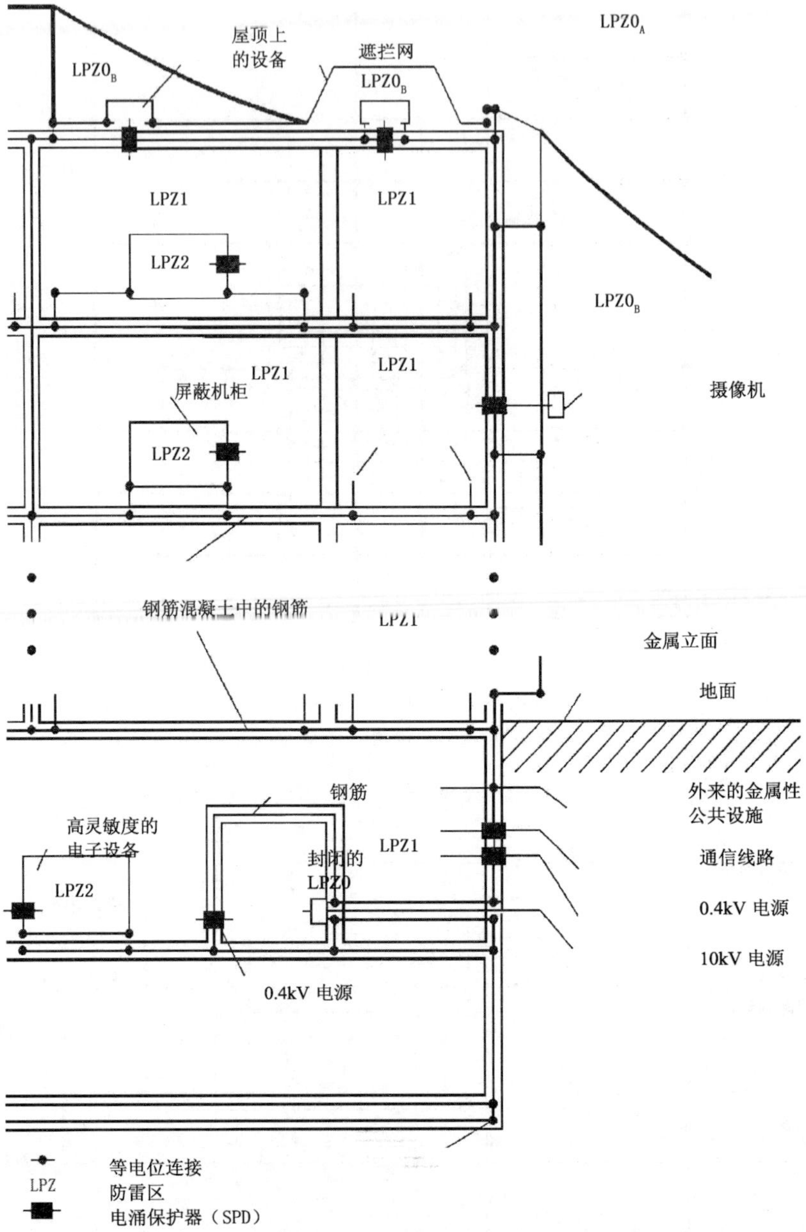


图 6.15　办公大楼防雷区、屏蔽、等电位连接及接地设计示例图

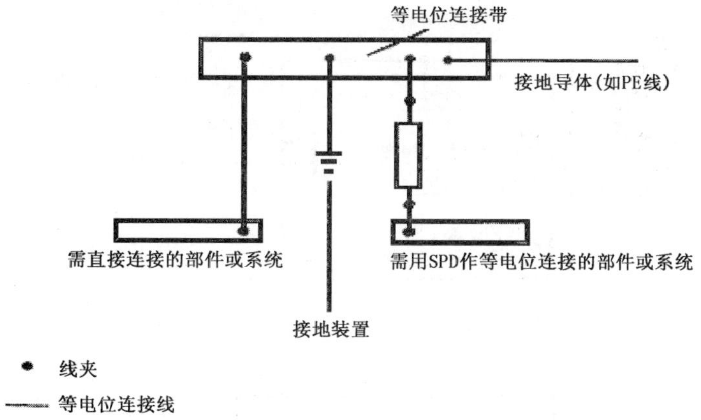


图 6.16　导电部件或电气系统与等电位连接带的连接

●——线夹；——等电位连接线

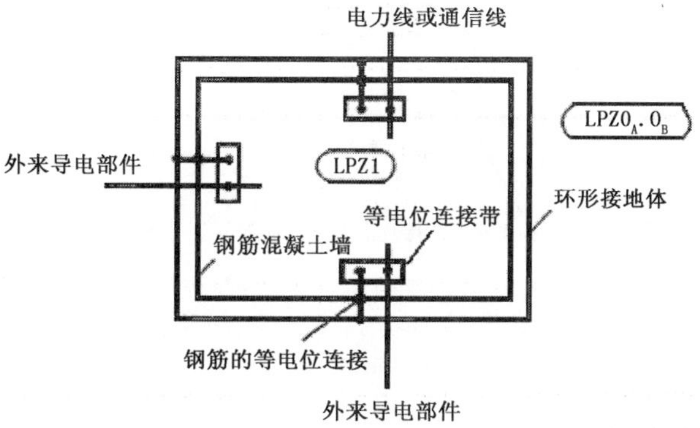


图 6.17　外来导电部件在地面上从多点进入建筑物时，采用环形接地体实现等电位连接

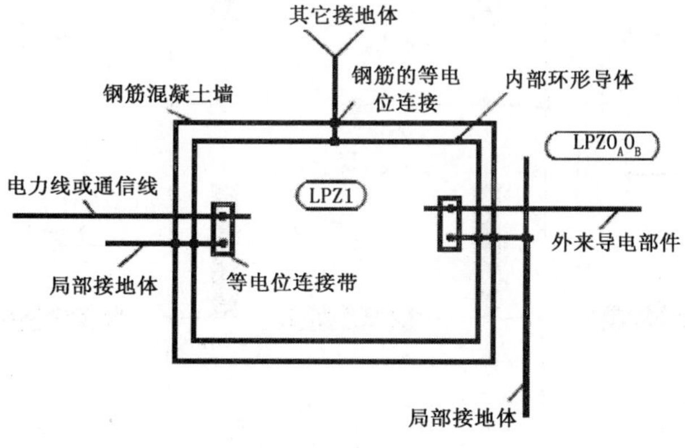


图 6.18　外来导电部件在地面上从多点进入建筑物时，采用内部环形导体实现等电位连接

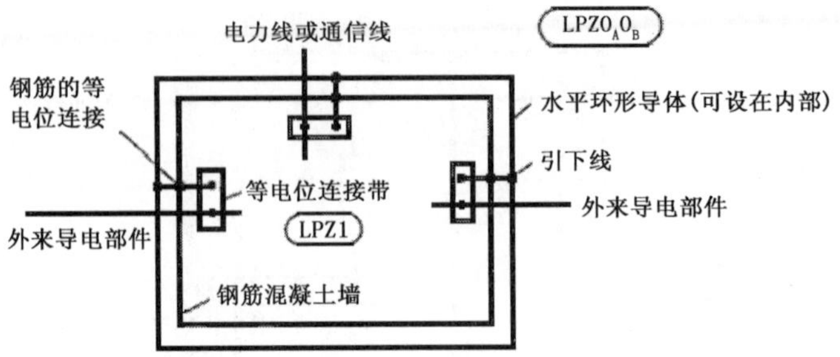


图 6.19 外来导电部件空中多点进入建筑物时的等电位连接

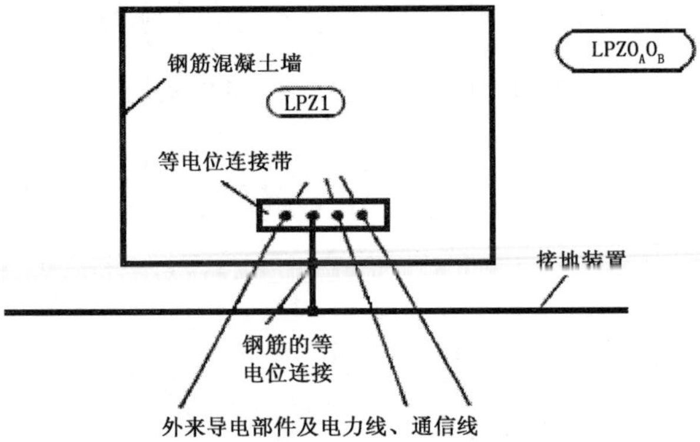


图 6.20 外来导电部件单点进入建筑物时的等电位连接

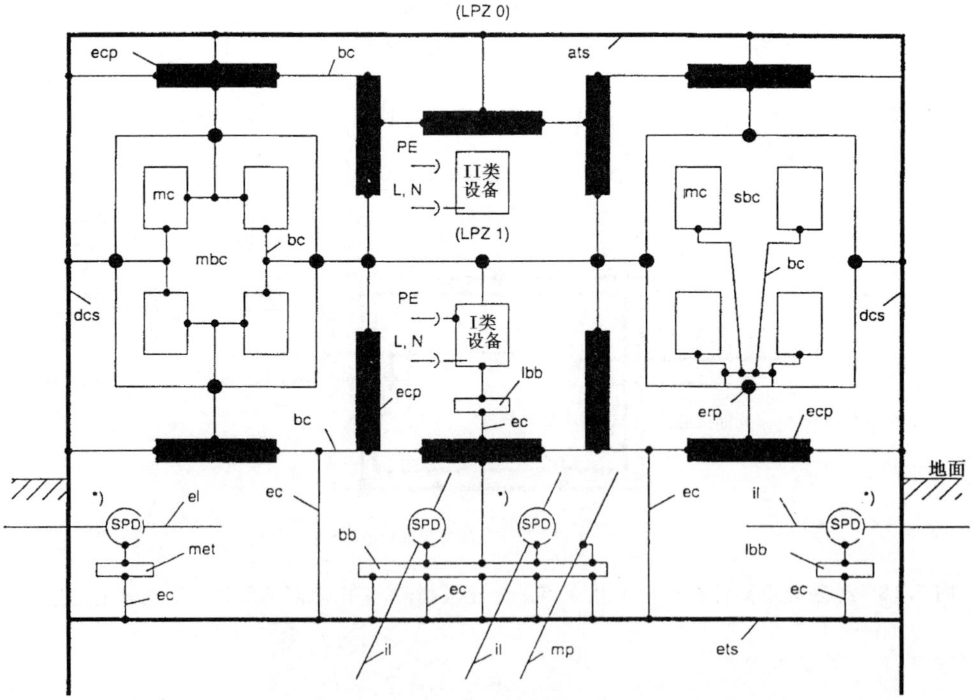


图 6.21 入户设施(管道、电源和信息线路或电缆)的等电位连接(LPZ1 的入口)

部件：ats——LPS 的接闪器，可能是建筑物空间屏蔽体的一部分(例如金属屋顶)。

dcs——LPS 的引下线(雷电引下导体)，可能是建筑物空间屏蔽体的一部分(例如金属立面、墙体的钢筋)。

ecp——外来导电部件、建筑物上及建筑物内除电气装置外的金属装置。(例如：电梯钢轨、起重机、金属地板、金属门框、公共设施的金属管道、金属电缆槽、地板钢筋、墙体钢筋、顶板的钢筋等)。

erp——接地基准点(ERP)，代表一个局部等电位连接带(单点连接)。

ets——LPS 的接地装置(地极网络、公共地极网络)，可能是建筑物空间屏蔽体的一部分。(注：地极：一组接地装置或一组接地装置中的一部分)。

Fe——固定的设备：I 类设备，有 PE 连接线；II 类设备，无 PE 连接线。

mbc——(本地)信息系统的网格形等电位连接。

mc——(本地)信息系统的金属部件(金属部分)(例如机柜、外壳、机架等)。

sbc——(本地)信息系统的星形等电位连接。

等电位连接带：

bb——等电位连接带(环形等电位连接带、水平等电位连接导体、特殊情况下可为金属板)主要用于信息导线和电缆的等电位连接，也用于信息设备的等电位连接，亦可用作(公共)等电位连接带。用接地导体多重连接至接地装置(典型间隔为 5m)。

bc——等电位连接导体(等电位连接导体、等电位连接件、连接线)。

ec——连接至接地装置的接地导体(主接地导体)。

el——电源线或电缆。

il——信息线或电缆。

LN——有中性线的电源。

lbb——局部等电位连接带(接地端子)(例如：用于电力装置或信息装置)。

LPS——防雷系统(有部件 ats、dcs、ets)。

LPZ——防雷区。

met——主接地端子(主接地带、主接地总线带、主连接带)，主要用于电源线的等电位连接，也用于电力设备的等电位连接，亦可用作(公共)等电位连接带。

mp——公共设施的金属管道。

PE——保护导体(保护接地导体、设备接地导体、保护地、保护接地)，是等电位连接网络的一部分。

### 6.2.5　电涌保护器(SPD)

#### 6.2.5.1　连接低压配电系统的 SPD 一般要求

电源 SPD 的接地应就近接到等电位电气预留端子上，第二级及以后设计的 SPD 不得利用电源 PE 线作为接地线，且连接 SPD 两端的导线长度应不大于 0.5m。当电压开关型 SPD 至限压型 SPD 之间的线路长度不大于 10m 或者限压型 SPD 之间的线路长度不大于 5m 时，在两级 SPD 之间应加装退耦元件。当 SPD 具有能量自动配合功能时，SPD 之间的线路长度不受限制。SPD 应有过电流保护装置，并应有劣化显示功能。

选择 220/380 V 三相系统中的电涌保护器时，其最大持续运行电压 $U_c$ 应符合表 6.9 的规定。表 6.9 中，$U_0$ 为相间电压，$U$ 为线间电压。

**表 6.9　电涌保护器(SPD)最大持续运行电压 $U_c$ 值要求**

| 最大持续运行电压 | TT 系统中 | TN 和 TT 系统中 | IT 系统中 |
|---|---|---|---|
| $U_c$ | $U_c \geqslant 1.55U_0^*$ | $U_c \geqslant 1.15U_0$ | $U_c \geqslant 1.15U^*$ |

* $U_0$ 为相间电压、$U$ 为线间电压

(1)TN 系统电涌保护器(SPD)，见图 6.22。

(2)TT 系统电涌保护器(SPD)，见图 6.23。

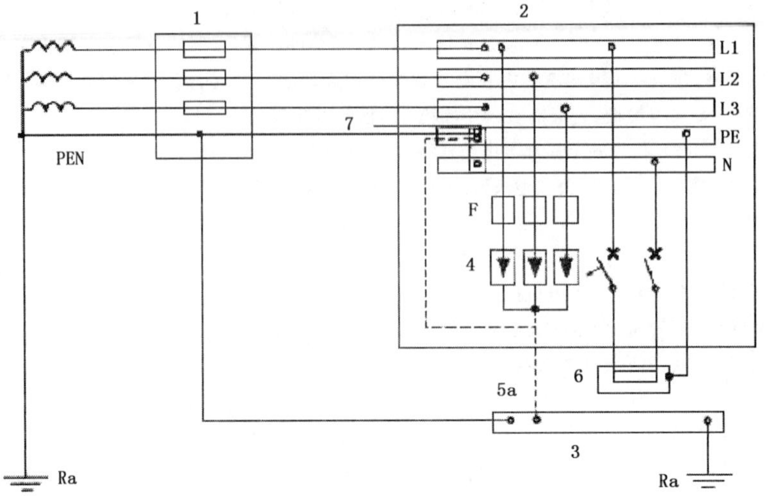


图 6.22 TN 系统中的电涌保护器

1——装置的电源；2——配电盘；3——总接地端或总接地连接带；4——电涌保护器(SPD)；5——电涌保护器的接地连接，5a 或 5b；6——需要保护的设备；7——PE 与 N 线的连接带；F——保护电涌保护器推荐的熔丝、断路器或剩余电流保护器；$R_a$——本装置的接地电阻；$R_b$——供电系统的接地电阻。当采用 TN—C—S 或 TN—S 系统时，在 N 与 PE 线连接处电涌保护器用三个，在其以后 N 与 PE 线分开处安装电涌保护器时用四个，即在 N 与 PE 线间增加一个。

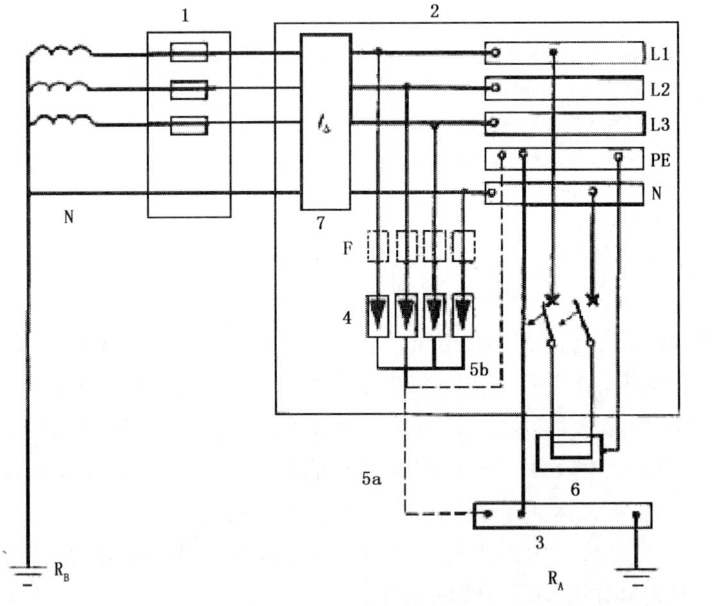


图 6.23 TT 系统中电涌保护器安装在剩余电流保护器的负荷侧

1——装置的电源；2——配电盘；3——总接地端或总接地连接带；4——电涌保护器(SPD)；5——电涌保护器的接地连接，5a 或 5b；6——需要保护的设备；7——剩余电流保护器，应考虑通雷电流的能力；F——保护电涌保护器推荐的熔丝、断路器或剩余电流保护器；$R_A$——本装置的接地电阻；$R_B$——供电系统的接地电阻。

(3)TT 系统中电涌保护器(SPD)，见图 6.24。

(4)IT 系统电涌保护器(SPD)，见图 6.25。

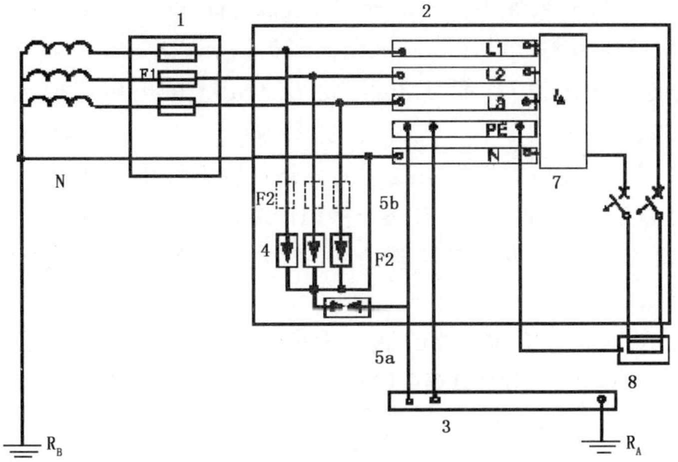


图 6.24　TT 系统中电涌保护器(SPD)安装在剩余电流保护器(RCD)的电源侧

1——装置的电源;2——配电盘;3——总接地端或总接地连接带;4——电涌保护器(SPD);4a——电涌保护器或放电间隙;5——电涌保护器的接地连接,5a 或 5b;6——需要保护的设备;7——剩余电流保护器,可位于母线的上方或下方;F1——安装在电源进线端的剩余电流保护器;F2——保护电涌保护器推荐的熔丝、断路器或剩余电流保护;$R_A$——本装置的接地电阻;$R_B$——供电系统的接地电阻。

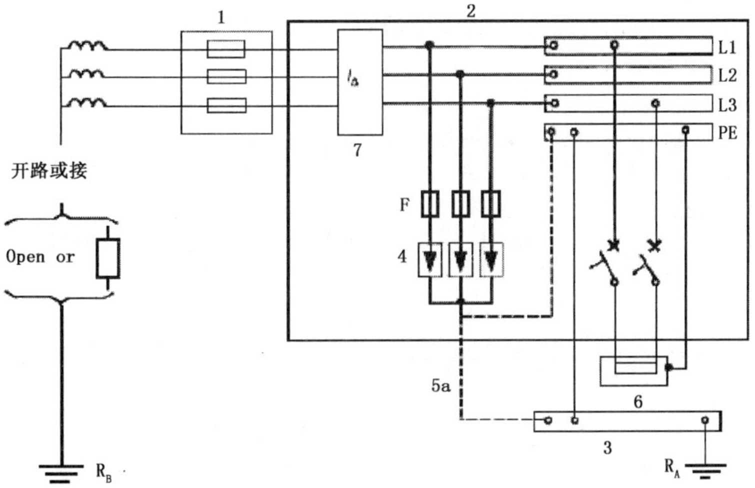


图 6.25　IT 系统中电涌保护器安装在剩余电流保护器的负荷侧

1——装置的电源;2——配电盘;3——总接地端或总接地连接带;4——电涌保护器(SPD);5——电涌保护器的接地连接,5a 或 5b;6——需要保护的设备;7——剩余电流保护器;F——保护电涌保护器推荐的熔丝、断路器或剩余电流保护器;$R_A$——本装置的接地电阻;$R_B$——供电系统的接地电阻。

#### 6.2.5.2　电涌保护器(SPD)保护级数一般要求

电涌保护器(SPD)的保护级数应按照《GB/T 18802.12—2006 低压配电系统的电涌保护器(SPD) 第 12 部分:选择和使用导则》中规定的要求选取。

低压配电系统中安装的第一级电涌保护器(SPD1)应设计在变压器低压侧配电柜或市电引入的低压配电柜上。

当电涌保护器(SPD1)与被保护设备之间关系不能满足以下任何一个条件时,应在靠近被保护设备的分配电柜或设备附近设计第二级电涌保护器(SPD2)。

(1)设备的耐过电压额定值 $U_w$ 低于电涌保护器(SPD)的电压保护水平 $U_p$,并应有 20%的裕度,即 $0.8U_w \leqslant U_p$;

(2)电涌保护器(SPD)与被保护设备之间的线路长度不大于 10m;

(3)在建筑物内部存在雷击放电或内部干扰源产生的电磁场干扰。

如果电涌保护器(SPD2)尚不能满足上述三条件,还应设计第三级的电涌保护器(SPD3),使之满足上述三条件。

第一、二级电源 SPD 等电位连接线的最小截面积应满足表 6.10 的要求。

**表 6.10 各防雷区等电位连接导体最小截面的要求($mm^2$)**

| 材料 | LPZ1 区内等电位连接导体 | LPZ0 等电位连接导体 |
|---|---|---|
| 铜 | 16 | 6 |
| 铝 | 25 | 10 |
| 铁 | 50 | 16 |

6.2.5.3 电涌保护器(SPD)防护系统的基本配合方案

(1)方案Ⅰ

所有的电涌保护器(SPD)取相同的残压值 $U_{res}$,这些电涌保护器(SPD)具有连续的伏安特性(图 6.26)。

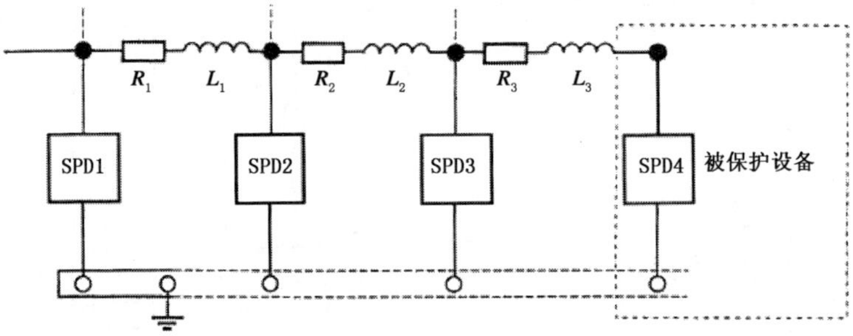


图 6.26 方案Ⅰ(限压型 SPD)的配合原则

$U_{res}(SPD1)=U_{res}(SPD2)=U_{res}(SPD3)=U_{res}(SPD4)$

(2)方案Ⅱ

所有电涌保护器(SPD)具有连续的伏安特性(如压敏电阻、二极管),SPD 的残压 $U_{res}$ 呈台阶式,从第一个 SPD 向后续 SPD 逐个升高,见图 6.27。

这是一种用于供电系统的配合方案。

方案Ⅱ要求装在被保护设备内的保护元件的残压值要高于安装于设备之前的最末一个电涌保护器(SPD)的残压值。

(3)方案Ⅲ

电涌保护器(SPD1)含一个不连续伏安特性的组件(开关型 SPD,如放电间隙等)。而后续的电涌保护器(SPD)包含具有连续伏安特性的组件(限压型 SPD)。见图 6.28。

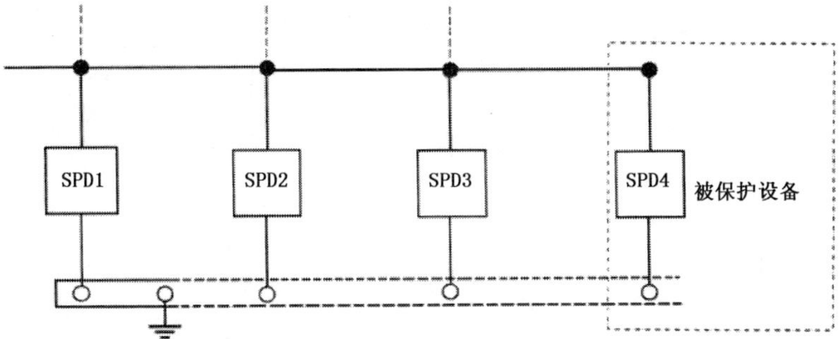


图 6.27　方案Ⅱ

$U_{res}$(SPD1)<$U_{res}$(SPD2)<$U_{res}$(SPD3)<$U_{res}$(SPD4)

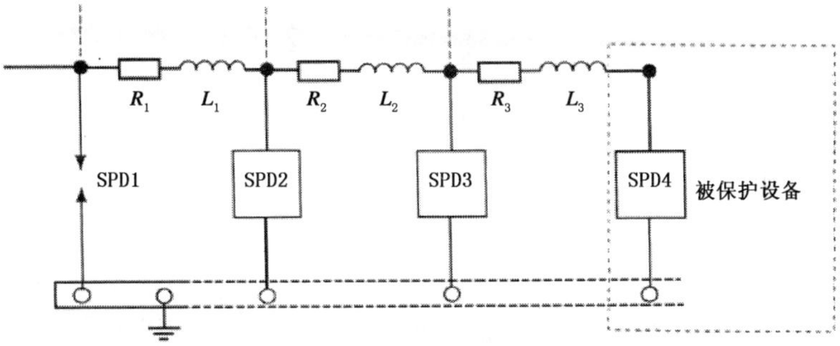


图 6.28　方案Ⅲ(电压开关型/限压型 SPD)的配合原则

$U_{res}$(SPD2)=$U_{res}$(SPD3)=$U_{res}$(SPD4)

(4)方案Ⅳ

用串联阻抗作内部配合的多个级联的电涌保护器(SPD)组合在一起,可构成一个双端口SPD(图 6.29—图 6.31)。其内部实施了成功的配合意味着将向下游的 SPD 或设备传送最小的能量。这些双端口 SPD 必须恰当地与系统中的其他 SPD 按方案Ⅰ、方案Ⅱ或方案Ⅲ进行充分配合。

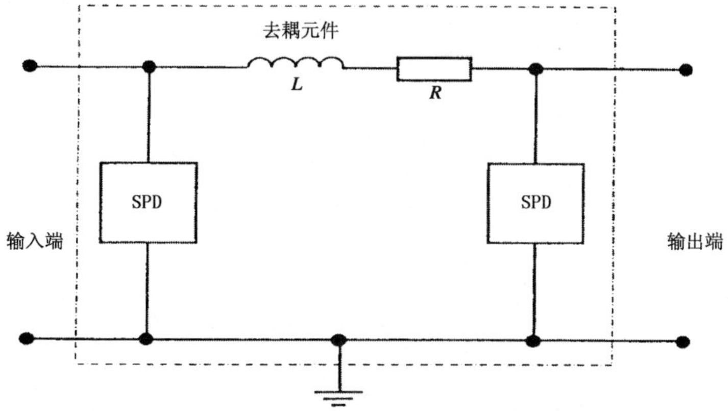


图 6.29　方案Ⅳ的配合原则

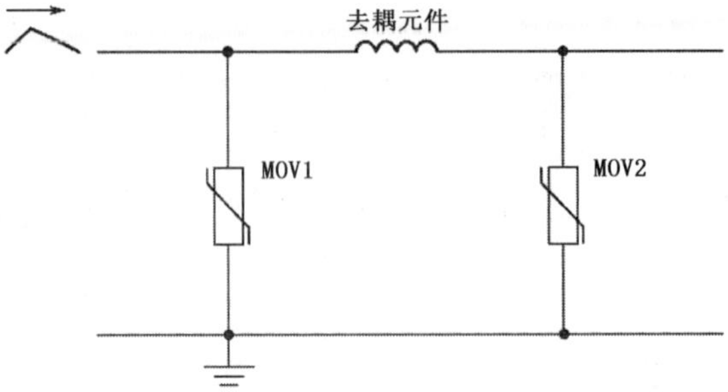


图 6.30 两个限压型 SPD 间配合的电路图

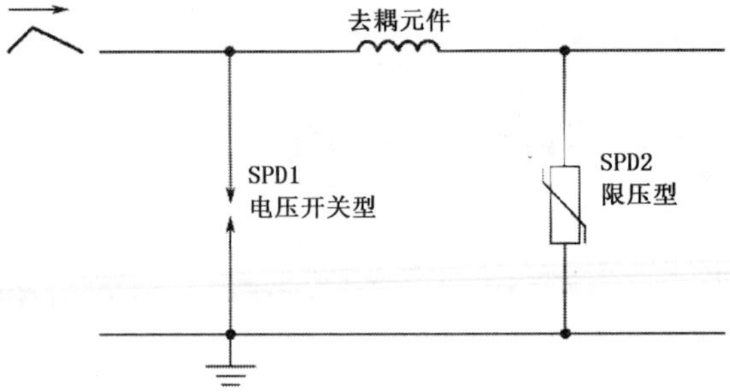


图 6.31 电压开关型 SPD1 与限压型 SPD2 间配合的电路图

电源线路电涌保护器(SPD)必须经受得住局部的雷电流，应满足对电涌的最大箝位电压的要求，同时 SPD 应具有“熄灭”来自电源续流的能力。

同时为了获得足够低的 $U_{max}$，各线路应以最短的导线连接至等电位连接带。外来导电部件及电力线、通信线，应估算在等电位连接点的各个局部雷电流，可按如下方法进行估算：

总的雷击电流 $i$ 的 50%流入接地装置，其余的 50%流入每一设施。如设施的雷击电流为 $i_s/n$，其中 $n$ 为设施的个数(图 6.32)。流入电缆的电流 $i_i$ 为 $i_v=i_i/m$($m$ 为电缆的芯线数)。

对于屏蔽电缆，雷电流将沿屏蔽层流动。

电话线等电位连接时应以 5%的雷电流作为最小值来进行雷击电流的估算。

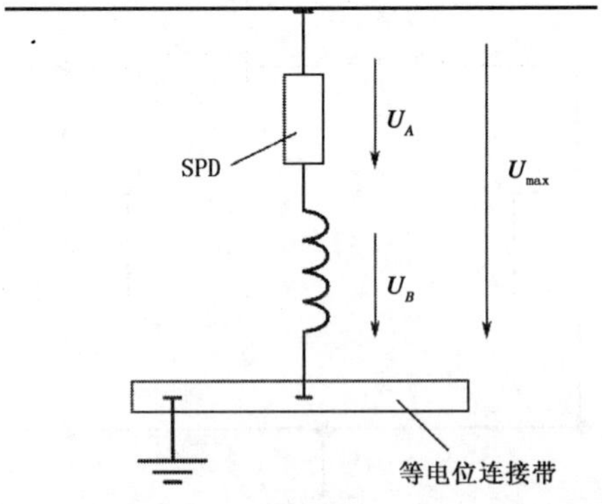


图 6.32 带电导线与等电位连接带之间的电涌电压

$U_A$——SPD 的嵌位电压；$U_B$——电感电压；$U_{max}$——带电导线与等电位连接带之间的最大电涌电压

当无法获取设备的耐冲击电压时，220/380 V 三相配电系统设备的耐冲击过电压额定值见表 6.11。

**表 6.11　220 V/380 V 三相系统各种设备绝缘耐冲击过电压额定值**

| 设备位置 | 电源处的设备 | 配电线路和最后分支线路的设备 | 用电设备 | 特殊需要保护的设备 |
|---|---|---|---|---|
| 耐冲击过电压类别 | Ⅳ类 | Ⅲ类 | Ⅱ类 | Ⅰ类 |
| 耐冲击过电压额定值(kV) | 6 | 4 | 2.5 | 1.5 |

注：Ⅰ类——需要将瞬态过电压限制到特定水平的设备；

Ⅱ类——如家用电器、手提工具和类似负荷；

Ⅲ类——配电盘，断路器，包括电缆、母线、分线盒、开关、插座等布线系统，以及应用于工业的设备和永久接至固定装置的固定安装的电动机等的一些其他设备；

Ⅳ类——如电气计量仪表、一次线过电流保护设备、波纹控制设备。

## 6.3　防雷装置施工监督与验收

### 6.3.1　施工质量评定标准

我国现行国家标准《GB 50601—2010 建筑物防雷工程施工与质量验收规范》中对防雷工程施工与验收已有明确要求，此外，还应注意如下事项。

(1)小项目质量评定标准

按《GB 50057—2010 建筑物防雷设计规范》中的等级评定标准。

(2)子项目质量评定标准

按各子项目所包括的小项目的质量等级优良率来确定。不合格为四等，合格为三等，良为二等，优秀为一等是指在材料、指标、规格、工艺上都具有先进实用性。

在合格的基础上，优良率小于 50%为三等；优良率在大于 50%而小于 80%之间为二等；优良率达 80%以上为一等。各子项目所含的小项目中，有一项为四等，则该子项目便为四等。

(3)分项目质量评定标准

分项目的质量评定是依据该分项目所包含的子项目质量等级来进行。在合格的基础上，优良率小于 50%为三等；优良率在 50%～80%为二等；优良率达 80%为一等。子项目中有一项为四等，则该分项目便为四等。

(4)综合质量评定

对整栋建筑物防雷装置质量的综合评定，依据《新建建筑物防雷装置施工监督与验收手册》的各小项质量等级情况进行综合：

1)低层建筑物(或没有均压环设计)，防雷装置的综合质量按子项目质量等级评定。

2)高层建筑物(或有均压环设计)，按照分项目质量等级评定。

在合格的基础上，优良率小于 50%为三等，优良率 50%～80%为二等，优良率达 80%以上为一等。

当分项目(或子项目)中有一项为四等，综合质量评定为四等。

因此，防雷装置质量的综合评定分为四种情况：不合格(四等)、合格(三等)、良好(二等)、优良(一等)。

### 6.3.2 防雷装置综合质量验收评定表

防雷装置综合质量验收评定表见表 6.12。

**表 6.12 防雷装置综合质量验收评定表**

工程名称： 工程地址： 使用性质： 防雷类别： 类

<table>
<tr><td rowspan="13">分<br>项<br>验<br>收<br>情<br>况</td><td>子项目</td><td>1—3</td><td>4</td><td>6</td><td>7</td><td>8</td></tr>
<tr><td>验收项目</td><td>接地装置</td><td>引下线</td><td>接闪网格</td><td>接闪带</td><td>接闪杆</td></tr>
<tr><td>各小项目<br>质量等级</td><td>(01)____ (05)____<br>(06)____ (12)____<br>(13)____ (15)____<br>(16)____ (18)____<br>(19)____ (20)____</td><td>(10)____<br>(11)____<br>(14)____<br>(17)____<br>(20)____</td><td>(26)____<br>(27)____<br>(28)____<br>(29)____</td><td>(31)____ (32)____<br>(33)____ (34)____<br>(35)____ (36)____</td><td>(37)____<br>(38)____<br>(39)____<br>(40)____<br>(41)____</td></tr>
<tr><td>各子项目<br>质量等级</td><td></td><td></td><td></td><td></td><td></td></tr>
<tr><td>各分项目<br>质量等级</td><td colspan="5"></td></tr>
<tr><td>分项目</td><td>侧击雷防护</td><td colspan="4">雷击电磁脉冲防护</td></tr>
<tr><td>子项目</td><td>5</td><td colspan="2">9</td><td>10</td><td></td></tr>
<tr><td>验收项目</td><td>均压环</td><td colspan="2">等电位</td><td>电涌保护器</td><td>高低压线路</td></tr>
<tr><td>各小项目<br>质量等级</td><td>(23) ____<br>(24) ____<br>(25) ____</td><td colspan="2">(42) ____ (43)____<br>(44) ____(45)____<br>(46) ____(47) ____<br>(48) ____ (49)____<br>(50) ____</td><td>(52) ____<br>(54) ____<br>(56) ____</td><td>(51) ____<br>(53) ____<br>(55) ____</td></tr>
<tr><td>各子项目<br>质量等级</td><td></td><td colspan="2"></td><td></td><td></td></tr>
<tr><td>各分项目<br>质量等级</td><td></td><td colspan="4"></td></tr>
</table>

<table>
<tr><td rowspan="2">综合质量评定</td><td>子项目</td><td>一等：项</td><td>二等：项</td><td>三等：项</td><td>四等：项</td><td>优良率：%</td></tr>
<tr><td>分项目</td><td>一等：项</td><td>二等：项</td><td>三等：项</td><td>四等：项</td><td>优良率：%</td></tr>
<tr><td>工程<br>建设<br>有关<br>单位</td><td colspan="6">建设单位： 施工单位<br>设计单位： 监理单位<br>20××年 月 日</td></tr>
</table>

<table>
<tr><td>核定<br>等级<br>意见</td><td>防雷施工质量 等<br>检测员：<br>审核员：<br>20××年 月 日</td><td>审<br>核<br>结<br>论</td><td>防雷装置防护合格<br>××防雷检测机构(盖章)<br>20××年 月 日</td></tr>
</table>

### 6.3.3　防雷装置小项目质量验收评定表

防雷装置小项目质量验收评定表见表 6.13。

**表 6.13　防雷装置小项目质量验收评定表**

工程名称：　　　　工程地址：　　　　使用性质：　　　　防雷类别：　　　　类

基本项目

| 项目编号 | 01 | 05 | 06 | 10 |
|---|---|---|---|---|
| 项目名称 | 桩利用系数 | 利用桩主筋数 | 单桩接地电阻平衡度 | 引下线间距 |
| 验收技术指标 | $a\geqslant 0.25$ | 一般为 4 根，最少不少于 2 根 | $R_{max}/R_{min}=1$ | (1)$S<12m$<br>(2)$S\leqslant 18m$<br>(3)$S\leqslant 25m$ |
| 验收检测结论 | | | | |
| 验收质量等级 | | | | |

| 验收项目编号 | 11 | 12 | 13 | 14 | 15 |
|---|---|---|---|---|---|
| 验收项目名称 | 引下线利用柱主筋数 | 承台与桩主筋连接 | 承台与引下线柱主筋连接 | 每根引下线在 −50 cm 处钢筋总面积 | 地梁主筋与引下线柱主筋连接 |
| 验收技术指标 | 一般为 2 根：如 2×∅20mm；如仅用 1 根时，不小于∅10mm | 分层对角 4 处 | 对角 2 处 | (2)$S\geqslant 4.24K_c^2$<br>(3)$S\geqslant 1.89K_c^2$ | 每柱 2 处 |
| 施工技术结果 | | | | | |
| 验收质量等级 | | | | | |

| 验收项目编号 | 16 | 17 | 18 | 19 | 23 | 25 |
|---|---|---|---|---|---|---|
| 验收项目名称 | 地梁间主筋连接 | 短路环 | 预留电气接地 | 接地体电阻值 | 均压环与柱主筋连接 | 窗一环过渡电阻 |
| 验收技术指标 | 不少于 2 根 | 箍筋焊接不少于 4 处 | ≥∅12mm 镀锌圆钢 h=30cm，L≥20cm | 按设计要求 | 环与引下线柱的连接达 4 处 | 每个连接处≤0.03Ω |
| 检测 | | | | | | |
| 质量等级 | | | | | | |

续表

| 基本项目 | 验收项目编号 | 26 | 27 | 29 | 31 | 32 |
|---|---|---|---|---|---|---|
| | 验收项目名称 | 接闪网格材料、规格 | 接闪网格敷设 | 网格与引下线连接 | 接闪带与柱筋引下线连接 | 接闪带敷设方式 |
| | 验收技术指标 | 明敷≥∅8mm 镀锌；暗敷≥∅10mm 镀锌；5m×5m；10m×10m；20m×20m。 | 明敷、暗敷 | (1)$S\leqslant 12$m<br>(2)$S\leqslant 18$m<br>(3)$S\leqslant 25$m | (1)$S\leqslant 12$m<br>(2)$S\leqslant 18$m<br>(3)$S\leqslant 25$m | 明：$h\leqslant 20$ cm<br>暗：深度≤2 cm |
| | 检测 | | | | | |
| | 质量等级 | | | | | |

| 基本项目 | 验收项目编号 | 33 | 34 | 35 | 36 |
|---|---|---|---|---|---|
| | 验收项目名称 | 支持卡间距 | 接闪带材料、规格 | 闭合环路测试 | 接闪带接地电阻 |
| | 验收技术指标 | $S\leqslant 1.5$m | ≥∅8mm 镀锌圆钢；≥－4mm×12mm 镀锌扁钢 | 无中断，拐弯角>90°，$R=0\Omega$ | 按设计要求 |
| | 检测 | | | | |
| | 质量等级 | | | | |

| 基本项目 | 验收项目编号 | 37 | 38 | 39 | 40 | 41 |
|---|---|---|---|---|---|---|
| | 验收项目名称 | 接闪杆材料、规格 | 接闪杆安装高度 | 接闪杆安装位置 | 接闪杆与带的连接 | 接闪杆接地电阻 |
| | 验收技术指标 | 针长 1m 以下≥∅12mm 镀锌；针长 1～2m≥∅16mm 镀锌 | 按设计要求 | 四角、拐弯、人字屋面的脊两端 | 针与带间成弧形搭接>90° | 按设计要求 |
| | 检测 | | | | | |
| | 质量等级 | | — | — | — | — |

| 基本项目 | 验收项目编号 | 42 | 43 | 44 | 45 | 46 |
|---|---|---|---|---|---|---|
| | 验收项目名称 | 天面冷却塔、广告牌与接闪带相连 | 天面其他金属物体与接闪带相连 | 竖直金属管道、玻璃幕墙接地 | 电梯接地 | 高低压联合变压器接地 |
| | 验收技术指标 | 对角不少于 2 处；间距≤5m | | 管道、导轨的底部、顶部各接一次，幕墙按网格尺寸接地 | | 同基础防雷地或$R\leqslant 4\Omega$。 |

续表

| | | | | | | |
|---|---|---|---|---|---|---|
| 基本项目 | 验收实测值 | | | | | |
| 基本项目 | 验收质量等级 | | | | | |

| | | | | | | |
|---|---|---|---|---|---|---|
| 基本项目 | 验收项目编号 | 47 | 48 | 49 | 50 | 51 |
| 基本项目 | 验收项目 | 低压配电重复接地 | 低压配电保护接地 | 地下供水管接地 | ①民用燃气管道与建筑物相邻管道水平净距<br>②地下燃气管道与其他管道、导管内电缆垂直净距 | 高压电缆敷设方式 |
| 基本项目 | 验收技术指标 | 同基础防雷地或 $R \leqslant 10\Omega$ | | 同基础防雷地 | ①离建筑物≥0.7m；离供水管≥0.5m；离排水管≥1.0m；离电力电缆≥0.5m<br>②≥0.15m | 按设计要求 |
| 基本项目 | 验收实测值 | | | | | |
| 基本项目 | 质量等级 | | | | | |

| | | | | | | | | |
|---|---|---|---|---|---|---|---|---|
| 基本项目 | 验收项目编号 | 53 | 55 | 56 | 20－1 | 20－2 | 24 | 28 |
| 基本项目 | 验收项目名称 | 低压线路敷设方式保护级数 | 低压线路保护级数 | 电涌保护器接地 | 接地体焊接质量 | 引下线焊接质量 | 均压环焊接质量 | 针、网、带焊接质量 |
| 基本项目 | 验收技术指标 | 按设计要求 | 按设计要求 | 同防雷地 | | | | |
| 基本项目 | 验收实测值 | | | | | | | |
| 基本项目 | 质量等级 | | | | | | | |

| | | | | | | | | | | |
|---|---|---|---|---|---|---|---|---|---|---|
| 参考项目 | 项目编号 | 02 | 03 | 07 | 08 | 09 | 52 | 54 | 57 | 58 |
| 参考项目 | 项目名称 | 桩深 | 桩直径 | 土壤电阻率 | 地下水位 | 四置距离 | 高压电涌保护器型号 | 低压电涌保护器型号、通流量、阻燃防爆 | 供电方式 | 气象、地理、环境 |
| 参考项目 | 项目检测 | | | | | | | | | |
| 参考项目 | 评价及建议 | | | | | | | | | |

### 6.3.4 防雷装置施工监督与验收要求

防雷装置施工监督与竣工验收共分七个部分：垂直接地装置施工监督与验收；水平接地装置施工监督与验收；引下线施工监督与验收；均压环施工监督与验收；接闪器施工监督与验收；等电位施工监督与验收；雷击电磁脉冲防护施工监督与验收。每个部分施工监督与验收的要求见表 6.14。

**表 6.14 《防雷装置施工监督与验收手册》填写及评定标准**

1. 垂直接地装置施工检测与验收

| 编号 | 验收项目 | 验收依据 | 验收手册填写方法及数据判定 | 验收等级评定标准 |
|---|---|---|---|---|
| 01 | 桩的利用系数 | 根据（GB50057—2010）第 3.3.5 条、第 3.3.6 条和第 3.4.3 条规定 | 新建建筑物桩数利用系数 $a$=用作接地体的桩数/建筑物总桩数<br>例如：新建建筑物总桩数共 120 条，若全部用作接地体，则利用系数为 120/120=1；而只用 90 条桩作接地体，则利用系数为 90/120=0.75；以此类推。<br>填写时分四个档次：1、0.75、0.50、≤0.25。 | 一级：利用系数为 $0.75<a\leqslant 1$；<br>二级：利用系数为 $0.5<a\leqslant 0.75$；<br>三级：利用系数为 $0.25<a\leqslant 0.50$；<br>四级：利用系数为 $a\leqslant 0.25$。 |
| 02 | 桩的深度 | 同 01 项 | 填写最深的桩和最浅的桩的深度，单位为米，取小数后一位。例：深 21.5m，浅 14.0m。 | 参考项，用于对建筑物基础接地体的质量评价 |
| 03 | 桩的直径 | 同 01 项 | 按要求填写桩直径，单位：米，取小数后两位。<br>如：d=1.25m | 参考项，同 02 项 |
| 04 | 桩主筋的直径 | 同 01 项 | 填写桩主筋的直径，单位：毫米。例：螺纹钢∅20mm，圆钢∅18mm。 | 参考项，同 02 项 |
| 05 | 利用主筋数 | 根据（GB50057—2010）第 3.3.5 条第四款及第 3.3.6 条第三款 3.4.3 条第一款 | 填写单桩实际被用作基础接地体的主筋数量。<br>一般为 4 条，最少不少于 2 条。 | 同 02 项 |
| 06 | 单桩接地电阻平衡度 | 同 05 项 | 检测与引下线相接各单桩的主筋接地电阻值，并计算其平衡度：接地电阻平衡度=单桩内各主钢筋中其一接地电阻最大值/另一接地电阻最小值，同时应符合规范要求。要求平衡度为 1，大于 1 时应加短路环。 | 一级：各桩平衡度均为 1；<br>二级：平衡度为 1 的桩占 70%；<br>三级：平衡度为 1 的桩占 50%；<br>四级：平衡度为 1 的桩少于 50%。 |

续表

| 编号 | 验收项目 | 验收依据 | 验收手册填写方法及数据判定 | 验收等级评定标准 |
|---|---|---|---|---|
| 07 | 土壤电阻率 Ω·m | 根据（GB50057—2010）第 3.3.6 条、第 3.4.4 条规定及附录三的要求 | 按实测土壤电阻率的数值填写。<br>例：$\rho=350\Omega\cdot m$。<br>检测方法可用接地电阻仪四极法检测；四支接地极棒沿直线等距铺设，1、4 为电流极，2、3 为电压极，各电极棒之间距($a$)为 8m，棒入地深度为 0.4m，则 $\rho=2\pi aR$。 | 参考项，用于分析该接地体对雷电流的泄流能力，是设计接地体的基本参数。 |
| 08 | 地下水位 | 根据（GB50057—2010）第 3.3.5 条二款要求 | 地下水位是填写离地面的深度，取小数一位。<br>如：地下水位为 4m，则填写－4.0m。 | 参考项，用于确定该建筑物内安装设备时，是否具备设立独立接地体的条件。 |
| 09 | 四置距离 | 根据 JGJ/T16－92 第 14.7.4.3 条、第 14.7.4.5 条及（GB50057—2010）第 3.3.4 条 | 按建筑物地面所处 E、S、W、N 四个方位与相邻建(构)筑物的水平距离填写。如：E21m，S18m，W27m，N24m。当水平距离超过 50m 时，填＞50m。 | 参考项，用于确定建筑物内设备接地与建筑物防雷设施之间的相互关系。 |

## 2. 水平接地装置施工检测与验收

| 编号 | 验收项目 | 验收依据 | 验收内容栏填写方法及数据要求 | 验收等级评定标准 |
|---|---|---|---|---|
| 10 | 引下线间距 | 根据（GB50057—2010）第 3.3.3 条、和第 3.4.7 条规定 | 按防雷类别填写：一类不大于 12m，二类不大于 18m，三类不大于 25m，且边角、拐弯处均应设置引下线。 | 一等：间距达到要求，边角拐弯处设有引下线。<br>二等：间距达到要求，四角有引下线。<br>三等：间距达到要求，四角中个别地方少引下线。<br>四等：间距达不到要求。 |
| 11 | 引下线利用柱主筋数 | 根据（GB50057—2010）第 3.3.5 条三款和第 4.2.1 条 | 填写利用柱主筋作为引下线的钢筋数，并标出其直径大小。例如：利用 2 条∅20mm 圆钢作为柱主筋引下线，则填：2×∅20mm。如仅利用柱中一条主筋作为引下线时，则不应小于∅10mm，如一条引下线∅12mm，则填：1×∅12mm。 | 一等：大于∅16mm，2 根，小于∅16mm，4 根；<br>二等：大于∅10mm，2 根；<br>三等：大于∅10mm，1 根；<br>四等：仅用 1 根，小于∅10mm。 |
| 12 | 承台与桩主筋连接 | 根据（GB50057—2010）第 3.3.5 条及第 3.4.3 条规定 | 检查承台与桩焊接质量：桩应有四条主筋，分别有两条与承台配筋上层和下层搭接焊。单边焊接长度应大于 $12D$，双边焊应大于 $6D$；将检查结果填入本栏。 | 一等：连接正确，全部焊接长度、质量符合要求。<br>二等：连接正确，焊接长度、质量基本良好。<br>三等：连接正确，焊接长度、质量一般。<br>四等：连接错误。 |

续表

| 编号 | 验收项目 | 验收依据 | 验收内容栏填写方法及数据要求 | 验收等级评定标准 |
|---|---|---|---|---|
| 13 | 承台与引下线柱主筋连接 | 根据（GB50057—2010）第3.3.5条及第3.4.3条规定 | 检查承台与引下线柱主筋焊接质量：柱内两主筋分别有一条与承台上层相焊接，另一条与承台下层相焊接。单边焊接长度应大于12$D$，双边焊应大于6$D$；是连续焊还是间隙点焊，将检查结果填入本栏。 | 同12项 |
| 14 | 每条引下线在－50 cm钢筋总面积 | 根据（GB50057—2010）第3.3.5条及第3.4.3条规定 | 按照防雷类别计算每条引下线在－50 cm钢筋面积：<br>二类按$S \geq 4.24K_c^2$公式计算；三类按$S \geq 1.89K_c^2$公式计算。在一般情况下，一栋楼防雷引下线不小于2根，且接闪器成闭合环状，取$K_c=0.44$，对应二类防雷$S \geq 0.82m^2$，三类防雷$S \geq 0.37m^2$为合格。 | 一等：$S \geq 4.24K_c^2(1.89K_c^2)$，焊接正确，全部质量好。<br>二等：$S \geq 4.24K_c^2(1.89K_c^2)$，焊接正确，质量基本良好。<br>三等：$S \geq 4.24K_c^2(1.89K_c^2)$，焊接一般。<br>四等：$S \leq 4.24K_c^2(1.89K_c^2)$，焊接错误。 |
| 15 | 地梁主筋与引下线柱主筋连接 | 根据（GB50057—2010）第3.3.5条及第3.4.3条规定 | 检查地梁主筋与引下线柱主筋焊接质量：两条引下线主筋要与地梁主筋焊接。单边焊搭接长度＞12$D$；双边焊＞6$D$；保证焊接质量，无交叉。将检查结果填入本栏。 | 同12项 |
| 16 | 地梁与地梁之间主筋连接 | 根据（GB50057—2010）第3.3.5条及第3.4.3条规定 | 检查地梁与地梁之间主筋焊接质量，地梁间主筋焊接无交叉。单边焊搭接长度＞12$D$；双边焊＞6$D$。连接不少于2根。 | 同12项 |
| 17 | 短路环 | 根据（GB50057—2010）第3.3.5条第6点规定 | 检查地梁主筋与箍筋焊接情况，要求箍筋每隔6m应与主筋相焊接。 | 一等：间隔不大于6m，焊接质量好。<br>二等：间隔不大于6m，焊接质量基本良好。<br>三等：间隔不大于6m，焊接质量一般。<br>四等：无短路环。 |
| 18 | 预留电气接地 | 根据（GB50057—2010）第3.3.7条及第4.2.4条规定 | 检查首层基础是否按设计要求预留电气接地。要求在离地面约0.3m处用∅12mm镀锌圆钢从用作防雷接地的柱主筋焊接引出，引出长度＞0.2m。 | 按设计要求测量电阻值，应符合要求。 |
| 19 | 接地体电阻值 | 根据（GB50057—2010）第3.3.4条、第3.3.1条及第3.4.2条规定 | 参照设计要求，填写接闪杆、带的实测接地电阻值。自然接地体的一般要求＜1Ω或＜4Ω；人工接地体的第一、二类防雷≤10Ω，第三类防雷≤30Ω。 | 一等：符合设计要求。<br>四等：不符合设计要求。 |

3. 引下线施工检测与验收

| 编号 | 验收项目 | 验收依据 | 验收栏填写方法及数据要求 | 验收等级评定标准 |
|---|---|---|---|---|
| 20 | 引下线连接 | 根据（GB50057—2010）第 3.3.5 条及第 3.4.3 条规定 | 检查引下线连接质量：柱筋引下线选定对角的两条主筋，由承台、地梁至天面与接闪带连接，中间搭接符合要求，搭接处一定要焊接平滑。 | 同 12 项 |
| 21 | 短路环 | 根据（GB50057——2010）第 3.3.5 条规定 | 要求用作防雷引下线柱筋每层至少有一个箍筋与柱主筋相焊接。 | 一等：各层均焊短路环≥1个。<br>二等：大多数每层焊，个别漏焊。<br>三等：每隔一层焊。<br>四等：无短路环。 |
| 22 | 电气预留接地 | 根据（GB50057—2010）第 3.3.7 条及第 4.24 条规定 | 检查首层及各层是否按设计要求预留电气接地。要求在离地板面约 0.3m 处用∅12mm 镀锌圆钢与用作电气接地的柱主筋焊接引出，引出长度>0.2m。 | 参考项，同 18 项 |

4. 均压环施工检测与验收

| 编号 | 验收项目 | 验收依据 | 验收栏填写方法及数据要求 | 验收等级评定标准 |
|---|---|---|---|---|
| 23 | 均压环与柱主筋连接 | 根据（GB50057—2010）第 3.2.4 条、第 3.3.10 条和第 3.4.10 条规定 | 检查有否均压环？均压环有没有与用作引下线的柱主筋连接？其连接正确否？（一类 30m，二类 45m，三类 60m 高度以上的建筑物，必须设计均压环，并使该高度以上的门、窗及大金属物与防雷装置相连。） | 质量评定同项目 20 |
| 24 | 预留钢筋焊接 | 根据（GB50057—2010）第 3.2.4 条、第 3.3.10 条和第 3.4.10 条规定 | 门、窗框的两侧各应有要有一条≥∅8mm 的钢筋用作均压环的引下线。在预留钢筋处的搭接效果良好。填写预留钢筋数量及焊接质量。 | 同 20 项 |
| 25 | 门、窗～环过渡电阻 | 根据（GB50057—2010）第 3.2.4 条、第 3.3.10 条和第 3.4.10 条规定 | 检测门、窗～环的电气通路情况，可用万用表进行检测，将检测后的过渡电阻值填入本栏。如测得均压环 1.0Ω，金属窗 1.03Ω、则填：过渡电阻＝0.03Ω。（要求门、窗～环≤0.03Ω。） | 一等：窗－环全部连接点各个过渡电阻≤0.03Ω；<br>二等：窗－环连接过渡电阻≥0.03Ω（且≤0.05Ω）的数量不超过 3 个；三等：窗－环连接过渡电阻≥0.03Ω(且≤0.05Ω)的数量超过 3 个；<br>四等：窗－环过渡电阻大于 0.03Ω，超过 5 个或有一个过渡电阻趋于∞。 |

5. 接闪器施工检测与验收

| 编号 | 验收项目 | 验收依据 | 验收手册填写方法及数据判定 | 验收等级评定标准 |
|---|---|---|---|---|
| 26 | 规格 | 根据（GB50057—2010）第 3.2.4 条、第 3.3.1 条及第 3.4.1 条规定 | 按照防雷类别填写：<br>一类填写：不大于 5m×5m 或 4m×6m；<br>二类填写：不大于 10m×10m 或 8m×12m；<br>三类填写：不大于 20m×20m 或 16m×24m；<br>明敷≥∅8mm，暗敷≥∅10mm。 | 一等：网格尺寸、材料、规格符合要求，连接正确。<br>二等：网格尺寸、材料、规格符合要求，连接正确，个别地方稍差。<br>三等：网格尺寸、材料、规格基本符合要求，连接正确。<br>四等：网格尺寸不符合要求。 |
| 27 | 敷设类别 | 根据（GB50057—2010）第 3.2.4 条、第 3.3.1 条及第 3.4.1 条规定 | 分明敷和暗敷。明敷与暗敷均要检查网格尺寸。 | 一等：明敷平直，无起伏和弯曲，拐弯处大于 90°，焊接良好，支持卡搭接焊，焊接处防锈处理良好。<br>二等：明敷平直，无起伏和弯曲，拐弯处大于 90°，焊接良好，支持卡搭接焊，个别焊接防锈处理一般。<br>三等：明敷平直，无起伏和弯曲，拐弯处大于 90°，焊接防锈处理较差。<br>四等：明敷弯曲起伏不平直，拐弯处小于 90°。 |
| 28 | 网格焊接 | 根据（GB50057—2010）第 3.2.4 条、第 3.3.1 条及第 3.4.1 条规定 | 接闪网格一般利用天面板筋焊接而成，因此要求用不小于∅8mm 的钢筋，按规定网格大小敷设，并让两端与柱的主筋引下线相焊接。检查焊接长度：单边焊＞$12D$，双边焊＞$6D$，是连续焊还是间隙焊，将检查结果记入本栏。 | 一等：焊接质量好。<br>二等：焊接质量基本良好。<br>三等：焊接质量一般。<br>四等：焊接质量差。 |
| 29 | 与引下线连接 | 同上 | 检查网格与柱主筋引下线连接的质量；网格纵横向钢筋的两端必须与各柱主筋焊接连通；检查内容同 28 项。 | 同 12 项 |
| 30 | 预留接地 | 按设计要求 | 天面预留接地是天面电气设备及其他设施接地用。按设计图纸检查及填写。 | 同 18 项 |
| 31 | 接闪带与主筋引下线相连接 | 根据（GB50057—2010）第 3.2.4 条、第 3.3.1 条及第 3.4.1 条规定 | 检查接闪带有否与用作引下线的柱主筋相焊接。因此，主要检查用作引下线柱的主筋预留端有否作为支持卡与接闪带焊接，并检查其搭接长度是否符合要求。 | 同 12 项 |

续表

| 编号 | 验收项目 | 验收依据 | 验收手册填写方法及数据判定 | 验收等级评定标准 |
|---|---|---|---|---|
| 32 | 敷设方式 | 根据（GB50057—2010）第 3.2.4 条、第 3.3.1 条及第 3.4.1 条规定 | 填写明敷或暗敷。<br>暗敷时应用 2 根大于∅8mm 钢筋并排敷设，或用－4mm×40mm 扁钢敷设，表面水泥厚度不大于 2 cm。<br>明敷：带体用≥∅8mm 镀锌圆钢。 | 同 27 项 |
| 33 | 支持卡间距、高度 | 根据（GB50057—2010）第 3.2.4 条、第 3.3.1 条及第 3.4.1 条规定 | 检查支持卡间距要求：一般不大于 1.5m，高度为 10～15 cm。按实际间距填写。支持卡应以“⌈”形式与接闪带牢固焊接。 | 一等：间距符合要求，支持卡垂直并焊接质量好。<br>二等：间距符合要求，支持卡垂直并焊接质量基本良好。<br>三等：间距符合要求，支持卡垂直面焊接质量一般。<br>四等：间距不符合要求，支持卡垂直但无焊接。 |
| 34 | 材料、规格 | 根据（GB50057—2010）第 3.2.4 条、第 3.3.1 条及第 3.4.1 条规定 | 要求优先采用镀锌圆钢，规格不小于∅8mm，其次可采用镀锌扁钢，规格为－4mm× 12mm。按实际的材料规格填写。 | 一等：符合要求。<br>四等：不符合要求。 |
| 35 | 闭合环测试 | 根据（GB50057—2010）第 3.2.4 条、第 3.3.1 条及第 3.4.1 条规定 | 闭合环是指一个完整的闭合接闪带。任何两点之间都必须连通。 | 一等：环路测试任意两点间均正常。<br>四等：任意两点间有断开。 |
| 36 | 接地电阻 | 根据（GB50057—2010）第 3.2.1 条、第 3.3.4 条及第 3.4.2 条规定 | 参照设计要求，填写接闪杆、带的实测接地电阻值。自然接地体的一般要求<1Ω 或<4Ω；人工接地体的第一、二类防雷≤10Ω，第三类防雷≤30Ω。 | 一等：符合设计要求。<br>四等：不符合设计要求。 |
| 37 | 材料、规格 | 根据（GB50057—2010）第 4.1.1 条规定 | 填写实测数据：镀锌针长 1m 以下：圆钢为∅12mm，钢管为∅20mm；<br>镀锌针长 1～2m：圆钢为∅16mm，钢管为∅25mm；<br>烟囱顶上针：圆钢为∅20mm，钢管为∅40mm。 | 一等：>∅12(∅20)，>∅16(∅25)，<br>>∅20(∅40)。<br>二等：=∅12(∅20)，=∅16(∅25)，<br>=∅20(∅40)。<br>三等：<∅12(∅20)，<∅16(∅25)，<br><∅20(∅40)。(注：括号内为钢管)三等为不及格。 |
| 38 | 安装高度 | 根据（GB50057—2010）第 4.1.1 条规定 | 填写接闪杆的露空实际长度。 | 一等：单针保护在有效保护高度范围内用滚球法校验，符合要求。<br>四等：单针保护在有效保护高度范围内用滚球法校验，不符合要求。 |

续表

| 编号 | 验收项目 | 验收依据 | 验收手册填写方法及数据判定 | 验收等级评定标准 |
| --- | --- | --- | --- | --- |
| 39 | 安装位置 | 根据（GB50057—2010）附录二 | 安装在建筑物易受雷击的部位。<br>填写具体位置：女儿墙、屋角、水塔、楼梯屋顶、人字屋面的脊的两端等。 | 一等：间隔距离、安装是否牢固、安装位置（四周、屋面），符合规范要求。<br>四等：易受雷击部位无安装短针达3处以上。 |
| 40 | 连接形式 | 根据（GB50057—2010）第3.3.1条和第3.4.1条规定 | 建筑物天面接闪杆应与接闪带相互连接，并成为电气通路。<br>连接形式为：针与带间成弧形搭接，不要成直角。 | 一等：针、带、引下线之间连接正确，焊接良好，机械连接每处过渡电阻≤0.03Ω。<br>四等：针、带、引下线之间连接不正确，过渡电阻＞0.03Ω，超过3处。 |
| 41 | 接地电阻 | 根据（GB50057—2010）第3.2.1条、第3.3.4条及第3.4.2条规定 | 同36项 | 同项目36 |

## 6. 等电位施工检测与验收

| 编号 | 验收项目 | 验收依据 | 验收手册填写方法及数据判定 | 验收等级评定标准 |
| --- | --- | --- | --- | --- |
| 42 | 天面冷却塔、广告牌与接闪带相连 | （GB50057—2010）第3.3.2条第二款的1、2；GBJ303—88第5.0.2条 | 与接闪带相连不少于两处（对角），材料、规格符合要求。<br>各种设备的防雷设施引下线不得串联，应各自与接地体装置连接（并联）。 | 同12项。<br>4等为无连接或设备串联。 |
| 43 | 天面其他金属物体与接闪带相连 | （GB50057—2010）第3.3.2条第二款的1、2 | 同42项 | 同12项。 |
| 44 | 竖直金属管道接地 | （GB50057—2010）第3.3.2条第二款的1、2项，<br>第3.3.10条的第四款及第3.3.7条 | 可在金属管道的顶端和底端与防雷装置连接，设计时应预留接地。 | 一等：连接不少于两处，测量电阻符合要求。<br>四等：无连接。 |
| 45 | 电梯接地 | JGJ/T16—92，<br>14.6.3.4条 | 电梯导轨接地，每条不少于两处。设计时应从柱内钢筋预留。 | 同44项 |
| 46 | 高低压联合变压器接地 | （GB50057—2010）第3.3.8条、3.3.9条及3.4.8、3.4.9条 | 应就近与防雷地相接（可从最近处柱筋预留），测量接地电阻值，应≤4Ω。 | 一等：符合规定，测量电阻、材料、规格均符合要求。<br>四等：不符合规定。 |
| 47 | 低压配电重复接地 | JGJ/T16—92，14.2.2.1条及46项的4条 | 检查有否重复接地和接地的方法。测量接地电阻值，应≤10Ω。 | 同44项 |

续表

| 编号 | 验收项目 | 验收依据 | 验收手册填写方法及数据判定 | 验收等级评定标准 |
|---|---|---|---|---|
| 48 | 低压配电保护接地 | JGJ/T16—92，14.6.3.3 条及 46 项的 4 条 | 同 47 项。 | 同 44 项 |
| 49 | 地下供水管道接地 | （GB50057—2010）第 3.2.2 条、3.2.3 条、3.3.4 条及第 3.4.2 条 | 检查是否同大楼防雷地相连，并测量接地电阻值。 | 同 44 项 |
| 50 | 地下燃气管道与其他金属管道的距离 | 同 49 项。GB50028－93 第 5.3.2 条。 | 地下燃气管道离建筑物基础≥0.7m，离供水管≥0.5m，离排水管≥1.0m，离电缆≥0.5m(以上均指水平距离)。地下燃气管道离其他管道或电缆(套管)的垂直距离≥0.15m。强调燃气管道进出口处必须与防雷地连接，并应有两处接地。(应符合 GB50028—93 表 5.3.2—1,2 的要求。) | 一等：符合规定。<br>四等：不符合规定。 |

7. 雷击电磁脉冲防护施工检测与验收

| 编号 | 验收项目 | 验收依据 | 验收手册填写方法及数据判定 | 验收等级评定标准 |
|---|---|---|---|---|
| 51 | 高压电缆敷设方式 | 根据 GB50168－90 第 5.4.3 条规定 | 填写架空或埋地，同时应符合 GB50168—90 第 5.4.3 条要求。 | 参考项 |
| 52 | 高压电涌保护器型号 | 根据 JGJ/T16－92 第 13.3 条及（GB50057—2010）第 3.3.8 条规定 | (FB、FCD、GB)<br>填写产品型号 | 参考项，用于产品质量跟踪 |
| 53 | 低压线路敷设方式 | 同 52 项 | 填写架空或埋地 | 参考项 |
| 54 | 低压电涌保护器型号、通流量、阻燃防爆 | 同 52 项 | 填写产品型号。<br>按指标数据填写通流量、防爆情况。 | 参考项，用于对不同条件下电涌保护器配置通流量的分析。 |
| 55 | 低压线路保护级数 | 同 52 项<br>（GB50057—2010）第 3.2.3 条、第 3.3.8 条、第 3.3.9 条、第 3.5.2 条、第 3.5.4 条。 | 按检测时实际情况填写：分为一、二、三、四、五级保护 | 一等：三级以上；<br>二等：二级；<br>三等：一级；<br>四等：无。 |
| 56 | 电涌保护器接地 | 同 52 项 | 填写实际接地电阻值，应符合 JGJ/T16—92 表 13.3.1 要求。 | 一等：符合设计要求。<br>四等：不符合设计要求。 |

## 6.4 验收报告编制

### 6.4.1 验收报告内容

(1)建设单位基本情况

1)档案号和验收报告号(档案号和验收报告号为同一号);

2)建设单位名称(要求填写建设单位的全称);

3)建设单位地址(要求填写建设单位的详细地址);

4)建设单位联系电话;

5)建设单位联系科室;

6)建设单位联系人;

7)建设单位邮政编码;

8)建筑物的验收时间。

(2)建筑物基本情况

1)建筑物的名称、编号及幢数;

2)建设单位建筑物的详细地址。

### 6.4.2 防雷施工检测与验收结果

#### 6.4.2.1 防雷工程施工检测与验收评定表

(1)《新建建筑物防雷装置综合质量验收评定表》

(2)《新建建筑物防雷装置小项目质量验收评定表》

#### 6.4.2.2 防雷施工检测与验收图纸

(1)高层建筑物防雷验收图纸应包括:

1)基础防雷接地平面示意图;

2)屋面防雷平面示意图;

3)接地系统示意图;

4)均压环设置平面示意图;

5)均压环设置立面(屏蔽网格)示意图;

6)安全距离平面示意图;

7)雷击电磁脉冲防护平面示意图;

8)总平面示意图。

(2)多层建筑物防雷验收图纸包括:

1)基础防雷接地平面示意图;

2)屋面防雷平面示意图;

3)接地系统平面示意图;

4)均压环设置立面示意图(有均压环设计的建筑物);

5)安全距离平面示意图;

6)雷击电磁脉冲防雷平面示意图；

7)总平面示意图。

(3)加油(气)站防雷验收图纸包括：

1)基础防雷接地平面示意图；

2)屋面防雷平面示意图；

3)雷击电磁脉冲防护平面示意图；

4)安全距离平面示意图；

5)总平面示意图。

### 6.4.3　验收图纸检测及提示部分

#### 6.4.3.1　基础防雷平面示意图

(1)检测部分

1)接地体设置形式、网格尺寸、用材、实际做法；

2)预留接地端子、等电位连接情况；

3)防雷接地，电气接地形式(分合设、分设、混合型等，分设地网时两地网间隔距离等)；

4)接地体的接地电阻值；

5)供电方式，重复接地情况等。

(2)提示部分

1)供电线路、通信线路严禁飞线或架空入室，在电源入户处采取防感应雷和雷电波入侵措施，并应符合防雷技术规范要求；

2)电涌保护器(SPD)接地线应采用不小于 $6mm^2$ 多股铜线，长度小大于 0.5m；

3)分设地网的安全距离要求，增加人工地网应注意的问题，等电位连接等内容。

#### 6.4.3.2　屋面防雷示意图

(1)检测部分

1)接闪杆、网、带设置形式(敷设方式、安装位置、网格尺寸等)，材料。如：明或暗敷在屋面女儿墙及水池、机房屋面、梯间天面四周；

2)屋面防雷网格尺寸小于 5m×5m(一类防雷建筑物)或 10m×10m(二类防雷建筑物)或 20m×20m(三类防雷建筑物)；

3)等电位连接情况。如：屋面水管等金属物体与就近接闪带连接；

4)接闪杆、带及屋面水管等金属物的接地电阻值。

(2)提示部分

1)屋面安装任何较大的金属物体时必须与接闪带作可靠连接，连接点不少于两处；

2)屋面安装通信等天线时应置于 $LPZ0_B$ 区内并禁止安装在接闪杆上，电缆用金属线管屏蔽，金属线管与屋面接闪带装置连接，并应符合防雷技术规范的要求；

3)禁止沿接闪带架设任何线路(如：电话线、电视信号线、通信馈线等)。

#### 6.4.3.3　均压环(平面、立面)、安全距离平面图

(1)检测部分

1)设置方式(楼层号、用材、环间距离等)；

2)外墙金属门窗与均压环的连接情况,窗环过渡电阻值;

3)玻璃幕墙布置、接地情况,金属支架网格尺寸,评估屏蔽网格对邻近雷击的磁场的屏蔽效果;

4)均压环与引下线构成的网格尺寸,对侧击雷防护的作用及其对邻近雷击的磁场的屏蔽效果;

5)安全距离的估算:建筑物安全距离的估算分为顶一层安全距离、顶二层安全距离、顶三层安全距离和顶四层以下安全距离。安全距离估算的原则是按雷击电流 $i=10$ kA 的雷电流进行估算的。

(2)提示部分

1)安全距离;

2)室内安装弱电设备应采取感应雷防护措施,并应符合防雷技术规范要求;

3)根据 IEC 标准,室内安装任何弱电设备(计算机网络、通信系统、程控交换机等)均应利用本建筑物基础接地体,严禁另设接地体。

#### 6.4.3.4 接地系统平面示意图图纸说明

(1)检测部分

1)接地干线;

2)预留接地端子及接地母线的布置情况(包括:机房、配电房、电梯间及重要办公用房等);

3)接地电阻值;

4)机房的供电形式。

(2)提示部分

1)对室内弱电设备安装的基本要求。如:室内弱电设备在安装平面内必须作等电位连接。机房空间较大的,应设置接地网(带)。接地网(带)应与接地干线作两点以上的连接;

2)雷击电磁脉冲防护措施及要求。如:弱电机房供电形式应采用 TN—S 或 TN—C—S,并应安装电涌保护器(SPD)装置。电涌保护器(SPD)接地线需用≥6mm$^2$ 的多股铜导线,其长度要求≤0.50m。

#### 6.4.3.5 防雷总平面图

(1)检测部分

1)防雷接地、防静电接地及接地系统的敷设方式(合设、分设或混合设);

2)接闪器的类型及保护范围;

3)安全距离。

(2)提示部分

1)防雷接地、防静电接地及建筑物内的各种设备接地应采用合设的方式。当以上各种接地需采取分设时,其各接地极相互间的垂直距离应符合规范要求;

2)设备需置于安全距离以外区域,严禁将设备置于安全距离区域内。

#### 6.4.3.6 防雷电感应示意图

(1)检测部分

1)电源或信号电涌保护器安装的位置、型号、放电电流值及电涌保护器保护的级数;

2)电涌保护器接地形式及接地电阻;

3)被保护设备。

(2)提示部分

1)建筑物内的所有电源和信号线必须加装相应的电源和信号电涌保护器(SPD);

2)电涌保护器(SPD)接地线需用≥6mm$^2$ 的多股铜导线,其长度要求≤0.50m;

3)安装的电源和信号电涌保护器(SPD)每年需定期检测一次,注明下年度检测时间。

6.4.3.7　验收报告其他要求

(1)验收时间:注明下年度检测时间或下次检测时间。

(2)签名:验收报告末尾需检测员和审核员签名(检测员和审核员不能为同一人,审核员要指定专人负责),并注明验收单位和审核日期。

## 6.5　案例分析

### 汽车加油(气)站(库)防雷设计

汽车加油站是为各类机动车辆充满汽油、柴油等燃料的专门场所。这些场所不可避免地存在爆炸性混合气体,一旦遭受雷击,可能导致严重的火灾爆炸事故,加油站建构筑物的防雷具有特殊性。因此加油站的雷电防护对安全生产有着非常重要的意义。

1. 加油站的等级划分

加油站的等级划分应符合表 6.15 的规定。

**表 6.15　加油站的等级划分**

| 级别 | 油罐容积($m^3$) | |
|---|---|---|
| | 总容积 | 单罐容积 |
| 一级 | $120<V\leq180$ | ≤50 |
| 二级 | $60<V\leq120$ | ≤50 |
| 三级 | $V\leq60$ | ≤30 |

注:$V$ 为油罐容积;柴油罐容积可折半计入油罐总容积。

2. 汽车加油站的环境特点

汽车加油站通常具有以下几个特点。

(1)地理:城市建成区内的加油站应设置在交通便利的开阔地带或郊区、道路干线、主干线、高速公路旁边等地带;

(2)设施:汽车加油站都有罩棚、营业室、值班室等,一般占地面积不大。加油站的油管都采用直接埋地式,通气管高度不低于 4m 时,安装有阻火器(兼有防爆功能);

(3)电源:380 V 交流供电线路是架空明线接入至站区附近,再埋地引入建筑的,进出建筑物及穿越行车道部分都应钢管保护。部分加油站是由 10 kV 电力线架空接入,经变压器后再埋地引入建筑的。在乡村和山区有时根本没有埋地措施,易感应雷击电磁脉冲;

(4)通信:通常由户外架空明线引入,并且通常未安装专用电涌保护器(SPD)作雷电防护;

(5)爆炸危险区域:加油站一般只有加油机周围,油罐内部及呼吸口周围,阀井及油罐车、卸车场地有时可能存在爆炸危险环境,但一般都是在运营操作时存在。

3. 汽车加油站的雷电防护

(1)接闪器

按第二类防雷建筑物的要求在屋面上装设接闪网(10m×10m 或 8m×12m),如果加油站为尖顶型结构,需在尖顶部位安装 1m 以上高度接闪杆。用滚球法设计接闪器时,滚球半径 $R=45$m;油灌区钢制罐体厚度<4mm 时,应装设直击雷设施,顶板厚度≥4mm 时,可不装设直击雷设施。对于位于多雷区的油罐区和铝顶油罐,应安装独立接闪杆,做防直击雷措施。独立接闪杆与被保护油罐的水平距离不应小于 3m,被保护范围应高出呼吸阀 2m 以上。

(2)引下线

引下线不少于两根。站区的接闪带可用建筑物内的两条对角主筋或敷设扁钢作为引下线,均匀布置在加油站四周,地下部分与接地网焊接。油罐区的接闪杆,可用铁塔做引下线需在安装接闪杆时保证接闪杆与铁塔有良好的电气连接,并做防腐处理。

(3)接地装置

加油站的接地干线和接地体应选用镀锌材料,选材见表 6.16。

**表 6.16　接地干线和接地体材料选择**

| 名称 | 地上 | | 地下 | 备注 |
|---|---|---|---|---|
| | 室内 | 室外 | | |
| 扁钢 | 25×4 | 40×4 | 40×4 | 镀锌 |
| 圆钢 | ∅8mm | ∅10mm | ∅16mm | 镀锌 |
| 角钢 | | | 50×50×5 | 镀锌 |
| 钢管 | | | DN50 | 镀锌 |

加油站接地应采用统一接地形式,并在各处做等电位连接,即油罐的罐体及罐的金属构件以及呼吸阀、量油孔等金属构件、电力电缆外皮和瓷瓶铁脚装于钢油罐上的信息系统的配线电缆外皮,加油机地脚螺钉等均应与接地系统做可靠的电气连接,其统一接地电阻要求≤4Ω。

为减小屏蔽体之间的屏蔽效应,两接地体间的距离应为 5m。垂直接地体间使用非金属接地模块。接地网应在油罐卸车场地、加油机安装处、配电盘连线处、埋地油罐通气管处等焊接出接地支线,为以上设备做接地用。铁塔应通过四个角与地网相连,机房和变电房的基础地内的钢筋应在四角处与地网相连。图 6.33 为 6 个加油机,4 个埋地油罐的汽车加油站接地平面图。

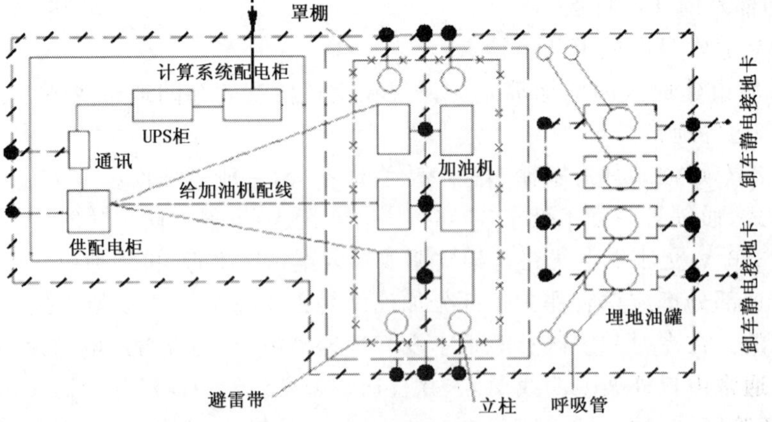


图 6.33　汽车加油站平面图

(4)电磁屏蔽

加油站的供电电源线路,应采用铠装电缆埋地或导线穿钢管埋地引入,电缆或配线钢管长度不应小于 2($\rho$ 为当地土壤电阻率),且不应小于 15m,电缆铠装及保护管两端均应可靠接地。加油站的通信系统也应采用铠装或导线穿钢管配线,配线金属外皮两端、保护管两端均应接地。

(5)均压

所有进出环行接地装置的金属管道、电缆金属外皮、导线保护管均应在环行接地装置交叉处相连。加油站内所有需接地的设备与构件如油罐加油机、呼吸管等均要与地网相连。

(6)合理布线

当汽车加油站的屋面上装有接闪带(线、网)接闪时,电源线和信号线应尽量远离接闪带的引下线,最好两端相距 2m 以上,否则应套钢管来加强屏蔽。

(7)电源系统过电压保护

1)电源第一级防雷

在 380 V 低压总配电箱安装标称容量 15kA 的 10/350$\mu$s 的开关型模块式电源电涌保护器。

2)源第二级防护

在潜油泵控制线、潜油泵加油机、税控加油机或一般加油机电源配电箱内分别安装具有防火功能的 8/20$\mu$s 波形通流容量 20kA 的电源防雷箱,电源线选用耐油性能良好的带塑料护套的 RVV 型 $4\times2.5mm^2$ 绝缘线引人。(注:SPD 需安装在防火、防爆箱内)

3)电源三级防雷

电源 SPD 通流容量为(8/20$\mu$s)$\geqslant$10kA,残压小于 1kV。在营业大厅 UPS 电源后端计算机管理设备、票据打印设备、加油机数据传输设备等处设置。

(8)信号系统电涌保护器(SPD)的安装

从营业厅加油机总控制线上安装控制信号电涌保护器,用于加油机总控制线路的保护。

在 PSTN 拨号网络通信线 Modem(调制解调器)前和电话通信系统进线端分别安装电话线路通信线电涌保护器,用于各设备网卡及电话通信线路的防雷保护。

4. 静电的防护

存储油品的油罐防静电接地电阻值$\leqslant$10Ω,地上或管沟敷设的输油管线的始端、末端应设防静电防雷电感应接地装置,主要将油品在输送过程中产生的静电泄放入地;避免管线上聚集大量静电荷,而发生雷电事故。防雷电感应接地主要让地上或管沟敷设的输油管线上感应的高电位能够通过接地装置泄入大地,降低管线上的高电位,避免雷害事故的发生。

## 复习思考题

1. 什么是防雷设计评价?
2. 采用自然接地装置的优点是什么?
3. 防雷设计评价主要依据的规范是什么?
4. 防雷设计评价中注意事项是什么?
5. 防雷竣工验收的项目有哪些?
6. 防雷验收手册如何填写?
7. 防雷验收图纸中各应注意的问题是什么?

# 第7章　防雷装置检测技术

**内容提要**

本章主要介绍防雷装置检测技术措施及实施过程中应注意的问题。通过本章学习要求了解防雷检测的流程、方法、标准、检测仪器设备以及检测报告的编写等内容。

## 7.1　防雷装置检测流程

对防雷装置实行安全检测是保证建(构)筑物的防雷安全。其检测要点是：

(1)防雷装置是否符合防雷技术标准的要求。

(2)防雷装置在设计和安装时是合格的,但在其运行中可能损坏,因此要对其检查。

(3)既有建(构)筑物因修缮、改(扩)建致使防雷装置的保护性能变化。

防雷装置检测直接涉及建筑物以及建筑物内电子系统的雷击隐患,任何一个部位的检测疏忽都有可能引起雷击事故和灾难的发生,因此,雷电防护装置的检测就显得越来越重要,必须引起高度重视。从事防雷检测,一般应先了解防雷检测的流程,各地的检测流程可能会略有差异,但基本的防检测流程大致相同,见图 7.1。

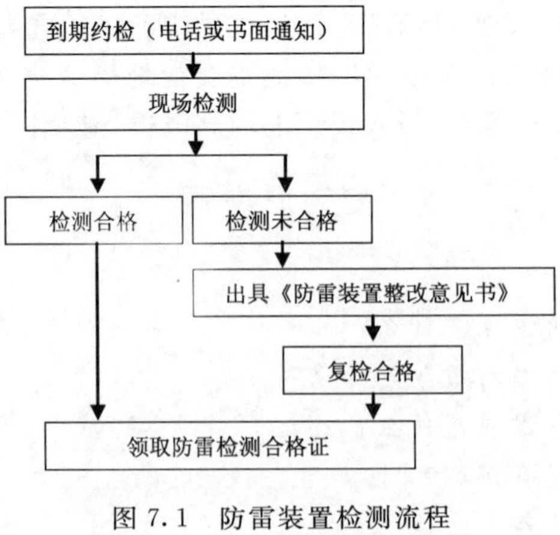


图 7.1　防雷装置检测流程

## 7.2　防雷装置检测方法

本节内容所涉及的防雷装置，其材料、规格及其技术参数应与《GB 50057—2010 建筑物防雷设计规范》等相关标准的要求相符合。防雷装置检测一般分为事前检查和事后检测两部分。

### 7.2.1　防雷装置检查准备

进行防雷装置现场检测前的准备工作称为事前检查。在进行防雷装置检测前应对所使用的检测仪器、仪表和测量工具进行检查，检查的内容如下。

(1)仪器仪表鉴定或校准

检查仪器、仪表鉴定证书、校准证书是否在有效期的范围内，一般要求每台检测仪器、仪表要纳入计量的检测，检测单位可委托有计量认证资质的检定单位进行常规的计量检测，检测合格的，由检定单位核发给每台仪器、仪表一张计量认证合格证。

(2)检查仪器仪表电池

检查仪器、仪表所使用的电池是否在正常值范围，如果电池的电压不足，则应立即更换新的电池；如遇到在检测中仪器、仪表的电池电力不足时，建议随身携带一组与仪器、仪表相配套的备用电池；

(3)检查检测设备外观及其附属设备

检查检测用测试线绝缘层是否有破损，如果有破损则应更换或采用绝缘胶带对破损的部位进行处理，避免让裸露的金属线在检测过程中碰到带电物体或接地体产生危及人身安全或影响检测数据情况出现；如果发现检测线某处断开，可用万用电表的电阻挡寻找检测线断开位置并做处理，以免影响检测工作。

### 7.2.2　防雷装置检测

防雷装置的检测一般根据被检建筑物的情况又分为首次检测和定期检测。

所谓的首次检测就是未经具有防雷检测资质的机构检测过的建筑物或虽然经过具有防雷检测资质的机构检测过，但该建筑物已超过规定的检测周期。

所谓的常规检测就是经具有防雷检测资质的机构检测过且不超过该建筑物规定检测周期的建筑物。下面按照建筑物首次检测与常规检测的情况分别进行说明。

#### 7.2.2.1　防雷装置首次检测

对防雷装置的首次检测，由于不了解防雷装置的情况，所以在检测过程中应按照下面 8 项内容进行：

(1)防雷装置类别；

(2)接闪器；

(3)引下线；

(4)接地装置；

(5)防雷区划分；

(6)电磁屏蔽；

(7)等电位连接；

(8)电涌保护器(SPD)。

其次在防雷装置的首次检测过程中还应根据防雷装置设计图纸与现场安装的防雷装置逐一核对,逐步了解并记录受检防雷装置的外部以及内部的布置情况,并绘制防雷检测草图。

最后根据了解与比对的结果与被检防雷装置的管理单位进行沟通,制定防雷装置检测方案、检测时间、并告知防雷的检测收费标准或检测费。

#### 7.2.2.2 防雷装置定期检测

防雷装置常规检测与首次检测不太一样,如果被检建筑物的防雷装置与上一期防雷检测装置无变化时,则常规防雷检测项目只需要检测如下内容:

(1)接闪器;

(2)引下线;

(3)接地装置;

(4)电磁屏蔽;

(5)等电位连接;

(6)电涌保护器(SPD)。

### 7.2.3 防雷装置的检测顺序

防雷装置检测顺序可按先检测外部防雷装置,再检测内部防雷装置进行。

外部防雷装置包括:接闪器(接闪杆、接闪带、接闪线、接闪网)、引下线、接地装置、金属门窗及屋面大型金属物体的等电位连接。

内部防雷装置包括:各级电涌保护器(SPD)、屋内电子设备的等电位连接、电梯机房的等电位连接、均压环、电子设备安全距离等。外部防雷装置和内部防雷装置检测完毕后应将每项检测结果填入防雷装置安全检测原始记录表中作为检测的原始记录。

## 7.3 防雷装置检测内容

应参照以下几个方面对建筑物防雷装置进行检测

### 7.3.1 接闪器

#### 7.3.1.1 接闪器检查

接闪器检查内容包括:

(1)检查接闪器与建筑物屋面外露的其他金属物体的电气连接、与防雷引下线电气连接以及屋面设施的等电位连接情况。

(2)检查接闪器的位置是否正确,焊接固定的焊缝是否饱满无遗漏,螺栓固定等防松零件是否齐全,焊接部分补刷的防腐油漆是否完整,接闪器是否锈蚀1/3以上。接闪带是否平正顺直,固定点支持件是否间距均匀,固定可靠,接闪带支持件间距是否符合水平直线距离不大于1m的要求。每个支持件能否承受49N(5kgF)的垂直拉力。

#### 7.3.1.2 接闪器安全距离检测

首次检测时应检查接闪网的网格尺寸是否符合《GB 50057—2010 建筑物防雷设计规范》

的要求。第一类防雷建筑物的接闪器(网、线)与风帽、放散管之间的距离应满足 GB 50057—2010 的要求。

7.3.1.3　接闪器保护范围的检测

对于首次检测建筑物时应用经纬仪或测高仪和卷尺测量接闪器的高度、长度,建筑物的长、宽、高,然后根据建筑物防雷类别用滚球法计算其保护范围。

7.3.1.4　接闪器上附着物的检测

检查接闪器上有无附着的其他电气线路,如常见的电话线、电源线、有线电视线以及屋顶上的彩灯等。如果接闪器上有附着的其他电气线路则应按《GB 50169—2006 电气装置安装工程接地装置施工及验收规范》中的规定检查:装有接闪杆和接闪线构架上的电源线,必须采用直埋于土壤中的带金属护层的电缆或穿金属管敷设。电缆金属护层或金属管必须接地,埋人土壤中的长度不少于 10m,方可与配电装置的接地相连或与电源线、低压配电装置相连接。

7.3.1.5　侧击雷防护的检测

首次检测建筑物侧击雷防护时应检查建筑物高于规定的高度以上的部位,保护措施应满足《GB 50057—2010 建筑物防雷设计规范》的要求。

7.3.1.6　暗敷接闪器的检测

当低层或多层建筑物利用屋顶女儿墙内或防水层内、保温层内的钢筋作暗敷接闪器时,要对该建筑物周围的环境进行检查,防止可能发生的混凝土碎块坠落等事故隐患。高层建筑物不应利用建筑物女儿墙内钢筋作为暗敷接闪带。

### 7.3.2　引下线

(1)对于首次检测的引下线应检查引下线防雷施工的隐蔽工程记录。

(2)检查明敷引下线是否平直,无急弯。引下线支持件间距是否符合水平直线部分 0.5～1.5m,垂直直线部分 1.5～3.0m,弯曲部分 0.3～0.5m 的要求。

(3)检查引下线、接闪器和接地装置的焊接处是否锈蚀,油漆是否有遗漏及近地面的保护设施。

(4)首次检测时应用卷尺测量每相邻两根引下线之间的距离,记录引下线布置的总根数,每根引下线为一个检测点,按顺序编号检测。

(5)首次检测时应用游标卡尺测量每根引下线的规格尺寸。

(6)测量明敷引下线与附近其他电气线路的距离,一般不应小于 1.0m。

(7)检查断接卡的设置是否满足如下要求:

1)采用多根引下线时,宜在各引下线上距地面 0.3～1.8m 之间装设断接卡。

2)当利用混凝土内钢筋、钢柱作为自然引下线并同时采用基础接地体时,可不设断接卡,利用钢筋作引下线时应在室内外的适当地点设若干连接板,该连接板可供测量、人工接地和作等电位连接用。当仅利用钢筋作引下线并采用埋于土壤中的人工接地体时,应在每根引下线上距地面不低于 0.3m 处设接地体连接板。采用埋于土壤中的人工接地体时应设断接卡,其上端应与连接板或钢柱焊接。连接板处宜有明显的标志。

### 7.3.3　接地装置

7.3.3.1　接地装置的检查

首次检测时应查看隐蔽工程纪录；检查接地装置的结构和安装位置；检查接地体的埋设间距、深度、安装方法；检查接地装置的材质、连接方法、防腐处理。

检查接地装置的填土有无沉陷情况，沉陷处应回填土。

检查有无因挖土方、敷设管线或种植树木而挖断接地装置，若接地装置被挖断，则应进行修补。

首次检测时应检查相邻两接地体中的垂直距离，要求两接地体垂直距离应大于20m。

7.3.3.2　相邻接地装置的检测

为检测两相邻接地装置是否为共用接地或独立接地，应使用毫欧表对两相邻接地装置进行测量。如测得的阻值小于1Ω，则断定为电气导通，如测得的阻值偏大，则判定为各自独立接地。

7.3.3.3　接地电阻测量

接地装置的工频接地电阻值测量常用三极法和使用接地电阻表法，其测得的值为工频接地电阻值，当需要冲击接地电阻值时，应按《GB 50057—2010 建筑物防雷设计规范》附录B规定进行换算。

接地电阻三极测量法的三极是指图7.2上的被测接地装置G，测量用的电压极P和电流极C。图中测量用的电流极C和电压极P离被测接地装置G边缘的距离为 $d_{GC}=(4\sim5)D$ 和 $d_{GP}=(0.5\sim0.6)d_{GC}$，$D$ 为被测接地装置的最大对角线长度，点P可以认为是处在实际的零电位区内。为了较准确地找到实际零电位区时，可把电压极沿测量用电流极与被测接地装置之间连接线方向移动三次，每次移动的距离约为 $d_{GC}$ 的5%，测量电压极P与接地装置G之间的电压。如果电压表的3次指示值之间的相对误差不超过5%，则可以把中间位置作为测量用电压极的位置。

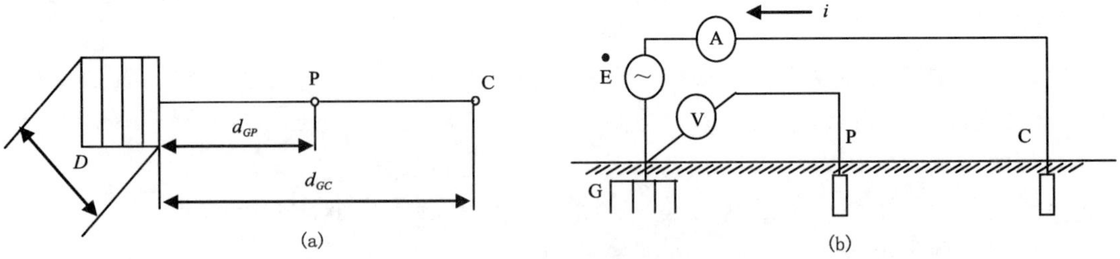


图7.2　三极法原理接线图

G——被测接地装置；P——测量用的电压极；C——测量用的电流极；E——测量用的工频电源；A——交流电流表；V——交流电压表；$D$——被测接地装置的最大对角线长度

把电压表和电流表的指示值 $U_c$ 和 I 代入式 $R_G=\dfrac{U_G}{I}$ 中，得到被测接地装置的工频接地电阻 $R_G$。

当被测接地装置的面积较大而土壤电阻率不均匀时，为了得到较可信的测试结果，宜将电流极离被测接地装置的距离增大，同时电压极离被测接地装置的距离也相应地增大。

在测量工频接地电阻时，如 $d_{GC}$ 取(4～5)$D$ 值有困难，当接地装置周围的土壤电阻率较均匀时，$d_{GC}$ 可以取 $2D$ 值，而 $d_{GP}$ 取 $D$ 值；当接地装置周围的土壤电阻率不均匀时，$d_{GC}$ 可以取 $3D$ 值，$d_{GP}$ 值取 $1.7D$ 值。

每年进行接地装置的防雷检测一般固定在同一位置，最好采用同一类型的接地检测仪器，采用同一种方法测量，记录在案以备下一年度进行参数的比较。

### 7.3.4 等电位连接

#### 7.3.4.1 大尺寸金属物体连接检测

检查设备、管道、构架、均压环、钢骨架、钢窗、放散管、吊车、金属地板、电梯轨道、栏杆等大尺寸金属物与共用接地装置的连接情况。如已实线连接，则应进一步检查连接质量、连接导体的材料和尺寸，并测量其接地电阻值。

#### 7.3.4.2 平行敷设长金属物检测

检查平行或交叉敷设的管道、构架和电缆金属外皮等长金属物，其净距小于规定要求值时的金属线跨接情况。如已实线跨接，则应进一步检查连接质量、连接导体的材料和尺寸，并测量其接地电阻值。

#### 7.3.4.3 长金属物弯头，阀门等连接物检测

检查第一类防雷建筑物中长金属物的弯头、阀门、法兰盘等连接处的过渡电阻，当过渡电阻大于 0.03Ω 时，检查是否有跨接的金属线，并检查连接质量、连接导体的材料和尺寸，并测量其接地电阻值。

#### 7.3.4.4 总等电位连接带检测

检查由 LPZ0 区到 LPZ1 区的总等电位连接状况，如已实现其与防雷接地装置的两处以上连接，应进一步检查连接质量，连接导体的材料和尺寸，并测量其接地电阻值。

#### 7.3.4.5 低压配电线路埋地引人和连接检测

检查低压配电线路是否全线埋地或敷设在架空金属线槽内引入。电缆埋地长度和电缆与架空线连接处使用的电涌保护器、电缆金属外皮、钢管和绝缘子铁脚等接地连接质量，连接导体的材料、尺寸，并测量其接地电阻值。

#### 7.3.4.6 爆炸危险环境架空金属管道检测

检查架空金属管道进入建筑物前是否每隔 25m 接地一次，同时还要进一步检查连接质量，连接导体的材料和尺寸，并测量其接地电阻值。

#### 7.3.4.7 建筑物内金属管道及金属物检测

检查建筑物内竖直敷设金属管道的底部与顶部及长度超过 30m 处与建筑物预留接地装置进行等电位连接的情况，如已实现连接，则应进一步检查连接质量、连接导体的材料和尺寸，并测量其接地电阻值。

#### 7.3.4.8 进入建筑物外来及内部导电物连接检测

所有进人建筑物的外来导电物均应在 LPZ0 区与 LPZ1 区界面处与总等电位连接带进行连接。如已实现连接，则应进一步检查连接的质量和连接导体的材料以及尺寸，并测量其接地

电阻值。

7.3.4.9 电子系统等电位连接检测

检查电子信息系统与建筑物共用接地系统的连接，应检查它们连接的基本形式、连接质量以及连接导体的材料和尺寸。同时还要检查电子系统的所有金属组件，接地基准点(ERP)处是否达到规定的绝缘要求。

7.3.4.10 等电位连接过渡电阻检测

等电位连接的过渡电阻的测试采用空载电压 4～24 V，最小电流为 0.2A 的测试仪器进行检测，过渡电阻值一般不应超过 0.03Ω，天面金属物与防雷装置的过渡电阻不大于 0.2Ω。

### 7.3.5 电涌保护器(SPD)

7.3.5.1 电涌保护器(SPD)一般要求

当电源采用 TN 系统时，从总配电盘(箱)开始引出的配电线路和分支线路必须采用 TN—S 或 TN—C—S 系统。

原则上电涌保护器(SPD)和等电位连接位置应在各防雷区的交界处，但当线路能承受预期的电涌电压时，SPD 可安装在被保护设备处。线路的金属保护层或屏蔽层宜首先与防雷区交界处进行等电位连接。

电涌保护器(SPD)必须能承受预期通过它们的雷电流，并具有通过电涌时的最大嵌位电压和有熄灭工频续流的能力。

电涌保护器(SPD)两端连线应满足《GB 50057—2010 建筑物防雷设计规范》的要求，SPD 两端的引线长度不宜超过 50 cm。SPD 应安装牢固。

7.3.5.2 电涌保护器(SPD)检测原则

依照《GB 50057—2010 建筑物防雷设计规范》和《GB/T 18802.12—2006 低压配电系统的电涌保护器(SPD)第 12 部分:选择和使用导则》的要求，对雷灾事故单位安装电涌保护器的进行检查。

检查并记录已安装的电涌保护器的技术参数、查验产品的质量鉴定报告，记录现场电涌保护器(SPD)的状况。

### 7.3.6 电源 SPD 的检测方法

电源 SPD 的检测分为检查和测试两部分。

7.3.6.1 电涌保护器(SPD)的表面检查

用 N—PE 环路电阻测试仪。测试从总配电盘(箱)引出的分支线路上的中性线(N)与保护线(PE)之间的阻值，确认线路为 TN—C 或 TN—C—S 或 TN—S 或 TT 或 IT 系统。

检查并记录各级电涌保护器(SPD)的安装位置，安装数量、型号、主要性能参数(如 $U_c$、$I_n$、$I_{max}$、$I_{imp}$、$U_p$ 等)和安装工艺(连接导体的材质和导线截面，连接导线的色标，连接牢固程度)。

对电涌保护器(SPD)进行外观检查:SPD 的表面应平整，光洁，无划伤，无裂痕和烧灼痕或变形。SPD 的标志应完整和清晰。

测量多级 SPD 之间的距离和 SPD 两端引线的长度，应符合本节的要求。

检查电涌保护器(SPD)是否具有状态指示器。如有,则需确认状态指示应与生产厂说明相一致。

检查安装在电路上的电涌保护器(SPD)限压元件前端是否有脱离器。如 SPD 无内置脱离器,则检查是否有过电流保护器,检查安装的过电流保护器是否符合本节的要求。

检查安装在配电系统中的电涌保护器(SPD)的 $U_c$ 值应符合表 7.1 的规定要求。

**表 7.1　各种低压配电系统接地型式时 SPD 的最小 $U_c$ 值**

| 电涌保护器连接于 | 低压交流配电接地型式 | | | | |
|---|---|---|---|---|---|
| | TT 系统 | TN—C 系统 | TN—S 系统 | 引出中性线的 IT 系统 | 不引出中性线的 IT 系统 |
| 每一相线和中性线间 | $1.15U_0$ | 不适用 | $1.15U_0$ | $1.15U_0$ | 不适用 |
| 每一相线和 PE 线间 | $1.15U_0$ | 不适用 | $1.15U_0$ | $1.15U_0$ | $1.15U_0$ |
| 中性线和 PE 线间 | $1.15U_0$ | 不适用 | $1.15U_0$ | $1.15U_0$ | 不适用 |
| 每一相线和 PEN 线间 | 不适用 | $1.15U_0$ | 不适用 | 不适用 | 不适用 |

注 1:$U_0$ 指低压系统相线对中性线的标称电压,$U$ 为线间电压,$U=\sqrt{3}U_0$。

注 2:在 TT 系统中,SPD 在 RCD 的负荷侧安装时,最低 $U_0$ 值不应小于 $1.55U_0$,此时安装形式为 L—PE 和 N—P;当 SPD 在 RCD 的电源侧安装时,应采用"3+1"形式,即 L—N 和 N—PE,$U_c$ 值不应小于 $1.15U_0$。

注 3:$U_c$ 应大于 $U_{cs}$。

检查安装的电信、信号 SPD 的 $U_c$ 值应符合本节的规定要求。

7.3.6.2　*电源 SPD 仪器测试*

电源电涌保护器(SPD)的劣化检测。检测一般劣化指标和泄漏电流的检测。所谓的劣化就是 SPD 在运行期间会因长时间工作或因处在恶劣环境中而老化,也可能因受雷击电涌而引起性能下降、失效等故障,因此需定期进行检测。一般情况是 SPD 的状态指示灯出现劣化状态,如 SPD 指示灯某相熄灭或电源进出线的某相出现烧黑的痕迹,则指出 SPD 可能出现失效,应及时更换。

电涌保护器(SPD)泄漏电流检测。对于限压型的 SPD(开关型 SPD 不需要检测其泄漏电流)在并联接入电网后都会有微安级的电流通过,SPD 如果此值超过 20 μA,则应判断该 SPD 为不合格。

电涌保护器(SPD)等电位连接线长度检测。SPD 等电位连接线的长度一般可采用皮尺(严禁采用金属尺,因为进行 SPD 在线长度测量过程中有可能会触碰到电源线导致触电)在线测量,如果 SPD 等电位连接线的长度大于 0.5m,则判定该 SPD 等电位连接线长度为不合格。

### 7.3.7　屏蔽

建筑物或线路屏蔽在抵御雷击电磁脉冲过程中发挥着重要作用,但这种作用的大小,也就是屏蔽效能的多少直接影响到电子系统抵御雷击电磁脉冲的能力。

7.3.7.1　*建筑物和线路屏蔽一般要求*

建筑物屏蔽体的基本要求一般是利用其屋面的金属屏蔽、立面的金属屏蔽(包括对外的金属门、窗,阳台的金属栏杆等)、楼层的金属屏蔽(包括每层楼板的楼板钢筋)等构成,其两两之间应采用焊接或绑扎的方式连接在一起,并与防雷装置等电位相连。

线缆屏蔽的基本要求是将金属屏蔽层两端与等电位连接预留端子在各防雷区交界处做等电位连接。

7.3.7.2 屏蔽结构材料一般要求

屏蔽体所用的材料可分为网型和板型两种。

网型屏蔽是采用金属网或板拉网构成的焊接固定式或装配式金属屏蔽，如利用建筑物内钢筋组成的法拉第笼或专门设置的网型屏蔽室。

板型屏蔽是采用金属板或金属薄片构成金属屏蔽，板型屏蔽效果比网型屏蔽较好。

屏蔽材料宜选用铜材、钢材或铝材。选用板材时，其厚度宜为 0.3～0.5mm。选用网材时，应考虑网材目数和增设网材层数。需要时，在门、窗的屏蔽中，可采用钢网屏蔽玻璃。

7.3.7.3 屏蔽体检测方法

(1)采用毫欧表检查屏蔽网格、金属管(槽)、防静电地板支撑金属网格、大尺寸金属件、房间屋顶金属龙骨、屋顶金属表面、立面金属表面、金属门窗、金属格栅和电缆屏蔽层的电气连接，过渡电阻值应小于 0.03Ω。用卡尺测量屏蔽体材料和规格尺寸。

(2)计算其屏蔽体的屏蔽效果。当对屏蔽效率未做试验和理论研究时，磁场强度的衰减应按下列方法计算。

1)在闪电击于格栅形大空间屏蔽以外附近的情况下，当无屏蔽时所产生的无衰减磁场强度 $H_0$，相当于处在 LPZ0 区内的磁场强度，应按下式计算

$$H_0 = i_0/(2 \cdot \pi \cdot S_a) \quad (\mathrm{A/m}) \tag{7.1}$$

式中，$i_0$ 为雷电流(A)；$S_a$ 为雷击点与屏蔽空间之间的平均距离(m)，如图 7.3 所示。

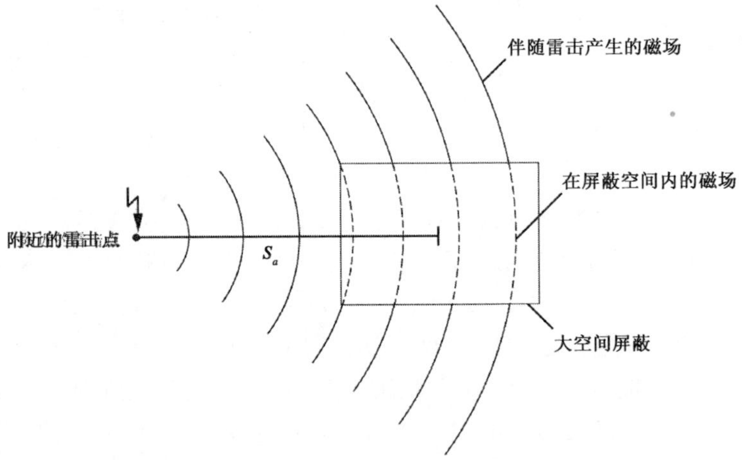


图 7.3 附近雷击时的环境情况

当有屏蔽时，在格栅形大空间屏蔽内，即在 LPZ1 区内的磁场强度从 $H_0$ 减为 $H_1$，其值应按下式计算

$$H_1 = H_0/10^{SF/20} \quad (\mathrm{A/m}) \tag{7.2}$$

式中，$SF$ 为屏蔽系数(dB)，按表 7.2 中的公式计算。

表 7.2 的计算值仅对在 LPZ1 区内距屏蔽层有一安全距离 $d_{S/1}$ 的安全空间 $V_S$ 内才有效(图 7.4)，$d_{S/1}$ 应按下式计算

$$d_{S/1} = w \cdot SF/10 \quad (\mathrm{m}) \tag{7.3}$$

式中，$w$ 为格栅形屏蔽的网格宽度(m)。

**表 7.2　格栅形大空间屏蔽的屏蔽系数**

| 材料 | $SF$(dB) | |
|---|---|---|
| | 25kHz(注 1) | 1MHz(注 2) |
| 铜/铝 | $20 \cdot \log(8.5/w)$ | $20 \cdot \log(8.5/w)$ |
| 钢(注 3) | $20 \cdot \log[(8.5/w)]/[\sqrt{1+18\times10^{-6}/r^2}]$(注 4) | $20 \cdot \log(8.5/w)$ |

注 1：适用于首次雷击的磁场；

注 2：适用于后续雷击的磁场；

注 3：相对磁导系数 $\mu_r \approx 200$；

注 4：$w$ 为格栅形屏蔽的网格宽(m)，适用于 $w \leqslant 5\mathrm{m}$；$r$ 为格栅形屏蔽网格导体的半径(m)。

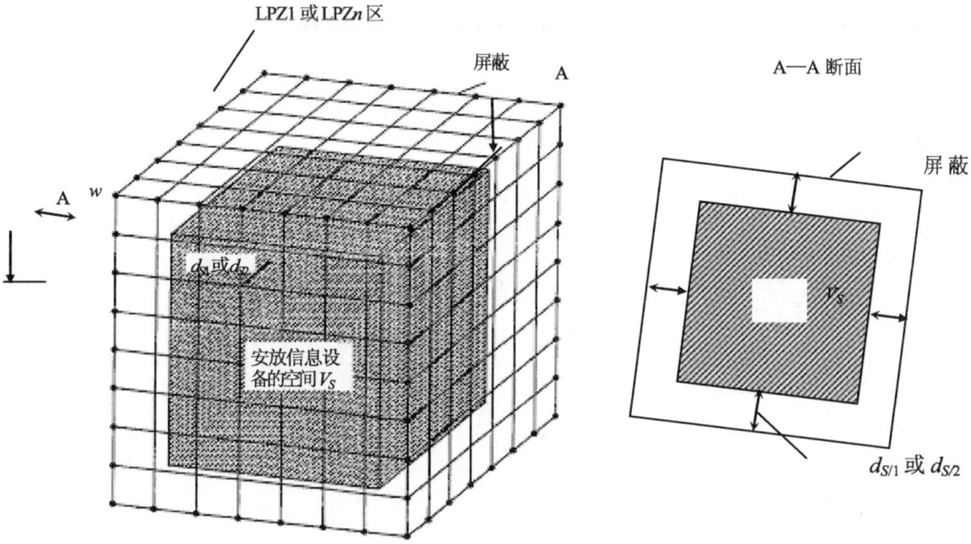


图 7.4　在 LPZ1 或 LPZ$n$ 区内放信息设备的空间

2)在闪电直接击在位于 $\mathrm{LPZ0_A}$ 区的格栅形大空间屏蔽上的情况下，其内部 LPZ1 区内 $V_s$ 空间内某点的磁场强度 $H_1$ 应按下式计算

$$H_1 = k_H \cdot i_0 \cdot w/(d_w \cdot) \quad (\mathrm{A/m}) \tag{7.4}$$

式中，$k_H$ 为形状系数($1/\sqrt{m}$)，取 $k_H=0.01(1/\sqrt{m})$；$w$ 为 LPZ1 区格栅形屏蔽的网格宽度(m)；$d_w$ 为被考虑的点距 LPZ1 区屏蔽壁的最短距离(m)；$d_r$ 为被考虑的点距 LPZ1 区屏蔽顶的最短距离(m)。

式(7.4)的计算值仅对距屏蔽格栅有一安全距离 $d_{s/2}$ 的空间 $V_s$ 内有效，$d_{s/2}$ 应符合下式的要求

$$d_{s/2} = w \quad (\mathrm{m}) \tag{7.5}$$

信息技术设备应仅安装在 $V_s$ 空间内。

信息技术设备的干扰源不应取紧靠格栅的特强磁场强度。

3)流过包围 LPZ2 区及以上区的格栅形屏蔽的分雷电流将不会有实质性的影响作用，处在 LPZn 区内 LPZ($n$+1)区的磁场强度将由 LPZ$n$ 区内的磁场强度 $H_n$ 减至 LPZ($n$+1)区内

的 $H_{n+1}$，其值可近似地按下式计算

$$H_{n+1} = H_n / 10^{SF/20} (A/m) \tag{7.6}$$

式(7.6)适用于 LPZ($n$+1)区内距其屏蔽有一安全距离 $d_{s/1}$ 的空间 $V_s$。$d_{s/1}$ 应按式(7.3)计算。

### 7.3.8　综合布线

建筑物综合布线的检测一般是检测综合布线电缆与电源或其他管线最小距离的情况进行判定。

#### 7.3.8.1　综合布线电缆与电力检测

依据《GB/T 50311—2007 建筑与建筑群综合布线系统工程设计规范》的 11.0.2 的规定，电力电缆与其他管线的最小距离应符合表 7.3 和表 7.4 规定的数值。

**表 7.3　综合布线电缆与电力电缆的最小净距(mm)**

| 条件 | 范围 | | |
|---|---|---|---|
| | 380 V<br><2 kV·A | 380 V<br>2.5～5 kV·A | 380 V<br>>5 kV·A |
| 对绞电缆与电力电缆平行敷设 | 130 | 300 | 600 |
| 有一方在接地的金属槽道或钢管中 | 70 | 150 | 300 |
| 双方均在接地的金属槽道或钢管中 | 注 | 80 | 150 |

**表 7.4　综合布线电缆与其他管线的最小净距(mm)**

| 管线种类 | 平行净距 | 垂直交叉净距 |
|---|---|---|
| 防雷引下线 | 1000 | 300 |
| 保护地线 | 50 | 20 |
| 热力管(不包封) | 500 | 500 |
| 热力管(包封) | 300 | 300 |
| 给水管 | 150 | 20 |
| 煤气管 | 300 | 20 |
| 压缩空气管 | 150 | 20 |

#### 7.3.8.2　综合布线系统总配线间四置距离

本标准检测的依据是《GB/T 50314—2012 智能建筑设计标准》8.2.18 的规定，按照综合布线系统总配线间所处 E、S、W、N 四个方位与建筑物外侧水平垂直距离填写。如：E(东)＝12.0m，S(南)＝13.0m，W(西)＝18.0m，N(北)＝9.0m，一般要求信息系统机房的四置距离位于建筑物平面的几何中心位置。

## 7.4　防雷安全检测注意事项

要树立“预防为主，安全第一”的安全生产意识，按“谁主管，谁负责”的要求，建立健全安全生产责任制。

防雷防静电检测和防雷工程施工必须配备安全检查人员，在检测和施工前，安检人员要提前进行现场安全检查，听取受检单位对不安全因素及环境、设备等介绍，制定切实可行的安全检测和施工方案，排除不安全因素后方可进行检测和施工。

进入检测和施工现场前，安检人员要检查安全帽、绝缘鞋、绝缘手套、安全带是否完好，按规定穿戴好安全防护用品。

在检测和施工中使用的各类设备工具（试电笔、电焊机、电锤、冲击电钻等）和测试仪（防雷元件测试仪、接地电阻测试仪、静电测试仪等）要按规定安全操作。

高空野外作业，必须配安全带和有关防护设备。杜绝受检单位和闲杂人员参与检测或施工工作。

在检测施工中，严格遵守电工安全操作规定。尽量不带电作业，如果必须带电作业时，应采取必要的安全措施，穿戴好绝缘鞋、绝缘手套、垫好橡胶垫等，并需安排专人监护。

在对易燃易爆场所、计算机场地检测和施工时要穿防静电衣服和防静电鞋。

在高空作业、带电作业、易燃易爆、化学场所、计算机场地等检测和施工中不准吸烟，不准带火种，不准随意敲打。严禁在易燃易爆场所从事电焊、氧焊和使用冲击电钻。

在有毒、粉尘、农药、化学场所作业时，应戴防毒面具。

在雨天和遇有雷电时，严禁开展检测和施工作业。

禁止在高压线附近放测量线。禁止攀登孤立的建筑物（如烟囱等），禁止跨越相近的建筑物。

高空作业人员要定期体检，凡有高血压、心脏病、贫血病、色盲、听觉障碍、眩晕、突然昏厥等病症及不适宜登高作业者，不得从事高空作业。

检测和施工期间工作人员严禁喝酒。

新调入人员（包括外借临时人员、代培人员、聘用人员）必须进行安全生产培训教育，经考试合格后才能正式工作。

检测和施工场所必须具备安全生产条件，对不具备安全检测和施工条件的应拒绝承担检测和施工作业。

定期组织安全生产学习和安全防护设备检查。

## 7.5　检测周期

防雷装置的检测周期见表 7.5。

**表 7.5　检测的间隔时间**

| 建筑物防雷类别 | 彻底检测的时间间隔 | 要求严格的系统的检测间隔时间 |
|---|---|---|
| 第一类防雷建筑物 | 2 年 | 6 个月 |
| 第二类防雷建筑物 | 4 年 | 12 个月 |
| 第三类防雷建筑物 | 6 年 | 12 个月 |

## 7.6 检测仪器使用

### 7.6.1 测量工具和仪器

7.6.1.1 尺

钢直尺：测量上限(mm)：150、300、500、1000、1500、2000。

钢卷尺：自卷式或制动式测量上限(m)：1、2、3、3.5、5。

摇卷盒式或摇卷架式测量上限(m)：5、10、15、20、50、100。

卡钳：全长(mm)：100、125、200、250、300、350、400、450、500、600。

游标卡尺：全长(mm)：0～150。

分度值(mm)：0.02。

7.6.1.2 经纬仪

测风经纬仪：测量范围：仰角：－5°～180°

方位：0°～360°

读数最小格值：0.1°

### 7.6.2 工频接地电阻测试仪

工频接地电阻测试仪参数见表 7.6。

表 7.6 工频接地电阻测试仪参数

| 测量范围 | 最小分度值 |
| --- | --- |
| 0～100Ω | 0.01Ω |
| 0～10Ω | 0.1Ω |
| 0～100Ω | 1Ω |

### 7.6.3 土壤电阻率测试仪

许多工频接地电阻测试仪具有土壤电阻率测试功能，综合多种测试仪，仪器主要参数指标见表 7.7。

表 7.7 土壤电阻率测试仪主要参数指标

| 测量范围(Ω·m) | 分辨率(Ω·m) | 精度 |
| --- | --- | --- |
| 0～19.99 | 0.01 | $\pm(2\%+2\pi a\cdot 0.02\Omega)$；$\frac{\rho}{2\pi a}\leqslant 19.99\Omega$ |
| 20～199.9 | 0.1 | |
| 200～1999 | 1 | |
| $2\times10^3$～$19.99\times10^3$ | 10 | $\pm(2\%+2\pi a\cdot 0.2\Omega)$；$19.99\ \frac{\rho}{2\pi a}\leqslant 199.9\Omega$ |
| $20\times10^3$～$199.9\times10^3$ | 100 | $\pm(2\%+2\pi a\cdot 2\Omega)$；$\frac{\rho}{2\pi a}\geqslant 199.9\Omega$ |

### 7.6.4　毫欧表

毫欧表主要用以电气连接过渡电阻的测试，含等电位连接有效性。毫欧表参数的测试，其主要指标见表 7.8。

表 7.8　毫欧表参数指标

| 显示范围(mΩ) | 分辨率(mΩ) | 测量电流(A) | 精度 |
|---|---|---|---|
| 0～19.9 | 0.01 | 0.1 | ±(0.1%+3 d) |
| 20～200 | 0.1 | 0.1 | ±(0.1%+2 d) |

### 7.6.5　绝缘电阻

7.6.5.1　绝缘电阻测试应用及主要仪器

绝缘电阻测试主要用于采用 S 型连接网络时，除在接地基准点(ERP)外，是否达到规定的绝缘要求和电涌保护器(SPD)的绝缘电阻测试要求。

绝缘电阻测试仪器主要为兆欧表，按其测量原理可分为：

(1)直接测量试品的微弱漏电流兆欧表；

(2)测量漏电流在标准电阻上电压降的电流电压法兆欧表；

(3)电桥法兆欧表；

(4)测量一定时间内漏电流在标准电容器上积聚电荷的电容充电法兆欧表。

兆欧表可制成手摇式、晶体管式或数字式。

除兆欧表外，也可以使用 1.2/50 μs 波形的冲击电流发生器进行冲击，以测试 S 型网络除 ERP 外的绝缘。

7.6.5.2　兆欧表或绝缘电阻测试仪

兆欧表或绝缘电阻测试仪主要参数指标见表 7.9。

表 7.9　兆欧表或绝缘电阻测试仪主要参数指标

| 额定电压(V) | 量限(MΩ) | 延长量限(MΩ) | 准确度等级 |
|---|---|---|---|
| 100 | 0～200 | 500 | 1.0 |
| 250 | 0～500 | 1000 | 1.0 |
| 500 | 0～2000 | ∞ | 1.0 |
| 1000 | 0～5000 | ∞ | 1.0 |
| 2500 | 0～10000 | ∞ | 1.5 |
| 5000 | $2\times10^3$～$5\times10^5$ | | 1.5 |

### 7.6.6　环路电阻测试仪

N—PE(零线—地线)环路电阻测试仪不仅可应用于低压配电系统接地型式的判定，也可用于等电位连接网络有效性的测试，其主要参数指标见表 7.10。

表 7.10 环路电阻测试仪主要参数指标

| 显示范围(Ω) | 分辨率(Ω) | 精度 |
|---|---|---|
| 0.00～19.99 | 0.01 | ±(2%+3 d) |
| 00.00～199.9 | 0.1 | |
| 200～1999 | 1 | |

### 7.6.7 指针或数字万用表

万用表应有交流(AC)和直流(DC)的电压、电流、电阻等基本测量功能,也可有频率测量的性能,其主要参数指标见表 7.11。

表 7.11 万用表主要参数指标

| 性能 | 量程 | 分辨率 | 精度 |
|---|---|---|---|
| 电流电压(DC) | 0.2 V | 0.1mV | ±(0.8%+2 d) |
| | 2 V | 1mV | |
| | 20 V | 10mV | |
| | 200 V | 100mV | |
| | 400 V | 1000mV | |
| 交流电压(AC) | 200 V | 0.1mV | ±(1.5%+10 d) |
| | 400 V | 1mV | |
| | 750 V | 10mV | |
| 电流(AC 或 DC) | 10A | 1mA | ±(0.5%+30 d) |
| 电阻 | 30mΩ | 1Ω | ±(0.1%+5 d) |

### 7.6.8 压敏电压测试仪

压敏电压测试仪主要参数指标见表 7.12。

表 7.12 压敏电压测试仪主要参数指标

| 量程 | 允许误差 | 恒流误差 | 漏电流量程 | 漏电流测试允许误差 | 漏电流分辨率 |
|---|---|---|---|---|---|
| 0～1700 V | ≤±(0.5%+3 d) | 5 μA | 1～199.9 μA | ≤2 μA+1 d | 0.9 μA |

### 7.6.9 电磁屏蔽用测试仪

电磁屏蔽用测试仪主要参数指标见表 7.13。

表 7.13 电磁屏蔽用测试仪主要参数指标

| 频率范围 | 输入电平范围 | 参考电平准确度 |
|---|---|---|
| 0.15 MHz～1 GHz | −100～20 dBm | ±1 dBm(80 MHz) |

## 7.7 检测报告的编制

防雷装置检测完毕后，应在 3～5 个工作日内完成防雷装置检测报告的编制。检测报告包括以下内容。

(1)检测报告封面

1)档案号(要求按照排列的顺序号)；

2)检测单位名称(要求填写单位的全称)；

3)检测单位地址(要求填写单位的详细地址)；

4)检测单位被检建筑物详细地址；

5)检测单位联系电话；

6)检测单位联系人；

7)检测单位邮政编码；

8)检测时间、下年度检测时间或下次检测时间；

9)检测单位被检建筑物名称、编号和数量；

10)检测员、审核员签名以及注明检测的单位和时间。

(2)防雷检测图纸

防雷装置检测分为高层、多层建筑物和加油、加气站防雷检测图纸。高层建筑物防雷检测图纸应包括：

1)屋面防雷平面示意图；

2)均压环设置平面示意图；

3)感应雷防护平面示意图。

多层建筑物和加油(气)站防雷检测图纸包括：

1)屋面防雷平面示意图；

2)感应雷防护平面示意图。

### 复习思考题

1. 防雷检测的流程是什么？
2. 防雷检测前应做哪几项工作？
3. 电涌保护器(SPD)防雷检测注意事项是什么？
4. 等电位检测的方法是什么？
5. 长金属物弯头、阀门等连接物防雷检测方法是什么？
6. 防雷检测过程中应注意哪些问题？
7. 防雷检测图纸包括哪些内容？

# 第8章 雷电灾害调查与分析

**内容提要**

本章主要介绍雷电灾害调查的内容和方法以及调查过程中应该注意的问题。通过本章学习主要了解雷电灾害调查的程序、原则、内容、方法以及雷电灾害调查报告的编写等内容。

## 8.1 雷电灾害调查

根据雷电灾害造成的人员伤亡或直接经济损失，雷电灾害一般分为特大雷电灾害、重大雷电灾害、较大雷电灾害、一般雷电灾害等四个等级。雷电灾害调查由气象主管机构组成的调查组负责实施，要做好雷电灾害的调查工作，就要掌握雷电灾害调查原则、内容和方法，对被调查的对象进行雷电风险的分析与评估，找出雷击的痕迹、雷击电流的参数、雷击的原因以及雷击造成的直接损失和间接损失等，最终形成雷击事故的调查分析报告。

### 8.1.1 雷电灾害调查原则(简称五性原则)

(1)及时性。在雷电灾害发生后(或接到灾情报告后)应及时进行实地调查。

(2)科学性。调查必须实事求是，雷灾分析评估应符合雷电科学原理和逻辑学原理。

(3)公正性。调查应客观公正，调查人员应与所发生的灾害无利害关系。

(4)证据性。作为雷电灾害判定依据的资料应符合作为证据的要求。

(5)完整性。全部调查资料应完整，建档备查。

### 8.1.2 雷电灾害调查因素(简称五因素)

#### 8.1.2.1 气象因素

(1)调查距雷电灾害发生所在地邻近气象台(站)地面观测记录，包括：雷电发生时的日期及初始和终止时间、雷电移动路径、风向、风速、降水量、云的类型，与发生雷电灾害地点的水平距离、方位、气象技术人员的描述等。

(2)调查气象卫星云图资料、天气雷达回波资料。

(3)调查闪电监测定位系统的资料包括雷电灾害发生的时间、位置、强度、极性等。

(4)大气电场仪记录的电场强度、电场变化曲线、电场分布曲线、电荷分布的位置等数据。

(5)调查其他雷电探测资料。

主要考虑当地的气象变化及其特点。

#### 8.1.2.2　环境因素

(1)调查事发地半径 1km 范围内的环境因素。

(2)调查事发地周围山脉、水体、植被的分布状况等自然环境状况。

(3)调查事发地周围主要建筑物分布状况;电力、通信线路、金属管线、轨道等金属体的现实状况。

(4)调查事发地地质状况包括:土壤、山脉岩质、地下矿藏、地下水等。

(5)调查事发地影响电磁环境的状况包括:主要建筑物屋顶材质、无线电接收发射天线、地面覆盖铁质或其他金属材料、送变电设施等。

(6)调查事发地周围大气烟尘等现实状况。

#### 8.1.2.3　历史因素

(1)调查事发地及周边区域历史上及近年来雷击灾害资料。

(2)调查事发地的建筑物及相关设施等建设资料和历史变迁状况。

#### 8.1.2.4　建筑物及设备因素

(1)外部防雷装置的检查测试与计算

1)检查接闪器、引下线、接地装置,查验防雷装置检测报告,查找雷击点和雷击痕迹。

2)检查防侧击雷装置状况。

3)测量接地电阻,防雷装置连接处的过渡电阻。

4)计算接闪器的保护范围。

(2)内部防雷装置的检查、测试与计算

1)调查建筑物内部共用接地系统总等电位连接状况,测量预留等电位连接接地端子的接地电阻,测量所有进入建筑物的线缆屏蔽管路及铠装电缆屏蔽层与共用接地系统的等电位连接电阻。测量建筑物内金属外壳设备等电位连接接地及设备之间等相关部位等电位连接过渡电阻。

2)调查建筑物内机房等相关部位的屏蔽情况。

3)调查安装的电涌保护器(SPD)的型号,技术参数及其配合状况,查看其直观状况,记录 SPD 标识标志的技术参数,检查或取样检测 SPD 技术性能,对低压配电 SPD 观察其状态显示窗,指示灯的状态。查看 SPD 后备保护器空气开关或熔断器的状态。

4)调查建筑物内部、外部安装的电子系统设备的安装位置、管线走向,低压配电线路的配置,信息系统、自控系统与建筑外的信息传输方式,内部信息传输方式以及选用的设备,调查综合布线的情况。

#### 8.1.2.5　事故现场因素

(1)对直观可见的雷击受损情况拍摄现场照片,对于现场熔珠、熔痕导体,应近距离拍照并提取样品留作进行“金相法”检查。

(2)对于人及其他生物体伤亡应拍摄相关照片,必要时调取医院或公安法医检验报告。

(3)听取现场相关人员的口头描述并可取得其笔录,以了解事故发生时现场的情况。

(4)运用“剩磁法”测量接闪器、引下线、接地装置及现场铁磁体的剩磁。

(5)查看受损设备现场状态，拍摄现场照片，对于能在现场观察到的雷击痕迹宜拆开设备外壳观察，对于现场难以判断设备损坏部位的情况，宜运用替换方法判断故障的准确部位。

(6)调查工矿企业的防雷安全规程及执行情况，特别是化学危险品场所的生产工艺流程和内部与安全有关规章制度及执行情况。

### 8.1.3 调查组织和调查程序

雷电灾害调查由气象主管机构组成的调查组负责实施。省级气象主管机构负责组织管理本行政区域内的特大和重大雷电灾害调查工作；市、县级气象主管机构负责组织管理本行政区域内的较大和一般雷电灾害调查工作。调查组成员应不少于三人，现场勘察应不少于两人，调查组成员应具有较全面的雷电防护理论与较丰富的实践经验，并与所调查的雷电灾害没有直接利害关系，需要时可聘请相关人员参加调查组。雷电灾害调查的流程见图 8.1。

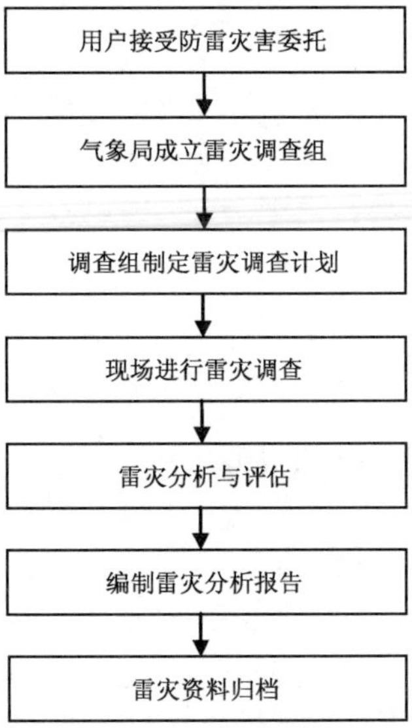


图 8.1 雷电灾害调查流程图

### 8.1.4 雷电灾害调查方法

雷电灾害调查过程中需要技术鉴定时所采取的常用方法主要有：剩磁测试法、金相法以及其他方法。

8.1.4.1 *剩磁测试法*

剩磁测试技术最初用于电气火灾原因技术鉴定，国家技术监督局早在 1997 年就发布了《GB 16840.2—1997 电气火灾原因技术鉴定方法　第 2 部分：技术规范》，将此技术进行了规范化和标准化。近几年，这项技术在雷电灾害调查与鉴定领域被广泛应用。所谓的剩磁（剩余磁感应强度）就是将雷击电流通过金属导体时使金属导体磁化，磁体从磁化至技术饱和并去掉外磁场后，所保留的磁感应强度，用于测量该磁场强度的方法就叫剩磁测试方法。

(1)剩磁测试原理

由于电流的磁效应，在电流周围空间产生磁场，处于磁场中的铁磁体受到磁化作用，当磁场逸去后铁磁体仍保持一定磁性。

处于磁场中的铁磁体被磁化后保持磁性的大小与电流的大小和距离有关。通常导线中的电流在正常状态下，虽然也会产生磁场，但其强度小，留在铁磁体上的剩磁也有限。当线路发生短路或雷击或建筑物遭受雷击时，将会产生异常大电流，从而出现具有相当强度的磁场，铁磁体也随之受到强磁化作用，保持较大的磁性。

在雷灾现场中，当怀疑雷灾是由于雷击引起，而又无熔痕可作依据时，则采用对导线及雷击周围铁磁体进行剩磁检测的方法，依据剩磁的有无和大小判定是否出现过短路及雷击现象，为认定雷灾原因提供技术依据。

(2)剩磁测试仪器

在实验室或现场勘查中使用的检测仪器，包括：特斯拉计(量程为0～100mT，精度为±2.5%，使用温度为+5～+40℃)和剩磁测试仪(测量范围为0～200mT，分辨率为0.1mT，环境条件为+5～+40℃)。

(3)剩磁测试工具

采样袋、清洗工具(如毛刷、镊子等)、酒精、丙酮等清洗溶剂。

(4)剩磁样品的采集

试样的样品可以采集雷击附近的金属铁件，如：铁钉、铁丝、灯具上或配电盘上的铁磁材料、人字房架(有线路)上的钢筋、铁钉、设备器件及其他杂散金属，但以体积小的为宜。

(5)剩磁样品的提取

首先对可能有雷电产生的现场，根据实际情况进行提取，不受部位限制；其次在提取试样之前应进行现场拍照，拍照应包含试样方位、状态和形态；最后提取试样的注意事项：

1)对固定在墙壁或其他物体上的试样，提取时不应弯折、敲打和摔落；

2)宜提取受火烧温度较低的试样；

3)对位于磁性材料附近的试样不应提取；

4)经证实该线路过去曾发生短路时，不应提取；

5)如因不便提取时可以在试样的原位置进行检测；

6)应将提取的试样装入采样袋内妥善保管，注明试样名称与提取位置，不应与磁性材料或其他物件混放在一起。

(6)剩磁测试方法步骤

采用剩磁法进行雷电灾害调查的方法是：

1)测量前采用水及溶剂清除试样表面的炭灰、污垢。

2)按仪器使用说明，接通电源、校准仪器。

3)测量操作

①根据试样不同选择测量点，如铁钉、铁管、钢筋的两端，铁板的角部，杂散铁件的棱角及尖端部位；

②将探头(霍尔元件)平贴在试样上，缓慢改变探头的位置和角度进行搜索式测量，直到仪表显示稳定的最大值为止；

③探头与试样接触即可，不应用力按压；

④测量后按试样分别做好记录。

(7)剩磁测试判据

作为剩磁测试方法的判据有三种：数据判定、对比判定、磁化规律判定。

1）数据判定

作为数据判定，应根据试样的不同，采用不同的判定方法。假如试样为铁钉和铁丝等，其判定的方法为：

①测量的剩磁数据小于0.5mT，不作为雷击发生的判据使用；

②测量的剩磁数据大于0.5而小于1.0mT，可作为判定雷击的参考值；

③测量的剩磁数据大于1.0mT，作为确定雷击的判据。

④测量的剩磁数据越大，定性越准确，但也不能只依据个别数据判定，只有在较多数据的事实下，才可做出判定。

假如试样为铁管和钢筋等，其判定的方法为：

①测量的剩磁数据小于1.0mT，不作为发生雷击的判据；

②测量的剩磁数据在1.0～1.5mT之间，作为判断雷击发生的参考值；

③测量的剩磁数据大于1.5mT，作为发生雷击的判据。

假如试样为杂散铁件，含导线附近的铁棒、角铁、金属框架、工具等，其判定的方法为：量得的剩磁数据大于1.0mT，宜作为发生雷击的判据。

2）对比判定

当现场中处于不同部位的相同设施上均有电气线路通过时，测量线路附近设施上金属构件剩磁数据，通过对比所测剩磁数据的有无，判定具有剩磁数据的设施上通过的导线曾发生过短路。

3）磁化规律判定

所谓的磁化规律就是铁磁体磁性的强弱与其距导线（短路点）的距离有关，距导线越近其磁性越强。测量时如能发现剩磁值由强到弱的变化规律，再结合所测的数据，可进一步判定该导线是否曾发生过短路。

#### 8.1.4.2 金相法

金相法是在火灾现场中，依据铜、铝导线在不同的环境氛围中其金相显微组织的不同变化，来鉴别铜、铝导线是火灾熔痕还是电气短路熔痕的一种方法。

（1）金相法原理

铜铝导线无论是火灾作用熔化还是短路电弧高温熔化，除全部烧失外，一般均能查找到残留熔痕（尤其是铜导线），其熔痕外观仍具有能代表当时环境氛围的特征。

一次短路熔痕和二次短路熔痕同属于瞬间电弧高温熔化，具有冷却速度快，熔化范围小的特点，但不同的是前者短路发生在正常环境氛围中，后者短路发生在烟火与温度的氛围中，而被通常火灾热作用熔化的痕迹，其时间、温度又均与短路不同，它具有温度持续时间长，火烧范围大，熔化温度低于短路电弧温度。虽然都属于熔化，但由于不同的环境氛围参与了熔痕形成的全过程，所以保留了熔痕形成时的各自特征，其呈现的金相组织亦有各不相同的特点。

（2）方法步骤

金相试样的设备包括选取－镶嵌－磨制－抛光－侵蚀等几个步骤，忽视任何一道工序都会影响组织分析和检验结果的正确程度，甚至造成误判。

1）试样制备

制备好的试样应具备：组织有代表性，无假象，组织真实，无磨痕，麻点或水迹等。

2)试样选取

提取试样时,必须选择有代表性的部位,应根据火灾现场的实际,确保提取有熔痕、蚀坑等可供鉴定的部位和痕迹。

3)取样部位

可在导线有熔化痕迹和有蚀坑痕迹处取样及在其附近的正常部位取样进行横、纵截面检验比较;横向截面是观察熔痕的显微组织精粒度情况,纵向截面是观察熔痕与导线间过渡区的显微组织变化情况。

4)试样尺寸

试样尺寸:直径为 12mm,高为 10mm 的圆柱体或为 12mm×12mm×10mm 的方柱体的不同金属材质。对现场中提取的遗留物其形状特殊或尺寸细小不易握持的试样,可进行镶嵌。

5)试样提取

对于细小的试样可用钳子切取;较大试样可用手锯或切割机等切取,必要时也可用气割法截取。但烧割边缘必须与试样保持相当距离,不论用哪种方法取样均应注意试样的温度条件,必要时用水冷却,以避免试样因过热而改变其组织。

6)清除污垢

若提取的试样表面沾有油渍,可用苯等有机溶剂溶去,生锈的试样可用过硫酸铵[$(NH_4)_2S_2O_8$]或磷酸洗净。至于其他简便取油除锈的方法亦可应用。

7)镶嵌

若试样过小或形状特殊时,可采用下列方法之一镶嵌试样。

①塑料或电木粉镶嵌法

可用电木粉、透明电木粉或透明塑料粉在镶嵌机上镶。用电木粉时,加压(170~250)×9.8×$10^4$Pa,同时加热至 130~150℃保持 5~7min,随后慢冷至 75℃左右,然后水冷却即成透明镶嵌物。用塑料镶嵌时,其温度、压力及保温时间,视采用塑粉的性质而定,保温以不改变试样的原始组织为宜。

②快速镶嵌法

用快速自凝牙托水(甲基丙烯酸甲酯)和自凝牙托粉镶嵌法:首先将直径为 12mm 的圆柱体紫钢管(或其他材质管材也可)置于玻璃板上,然后将试样放在模具底部,再将快速自凝牙托水和自凝牙托粉按一定比例混合调匀,成糊状时,注入模具内;在冬季室温较低时,可用电吹风加热促使快速凝固,夏季室温较高时,可以自然凝固;待凝固后,将模具除掉,即成镶嵌好的试样。

③其他方法

除以上两种方法外,亦可将试样镶铸于低熔点的物质中。如硫黄、火漆、焊接合金(50%锡,50%铅)或武氏合金(50%铋,25%铅,12.5%锡,12.5%铬)等,有机塑料以及其他有效而不影响组织改变的镶嵌方法也可以应用。

8)试样的研磨

试样在砂纸上磨制时,用力不宜过大,每次磨制的时间也不可过长,以免变形,用预磨机细磨时,必须边磨边用水冷却,以免磨面过热引起变形。

①研磨程序

准备好的试样,先在预磨机上依次由粗到细的各号砂纸上磨制。从粗砂纸到细砂纸,每一次换砂纸时，试样均须转 90 度角与旧磨痕成垂直方向，向一个方向磨至久磨痕完全消失，新磨痕均匀一致时为止。同时每次用水将试样洗净吹干，手亦同时洗净，以免将粗砂粒带到细砂纸上。

②粗抛光

经粗磨后的试样，可移到有平呢、台呢或细帆布的抛光机上进行粗抛光。磨盘的直径可为 200～250mm，转速可为 400～500r/min，抛光粉可用细氧化铝粉或炭化粉等，抛光时间约为 2～5min，抛光可用水洗净并吹干。

③细抛光

经粗磨后的试样，可移至装有天鹅绒或其他纤维细匀的丝绒抛光盘上进行精抛光。抛光盘直径可为 200～250mm，转速约为 400～1450r/min，抛光粉用经水选的极细氧化铝粉、氧化镁粉或人造金刚石研磨膏等。一般抛光到试样上的磨痕完全除去而表面像镜面时为止。抛光后除用水冲净外，建议浸以酒精，再用电吹风吹干，使试样的表面不致有水迹或污物残留。

④抛光注意

试样在抛光盘上精抛时，用力要轻，须从盘的边缘至中心抛光，并不时滴加少许磨粉悬浮液（用氧化镁粉时应用蒸馏水悬浮液）或不时滴加少量煤油。绒布的湿度以将试样从盘上取下观察时，表面水膜能在两三秒钟内完全蒸发消失为宜。在抛光的完成阶段可将试样与抛光盘的转动方向成相反方向抛光。

试样在抛光时，若发现有较粗的磨痕不易去掉或经抛光后的试样在显微镜下观察发现有凹坑等情形而影响检验结果时，试样应重新磨制。

9）试样的浸蚀

精抛后经显微镜检查合适的试样，便可浸入盛于玻璃皿之浸蚀剂中进行浸蚀或揩擦一定时间。浸蚀时，试样可不时地轻微移动，但抛光面不得与皿的底面接触。

①浸蚀时间

浸蚀时间视金属的性质、浸蚀液的浓度、检验的目的及显微镜的放大倍数而定。通常高倍观察时，应比低倍观察浸蚀略浅一些。一般由数秒至三十分钟不等，以能在显微镜下清晰显出金属组织为宜。

②浸蚀

浸蚀完毕后即刻取出，并迅速用水洗净，表面再用酒精洗净，然后吹干。

若浸蚀程度不足时，视具体情形可继续进行浸蚀，或在抛光盘上重抛后再行浸蚀。若浸蚀过度时，则须在磨盘或砂纸上重新磨好后再行浸蚀。

经过浸蚀后试样表面有金属扰乱现象，原组织不能显出时，可在抛光盘上轻抛后再行浸蚀。一般如此重复数次，扰乱现象即可除去。扰乱现象过于严重，用此法不能全部消除时，则试样须重新磨制。

10）浸蚀剂

铜导线和铝导线及钢铁金属常用的化学浸蚀剂建议采用下列几种：

金相浸蚀的配比见表 8.1。

表 8.1　金相浸蚀配比表

| 品名 | 浸蚀剂配比 | | 浸蚀时间 |
|---|---|---|---|
| 铜导线 | $FeCl_3$ | 5g | 6～8s |
| | HCl | 50mL | |
| | $H_2O$ 或(酒) | 100mL | |
| 铝导线 | NaOH | 1～2g | 数秒 |
| | $H_2O$ | 100mL | |
| 钢铁类 | $HNO_3$ | 2～4mL | 数秒 |
| | 酒精 | 98～96mL | |

11)显微组织检验

金相检验可用各种类型金相显微镜。显微镜应安装于干燥无尘室中,并安置于稳定的桌面或基座上,最好附有减震装置。

①试样检验

试样检验包括浸蚀前的检验及浸蚀后的检验。浸蚀前主要检验试样的光洁度和磨痕,浸蚀后主要检验试样的显微组织。

②试样观察

在显微镜下观察试样时,一般先用 50～100 倍,当观察细微组织情形时,再换用高倍率。

③观察试样注意

取用镜头时,应避免手指接触透镜的表面。

取用镜头时应特别小心,用毕即放入盒内原处。

物镜与试样表面接近时,应以细调节器调节。调节时应注意物镜头部不与试样接触。

镜头表面有污垢时,应先用细软毛笔或无脂的羽毛拂拭,然后用擦镜纸或软麂皮擦净,必要时可用二甲苯洗擦。

镜头应贮存于干燥洁净的处所,显微镜不使用时需用防尘罩盖起。

12)显微照相

准备作显微照相的试样,应精细磨制,保持清洁。试样的浸蚀程度视照相放大倍数而定。

①放大倍数

照相放大倍数一般为 50～1500 倍。镜头的选择,视所需要放大倍数而定(依照显微镜说明书适当选配)。在低倍放大率(100 倍)情况下,显微镜上使用三棱反射光线以增加亮度及衬度;高倍率时,用平玻璃反射镜以增加分辨率。

②光源

照相使用的光源需调整适宜。所发出的光线需稳定和有足够的强度。照相时应调节光源与聚光的位置,使光束恰好能射入垂直照射器进口的中心,使所得到的影像亮度强弱均匀一致。

③滤光镜

滤光镜应依照物镜的种类而定。若为消色差镜头时,用黄绿色滤光片;若为全消色差镜头时,则用黄、绿、蓝色滤光片均可。

④试样放置

试样应平稳地放在显微镜载物台上，使其平面与显微镜光轴垂直。试样放置后，移动载物台，选择样品上合适的组织部位。并调整显微镜焦距，使影像清晰。

⑤光圈调节

显微镜的孔径光阑（即光圈）须调节至适当大小，使显微镜所见到的像最清晰；显微镜的视场光阑（即光圈）须调节至适当大小，使影像的光亮范围能在底片大小范围内，而得到最佳的调影像反衬。

⑥曝光时间

底片的曝光时间依试样情况（金属种类及侵蚀与否）、底片性质和光亮强弱等因素而定。必要时可用分段曝光法先行试验，自动曝光则可不用考虑。

13）显影和定影

①显影

依照底片的种类选择适当的显影液。显影的温度及时间，应按照底片说明书的规定进行，一般的显影温度为20℃左右。

②定影

定影的温度应在以下。底片在定影液内停留的时间一般为20～30min。定影后的底片用流动清水清洗不少于30min，然后在无尘的室内晾干。若室温超过23℃，为免除底片软化起见，可于显影后定影前经过加硬手段。普通在2％铬明矾[$KCr(SO_4)_2\cdot 12H_2O$]与2％酸性亚硫酸钠[$NaHSO_3$]之水溶液中停留3～5min。底片在显影及定影时，有乳胶的面必须向上。底片须完全浸入溶液内，并时常晃动。

14）晒相

晒相时应依照底片的情况，灯光的强弱选择适当号数的相纸及曝光时间。曝光时间应注意不要太短和太长，应使底片上较暗部分的细致影像线条清晰地显出为度。

按照相纸的种类而选择的显影液。显影时间一般为1～3min。显影后相纸可在含有1.5％醋酸水溶液中微浸，以中和碱性显影液制止显影的作用，然后将相纸浸入定影液中进行定影；相纸在显影液及定影液内时，乳胶面均须向上，并使其完全浸入溶液内。相纸在新鲜定影液中停留的时间为15min左右，若为旧定影液则可酌量延长时间。定影后的相片应在流动清水中漂洗12次，每次约5min，然后烘干。

（3）导线熔痕鉴别

1）火烧熔痕

火烧熔痕的金相组织呈现粗大的等轴晶，无空洞，个别熔珠磨面有极少缩孔（多股导线熔痕除外）。

2）一次短路熔痕与二次短路熔痕区别

一次短路熔痕的金相组织呈细小的胞状晶或柱状晶；二次短路熔痕的金相组织被很多气孔分割，出现较多粗大的柱状晶或粗大晶界。

一次短路熔珠金相磨面内部气孔小而较少，并较整齐；二次短路熔珠金相磨面内部气孔多而大，且不规整。

一次短路熔珠与导线衔接处的过渡区界限明显；二次短路熔珠与导线衔接处的过渡区界限不太明显。

一次短路熔珠晶界较细，空洞周围的铜和氧化亚铜共晶体较少、不太明显；二次短路熔珠晶界较粗大，空洞周围的铜和氧化亚铜共晶体较多，而且比较明显。

在偏光镜下观察时，一次短路熔珠空洞周围及洞壁的颜色不明显，二次短路熔珠空洞周围及洞壁呈鲜红色、橘红色。

在较复杂的情况下判定一次短路熔痕和二次短路熔痕时，须结合宏观法、成分分析法和火灾现场实际情况等综合分析判定。

8.1.4.3　其他方法

雷电灾害调查的方法还有很多，这里介绍采用雷电定位系统进行雷灾的调查与鉴定。闪电定位系统能实时捕抓该地区发生云地闪的每一次闪电情况，包括雷击电流值、雷击的时间、雷击的经纬度和雷击的极性等资料，这些资料有助于对发生的雷击事故进行定量调查。所谓的雷电灾害定量调查就是能够用数据说明被雷击物体的情况，如雷击电流值、雷击时间、雷击的经纬度、发生雷击电流的极性以及被雷击物的直接损失和间接损失等数据。

(1)雷电灾害发生后，应第一时间赶到被雷击的现场和被雷击的物体，采用手持式 GPS 定位仪进行准确定位，将数据记录下来；

(2)在现场通过询问有关人员确定发生雷击的时间；

(3)将测量的数据与闪电定位系统的数据进行对比，寻找在那个时段前后 30 分钟以及区域 3km 半径的所有雷击，找出与雷击时间和雷击距离最近的那个雷击，然后查出该雷击的雷击电流幅值、雷击的时间、雷击的经纬度和雷击的极性等资料。如果闪电定位系统的数据与现场的雷击时间和距离的数据有较大的出入的话，则不能马上判定该受损建筑物为雷击造成的，可能是其他原因造成的，如电气短路造成的损坏等等。

## 8.2　调查报告编制方法

雷电灾害调查报告应客观、完整、科学、公正，包括以下主要内容。

(1)雷电灾害的报告人(单位)、接报人(单位)、调查组的组成人员；调查报告的撰稿人、核稿人、签发人。

(2)灾害发生的具体时间、详细地点、受灾单位(人)、灾害形式、损失情况、灾害等级。

(3)调查内容要求方法中规定的全部资料。

(4)检测、检查、鉴定的测试技术报告。

(5)相关鉴定、分析技术报告。

(6)评估意见、整改建议。

## 8.3　雷电灾情应急预案

### 8.3.1　雷电灾害预警应急总则

(1)雷电灾害预警应急目的

保证雷电灾害应急工作高效、有序地进行，提高雷电灾害的应急处置能力，避免或者减轻雷电灾害造成人员伤亡和财产损失。

(2)雷电灾害预警应急原则

1)坚持由政府统一领导、分级管理、气象部门与其他部门密切联动、分工协作、综合协调、快速高效原则。

2)坚持资源优化配置、信息全方位共享、信息快速传递原则。

(3)雷电灾害预警应急依据

1)《中华人民共和国气象法》;

2)《中华人民共和国突发公共事件总体应急预案》;

3)《中华人民共和国突发自然灾害应急分预案》;

4)《重大气象灾害预警应急预案》;

5)《中国气象事业发展战略研究成果》;

6)《重大突发性气象灾害信息报送标准和处置办法》;

7)《突发公共事件应急气象保障业务服务规定(试行)》。

### 8.3.2 地(市)级应急预案

市气象局发布三级启动命令后,市级气象局及其所属气象业务单位和县级气象局应当启动相应的应急程序:

1)应急机构相关应急人员全部到位,实行24小时主要负责人领班制度,全程跟踪灾害性天气的发展、变化情况;

2)市级气象局应当主动加强与省气象局所属气象业务单位的天气会商,并根据省气象局所属气象业务单位发布的指导产品,做好雷电灾害的跟踪预报、预测、警报服务工作;

3)市级气象局应当及时向省气象局和本级人民政府报告气象灾害的发生、发展及其预报服务情况。

发生或可能发生雷电灾害的县级气象局按四级响应的有关规定执行。

### 8.3.3 县级应急预案

县级气象局发布四级启动命令后,应当启动相应的应急程序:

1)应急机构相关应急人员全部到位,实行24小时主要负责人领班制度,全程跟踪灾害性天气的发展、变化情况;

2)县级气象局应当主动加强与市级气象局所属业务单位的天气会商,并根据市级气象局所属业务单位发布的指导产品,做好雷电灾害的跟踪服务工作;

3)根据应急工作需要各业务岗位按照职责做好实时监测、加密观测、滚动预报、跟踪服务;

4)县级气象局应当及时向市级气象局和本级人民政府报告雷电灾害的发生、发展及其预报服务情况。

## 8.4 案例分析

### 广东省云浮罗定市雷击事故调查

2007年6月4日下午2点20分,广东省云浮罗定市龙涌林场梅子岭工区发生了一起导致5死3伤的雷击事故。广东省气象局迅速组织人力物力并按照雷电灾害调查程序展开事故的调查分析。

1. 现场调查情况

(1)事故现场环境

遭受雷击的简易工棚位于两个山坡之间的空旷地区，对面山坡高度约为 100m，后面山坡高度约为 60m，如图 8.2 所示。工棚右侧有一水塘。工棚内的照明用电用木杆从对面山坡经水塘边架空引入棚内，如图 8.3 所示。工棚后有 3 株树，高度约为 7m，经检查，树木上未发现闪络痕迹，也没有异常枯萎现象。

图 8.2　遭受雷击的简易工棚

图 8.3　简易工棚右前方的水塘和架空电线

(2)工棚内部及人员伤亡情况

遭受雷击的工棚是一个长条形简易竹棚，长 11.3m，宽 5.2m，高 2.5m。雷击事故发生时工棚内共有 24 人。死伤人员共 8 人(其中死亡 5 人，伤 3 人)，均来自云南省文山市广南县。死亡 5 人分别为：杨××，男，36 岁；郑××，男，20 岁；刘××，男，33 岁；陆××，男，21 岁；唐××，女，45 岁。受伤 3 人分别为：胡××，女，21 岁；李××，男，39 岁；胡××，男，49 岁。在简易棚内电灯下周围的 4 人死亡，3 人受伤，在门口正准备进入棚内 1 人死亡。工棚内人员伤亡位置见图 8.4。

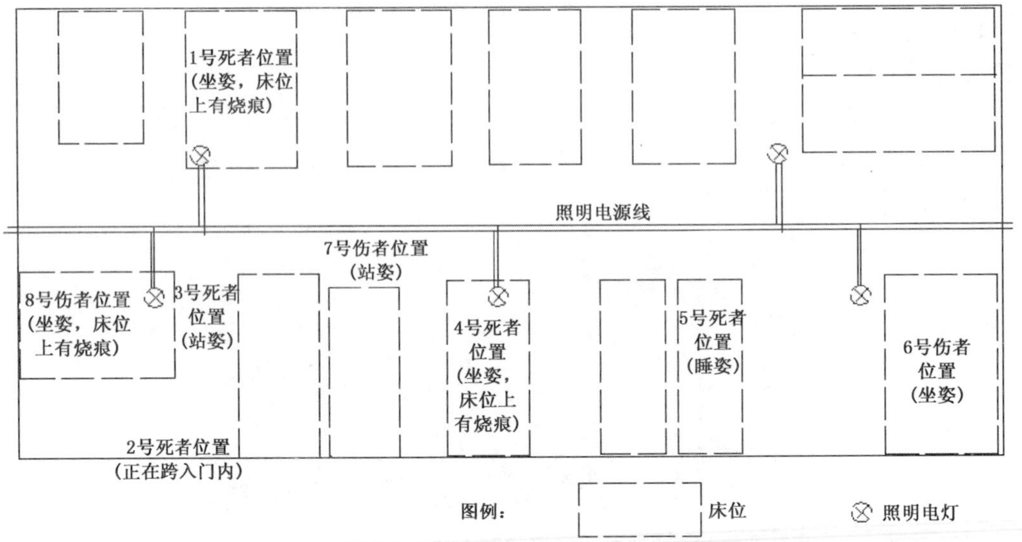


图 8.4　人员伤亡位置示意图

在 1 号死者位置的两层塑料床垫布上发现重叠在一起的圆形烧孔，直径为 2 cm，如图 8.5 所示。挂在 1 号死者床位上空的电灯电源线烧断痕迹，插头上也有烧痕，如图 8.6 所示。

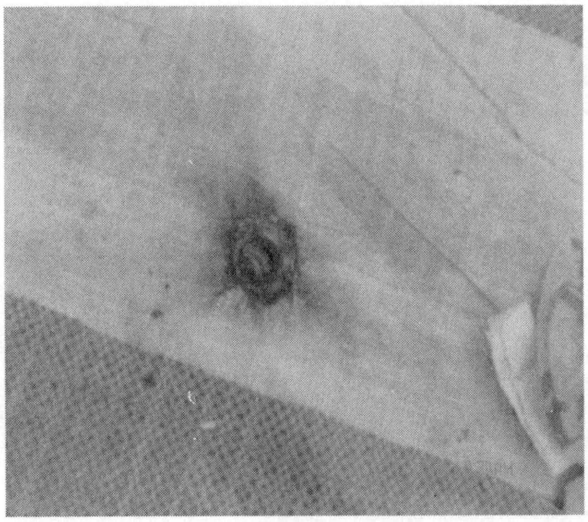

(a)上层垫布烧痕

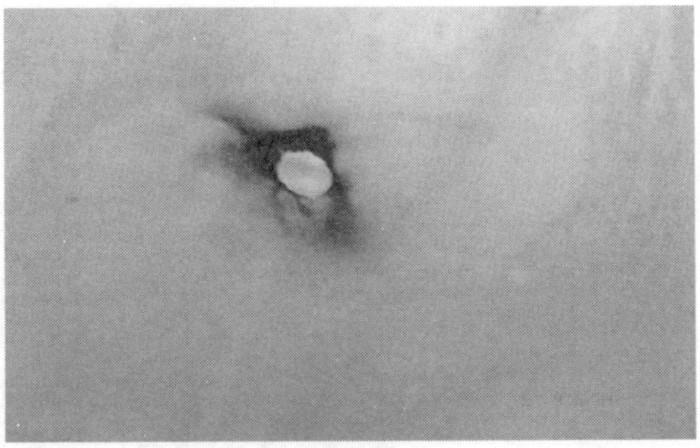

(b)下层垫布烧痕

图 8.5　1 号死者位置塑料床垫布烧痕

经检查工棚的塑料顶棚后发现，3 号死者位置上方的顶棚有 5 个被击穿的孔洞，如图 8.7 所示。工棚顶棚击穿孔洞及与 3 号死者相对位置如图 8.8 所示。

2. 闪电监测定位资料分析

用 GPS 定位仪器测量到事故发生位置为：东经 111.715306，北纬 22.677722，如图 8.9 所示。

2007 年 6 月 4 日全天罗定市共监测到 1174 次地闪，其中围底镇共 69 次，见图 8.10。

图 8.6 1 号死者床位上空的电灯及位置图

图 8.7 3 号被击穿的孔洞

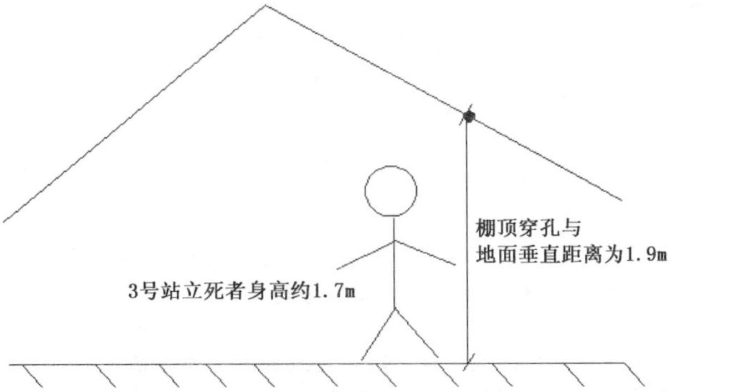


图 8.8 击穿孔洞及与 3 号死者相对位置图

查询 14:00—15:00 时间段内，事故发生地点 500m 半径内的地闪记录，共有 2 个，见表 8.2。

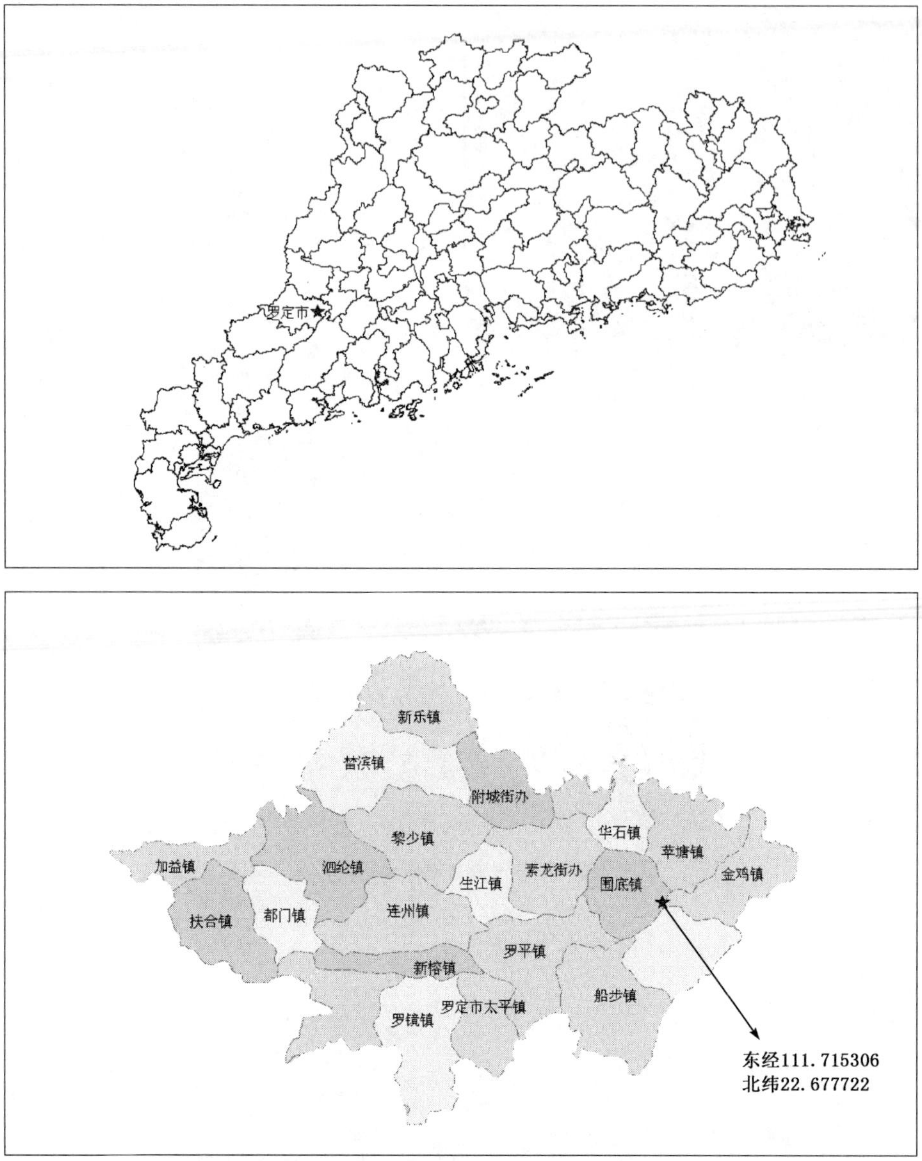


图 8.9 事故发生地位置图

**表 8.2 雷击点半径 500m 电流强度与发生时间**

| 北京时 | 电流(kA) |
| --- | --- |
| 14:20:46 | −44.7 |
| 14:21:25 | −12.2 |

其中,最接近事故位置的疑似肇事雷击记录是:时间为 14:20:46,强度为:−44.7 kA。

3. 事故调查结论

综合以上现场勘察情况、省闪电定位系统记录、目击证人证词、死伤人员身体雷电闪络痕迹等要素分析,调查组一致认为,6 月 4 日罗定市龙涌林场梅子岭工区简易工棚内民工 5 死 3

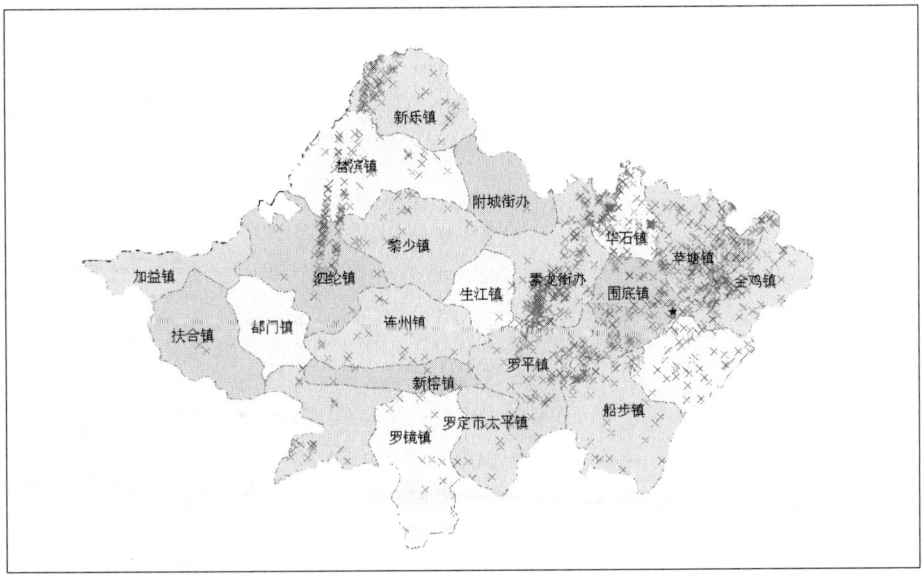


图 8.10　广东省闪电定位系统 6 月 4 日全天监测到的罗定市地闪分布图

伤事故的原因是：14：20：46 的强雷电的非主通道枝状闪击导致工棚内电源供电线多处发生闪络，击中工棚内当时特定位置人员所致，属不可抗拒的自然灾害，但工棚没有安装防雷装置是此次事故的主要原因。

广东省气象局罗定市"6·4"事故调查组
二〇〇七年六月五日

## 复习思考题

1. 雷电灾害调查的流程。
2. 雷电灾害调查时应注意的问题。
3. 雷电灾害调查报告应包括哪几部分？
4. 雷电灾害调查技术手段是什么？

# 第9章 雷电监测与预警预报

**内容提要**

通过本章学习要求了解闪电监测的主要技术手段和方法，以及国内外雷电监测与预警的现状与发展趋势；熟悉闪电定位系统、雷达、大气电场仪等设备的工作原理，以及监测的指标；掌握闪电监测资料的分析与应用，以及雷电预警预报方法和思路。

## 9.1 雷电监测

雷电监测定位技术是通过对闪电辐射的声、光、电磁场(包括了无线电测向技术)信息的测量，进而确定闪电放电的空间位置和放电参数。短暂的闪电放电辐射出了自甚低频(very low frequency，VLF)至特高频(ultra high frequency，UHF)很宽频带的电磁脉冲，频率范围从极低频到特高频，其中以VLF/LF(low frequency，低频)辐射为最强。

闪电电磁脉冲辐射场探测手段在地基闪电定位技术上应用最为广泛。甚低频段一般采用磁定向法(magnetic direction finder，MDF)、时差法(time of arrival，TOA)以及磁定向和时间差联合法；甚高频段一般采用窄带干涉仪定位法(interferometer，ITF)或者时差法；从探测站点布设方式上可分为单站定位和多点联合定位。

### 9.1.1 大气电场观测系统

大气电场强度是大气电学的基本参数，雷暴活动往往引起地面电场的变化，大气电场是贯穿于雷电生命期的各个阶段的重要参数之一。大气电场对于大气、雷暴和闪电的研究中都有重要的意义，大气电场仪适合在各种易起静电或易受静电危害的场所监测大气电场的变化。

由于大气电场仪可以测量大气电场及极性的连续变化，所以它能够监测近距离静电电场的慢变化，甚至是比较弱的慢变化，因而对雷暴过顶时的大气电场很敏感，可以用于局地的雷暴监测和预警。大气电场仪还可以联网使用，监测局域地区的空中电荷分布。监测大气电场的仪器不仅有大气电场仪，还有快天线和慢天线。闪电定位系统是测量闪电回击的电磁脉冲波形，可以测量较远距离的雷电活动，大气电场仪和闪电定位系统两者结合使用，可以组成整个区域内雷电活动的监测网。

#### 9.1.1.1 大气电场仪的传感器原理

在静电场中放置一导体，导体表面就会产生感应电荷，其感应电荷密度为

$$\Phi = \varepsilon KE \tag{9.1}$$

式中，$\varepsilon$ 为空气中的介电常数(近似于真空中的介电常数)，$K$ 是由于导体放入电场中所引起的电场畸变系数，$E$ 为电场强度。如果导体的面积为 $S$，则感应的电荷量为

$$Q = \Phi S = \varepsilon KES \tag{9.2}$$

设感应导体对地的电容为 $C$，由此造成的感生电动势为

$$V = Q/C = \varepsilon KES/C \tag{9.3}$$

根据以上公式，如果测量出 $V$ 就可以得到大气电场 $E$，电场传感器就是按照此原理研制的。金属导体通过一个电阻接地，就会有电流通过，当电场变化时，测出此电流的变化就可知电场的变化。在静电场(由静止电荷所激发的电场称为静电场)中，电场基本不变或变化缓慢，根据动态感应原理，要测量这种电场，必须使处在于静电场中的导体产生变化的电荷，因此采用对一个导体屏蔽和去屏蔽装置的方法。

大气电场仪对导体屏蔽和去屏蔽装置的方法是通过定片(感应片，又称定子)和动片(接地屏蔽片，又称转子)实现的。当转子的叶片和定子的叶片完全重叠时，由于接地转子的屏蔽作用，电力线不能到达定子叶片上，故感应的电荷为 0，而随着转子的转动，定子叶片逐渐露出，出现逐渐增大的感应电荷。因此，定子上的电荷呈周期性变化

$$I = \frac{dQ}{dt} \tag{9.4}$$

仪器可通过测量电流的大小进而推得电场的大小

$$Q = \varepsilon SKE \tag{9.5}$$

式中，$S$ 为感应等效面积。

为了连续测量大气电场变化及其电场的正负极性，该传感器采用了机械动态旋转的测量方法(场磨)，其主要由动片、定片、机械传动系统、前置放大器和同步信号发生器等组成。

#### 9.1.1.2　大气电场仪的电路原理

电场测量控制器将下列功能集于一身：电场信号模拟放大、电场信号鉴别、模拟信号驱动输出、电场信号数字化处理以及预编程序控制的电场数据自动采集、显示、传送和遥测遥控。

电场测量控制器主要由模拟电子线路模块、单板机及电源模块等组成。模拟电路的主要功用，是把传感器送来的微弱信号和同步信号进一步放大。放大后的两路信号，同时输入电场信号鉴别电路，鉴别出变化的有正负极性的电场信号，通过滤波器消除无用的杂波后，得到了与电场强度相对应的直流信号。该信号再经驱动电路放大，分三路向模拟—数字(A/D)转换电路、数字显示器和外部模拟记录设备输出。单板机是一块功能强大的微控制器板卡，它自带有 8 位的中央处理器(CPU)、12 位 A/D 转换器、标准的 RS232 接口及 I/O 接口，并装有 256KByte 内存和 128KByte 的 Flash，CPU 的时钟为 20MHz。它的主要功能是按照预编的程序，进行电场模拟信号的模数转换和数据处理，并通过 RS232 接口接收外部数据或其他计算机设备的指令，根据指令可进行自动数据采集或实现遥控遥测，同时向外部发送电场数据。

#### 9.1.1.3　地面电场的观测

地面电场仪可以测量晴天和雷暴天气条件下地面大气平均电场的大小和极性的连续变化，能够灵敏地响应近距离雷暴活动发生发展的过程。由于单点的地面大气电场是空中所有电荷在该点产生的电场的矢量和，所以只利用单点地面大气电场的测量结果不能准确反映雷

暴云中的雷电活动状况，需要地面大气电场仪的组网观测，并通过其他观测手段大致确定雷暴云的空间位置（如地基全天空云的观测），才能根据电场资料反演得到较为可靠的雷暴云中强电荷中心的强度、极性和分布。如何充分有效地利用地面电场仪组网观测资料进行雷电监测预警到目前为止仍然是一个没有解决的难题，还需要大量的理论分析和实验观测研究。

### 9.1.2 雷达观测系统

雷达既能够发射又能接收电磁波，雷达通过天线定向发射电磁波，在大气中以近似光速（$c$）传播，碰到空中的云、雨、冰雹时，一部分电磁波能被反射回来，并被雷达天线所接收，再由雷达接收机放大在显示器上显示。反射回来并被雷达天线接受的电磁波称为回波。从雷达发射电磁波的方向确定目标的方位，从发射到接收回波的时间确定目标距离，由回波的强度和变化确定目标物的特性，在雷达显示器上直接观察被测物的位置、强度等。雷达对于强烈天气过程的观测有较好的优越性，可以及早发现和识别雷暴云。

雷达观测时分：(1)PPI（plan position indicator，平面位置显示器）扫描显示，这是仰角固定，改变方位（0°～360°）的扫描方式，能观测四周水平范围内的云雨回波的距离、方位和回波的形状、大小等；(2)RHI（range－height indicator，距离－高度显示器）扫描显示，这是方位角固定，改变仰角（0°～90°）的扫描方式，能观测垂直范围内云雨回波距离、高度和回波的形状、大小等；(3)立体扫描显示，以最低仰角开始进行 PPI 扫描，并依序增加仰角至完成所有仰角的 PPI 扫描，称为一个立体体扫。PPI 扫描特征回波形态有钩状回波、指状回波、弓形或人字状回波、V 形缺口、入流缺口等，RHI 扫描特征回波形态有尖顶状假回波、辉斑回波、悬挂回波，砧状回波等。

雷达能较好地观测云中粒子的一些宏观特征，尤其是双向偏振天气雷达能够提供云内粒子的相态、排列取向、空间分布和尺度谱等细致信息，观测精度高，具备了分辨雷暴云的能力。由于雷暴云内的起电与其中的微物理过程息息相关，使雷达成为了目前最适合于开展雷电监测和预警工作的观测设备。雷达探测循环时间短，通常的多普勒雷达两次体扫之间的时间间隔只有 5～6min。

雷电监测预警系统中，既可以采用雷达在某一高度上的基本反射率，也可以采用组合反射率来进行强回波区域的识别、跟踪和外推。对于不同类型的对流云，其回波强度的最低阈值不一样，最小面积以及最大移动速度的阈值也不尽相同，预报员可以根据具体需要采用不同的设置。

目前，天气雷达在世界上许多国家都已建成观测网络并投入了业务应用，因此利用多普勒雷达进行雷电的监测预警是目前相关领域研究的重点之一。用雷达进行监测不足之处是，雷达在体扫过程中存在一些盲区，在某些区域中的雷暴单体无法被探测到。

### 9.1.3 闪电定位监测系统

#### 9.1.3.1 闪电定位技术

(1)甚低频（VLF/LF）定位技术

早在 20 世纪初，科研者把传统的 VLF/LF 无线电（磁）测向技术用于远程（1000km 以外）雷电活动的监测，曾获得成功。但当雷电活动与测站距离变小到 300～500km 时，闪电通道的非垂直性（具有一定的水平分量）开始影响测向精度，最终导致所有监测到的信号都无法来定向，从而导致 MDF(确定向法)法(VLF/LF 频段)一度在雷电定位方法上的应用进展缓慢。

1)VLF/LF 的 MDF 定位技术

在 20 世纪 70 年代，一项基础研究的成果，使雷电定位技术获得了新生。研究表明，在地闪(云对地的闪电放电)回击(主放电)的瞬间，十分靠近地面的通道垂直于地面。如果能探测到地闪过程仅在这段时间的辐射，那么应用 MDF 法进行雷电定位的障碍就可被基本清除，而这一部分辐射有明显的波形特征，便于在技术上实现波形捕捉。由此，在该波形特征研究的基础上，出现了新一代有波形鉴别技术并加有时间门限的 VLF/LF 段 MDF 技术及其多站网络，从而使实时雷电定位技术变成现实。

采用一对南北方向和东西方向垂直放置的正交环磁场天线测定闪电发生的方位角，比较两个环天线上感应的信号的幅度和极性即可求出磁场的水平方向。并与水平放置的电场天线组合鉴别地闪波形特征。工作程序为：

单站 MDF 探测仪实时测出闪电到达本站的时间、方向、极性、强度、回击数等参数；

实时将所测数据发往中心数据处理站进行方向交汇定位处理；

将处理结果(位置、强度等参量)实时发给各图形显示终端。其基本原理如图 9.1 所示。

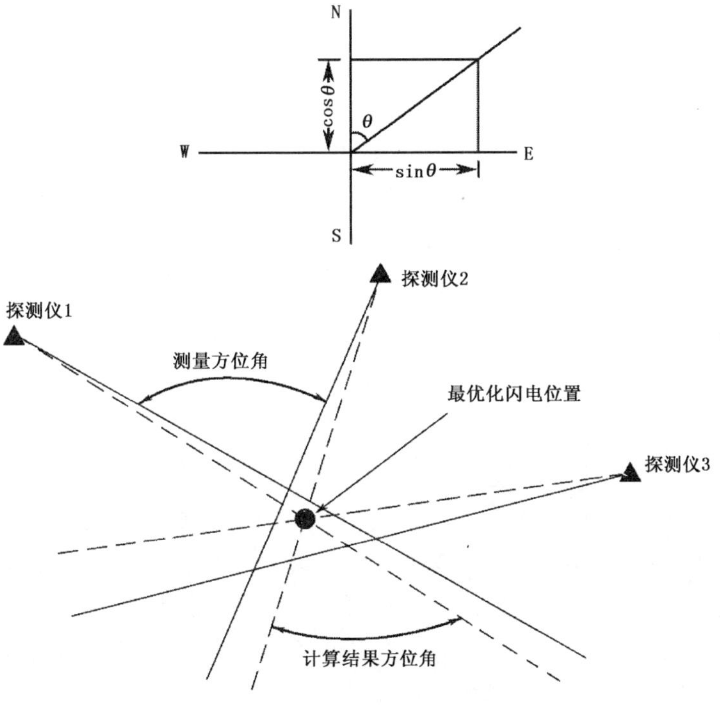


图 9.1　磁定向法(MDF)闪电定位原理

图 9.1 中，实线：雷击点的测量方位角；虚线：估计的最理想位置的方位角矢量；实线的交点：方位角矢量的三个不同交叉 点所确定的三个可能的雷击点；实心圆：最理想的雷击点位置(实心圆)是由函数 $\chi$ 的最小值确定的

$$\chi^2 = \sum_{i=1}^{N}\left(\frac{\theta_{mi}-\theta_i}{\sigma\theta_i}\right)^2 + \sum_{i=1}^{N}\left(\frac{E_{mi}-E_i}{\sigma E_i}\right)^2 \tag{9.6}$$

式中，$\theta_i$ 和 $E_i$ 是未知的方位角以及电场峰值，$\theta_{mi}$ 和 $E_{mi}$ 是在第 $i$ 个观测站得到的方位角以及电

场峰值，$\sigma$ 是测量的标准误差。

这种方法的主要缺点是测向精度受测站附近地形地物的影响较大，对天线安装的环境要求高，因此实际探测精度不是很高。

2）VLF/LF 的 TOA 技术

20 世纪 70 年代之后，美国和英国的科学家分别发展了一种 VLF/LF 的到达时间（TOA）技术。TOA 定位技术采用闪电电磁脉冲到达不同测站的时间差进行闪电定位。其原理是：设闪电信号在空气中的传播速度为常数 $c$（光速）；第 $i$ 和第 $j$ 个探头收到闪电信号的时间分别为 $t_i$ 和 $t_j$；闪电击地点距两站的距离差为

$$\Delta d = (t_i - t_j)c \tag{9.7}$$

即：击地点位于以 $i$，$j$ 两站为焦点、到两站距离差恒为 $\Delta d$ 的双曲面上，由于闪击点在地球面上，所以闪击点在该双曲面与地球表面相交得到的空间曲线上；若第 $k$ 个探头也接收到信号，则第 $i$ 与第 $k$ 个探头可确定出另一条空间曲线，2 条空间曲线的交点即为雷击点；多站可确定多条双曲线，由于地形、噪声和干扰等的存在，多于 2 条的双曲线不可能相交于一点，需采用优化算法计算出雷击点最可能发生的位置。图 9.2 为时差法原理图。

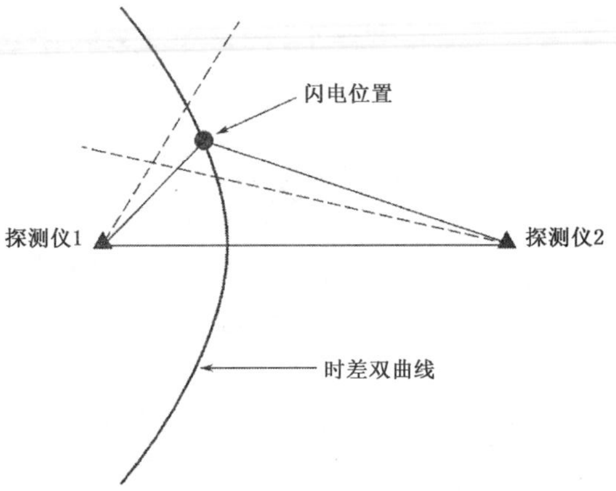


图 9.2　时差法（TOA）闪电定位技术原理

由于 TOA 采用的天线简单，测定闪电回击辐射场到达测站的精确时间，或到达不同测站的时间差，从而避免了 MDF 固有的随闪电与测站距离误差线性增大的缺点。但它对测时精度的要求较高，且至少要三站才有可能定位，同时由于回击波形峰值点随传播路径和距离的不同可能发生漂移和畸变，或者受到环境的干扰，从而导致事件测量误差，使得 TOA 法实际探测误差有时达几百米或几千米。而且如果不借助波形鉴别，它有可能把个别强的云闪误计为地闪。

3）MDF 和 TOA 综合探测技术（IMPACT）

为改进定位精度，将 MDF 和 TOA 两种技术结合在一起发展成了联合闪电定位法，形成了第二代的现代地闪定位系统。采用这种综合探测技术的闪电定位系统的每个探测站既探测回击发生的方位角，又测定回击电磁脉冲到达的精确时间。中心站将根据每个闪电探测的闪电定位系统在不增加探测子站数目的前提下，保证了较高的定位精度，是目前比较实用的闪电定位技术。

其定位原理是：若 2 个探测仪接收到电磁波信号，采用 1 条时差双曲线和 2 个方位角的混

合算法计算回击位置；

若有 3 个探测仪接收到电磁波，在非双解区域，采用时差法，在双解区域，先采用时差法得出双解，然后利用测向法去除假解；

若有 4 个或 4 个以上探测仪接收到数据时，先取 3 个探测仪的数据用 3 站算法进行定位，然后根据最小二乘法，利用其他探测仪的数据校正误差，从而提高 3 站探测的定位精度。图 9.3 是 MDF 和 TOA 综合法原理图。

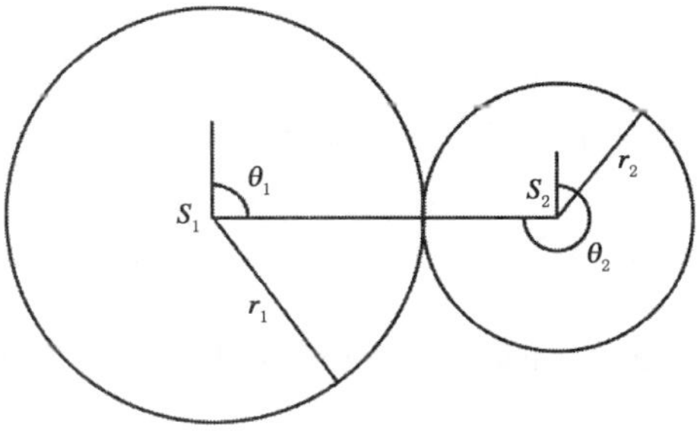


图 9.3　综合探测技术(IMPACT)定位原理图

如图 9.3 所示，假设地闪发生在两个观测站的连线上。来自站点 $S_1$ 有方位角信息 $\theta_1$，距离信息 $r_1$(根据到达时间估计得到)。需要指出的是这个例子中使用了 4 种不同的观测数据：两个角度以及两个距离。定位算法通过这 4 个数据对雷电进行定位并对三个参数给出最优估计：经度，纬度，放电时间。因此，即使在最小只有两个观测站传感器探测到闪电的情况下，这种算法仍然能够提供足够的数据进行闪电的定位估计。

(2)甚高频(VHF)定位技术

由于 VLF/LF 雷电探测技术难以提供闪电通道快速发展过程的信息，20 世纪 70 年代后半期，科学家们又提出并实践了 VHF/TOA(时差技术)和 VHF/ITF(干涉技术)，以及现在的星载的 VHF-UHF 定位技术(TOA 和干涉仪)。

1)VHF/ITF(干涉技术)

VHF 干涉闪电定位技术，是指用干涉法测定闪电放电辐射源位置的方法，包括窄带和宽带两种方法。VHF/ITF(干涉技术)一般采用若干个接受天线振子(它们之间有足够的波程差)，当来波从不同的方位到达天线阵，各个振子上接收到的信号将产生不同的相位差，测定这些振子之间接收到的信号的相差，原则上即能确定来波相对于天线阵的方位。

此后，大部分时间里，它们是作为研究手段被使用。而法国科技人员，进一步发展了 VHF/ITF 技术并使其变为商业产品，也在一些国家进行组网探测，提供闪电通道的二维图像，在一定的范围内还具有给出闪电三维图像的能力，并通过与低频闪电定位技术的结合，具备同时探测云闪和地闪的能力。

2)VHF/TOA 技术

它是低频 TOA 定位法在 VHF 闪电辐射源三维空间定位上的扩展。特别是随着 GPS 技术的发展和成熟，这种定位技术得到了进一步发展。这种技术一般采用窄带甚高频长基线时差法，对每一个闪电辐射源能以很高的时间分辨率(50ns)和空间定位精度(50～100m)进行定位，可以展现闪电放电 VHF 辐射源的三维时空演变过程，同时利用与低频闪电定位系统集成的方式进行云闪和地闪的综合探测。

美国在最近完成了 VHF/TOA 技术向生产商业产品的过渡，该产品具有与其 VLF/LF 和 MDF/TOA 网兼容的二维和三维显示能力，同时也大大改善了闪电定位网对云闪探测不足的缺点。由于 VHF 是视距传播，因此要把天线尽量升高，并力求周围无遮挡物。但该系统没有探测地闪落地点的能力，仍需要利用 VLF/LF 技术对闪电产生的孤立脉冲的定位优势，而 VHF/ITF 技术则对闪电产生的连续脉冲的定位更好一些。

3)星载的 VHF-UHF 定位技术(TOA 和干涉仪)

这种技术可以区别云闪和地闪，有可能识别放电过程细节特征，目前有两种卫星 VHF-UHF 定位系统正在研制、试运行中。一种是利用目前的 GPS 卫星系统，搭载类似 FORTE(一种用于雷电研究的，装有 VHF 探测及光学设备的低轨道卫星)上的 VHF 接收机，利用 DTOA(到达时间法)技术，实现全球闪电的定位监测。目前已有单个 GPS 卫星搭载这种接收机的试运行结果，整个 GPS 卫星系列搭载尚未进行；另一种则是利用干涉仪天线阵列，探测和定位闪电 VHF 辐射的 ORAGES(星载 VHF 辐射观测计划)。但利用这两种技术实现星基闪电定位的计划仍在试验阶段。鉴于星载 VHF-UHF 定位技术的优势，这方面技术的发展、研究将是未来雷电天基探测的一个重要方向。

(3)光学闪电探测

美国从 20 世纪 60 年代开始研制卫星闪电探测仪，先后研制了曝光光度计、光电二极管、扫描辐射计等不同种类的卫星闪电探测仪。这些探测仪器暴露出定位精度差、探测效率低、只能在某些时间观测、无法提供闪电特征等缺陷。在 80 年代，NASA 利用 U－2 高空飞机作为观测平台，开展闪电辐射特性观测试验，并在 90 年代中期成功研制出新一代光学闪电成像仪卫星闪电光学瞬态探测器 OTD(optical transient detector)和闪电成像传感器 LIS(lightning imaging sensor)，并由低轨道卫星携带上天，从根本上改变了卫星闪电探测的局面。

ODT 和 LIS 是 NASA 研制的光学闪电探测系统，两者系统相似，都是搭载在极轨非太阳同步卫星上，垂直向下观测雷暴云中闪电发出的强烈光脉冲，结合一个窄带干涉滤光器将影像聚焦在高速的(500 帧/s)、128 像素×128 像素的电荷耦合装置(charge coupled device，CCD)焦平面上。干涉滤光器的中心波长为 777.4nm，最大半宽为 0.856nm。OTD 和 LIS 可以给出闪电发生的时间、经纬度、闪电光辐射能、持续时间等信息。

OTD 是闪电光学成像探测的第一台原理性样机，于 1995 年 4 月由 MicroLab－1 卫星携带上天，工作到 2000 年 3 月。轨道高度 750km，轨道倾角 70°，采用 128 像素×128 像素 CCD 面阵，像素空间分辨率 10km，视场 1300km×1300km，探测效率 50%，OTD 在探测效率和闪电定位精度等方面还存在一定的缺陷。

LIS 于 1997 年 11 月由 TRMM 卫星携带上天，至今仍在工作，轨道高度 350km，轨道倾角 35°，也采用 128 像素×128 像素 CCD 面阵，像素空间分辨率 5km，视场 550km×550km，探测效率 90%。LIS 具有根据观测背景辐射状况变化，而改变阈值的功能，更能适应白天和黑夜探测闪电的需要，提高闪电探测效率。由于 TRMM 卫星轨道有 35°倾角，LIS 主要用来探测中低纬度地区热带风暴信息。

OTD 和 LIS 从 1995 年至今，已获得 11 年一个太阳周期的全球连续观测的闪电资料，获得了大量的新的科学成果，得到了全球闪电活动的气候学特征，包括闪电分布的海陆差异、维度变化、时间变化，指出全球闪电频数平均每秒钟约为 46±5 个，被称为三大烟囱的高闪电发生区有着不同的闪电特征，闪电活动存在半年周期，对恩索(ENSO)在某些区域有强影响，是全球气候变化的指示器。OTD 和 LIS 资料还被运用于闪电产生 $NO_x$ 的计算和化学输送模式中。由于 TRMM 上还搭载着辐射仪和降雨雷达，还可以将 LIS 闪电资料和雷暴云的雨强、云顶亮温等参量做相关研究。

然而，由于受卫星平台的制约，OTD 和 LIS 对闪电的观测能力仍然极其有限。这不仅表现在其观测覆盖范围极其有限，而且由于低轨道卫星始终处于绕地球运动状态，ODT 和 LIS 对视场范围内任一地点的注视时间只有大约 90s，获得的闪电事件只是在卫星运行到某个地点而同时该地点又在发生的闪电事件，这仅仅只是该地点全年全部闪电事件中极少量的一部分。因此，ODT 和 LIS 提供的闪电只是局域在一定时间平均意义上的闪电分布频率信息，根本无法实现闪电的实时监测、跟踪和预警。

鉴于此，美国 Walfe 和 Nagler 等在 1980 年首次提出从地球静止轨道卫星平台上对闪电进行成像观测的设想。NASA 从 20 世纪 80 年代后期开始，开展了大量基础性研究，通过 ODT 和 LIS 的研究，完成了技术上的实验和准备，开始规划和研制地球静止轨道闪电成像仪 GLM(geostaionary lightning mapper)，并计划在 2014 年前后由 GOES－R 卫星携带上天。

与低轨道卫星闪电观测相比，地球静止轨道卫星闪电探测仪具有如下优点：①时间分辨率高；②定位精度高；③探测效率高；④提供对闪电的连续细致追踪。尤其是对台风、暴雨等强对流空气的移动过程和路径，具有连续监测、跟踪和预警的能力，是 ODT 和 LIS 根本无法相比的。规划中的我国第二代地球静止轨道气象卫星风云 4 号将携带卫星闪电成像仪。风云 4 号卫星闪电成像仪，是目前已经明确的继美国后第二个列入发展计划的地球静止轨道闪电成像仪。可以预期，一旦风云 4 号卫星闪电成像仪成功发射并正常运行，必将从根本上改变我国闪电探测及相关应用和研究领域的面貌。

研究表明，闪电定位系统的数据能够较可靠地反映雷暴过程的发展趋势，不同类型风暴的天气过程的闪电特征不同，同一次风暴过程的不同阶段的闪电特征也不同，但这些认识还处于现象学阶段。要发展可用于业务的诊断和预报技术，还要进一步深化对机理的认识，在原有的闪电资料的基础上，针对不同地区强对流活动的特点，建立可靠的诊断指标和预报方法。目前，美国强风暴实验室和俄克拉荷马大学研究人员，使用雷达、探空、自动气象站等多种气象探测手段获得的信息，开发了天气决策支持系统。

#### 9.1.3.2　闪电定位资料的判读

闪电定位系统能识别云闪和地闪，对于科学客观判定各种闪电有不同的方法。这里仅介绍使用最多的地闪资料的分析与判读方法。在地闪监测资料中，地闪发生时间、位置、电流峰值和极性、回击次数以及每次回击的参数等数据是闪电定位系统的实时输出定位数据(又称熟数据)，而与之对应的是多个探测站接收的原始数据(又称生数据)。这些长期积累的定位数据和原始数据就成为雷电参数统计的监测资料。

对于监测数据，其地闪时间以参与定位的探测站高精度时钟标定，时间精度高达微秒($\mu$s)级；地闪位置，通常以 3 站以上时差定位确定，在系统有效覆盖区域内定位误差＜1km；地闪雷电流峰值采用多站信号强度归一化(100km)处理方法，雷电流峰值分布趋于合理、公式拟合程度高。地闪雷电流极性由多站电场传感器测定，极性判别置信度高。由于雷电电磁波传播衰减与变形以及电磁波波形反演缺乏基本边界条件，LLS 目前仍无法给出正确的雷电流波形或陡度参数。

雷电参数的统计以雷电监测资料中的原始数据为主要分析对象，采用统一定位分析模型

(PAM05)及雷电流幅值归一化(100km)修正模型,对监测资料中的原始数据按时间、空间、雷电流主体属性进行重算,并依据站位分布权重剔除3站定位的第二解算点。依据重算结果建立统计样本库,对需统计及地面落雷次数的统计样本,按探测效率进行订正。

统计样本均指主放电样本,对于主放电的后续放电,不作为统计样本。统计样本较好地解决了历年雷电定位系统测量数据的一致性问题。另外,由于闪电定位设备的局限性,低频探头有可能将云闪引起的小幅值的正闪误判为正地闪,因此还需要将"小幅值闪电"剔除。"小幅值"闪电的界定要根据各地实际情况进行定义。

### 9.1.4 雷电监测产品应用

#### 9.1.4.1 灾害调查分析

在进行雷电灾害调查中,调查组可以依据闪电定位仪、雷达回波、卫星云图、大气电场仪等监测到闪电资料,确定事故点是否具备落雷天气条件,判断云地闪电的生成时间与方向。雷电流幅值和陡度是造成雷电灾害事故的主要原因,因此雷电流强度大小以及闪电发生时间、地点是确定雷击事故重要的方面。

在利用闪电定位系统的资料时,需要掌握雷电灾害发生的时间、位置、强度、极性等,了解闪电的生成时间与方位,确定事故点是否具备落雷的天气条件,确定是否是雷击引起的灾害事故,对于火灾,是雷击起火还是人为纵火事故或者可燃物自燃引起火灾事故等。

利用雷达资料时,根据雷达回波演变显示,灾害现场所在地区是否有强对流天气活动,是否有雷暴天气过程,强雷达回波移动方向,雷达回波的最大强度为多少。此外,观察灾害发生时大气电场仪记录,包括电场强度、电场变化曲线等数据。

如果灾害现场发生的时间、位置和监测系统监测到的雷电在时间、位置(≤1km)上吻合,可直接判定是由雷击产生的灾害。若雷电定位的位置或≥30 dBZ 的雷达回波位置距事发点1km以远,则根据雷击产生的热效应、机械效应、电磁感应、雷电波侵入、剩磁等现象来确定是否为雷击引起的灾害。

【案例】

2007年,重庆开县"5·23"雷击事故发生后,重庆市防雷中心工作人员开展了事故调查分析。首先,从5月23日天气形势分析发现该日白天由于北方冷空气入侵和高空低槽东移,促进了冷暖气流在重庆东北部交汇,具备了良好的动力条件,易触发强雷暴天气的发生,从热力条件和大气垂直温度分布情况(大气层结)分析(图9.4),重庆沙坪坝探空23日08时,最大对流有效位能为1346J/kg,$K$指数为41℃。经验表明,当对流有效位能大于1000J/kg或者当$K$≥35℃时就可能产生雷暴天气。可见在重庆及附近地区已经具备了产生较大范围强雷暴天气的能量条件,大气层结不稳定。

其次,从卫星云图分析(图9.5),23日12时开始在重庆东北部的城口附近有强对流云团生成,且范围逐渐扩大,到23日13时强对流云团已经影响到开县全境,发生雷击事情件的义和镇16时处于强对流云团系统的南部边缘,位于亮温梯度大区和低于−52℃强低值区域。

最后,结合闪电定位系统资料(图9.6)和GPS确定的学校位置(经纬度),查找到被雷击小学在5月23日16:15发生了多次闪电,该小学附近方圆2km范围,16:00—16:30有6次闪电发生,正是在这个时间段内发生了雷击小学的灾害事故,从而为雷灾后制定科学的决策和防雷措施提供了相关依据和参考。

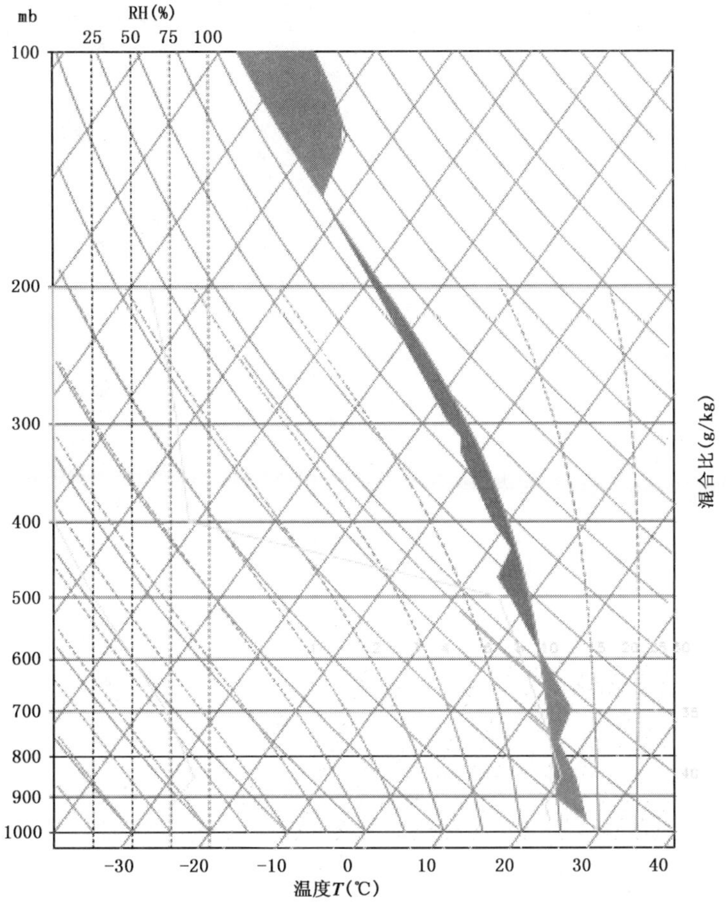


图 9.4　2007 年 5 月 23 日 08 时重庆 $T-\ln p$ 图

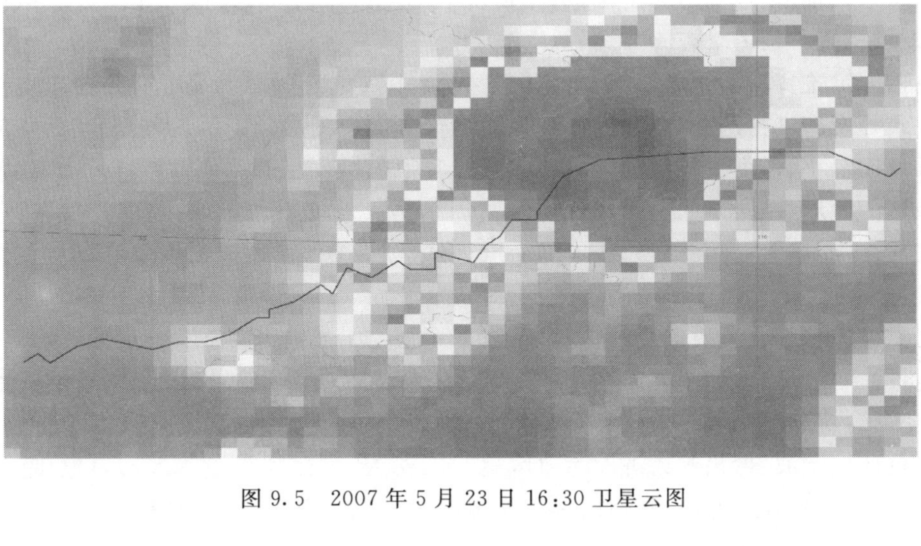

图 9.5　2007 年 5 月 23 日 16:30 卫星云图

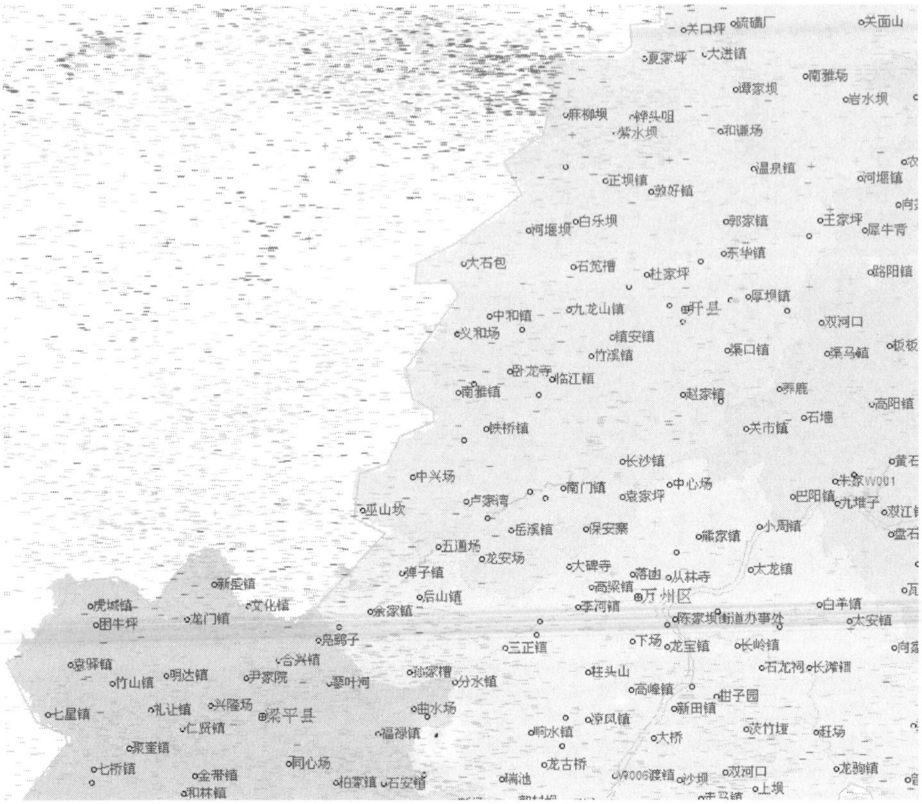


图 9.6 2007 年 5 月 23 日 16:30 重庆闪电定位资料

#### 9.1.4.2 风险评估与区划

雷电定位系统通过对自然界落雷情况进行监视、定位，能大范围实时遥测地闪发生的时间、地点、雷电流幅值、极性与回击次数，呈现雷电活动的实时动态图，并建立雷电监测信息数据库，以便供相关单位随时查阅与调用。

雷电监测定位资料的积累，可为雷电灾害风险评估与区划提供参考。如在对电力、电信、铁路和建筑等设施进行选址和规划时，应该尽量避开闪电活动频繁的地区，将工程位置选在雷电发生频率比较小、强度比较低的区域。如浙江省地闪密度呈现明显的地域性分布，沿海平原到内陆山区的地形过渡带（如温州和台州区块）和大城市（杭州和宁波）地闪密度较高，浙西和浙南山区次之，浙东沿海和海岛地区地闪密度最低（图 9.7），在地闪密度较高区域就应当加强雷电防护。

在对雷电灾害综合风险进行评估时，可以采用层次分析法，结合闪电定位资料，选取相关因子，分析得到其风险区划图。如利用 ArcGIS 的自然断点分级法将浙江省雷电灾害风险划分为五个等级，得到浙江省雷电灾害风险区划图（图 9.8）。其中，高风险区位于杭州（包括萧山区和余杭区）、宁波、台州等经济发达地区，长兴、安吉、天台和临海等地形过渡带；低风险区域主要位于甬台温沿海、海岛、衢州西部和丽水南部等地区；其他地区为中风险区。

#### 9.1.4.3 应急处置与救援

在突发事故现场应急处置和救援工作中，雷电灾害防御工作特别是在雷暴季节就显得极

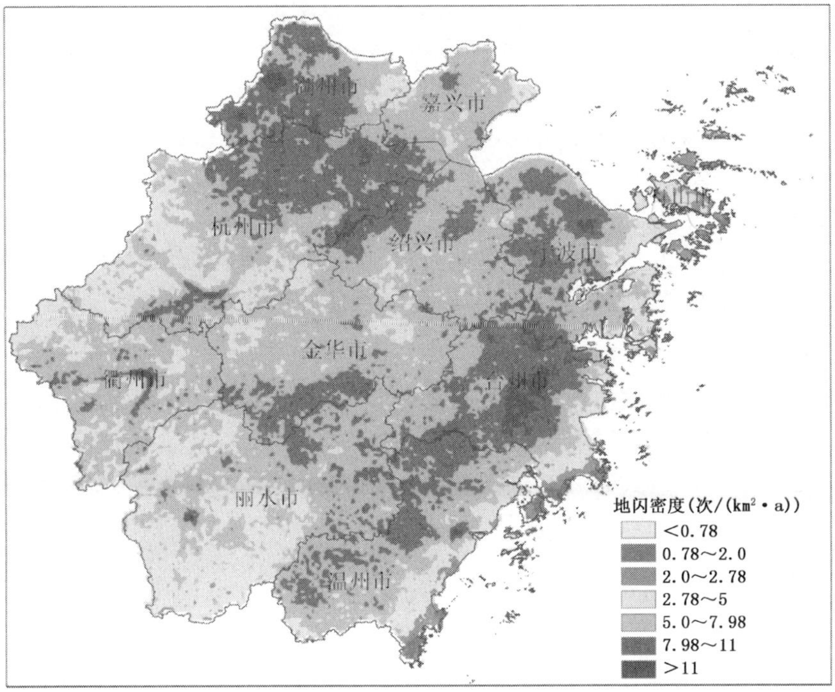


图 9.7　浙江省 2005—2011 年平均地闪密度图

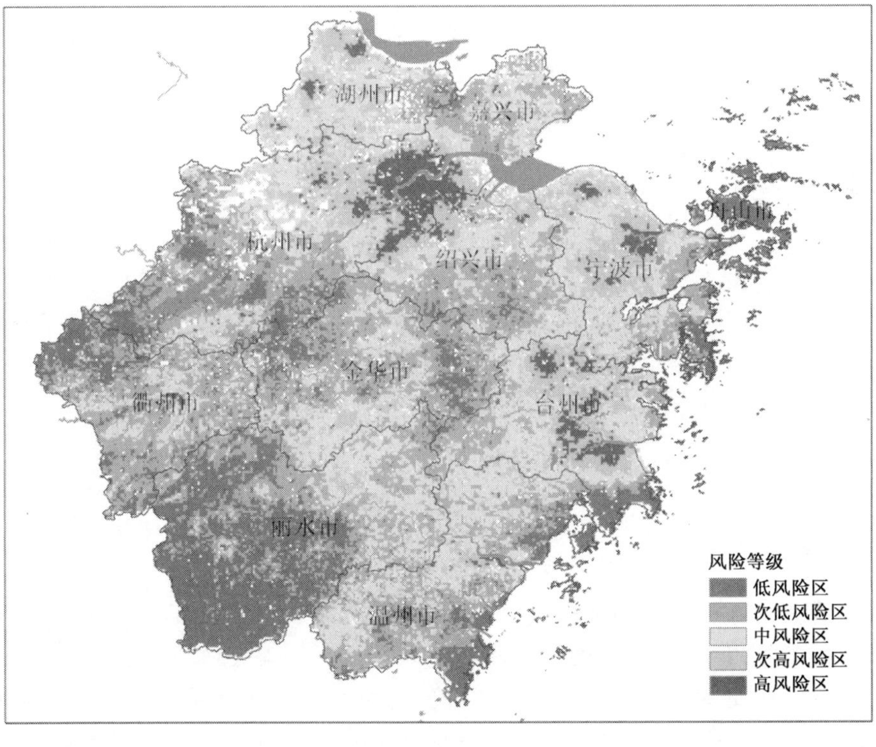


图 9.8　浙江省雷电灾害风险区划图

其重要。针对应急救援场所，其临时用房是否需要安装防雷装置，需根据闪电定位系统获取的雷电参数进行科学分析；现场的防雷安全保障也需要据其适时监测资料做出的雷电预警并及时采取防范措施。

国内外还没有针对临时用房是否应该安装防雷装置的判定标准。《GB 50057—2009 建筑物防雷设计规范》对永久性建筑物做出相应的防雷规定。因此，据 GB 50057—2009 临时用房就不需要强制安装防雷装置，即达不到三类防雷建筑物的标准。实际上，临时用房特殊的地理位置、环境及自身的特点，其雷电灾害事故也时有发生，因此，应结合当地闪电定位资料确定的地闪密度或雷电日，来判定该临时用房是否需要安装防雷装置。

#### 9.1.4.4 能源输送方面应用

电力系统利用雷电监测定位系统一方面实时监测雷电在电网上的活动情况，及时抢修雷击故障点，另一方面根据雷电活动统计结果，对雷电活动比较频繁区域的线路进行防雷维护、管理。油气管道方面，实时监测输油、输气管道及泵站附近的雷电活动情况，为安全服务，或者修建管道时避开雷电活动频繁的地方。

(1)交通方面应用

民航方面，实时监测航线上、机场附近雷电活动情况，为飞机安全起飞降落、航线选择、飞机调度提供依据；高速公路方面，实时监测高速公路上的雷电活动情况，提供安全指挥依据以及为高速公路收费亭位置选择提供参考；铁路方面，实时监测电气化铁路附近的雷电活动情况，为安全指挥提供依据。

(2)信息通信方面应用

电信系统利用雷电监测定位系统一方面实时监测雷电在主要通信线路上、微波站、无线通信基站附近的活动情况，及时抢修雷击故障点；另一方面根据雷电活动统计结果，对雷电活动比较频繁区域的线路、微波站、无线通信基站进行科学防雷维护，或者避开雷电活动频繁区域。

(3)森林火灾方面应用

森林火灾的监测方面，森林大火尤其是原始森林大火大部分是雷击引起的，林业部门根据地面的植被情况及天气现象，对容易雷击引起火灾的地方加强管理。另外雷电监测数据对古树的雷电防护可提供参考。与传统测量手段获取雷电参数相比，科学地应用雷电监测资料可以获取更能准确反映雷电活动特征的新的雷电参数。雷电参数反映了雷电活动的规律，雷电参数的测量和分析是进行雷电科学研究的基础工作。

## 9.2 雷电预警预报

### 9.2.1 雷电预警预报概述

雷电灾害是强对流性天气造成的主要灾害之一，由于雷电形成迅速而给其预警预报带来了极大的困难。长期以来，国内外的研究和业务人员在利用雷达和卫星等探测资料进行雷电预警预报方面做了大量深入的研究工作。中国气象科学研究院近期开展了雷电预警预报技术和方法研究，并开发了雷电临近预警系统软件(Lightning Nowcasting and Warning Systems, CAMS_LNWS)。但是我国雷电预警预报技术和方法的研究刚刚起步，目前还没有成熟的可供预报服务实际使用的业务产品，没有开展有针对性的雷电预警预报业务。

20 世纪 80 年代美国曾经开展了对流降水试验计划 CAPE，近期美国 NWS 和 NOAA 实施的 STEPS 试验项目，其主要目的是研究雷暴电荷与结构与天气过程的关系，STEPS 实验项目的探测试验中采用了三维 VHF 闪电探测系统 LMA 和多普勒天气雷达等探测设备。另外还采用空间分辨率为 4km×8km、时间分辨率为 5min/次的同步卫星红外云图和美国国家闪电监测网的地闪定位结果，对比了云顶冷却率超过 0.5℃/min 的时间和首次地闪出现的时间，指出利用云顶温度的快速冷却的监测结果又可能开发出一种能提前半小时或更长时间临近预报雷电的方法。

### 9.2.2　雷电预警预报服务

雷电预警预报业务平台由雷电预警预报产品生成、人机交互决策以及雷电预警预报产品发布三大部门组成，简述如下。

(1)雷电预警预报产品生成

根据雷电预警预报方法，使用计算机、数据库、图形处理等技术编制应用软件，自动滚动生成多种雷电预警预报产品。

(2)人机交互决策

上述产品运用计算机网络技术自动上网，供预报员使用。预报员根据本地地形、下垫面等特征，对预报产品进行订正，做出雷电预报结果，并根据雷电预报等级，发布雷电警报。

(3)雷电预警预报产品发布

雷电预警预报产品除了通过电视、广播、报纸等发布外，还可以通过“12121”气象咨询台、短信专用平台和 Web 服务等形式发布。“12121”气象咨询台主要服务于各地电话用户，短信专用平台主要面向广大的移动通信用户，特别是及时向边远山区的乡镇领导及广大群众发布雷电预警信号，Web 服务主要是通过因特网向专业用户提供服务。

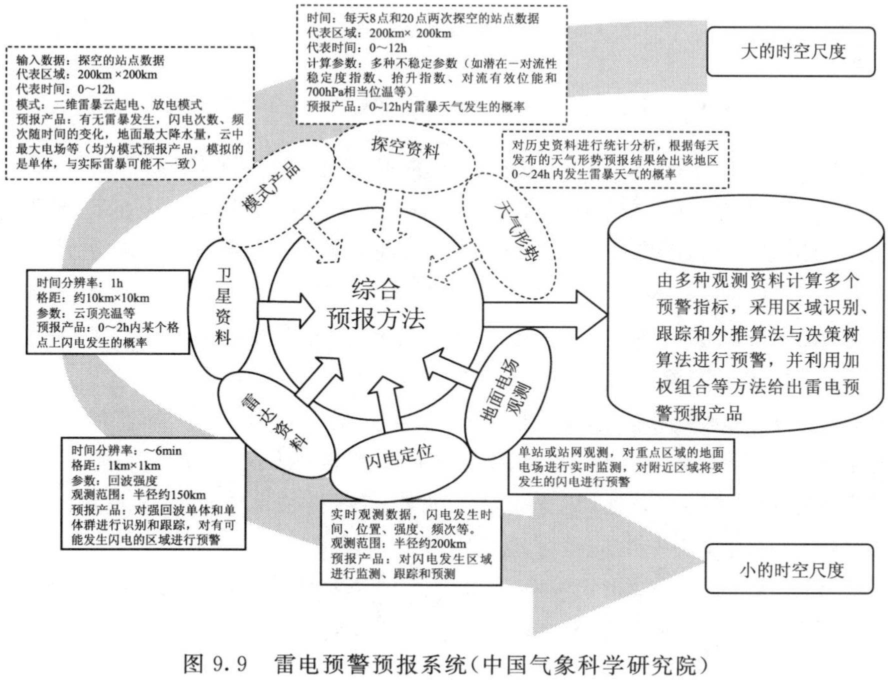


图 9.9　雷电预警预报系统(中国气象科学研究院)

图 9.9 给出了雷电预警预报系统的整体框架，主要有以下几个特点：

1)不同时空尺度观测资料的综合应用：依据观测资料的时空尺度，分别给出不同时空尺度上的预报结果。利用天气形势预报产品、探空资料和雷暴云起电、放电模式(代表区域约200km×200km，预报时效为0～12 h或0～24 h，非格点化资料)，在大的时空尺度上给出雷电活动潜势预报。利用卫星、雷达、闪电定位仪等(大范围卫星定时观测，小范围闪电定位议和雷达实时或准实时的观测，均为格点化资料)对强对流天气系统进行监测，对有可能发生闪电的区域进行识别、跟踪和外推，给出雷电活动发展和移动的趋势预报，并结合地面电场仪的实时观测，提供局部地区的雷电临近预报。

2)系统的模块化结构：每种资料的应用都采用独立的模块(图 9.10)，既容易实现不同模块之间的相互调用以及综合预报模块对子模块预报结果的调用，也便于以后对预警方法的不断升级和改进。

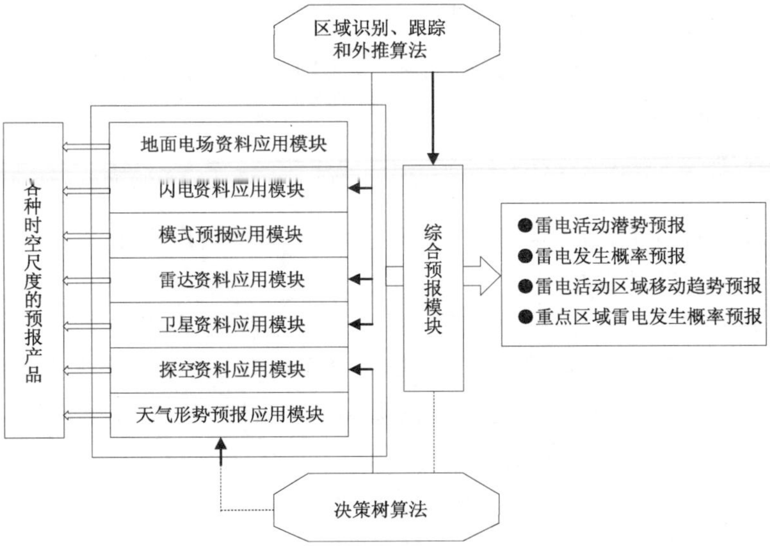


图 9.10 雷电预警预报系统模块结构(中国气象科学研究院)

3)区域识别、跟踪和外推算法与决策树算法的应用：区域识别、跟踪和外推算法能够用于闪电定位、雷达和卫星资料应用模块以及综合预报模块，把已经发生闪电的区域和有可能发生闪电的区域识别出来，并利用多个时次的观测资料对这些区域进行跟踪和外推，预测 0～2 h预警范围内有可能发生闪电的区域。决策树算法应用的前提是要有足够多的实例对该算法进行分类训练，受观测资料的限制，目前只是在探空资料应用模块中采用了该算法。随着观测个例的增多，决策树算法也有希望在其他模块中加以应用，对各种预警指标进行遴选。

4)雷电活动资料及其云和降水关系的综合分析应用：闪电定位仪的监测结果除了能够用于对雷电发生区域进行外推预测外，在利用卫星云图和雷达回波资料进行雷电预报的过程中也要综合考虑闪电定位结果，另外，地面电场实时观测资料与雷电活动也是紧密相关的，因此，在卫星和雷达资料应用模块中也应考虑地面电场的观测记录。

5)人机交互功能：用户可以指定参与预报的各种资料及其预报结果在综合预报中所占的相对权重，并且可以输入预报员的经验预报结果参与综合预报。

### 9.2.3　几种预警预报方法和资料

#### 9.2.3.1　卫星观测资料应用

对于卫星资料在雷电临近预警中的应用，目前 CAMS_LNWS 采用的是辐射亮温 TBB 资料，采用下述预警指标：

(1)双 TBB 阈值：设为 $T_1$(D. TBB)和 $T_2$(D. TBB)，且 $T_1$(D. TBB)＞$T_2$(D. TBB)，例如可分别选为－32℃和－52℃。对 TBB≤$T_1$(D. TBB)的区域进行识别、跟踪和预测，在这些区域中如果存在 TBB≤$T_2$(D. TBB)的格点，则认为该区域有可能发生闪电，预警提前时间为 $t_F$(D. TBB)。则从最后一个时次开始，在跟踪结果中往前搜索一直符合上述条件的区域，设该区域符合上述条件的最早时刻为 $t_0$(D. TBB)，则预测 $t_0$(D. TBB)＋$t_F$(D. TBB)之后该区域可能发生闪电。

(2)TBB 递减率阈值 $T$(C. T. C)：该指标需要至少两个时次的资料，对 TBB≤$T_1$(C. T. C)(可取为－32℃)的区域进行识别、跟踪和预测，对每个区域中的最小 TBB 的变化进行计算，如果某个区域最小 TBB 的递减率超过 $T$(C. T. C)，则认为该区域有可能发生闪电，预警提前时间为 $t_F$(C. T. C)。后面的处理与上述双 TBB 阈值法类似。TBB 递减率阈值可取为 0.5℃/min，对于地闪的预警，国外的研究结果表明 $t_F$(C. T. C)为 0.5 h 或更长时间。

#### 9.2.3.2　雷达资料应用

通过对北京地区 2005 年夏季的 20 个单位雷达资料与探空和闪电资料结合进行的综合分析，得出了 40dBZ 回波顶高是作为该地区雷电预警比较合适的雷达特征回波参量的结论。而回波顶高所需要达到的特征高度稍微有别于国外的研究结论，需要在达到 0℃层结高度以上后在结合－10℃层结高度、$P$ 值(40dBZ 回波突破 0℃层结高度后，单体在这个高度上 40dBZ 以上回波占 25dBZ 以上回波的体积百分比)的变化等判据进行进一步的判断。

利用雷达资料对单体是否发生闪电，以及初次闪电发生时间段的预报方法可以归纳为以下几个步骤：

(1)观察单体 40dBZ 回波顶高随时间的变化。如果 40dBZ 回波顶高突破并维持在 0℃层结高度之上，则单体有很大的概率将要发生闪电。

(2)在满足了上述条件后继续观察单体 40dBZ 回波顶高的变化。如果 40dBZ 回波顶高突破了－10℃层结高度，则判断在满足该条件的雷达体扫时间后约 15min 时间之内将发生初次闪电。

(3)若 40dBZ 回波顶高未能突破－10℃层结高度，则观察单体的 $P$ 值变化。如果 $P$ 值突破并能够维持在 5%以上一段时间，则在满足该条件的雷达体扫时间后约 15min 内将会发生单体的初次闪电。

(4)若上述(2)和(3)条的条件均不能满足，而单体 40dBZ 回波顶高又始终能够维持在 0℃层结度高以上，则可以认为在短时间内单体不会发生闪电。但如果单体生命史足够长，在更长时间后发生闪电的概率依然较大。

此外，当单体中回波从 25dBZ 上升到 35dBZ 时，也就是回波强度变化率达到极大值时，这个变化时间差与单体中初次云闪和初次地闪之间的时间间隔也存在一个线性相关。这可以进一步为单体可能发生地闪的时间进行预报提供一个参考依据。

对于结构比较复杂得雷暴云，目前还没有比较好的方法对雷电活动进行预报，还需要深入研究。

9.2.3.3 闪电监测资料的应用

随着全国地闪定位站网和局部地区总闪定位系统的建设，闪电资料在雷电预警中将起到越来越重要的作用。通过区域识别、跟踪和外推算法，可以对已经发生闪电的区域进行识别，利用一段时间的监测资料就能进行跟踪和预测，特别是总闪定位系统能够提供云闪的信息，可以为地闪提供更长的预警时间。

利用地闪定位资料进行雷电临近预报实际上就是预测雷电活动的移动趋势，只能靠提前预测雷电活动的位置信息来保证提前预警时间；而云闪一般提前于地闪发生，其定位结果在一定程度上能够增加地闪的提前预警时间，在 CAMS_LNWS 中也考虑了此项预警指标，在有云闪观测结果并且是对地闪进行预警时采用。

另外，在同时拥有闪电监测资料以及雷达、卫星等实测资料时，需要综合考虑这些资料。例如在利用雷达、卫星资料对强对流区域进行识别、跟踪时，参考雷电定位结果，判断这些区域是否已经发生闪电，将为下一时段外推得到的强对流区域是否会发生闪电提供决策依据。

9.2.3.4 大气电场资料应用

对于地面电场观测数据，目前主要采用了两个预警指标进行雷电临近预警：电场瞬间变化量和电场平均变化趋势。每秒一次的采样率是可以在一定程度上反映闪电放电引起的电场变化的，因为闪电发生后，地面电场恢复到闪电前的状态需要一定的时间，所以根据观测到的电场瞬间变化(相邻 2s 地面电场值之差)能够大体上判断出在近距离是否发生了闪电。对于电场平均变化趋势(如采用 1min 的平均值)来说，不适于在近距离有闪电发生时使用，因为近距离有闪电发生时(特别是闪电频繁发生时)，很可能闪电发生之后地面电场还未完全恢复就发生又一次闪电，这样每分钟平均值的变化会是杂乱无章的。但是在闪电还未发生前、最后一次闪电发生后或者闪电发生频率较低时(可舍弃闪电发生之后一段时间的数据不参与平均值的计算，若闪电发生频率较高，可能会造成根本没有数据适于计算平均值)，还是可以利用电场平均值的变化趋势作为预警指标的，特别是雷暴发展初期，云中电荷处于积累阶段，通过对大气电场平均值的变化趋势的预测，可以对闪电的发生进行有效的预警。

### 9.2.4 雷电临近预报

临近预报(nowcasting)是指 0～2 h 的天气预报，实时观测资料是主要的决策依据，如雷达、卫星、闪电定位仪、大气电场仪等。美国空军第 45 天气中队总结出的以雷达为工具的雷电临近预报经验规则，主要用到了最大回波强度及其出现高度、强回波体积、顶高等参数，对单体雷暴、砧状云、碎云等的云闪、地闪的预报提供了不同的规则，特别是选用了云顶高度参数作为预报因子，并在 1996 年亚特兰大奥运会的气象保障预警业务中得到应用。不同地区的雷暴活动特征是不一样的，因此，在我国的雷电临近预报中如何有效地利用各种观测资料还需要大量的研究工作。

### 9.2.5 雷电潜势预报

9.2.5.1 雷电天气潜势预报

雷暴中存在着强对流、强起电、强降水等天气现象。雷电与强对流及短时强降水是雷暴的必然产物，相互依存，因此雷电天气潜势预报与强对流潜势预报具有相似性。雷电天气潜势预报是天气预报和雷电预报共同关注的交叉点，是天气研究和雷电研究相结合的产物，因此其预报方法的研究也可从天气预报技术和雷电物理过程的数值预报出发，探讨雷暴中雷雨云发展、强风暴系统与雷电活动的发展演变规律。

雷电潜势预报主要思路包括：依托国内外雷电天气预报方面的科研成果，基于对雷电天气与其他强对流天气发生之间的关系的分析，利用历史资料建立我国不同地区雷电易发天气形势背景类型库，寻找造成雷电天气的各种敏感因子，分析天气实况并利用具有业务化能力的中尺度数值模式产品，并改进高分辨数值预报产品的动力释用和统计释用技术，开展大气物理参数的动力诊断分析，结合雷暴系统活动及变化特征，建立雷电天气物理参数的动力诊断分析，结合雷暴系统活动及变化特征，建立雷电天气潜势预报方法。如华北地区产生强对流天气的基本形势主要有：冷涡型、横槽型、涡前低槽型、阶梯槽型和西北气流型等 5 种，各地气象台站还有更多的经验总结，为便于推广使用，CAMS_LNWS 的天气形势预报产品应用模块中所有参数的设置都采用配置文件来实现，对于不同地区，预报员可以设定不同的天气形势以及发生雷暴天气的概率等参数。

雷电天气潜势预报也可以直接建立在雷电天气数值预报的基础上。雷电的发生是雷暴云中电荷累积的结果，只有当雷暴云中电荷积累到一定程度达到击穿电场强度之后闪电才开始发生，雷电定位和监测系统也才能对其进行监测。因此结合中尺度数值预报对雷电进行动力诊断和潜势预报，研究雷暴云发生首次闪电之前的强电荷活动中心的发生发展演变特征，对雷电的预警预报非常重要。如果能准确了解首次闪电发生之前雷暴云的电活动状况，将可以大大提前预报闪电的发生。利用三维雷暴动力一电模式与数值预报模式的耦合，选择适合的时空格距，在数值预报提供的背景场中，选定分析区域触发雷暴动力一电模式，并结合地面大气电场观测网的观测，研究雷电和雷暴发生发展演变过程，能够提供雷电天气潜势预报产品。

#### 9.2.5.2 雷电决策树算法预报

决策树方法(decision tree method，DTM)因其具有直观、简要、清晰的决策过程的特点而被广泛应用，DTM 是科研人员和预报员根据专业知识和经验设计的一种决策方法。决策树学习是应用最广的归纳推理算法之一，是一种逼近离散值函数的方法，对噪声数据有很好的稳健性并且能够学习析取表达式(张义军等，2009)。图 9.10 就是采用决策树算法(decision tree algorithm，DTA)，将探空资料计算得到的对流有效位能(convective available potential energy，CAPE)、对流性稳定度指数和潜在性稳定指数作为预报白天雷电活动的条件属性，利用北京地区 08:00BT 的探空资料(1995—1997 年 6—9 月)和与每一次探空对应时间之后 12 h 内、以中国气象局为中心 250km 范围内的地闪个数得到决策树。对决策结果给出的雷电活动等级(4 种可能取值：无、弱、中、强)、雷暴天气发生概率(所有符合该路径的个例中有雷电发生的个例所占的百分比)和符合该路径的总个例数(163 个)分析发现，决策树共有 25 条路径，其中只有 8 条路径上的个例数不低于 10 个，有 6 条路径只有 1 个个例(有 2 条路径还只用到了两个条件属性就得到了决策结果)。

另外，DTA 不仅仅适用于探空资料应用模块，只要涉及的是利用多种参数进行决策的过程并具有足够多的个例可用时就可以采用 DTA 来遴选较为合适的参数，并生成决策树。当然，结合预报员的专业知识和经验知识，建立 DTM，或者对 DTA 生成的决策树进行改进(尤其是对总个例数比较少的路径)都将有利于提高雷电潜势预报的准确度。

9.2.5.3　雷电数值模式预报

雷暴云起电、放电模式的研究随着实验室实验结果的增多、探测技术和计算机技术的飞速发展而取得了很大的进展，CAMS_LNWS 中也初步考虑了雷暴云起电、放电模式的应用。目前采用的模式是中国科学技术大学大气遥感实验室基于中国气象科学研究院积云数值模式的框架，考虑了感应和非感应起电参数化方案并成双向随机放电模式建立起来的二维雷暴云起电、放电模式，输入资料采用 MICAPS 提供的探空数据，包括各层的气压、海拔、温度、露点温度、风向和风速等。CAMS_LNWS 会根据用户设定的时间自动获取之前 12 h 之内的探空资料(每天 08:00BT 和 20:00BT 两次)，能够模拟得在该探空的天气条件下可能产生的云闪和地闪次数等特征。

对于北京及周边地区夏季的雷电活动，统计结果表明：该地区闪电活动在时间分布上存在两个峰值时间段，13:00—21:00BT 和 23:00—次日 05:00BT。下午的对流活动主要是太阳辐射造成地表加热引起的，而凌晨的对流活动主要是由于云顶辐射冷却和夜间行星边界层急流等原因造成的。而利用雷暴云起电、放电模式进行模拟时，是在模式初始场地面附近加入了一个暖湿泡扰动引起对流，与自然情况是有一些差异的，加上一天只有两次探空，所以模拟结果只是大致表示了探空之后 12h 内该地区发生闪电的可能性。图 9.11 给出了利用雷暴云起电、放电模式模拟得到的 2005 年 6 月 7 日北京地区一次冰雹过程的闪电频次随模拟时间的演变特征。可以看到，在对这次冰雹天气的模拟中，首先产生了大量的云闪，在后期才有地闪发生，与一般的观测时一致的。

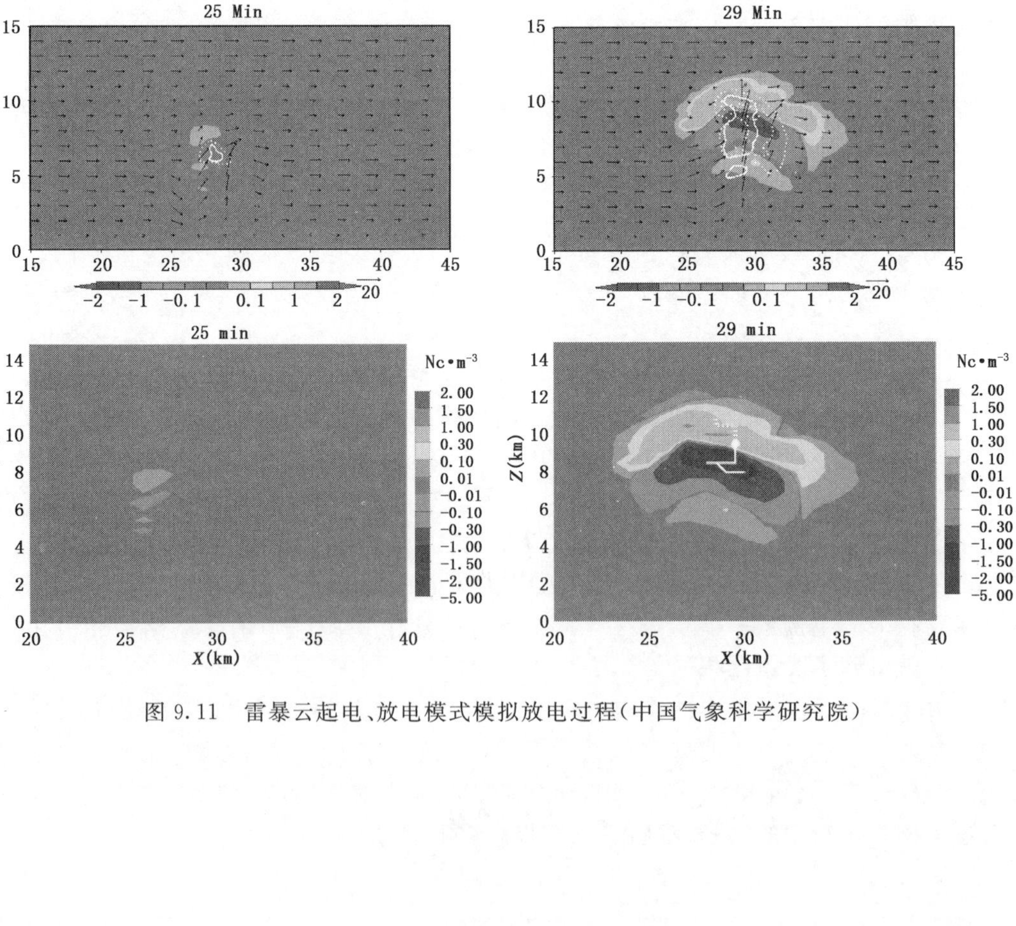


图 9.11　雷暴云起电、放电模式模拟放电过程(中国气象科学研究院)

### 9.2.6 雷电预警的发展趋势

#### 9.2.6.1 雷电临近预报发展趋势

利用单站的电场观测难以估计雷暴云的位置，其预警区域和提前预警时间是非常有限的，并且存在一些不确定性；另外，由于地面大气电场测量受安装环境的影响较大，尤其是在城市地区，很难找到理想的安装条件。因此，不同站点采用的平均电场预警指标是不一样的，需要进行场地校正或根据长期观测寻找经验判据。

对于过境的雷暴，由于电场仪的有效响应范围有限，能够提前预警的时间受很大限制（当然，组网观测或其他观测，如雷达、卫星、闪电定位等）。而对于电场仪观测网区域内新生的雷暴云，理论上地面电场观测能够达到很好的预警效果（采用电场平均变化趋势作为预警指标），这还需要用实际观测进行检验。

#### 9.2.6.2 雷电潜势预报发展趋势

在国家气象中心强对流与强降水潜势预报业务平台上，增加雷电潜势预报方法研究和业务平台建设，完善雷暴分析预测手段，并指导全国雷电天气预报业务的开展，实现对雷电及与其相关的强对流天气的移向、移速、强度、影响范围以及持续时间等的预报，形成雷电天气潜势预报指导产品。雷电天气潜势预报产品包括以3～6 h的间隔，给出未来0～12 h内雷电天气落区预报；6 h间隔，未来0～12 h雷电天气出现概率的预报；3 h间隔，未来6～24 h目标区域雷电落区集合预报。同时开展雷电预报产品的检验与评估，建立科学合理的检验方法，对雷电天气预报产品的准确程度和误差进行综合分析，形成客观定量的检验评估产品，为产品的有效使用和预报水平的不断提高提供参考。

#### 9.2.6.3 雷电数值模式预报发展趋势

目前，在CAMS_LNWS中雷暴云起电、放电模式模拟结果的应用是比较简单的，模拟结果只要有闪电发生，就认为0～12 h内200km×200km范围内发生闪电的概率为100%，否则概率为0。可以预见，雷暴云起电、放电模式在CAMS_LNWS中的应用前景是比较广的：积累比较多的个例，对模拟结果和实际观测结构进行统计，可以给出模式预测结果的准确率、误警率等指标，而不只是目前简单给出有（100%）无（0）的预测结果；将雷暴云起电、放电模式与数值天气预报模式相耦合，可以对每个格点区域内发生闪电的可能性进行模拟，能够提高模拟结果的时空分辨率；随着探空技术的发展和加密探空的实施，雷暴云起电、放电模式在雷电预警预报中的作用也将越来越大。

## 复习思考题

1. 目前对于闪电监测有哪些手段和方法？请举例说明。
2. 简述闪电定位技术的种类及其工作原理。
3. 简述闪电定位资料在雷电灾害调查和风险评估中的应用。
4. 闪电定位系统与人工观测的区别是什么？举例说出其优势与局限性。
5. 雷电预警采用的常规资料包括哪些？简述雷电临近预报和潜势预报的思路。
6. 简述决策树与数值模式预报方法的区别及其适用范围。

# 参 考 文 献

陈家宏，童雪芳，谷山强，李晓岚. 2008. 雷电定位系统测量的雷电流幅值分布特征[J]. 高电压技术，**34**(9)：36-40.

陈渭民. 2006. 雷电学原理(2 版)[M]. 北京：气象出版社.

电子工业部第十设计研究院. 1993. GB 50174—93 电子计算机机房设计规范[S]. 北京：

Golde R H. 1983. 雷电(上卷)[M]. 周诗健等，译. 北京：水利电力出版社.

关象石，王凤山，李世英，等. 1997. 国内外雷电灾害事故案例[M]. 北京：气象出版社.

李家启. 2012. 基于闪电定位系统的雷电活动规律分析及其应用研究[M]. 北京：气象出版社.

李家启. 2012. 雷电灾害调查分析与鉴定技术[M]. 北京：气象出版社.

李良福，李家启. 2008. 雷电防护关键技术研究[M]. 北京：气象出版社.

李祥超，赵学余，等. 2011. 电涌保护器(SPD)原理与应用[M]. 北京：气象出版社.

林建民，宁波. 2010. 防雷装置设计与安装[M]. 北京：气象出版社.

吕伟涛. 2006. 雷电物理过程观测和预警方法的研究[D]. 北京：中国气象科学研究院.

马明，吕伟涛，张义军，等. 2007. 中国雷电活动特征分析[J]. 气象科技，**35**(z1)：1-7.

全国气象防灾减灾标准化技术委员会. 2007. QX/T 10.3—2007 电涌保护器第 3 部分：在电子系统信号网络中的选择和使用原则[S]. 北京：中国标准出版社.

苏邦礼. 1996. 雷电雨避雷针工程[M]. 广州：中山大学出版社.

孙景群. 1987. 大气电学基础[M]. 北京：气象出版社.

孙景群. 1995. 大气电学手册[M]. 北京：科学出版社.

王道洪，郄秀书，郭昌明. 2000. 雷电与人工引雷[M]. 上海：上海交通大学出版社.

肖稳安，张小青. 2006. 雷电与防护技术基础[M]. 北京：气象出版社.

许小峰，郭虎，廖晓农，等. 2003. 国外雷电监测和预报研究[M]. 北京：气象出版社.

虞昊，臧庚媛，赵大铜. 1995. 现代防雷技术基础[M]. 北京：气象出版社.

张小青. 2000. 建筑物内电子设备的防雷保护[M]. 北京：气象出版社.

张义军，孟青，马明，等. 2006. 闪电探测技术发展和资料应用[J]. 应用气象学报，**17**(5)：611-619.

张义军，陶善昌，马明，等. 2009. 雷电灾害[M]. 北京：气象出版社.

张义军. 1998. 强风暴中动力和电过程的观测与模式研究[D]. 兰州：中国科学院兰州高原大气物理研究所.

张义军. 2009. 雷电灾害[M]. 北京：气象出版社：110.

中国机械工业联合会. 2010. GB 50057—2010 建筑物防雷设计规范[S]. 北京：中国标准出版社.

中国气象局. 2002. QX/10.1—2002 电涌保护器第 1 部分：性能要求和试验方法[S]. 北京：中国标准出版社.

中国气象局. 2007. QX/T 85—2007 雷电灾害风险评估技术规范[S]. 北京：气象出版社.

中国气象局. 2007. QX/T10.2—2007 电涌保护器第 2 部分：在低压电气系统的选择和使用原则[S]. 北京：中国标准出版社.

中国气象局. 2009. QX/T 103—2009 雷电灾害调查技术规范[S]. 北京：气象出版社.

中国气象局监测网络司. 2004. QX 30—2004 自动气象站场室防雷技术规范[S]. 北京：中国标准出版社.

Berger K，Anderson R B，Kroninger H. 1975. Parameters of lightning flashes[J]. *Electra*，**80**：223-37.

Berger，Volgelsanger，1966. Photographische Blitzuntersuchungen der Jahre 1955－1965 aug dem Monte San Salvatore[J]. *Bull Scheizerischer Electrotechnischer Veren*，**57**：1-22.

Byers H R，Braham R B. 1949. The Thunderstorm，Report of the Thunderstorm Project. U S Weather Bureau U S Govt Printing Office.

Doswell C A. 1985. The Operational Meteorology of Convection Weather. Vol. Operational Mesoanalysis, NOAA Technical Memorandum ERL. ESG-15. April.

Fuchs F, Landers E U, Schmid R, Wiesinger J. 1998. Lightning current and magnetic field parameters caused by lightning strikes to tall structures relating to interference of electronic systems[J]. *IEEE Trans Electromagn Compat*, **40**(4):444-51.

Fuchs F. 1998. Lightning current and LEMP parameters of upward discharges measured at the Peissenberg tower. In Proc 24th Int Conf on Lightning Protection, Birmingham, UK, p17-22.

Jordan D M. 1997. Luminosity characteristics of dart leaders and return strokes in natural lightning[J]. *J Geophys Res*, **102**(18): 22025-22032.

MacGorman D R, Crawford K C. 1993. A lightning strike climatology for Oklahoma[C]. 17th Conference on Severe Local Storms-Conference on Atmospheric Electrcity,J52-57,October,678-774.

MacGorman D R, Rust W D. 1998. The Electrical Nature of Storms[M]. Oxford University Press.

Ogawa T. 1993. Initiation of lightning in clouds[J]. *J Atmos Electr*, **13**:121-132.

Ogawa T. 1995. Lightning currents//Handbook of Atmospheric Electrodynamics[M]. Boca Raton, Florida: CRC Press.

Schonland B F J. 1938. Progressive lightning IV[J]. *Proc Roy Soc Lond*, A**164**(1):32-50.

Takagi N. 1998. Expansion of the luminous region of lightning return stroke channel[J]. *J Geophys Res*, **103**(D12):14131-14314.

Uman M A. 1987. The Lightning[M]. Int Geophys Ser Academic Press, INC Orlando San Diego New York Austin,39.

Prueitt M L. The excitation temperature of lightning. *J Geophys Res*, 1963, **68**:803-811.

# 附录A 名词解释

1. 对地闪击 lightning flash to earth

雷云与大地(含地上的突出物)之间的一次或多次放电。

2. 雷击 lightning stroke

对地闪击中的一次放电。

3. 雷击点 point of strike

闪击击在大地或其上突出物上的那一点。一次闪击可能有多个雷击点。

4. 雷电流 lightning current

流经雷击点的电流。

5. 防雷装置 lightning protection system (LPS)

用于减少闪击击于建(构)筑物上或建(构)筑物附近造成的物质性损害和人身伤亡,由外部防雷装置和内部防雷装置组成。

6. 外部防雷装置 external lightning protection system

由接闪器、引下线和接地装置组成。

7. 内部防雷装置 internal lightning protection system

由防雷等电位连接和与外部防雷装置的间隔距离组成。

8. 接闪器 air—termination system

由拦截闪击的接闪杆、接闪带、接闪线、接闪网以及金属屋面、金属构件等组成。

9. 引下线 down—conductor system

用于将雷电流从接闪器传导至接地装置的导体。

10. 接地装置 earth—termination system

接地体和接地线的总和,用于传导雷电流并将其流散入大地。

11. 接地体 earth electrode

埋入土壤中或混凝土基础中作散流用的导体。

12. 接地线 earthing conductor

从引下线断接卡或换线处至接地体的连接导体;或从接地端子、等电位连接带至接地体的连接导体。

13. 直击雷 direct lightning flash

闪击直接击于建(构)筑物、其他物体、大地或外部防雷装置上,产生电效应、热效应和机械力者。

14. 闪电静电感应 lightning electrostatic induction

由于雷云的作用,使附近导体上感应出与雷云符号相反的电荷,雷云主放电时,先导通道中的电荷迅速中和,在导体上的感应电荷得到释放,如没有就近泄入地中就会产生很高的电位。

15. 闪电电磁感应 lightning electromagnetic induction

由于雷电流迅速变化在其周围空间产生瞬变的强电磁场，使附近导体上感应出很高的电动势。

16. 闪电感应 lightning induction

闪电放电时，在附近导体上产生的雷电静电感应和雷电电磁感应，它可能使金属部件之间产生火花放电。

17. 闪电电涌 lightning surge

闪电击于防雷装置或线路上以及由闪电静电感应或雷击电磁脉冲引发，表现为过电压、过电流的瞬态波。

18. 闪电电涌侵入 lightning surge on incoming services

由于雷电对架空线路、电缆线路或金属管道的作用，雷电波，即闪电电涌，可能沿着这些管线侵入屋内，危及人身安全或损坏设备。

19. 防雷等电位连接 lightning equipotential bonding (LEB)

将分开的诸金属物体直接用连接导体或经电涌保护器连接到防雷装置上以减小雷电流引发的电位差。

20. 等电位连接带 bonding bar

将金属装置、外来导电物、电力线路、电信线路及其他线路连于其上以能与防雷装置做等电位连接的金属带。

21. 等电位连接导体 bonding conductor

将分开的诸导电性物体连接到防雷装置的导体。

22. 等电位连接网络 bonding network (BN)

将建(构)筑物和建(构)筑物内系统(带电导体除外)的所有导电性物体互相连接组成的一个网。

23. 接地系统 earthing system

将等电位连接网络和接地装置连在一起的整个系统。

24. 防雷区 lightning protection zone (LPZ)

划分雷击电磁环境的区，一个防雷区的区界面不一定要有实物界面，例如不一定要有墙壁、地板或天花板作为区界面。

25. 雷击电磁脉冲 lightning electromagnetic impulse (LEMP)

雷电流经电阻、电感、电容耦合产生的电磁效应，包含闪电电涌和辐射电磁场。

26. 电气系统 electrical system

由低压供电组合部件构成的系统。也称低压配电系统或低压配电线路。

27. 电子系统 electronic system

由敏感电子组合部件构成的系统。

28. 建(构)筑物内系统 internal system

建(构)筑物内的电气系统和电子系统。

29. 电涌保护器 surge protective device (SPD)

用于限制瞬态过电压和分泄电涌电流的器件。它至少含有一个非线性元件。

30. 保护模式 modes of protection

电气系统电涌保护器的保护部件可连接在相对相、相对地、相对中性线、中性线对地及其组合，以及电子系统电涌保护器的保护部件连接在线与线、线与地及其组合。

31. 最大持续运行电压 maximum continuous operating voltage ($U_c$)

可持续加于电气系统电涌保护器保护模式的最大方均根电压或直流电压；可持续加于电子系统电涌保护器端子上，且不致引起电涌保护器传输特性减低的最大方均根电压或直流电压。

32. 标称放电电流 nominal discharge current ($I_n$)

流过电涌保护器 8/20 μs 电流波的峰值。

33. 冲击电流 impulse current ($I_{imp}$)

由电流幅值 $I_{peak}$、电荷 $Q$ 和单位能量 $W/R$ 所限定。

34. 以 $I_{imp}$ 试验的电涌保护器 SPD tested with $I_{imp}$

耐得起 10/350 μs 典型波形的部分雷电流的电涌保护器需要用 $I_{imp}$ 电流做相应的冲击试验。

35. Ⅰ级试验 class Ⅰ test

电气系统中采用Ⅰ级试验的电涌保护器要用标称放电电流 $I_n$、1.2/50 μs 冲击电压和最大冲击电流 $I_{imp}$ 做试验。Ⅰ级试验也可用 T1 外加方框表示，即[T1]。

36. 以 $I_n$ 试验的电涌保护器 SPD tested with $I_n$

耐得起 8/20 μs 典型波形的感应电涌电流的电涌保护器需要用 $I_n$ 电流做相应的冲击试验。

37. Ⅱ级试验 class Ⅱ test

电气系统中采用Ⅱ级试验的电涌保护器要用标称放电电流 $I_n$、1.2/50 μs 冲击电压和 8/20 μs 电流波最大放电电流 $I_{max}$ 做试验。Ⅱ级试验也可用 T2 外加方框表示，即[T2]。

38. 以组合波试验的电涌保护器 SPD tested with a combination wave

耐得起 8/20 μs 典型波形的感应电涌电流的电涌保护器需要用短路电流 $I_{sc}$ 做相应的冲击试验。

39. Ⅲ级试验 class Ⅲ test

电气系统中采用Ⅲ级试验的电涌保护器要用组合波做试验。组合波定义为由 2Ω 组合波发生器产生 1.2/50 μs 开路电压 $U_{oc}$ 和 8/20 μs 短路电流 $I_{sc}$。Ⅲ级试验也可用 T3 外加方框表示，即[T3]。

40. 电压开关型电涌保护器 voltage switching type SPD

无电涌出现时为高阻抗，当出现电压电涌时突变为低阻抗。通常采用放电间隙、充气放电管、硅可控整流器或三端双向可控硅元件做这类电涌保护器的组件。也称“克罗巴型”电涌保护器。具有不连续的电压、电流特性。

41. 限压型电涌保护器 voltage limiting type SPD

无电涌出现时为高阻抗，随着电涌电流和电压的增加，阻抗连续变小。通常采用压敏电阻、抑制二极管做限压型电涌保护器的组件。也称“箝压型”电涌保护器。具有连续的电压、电流特性。

42. 组合型电涌保护器 combination type SPD

由电压开关型元件和限压型元件组合而成的电涌保护器，其特性随所加电压的特性可以表现为电压开关型、限压型或电压开关型和限压型皆有。

43. 测量的限制电压 measured limiting voltage

施加规定波形和幅值的冲击波时，在电涌保护器接线端子间测得的最大电压值。

44. 电压保护水平 voltage protection level ($U_p$)

表征电涌保护器限制接线端子间电压的性能参数，其值可从优先值的列表中选择。电压保护水平值应大于所测量的限制电压的最高值。

45. 1.2/50 μs 冲击电压 1.2/50 μs voltage impulse

规定的波头时间 $t_1$ 为 1.2 μs、半值时间 $t_2$ 为 50 μs 的冲击电压。

46. 8/20 μs 冲击电流 8/20 μs current impulse

规定的波头时间 $t_1$ 为 8 μs、半值时间 $t_2$ 为 20 μs 的冲击电流。

47. 设备耐冲击电压额定值 rated impulse withstand voltage of equipment ($U_w$)

设备制造商给予的设备耐冲击电压额定值，表征其绝缘防过电压的耐受能力。

48. 插入损耗 insertion loss

在电气系统中：在给定频率下，连接到给定电源系统的电涌保护器的插入损耗为电源线上紧靠电涌保护器接入点之后，在被试电涌保护器接入前后的电压比，结果用分贝(dB)表示。电子系统中，由于在传输系统中插入一个电涌保护器所引起的损耗，它是在电涌保护器插入前传递到后面的系统部分的功率与电涌保护器插入后传递到同一部分的功率之比。通常用 dB 表示。

49. 回波损耗 return loss

反射系数倒数的模。一般以分贝(dB)表示。

50. 近端串扰 near—end crosstalk (NEXT)

串扰在被干扰的通道中传输，其方向与产生干扰的通道中电流传输的方向相反。在被干扰的通道中产生的近端串扰，其端口通常靠近产生干扰的通道的供能端，或与供能端重合。

51. 小项目

《防雷装置施工监督与验收手册》中所列的项目。小项目中分基本项目和参考项目。基本项目是防雷装置施工监督与验收的基本内容，参考项目是供防雷检测部门对该建筑物在使用时应遵循防雷技术规范及提出建议的分析依据。

52. 子项目

《防雷装置施工监督与验收手册》中的项目分类。包括：垂直接地装置(含桩)、水平接地装置(含承台、地梁)、引下线、接闪器(含接闪网格、接闪带、接闪杆)、均压环、等电位、雷击电磁脉冲防护等共七项。

53. 分项目

高层建筑物防雷装置中应具备的直击雷防护、侧击雷防护、雷击电磁脉冲防护三个项目。一般低层建筑物则只包括直击雷防护和雷击电磁脉冲防护两个项目。

54. 总项目

一栋建筑物防雷装置的总称。

55. 防雷装置检查 lightning protection system check up

对防雷装置的外观部分进行目测检查，对隐蔽部分利用原设计资料或质量监督资料核实的过程。

56. 防雷装置检查 lightning protection system check and measure

按照建筑物防雷装置的设计标准确定防雷装置满足标准要求而进行的检查、测量及信息综合分析处理全过程

57. 雷击风险评估 evaluation of lightning stroke risk

根据雷击大地导致人员、财产损害程度确定防护等级、的一种综合计算、分析方法。

58. 雷电灾害调查 lightning calamity investigation

在雷电灾害发生后，对事故现场情况、背景情况的勘察、取证、鉴定、评估以及做出结论的全过程。

59. 雷电灾害鉴定 lightning calamity appraisal

对事发现场调查得到的资料、数据、背景资料进行分析，对现场提取的物证进行测试以事故的性质及等级。

60. 剩磁法 residual magnetic method

采用对雷击点周围铁磁体剩磁检测判断是否发生雷击的方法。

61. 金相法 metallographic method

对铜、铝导线上的火烧熔珠和短路熔珠的不同金相组织的变化特征进行分析判定是否发生雷击的方法

# 附录 B　某石化仓储项目雷击风险评估分析*

## 第一章　项目概况

广东某高栏港石化仓储项目(一期工程)位于珠海市临港工业区高栏港。该仓储项目包含库区和码头。库区主要包含燃料油罐区、成品油罐区、燃料油泵棚、成品油泵棚、综合办公楼、宿舍、食堂、消防泵房及配电房、锅炉房、维修车间及实验室、装车台、地磅值班室、门卫室以及污水处理站,在油库中还有大量控制系统、电源系统,消防系统,完备的监控系统,以及各种仪表和管道。

本评估报告中将该仓储项目分成五个部分进行考虑,各部分组成见表 1-1。

**表 1-1　某高栏港石化仓储项目分区及组成**

| 分区 | | 组　成 |
|---|---|---|
| 库区 | 罐区 | 油罐、燃料油泵棚、成品油泵棚、装车台、地磅值班室 |
| | 办公生活区 | 综合办公楼、宿舍、食堂、门卫室 |
| | 作业区 | 锅炉房、维修车间及实验室、消防泵房和配电室 |
| | 污水处理站 | 污水处理站 |
| 码头 | | 码头综合楼、动力站、联检楼和消防泵房 |

* 为使读者阅读参考方便,本附录未与全书体例统一。

## 1 库区简介

### 1.1 罐区

罐区由油罐、燃料油泵棚、成品油泵棚、装车台以及地磅值班室组成。

油罐包括成品油罐区和燃料油罐区。成品油罐区有 2 个高 8 m，直径 17m 的 350m$^3$ 固定顶油罐；5 个高 16.2m，直径 17m 的 3000m$^3$ 油罐；5 个高 16m；直径 22m 的 6000m$^3$ 油罐。燃料油罐区有 4 个高 17m，直径 31m 的 10000m$^3$ 燃料油储罐；3 个高 19m，直径 42m 的 25000m$^3$ 燃料油储罐。罐壁均为 4mm 以上钢板。此外，在油罐区预留 8 个高 19.3m，直径 60m 的 50000m$^3$ 成品油储罐。

燃料油泵棚和成品油泵棚均为地上一层建筑物，框架结构，建筑面积分别为 315m$^2$ 和 226m$^2$，棚高均为 5m。由变电所引入一路 220/380V 市电，全程用电缆经电缆沟、电缆托盘引入。棚内各泵的控制设备设于变电所内，动力电缆和控制电缆引自变电所。照明支线在泵棚内穿钢管明敷，插座支线用 BV－3×2.5－SC15 在墙内及埋地暗敷。初步设计中该建筑物按第二类防雷建筑物进行设计。油泵棚按严重危险级配置手提式和推车式磷酸铵盐干粉灭火器，在泵棚内设置 4 块灭火毯和 2m$^3$ 灭火沙。

装车台为钢混结构，平台高为 2.5m，屋面为网架结构，屋顶高 6.2m。从变电所引入一路 220/380V 市电(柴油机备用)。

地磅值班室为框架结构，建筑面积 88m$^2$，地上一层。由库区变电所引入一路市电作为常用电源，引入一路柴油发电机电源作为照明、工艺和油品装车区照明备用电源，两路电源用电缆穿管引入。初步设计中按三类防雷进行设计。地磅值班室按严重危险级配置手提式磷酸铵盐灭火器。

### 1.2 办公生活区

办公生活区由综合办公楼、宿舍、食堂及门卫室组成。

综合办公楼主要由控制室、办公用房、配套用房组成，框架结构。共三层，局部四层，楼高 17.4m，外墙由混凝土和部分墙面外设玻璃幕墙构成，总建筑面积 3144m$^2$。库区内集中设置的消防报警系统主机即联动机柜设置在综合办公楼控制室内。消防报警线路敷设如下：室内的信号两总线为 RVS—2×1.0—SC15—C，DC24V 电源线为 RVS—2×1.5—SC15—C，信号两总线和 DC24V 电源线共管穿 SC20—C，消防专用电话线为 RVS—2×1.5—SC15—C。初步设计按三类防雷建筑物进行设计。

宿舍为三层建筑，框架结构。总建筑面积 1189m$^2$。由变电所内引入一路 220/380V 照明电源。初步设计中按三类防雷进行设计。宿舍内消防报警系统控制线及电源线采用 RVS(4×1.5)—SC15—C 沿楼板及墙内暗敷。

食堂为一层框架结构，高 4.2m，总建筑面积 561m$^2$。由变电所内埋地引入两路 220/380V 电源，一路市电电源，一路柴油电源。初步设计中按三类防雷进行设计。

门卫室为一层建筑，楼高 4m，初步设计中按三类防雷进行设计。

### 1.3 作业区

作业区由锅炉房、维修车间及实验室、消防泵房和配电室组成。

锅炉房为地上一层框架结构，高 7.6m，长 22m，宽 16.2m。内部有锅炉间：两台控制箱，日用油箱间，加药泵，软水泵，水箱间，化验室，控制室等等。锅炉房附近有两个燃料油罐，一个小型柴油罐，一个出口内径为∅1000mm，高 40m 钢烟囱。锅炉房按三类防雷建筑设计。由厂区变电所引来一路 220/380V 电源，电源采用电缆埋地穿管引入。

维修车间及实验室为地上一层框架结构，建筑面积 719m²，最大高度 7.5m。由变电所引来两路 220/380V 电源，一路供实验室，一路供维修车间。初步设计维修车间按三类防雷进行设计，实验室部分按二类防雷进行设计。

消防泵房和配电室为单层建筑，框架结构，高 5.7m，建筑面积 700m²。一路 10 kV 市电引入本变电所，10 kV 铠装交联电力电缆 YJV22—10 kV(3×240)埋地穿管引入。初步设计按三类防雷进行设计。

1.4　*污水处理站*

污水处理站主要有控制室、实验室、设备用房等组成。共一层，层高 7m。建筑面积 719m²。从厂区变电所引入一路 220/380V 市电，电源采用电缆埋地穿钢管引入。初步设计按二类防雷进行设计。

### 2　码头

码头外线由两部分组成，码头面部分和陆域部分，设计分界线为海岸线。这个区域共包括码头综合楼、动力站、联检楼和消防泵房等建筑，初步设计按三类防雷进行设计。

联检楼为地上四层，消防泵房地上一层，均为框架结构。动力站部分有变配电所和制氮车间组成，单层建筑，高 5.5m 及 6.3m，框架结构。

码头综合楼由打入海底的 15 根灌注桩支撑，共三层，底层为电缆架空层；一层设有控制室、配电室、发电机房、库房等；二层设有控制室和水手休息室，包括消防系统控制系统，通信系统，自控系统。框架结构。综合楼内重要负荷自备 UPS 电源。电缆全程穿电缆沟及电缆托盘敷设。

## 第二章　数据采集与分析

### 1　地理位置参数

以下是用 ETREX 系列 GPS 定位仪在某高栏港石化仓储项目所在位置采集的地理位置参数，现场采集点数较多，本报告仅提供有代表性的几个点的地理位置参数(表 2-1)，误差范围为 5～12m。

**表 2-1　广东××高栏港石化仓储项目地理位置坐标**

| 项目名称 | 纬度(北纬) | 经度(东经) |
| --- | --- | --- |
| 宿舍 | 21°53′44″ | 113°15′19″ |
| 办公楼 | 21°53′43″ | 113°15′18″ |
| 装车台 | 21°53′40″ | 113°15′2″ |
| 码头 1 | 21°53′49″ | 113°13′57″ |
| 码头 2 | 21°53′42″ | 113°13′36″ |
| 监测资料中心点 | 21°53′38.45″ | 113°14′39.61″ |

根据上述地理位置参数，采用 MICAPS 绘制某高栏港石化仓储项目地理位置图见图 2-1。

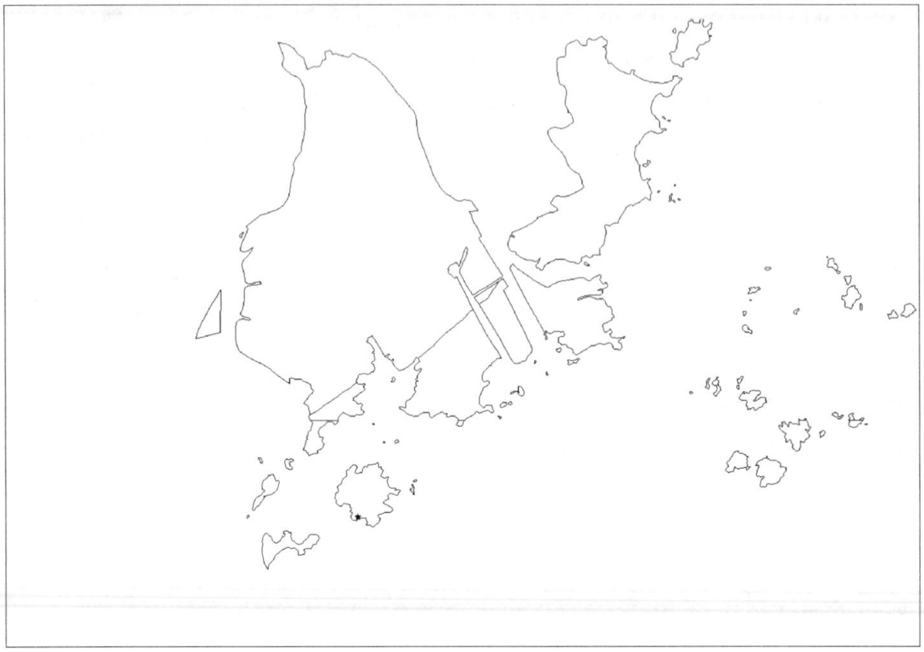

图 2-1 广东××高栏港石化仓储项目地理位置图

利用卫星遥感图片，标出广东某高栏港石化仓储项目一期工程在地理信息位置图上的方位，如图 2-2 所示。

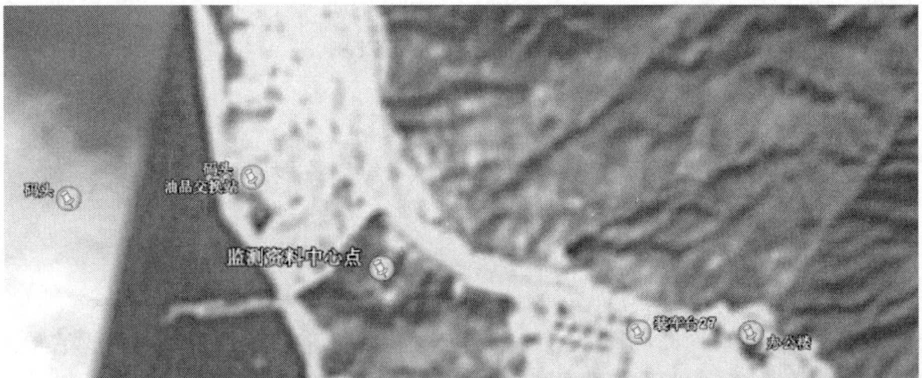


图 2-2 广东××高栏港石化仓储项目地理方位卫星遥感图

## 2 雷电参数

由广东某高栏港石化仓储项目地理位置信息图上的方位可知，该石化仓储项目油库区至码头最远端的距离约为2.9km(图2-2)，取办公楼和码头最远端之间居中的一点为中心，提取广东省雷电信息监测网3km范围内7a(1999—2005)的雷电资料，并对其进行统计分析，将结果作为本报告雷电基础参数。

图2-3是提取广东省雷电信息监测网3km范围内7a(1999—2005)的雷电资料的地理参数依据。

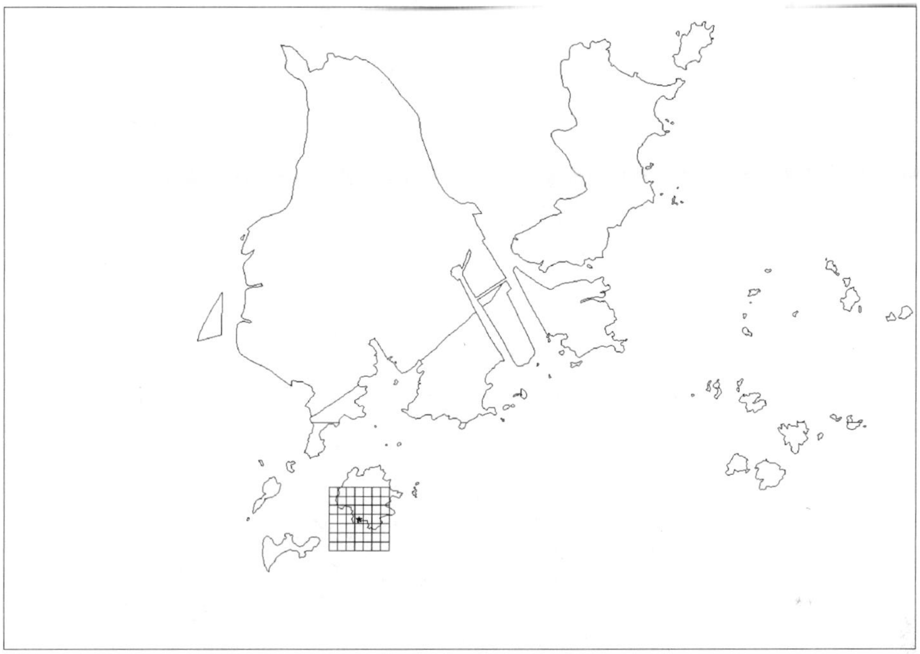

图2-3 广东××高栏港石化仓储项目3km范围图

### 2.1 地闪密度

地闪密度是指每平方千米年平均落雷次数，是表征雷云对地放电的频繁程度的量，是估算建筑物年预计雷击次数时重要的参数，用 $N_g$ 表示，单位：次/($km^2$·a)。

图2-4是广东××高栏港石化仓储项目3km地闪密度图范围图。

图2-5是广东××高栏港石化仓储项目3km范围地闪密度图。

### 2.2 雷电流强度

根据广东某高栏港石化仓储项目位置地理参数，以办公楼和码头中点为中心，以3km为统计半径，对广东省雷电监测网7a(1999—2005年)地闪数据进行统计分析，得出3km范围雷电流累积概率分布曲线(图2-6)，由分布曲线得出雷电流累积概率分别为1%、2%、5%、10%时对应的雷电流强度值和平均雷电流强度值见表2-2。

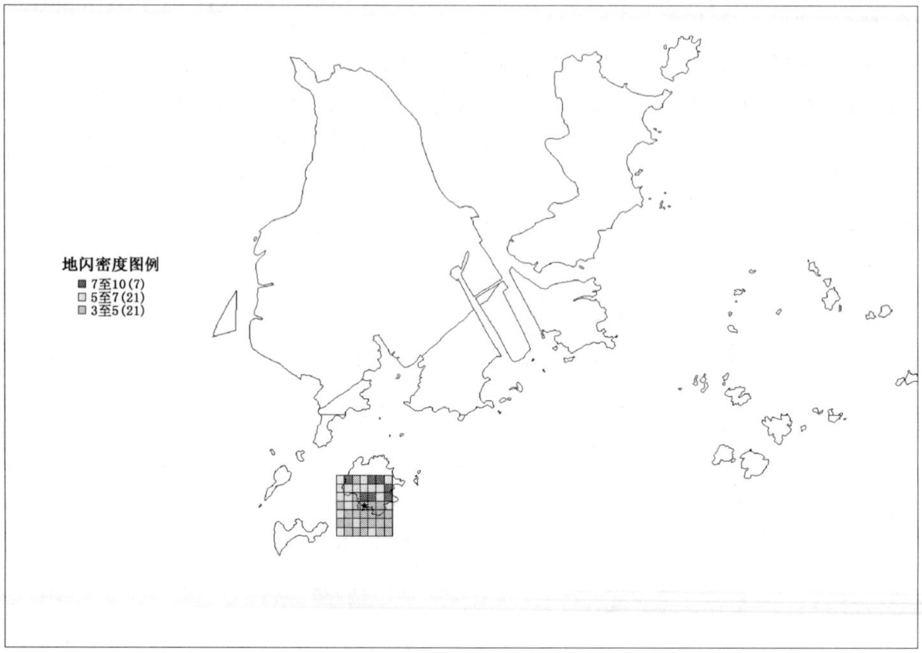


图 2-4 广东××高栏港石化仓储项目 3km 地闪密度等级范围图

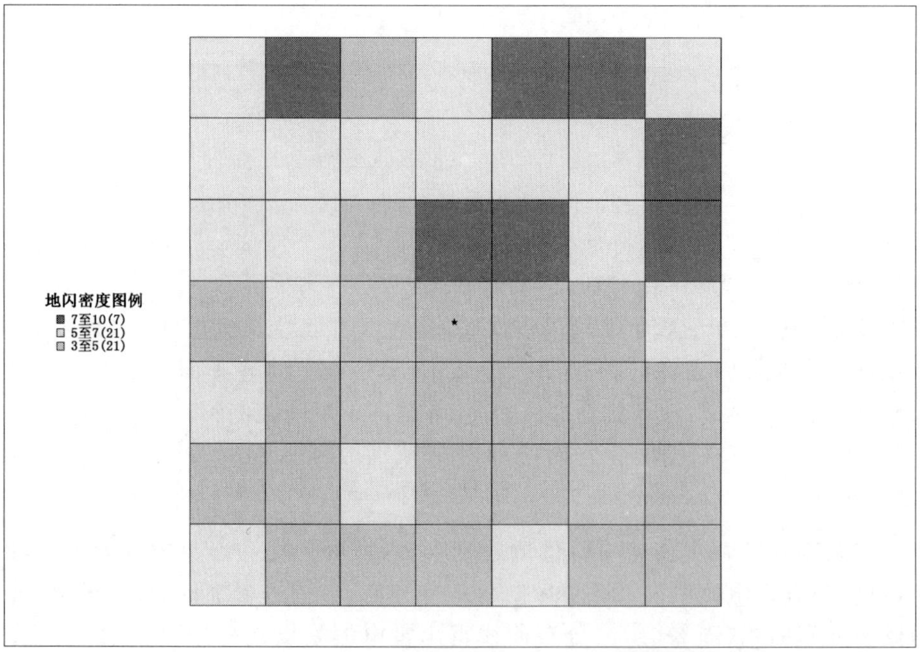


图 2-5 广东××高栏港石化仓储项目 3km 范围地闪密度等级图

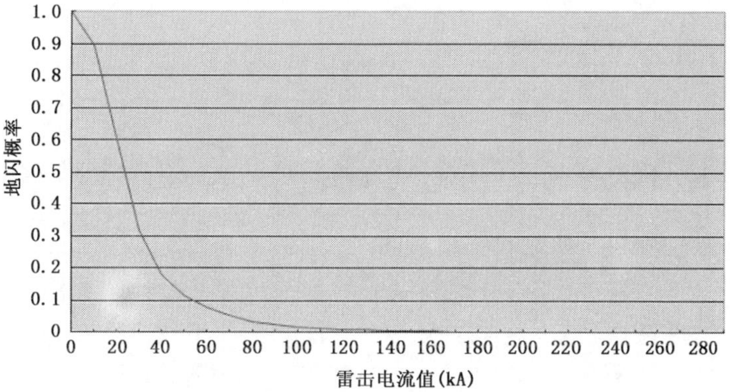


图 2-6　广东某高栏港石化仓储项目 3km 范围地闪雷电流强度累积概率曲线图

**表 2-2　广东某高栏港石化仓储项目雷电地闪参数表**

| 项目名称 | 地闪密度 次/(km² · a) | 雷电流累积概率(kA) | | | | 平均雷电流强度 (kA) | 拦截效率(%) | | |
|---|---|---|---|---|---|---|---|---|---|
| | | 1% | 2% | 5% | 10% | | 一类 | 二类 | 三类 |
| 某高栏港 | 5.14 | 243.5 | 121.2 | 75.8 | 56.3 | 32.11775 | 97.05 | 88.60 | 73.57 |
| 备注 | 1. 上述雷电参数为广东省雷电监测网 7a(1999—2005 年)监测资料。<br>2. 以某高栏港项目中心 3km 范围内雷电参数。<br>3. 拦截效率是指一、二、三类防雷装置对雷电流的拦截效率。 | | | | | | | | |

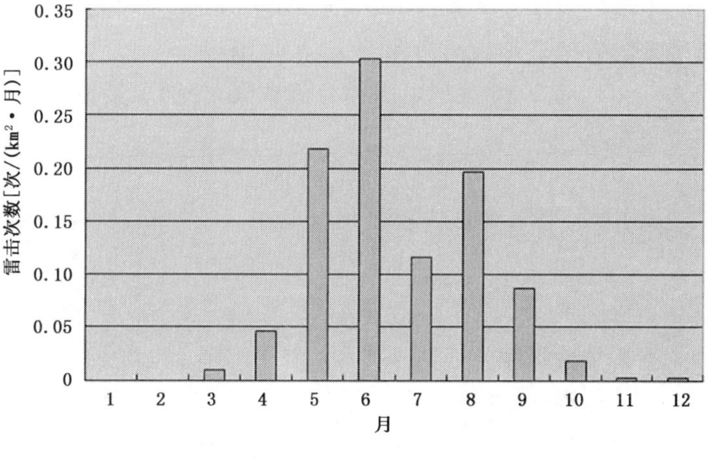


图 2-7　某高栏港石化仓储项目雷电地闪季节规律

2.3　地闪季节变化

图 2-7 是根据广东某高栏港石化仓储项目 3km 范围 7a(1999—2005 年)地闪数据绘制的月均分布图,依据该组图得出地闪月均活动规律:该地域地闪主要活动期为 4—9 月,其中 5 月、6 月、7 月、8 月为地闪高发期,90%以上的地闪都发生在这四个月份;4 月、9 月、10 月为地闪多发期,约 10%的地闪发生在这三个月;3 月下旬开始闻雷,1 月、2 月、11 月、12 月基本雷暴

活动较少。

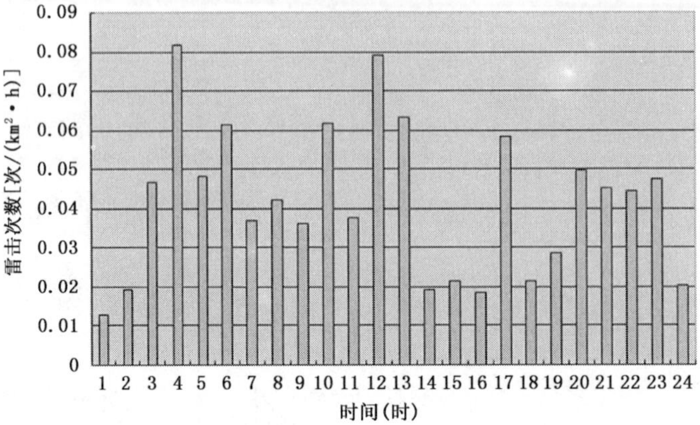


图 2-8 广东某高栏港石化仓储项目雷电地闪时变化规律

### 2.4 地闪时变化

图 2-8 是根据广东某高栏港石化仓储项目 3km 范围 7a(1999—2005 年)地闪数据绘制的日均分布图，从图中可得出地闪日均活动规律：该区域地闪活动较为频繁，凌晨 3 时到午后 13 时与午后 17 时到午夜 23 时，是地闪的高发时段，75%以上的地闪发生在这个时段，其他时段地闪相对较少。

## 3 土壤电阻率

本报告中所用的土壤电阻率数值来源于 2006 年 11 月 26 日和 28 日两天在广东某高栏港石化仓储项目现场采集的数据。均为雨后第 2 天，土壤潮湿。

采集所用仪表为 GeoTest 2016 接地电阻综合测试仪，分别取接地极间距离 $a=1\sim10$m。

根据原理公式

$$\rho = 2\pi \cdot a \cdot R \tag{2-1}$$

计算出土壤电阻率。式中，$a$ 为测量时仪表接地极间距，单位：m；$R$ 为接地极的接地电阻值，单位：Ω。

### 3.1 数据采集

土壤电阻率各区域采集数据如下。

库区(成品油罐区、燃料罐区、成品油泵棚、燃料油泵棚及装车台、办公楼、宿舍、食堂、锅炉房、维修车间及实验室、消防泵房及配电房、门卫室 1 及地磅、门卫室 2 及污水站等)土壤电阻率详见测量采集表 2-3、表 2-4。其现场测量方位示意图见图 2-9。

码头区域(油品交换站、液氮区、动力站等)土壤电阻率详见测量采集表 2-5。现场测量示意图见图 2-10。

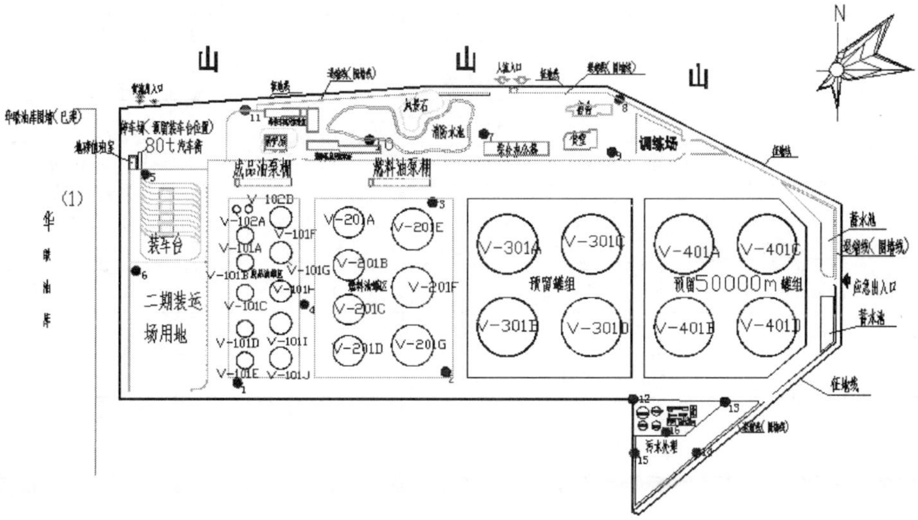


图 2-9　库区现场测量方位示意图

**表 2-3　广东某高栏港石化仓储项目(一期工程)库区区域**

| | 第 1 点 | | 第 2 点 | | 第 3 点 | | 第 4 点 | |
|---|---|---|---|---|---|---|---|---|
| 位置 | 北纬:21°53′35″ | | 北纬:21°53′35″ | | 北纬:21°53′42″ | | 北纬:21°53′39″ | |
| | 东经:113°15′6″ | | 东经:113°15′12″ | | 东经:113°15′13″ | | 东经:113°15′8″ | |
| 测量值 | $a$(m) | $\rho$(Ω·m) | $a$(m) | $\rho$(Ω·m) | $a$(m) | $\rho$(Ω·m) | $a$(m) | $\rho$(Ω·m) |
| | 1 | 87.4 | 1 | 66.0 | 1 | 98.7 | 1 | 22.0 |
| | 2 | 109.0 | 2 | 83.0 | 2 | 71.9 | 2 | 53.1 |
| | 3 | 129.2 | 3 | 76.7 | 3 | 75.4 | 3 | 45.2 |
| | 4 | 122.1 | 4 | 77.2 | 4 | 50.9 | 4 | 45.9 |
| | 5 | 141.6 | 5 | 87.2 | 5 | 78.2 | 5 | 42.3 |
| | 6 | 162.7 | 6 | 83.5 | 6 | 56.1 | 6 | 52.6 |
| | 7 | 191.9 | 7 | 92.5 | 7 | 58.9 | 7 | 49.3 |
| | 8 | 213.0 | 8 | 98.2 | 8 | 54.2 | 8 | 31.5 |
| | 9 | 204.0 | 9 | 91.7 | 9 | 53.4 | 9 | 41.0 |
| | 10 | 194.6 | 10 | 89.1 | 10 | 47.7 | 10 | 37.6 |
| 平均值 | — | 155.6 | — | 84.5 | — | 64.5 | — | 42.1 |

| | 第 5 点 | | 第 6 点 | | 第 7 点 | | 第 8 点 | |
|---|---|---|---|---|---|---|---|---|
| 位置 | 北纬:21°53′42″ | | 北纬:21°53′37″ | | 北纬:21°53′43″ | | 北纬:21°53′44″ | |
| | 东经:113°15′3″ | | 东经:113°15′2″ | | 东经:113°15′15″ | | 东经:113°15′19″ | |
| 测量值 | $a$(m) | $\rho$(Ω·m) | $a$(m) | $\rho$(Ω·m) | $a$(m) | $\rho$(Ω·m) | $a$(m) | $\rho$(Ω·m) |
| | 1 | 84.8 | 1 | 94.1 | 1 | 147 | 1 | 178 |
| | 2 | 101.9 | 2 | 112.6 | 2 | 111.5 | 2 | 185.6 |

续表

| | | | | | | | | |
|---|---|---|---|---|---|---|---|---|
| 测量值 | 3 | 120.3 | 3 | 150.1 | 3 | 81.3 | 3 | 133.0 |
| | 4 | 126.3 | 4 | 138.4 | 4 | 75.8 | 4 | 98.2 |
| | 5 | 127.1 | 5 | 158.5 | 5 | 64.8 | 5 | 82.2 |
| | 6 | 129.2 | 6 | 159.7 | 6 | 57.8 | 6 | 117.9 |
| | 7 | 127.0 | 7 | 149.0 | 7 | 51.2 | 7 | 68.1 |
| | 8 | 120.0 | 8 | 161.2 | 8 | 47.7 | 8 | 53.2 |
| | 9 | 108.8 | 9 | 165.6 | 9 | 44.6 | 9 | 46.9 |
| | 10 | 103.6 | 10 | 195.3 | 10 | 39.5 | 10 | 57.1 |
| 平均值 | — | 114.9 | — | 148.5 | — | 72.1 | — | 102.0 |

**表 2-4 广东某高栏港石化仓储项目(一期工程)库区区域**

| 位置 | 第 9 点 | | 第 10 点 | | 第 11 点 | | 第 12 点 | |
|---|---|---|---|---|---|---|---|---|
| | 北纬:21°53′42″ | | 北纬:21°53′42″ | | 北纬:21°53′44″ | | 北纬:21°53′33″ | |
| | 东经:113°15′18″ | | 东经:113°15′10″ | | 东经:113°15′7″ | | 东经:113°15′17″ | |
| 测量值 | $a$(m) | $\rho$(Ω·m) | $a$(m) | $\rho$(Ω·m) | $a$(m) | $\rho$(Ω·m) | $a$(m) | $\rho$(Ω·m) |
| | 1 | 62.5 | 1 | 52.6 | 1 | 84.2 | 1 | 122.1 |
| | 2 | 54.4 | 2 | 39.1 | 2 | 140.1 | 2 | 125.5 |
| | 3 | 35.2 | 3 | 59.4 | 3 | 238.0 | 3 | 103.4 |
| | 4 | 36.3 | 4 | 80.6 | 4 | 242.5 | 4 | 94.6 |
| | 5 | 51.4 | 5 | 90.6 | 5 | 201.5 | 5 | 78.3 |
| | 6 | 42.5 | 6 | 90.6 | 6 | 182.5 | 6 | 106.5 |
| | 7 | 36.9 | 7 | 72.7 | 7 | 204.5 | 7 | 93.8 |
| | 8 | 29.3 | 8 | 78.5 | 8 | 203.5 | 8 | 81.8 |
| | 9 | 15.8 | 9 | 99.2 | 9 | 186.5 | 9 | 68.6 |
| | 10 | 15.0 | 10 | 101.7 | 10 | 159.2 | 10 | 60.6 |
| 平均值 | — | 37.9 | — | 76.5 | — | 184.3 | — | 93.5 |
| 位置 | 第 13 点 | | 第 14 点 | | 第 15 点 | | 第 16 点 | |
| | 北纬:21°53′33″ | | 北纬:21°53′14″ | | 北纬:21°53′32″ | | 北纬:21°53′31″ | |
| | 东经:113°15′15″ | | 东经:113°15′14″ | | 东经:113°15′16″ | | 东经:113°15′16″ | |
| 测量值 | $a$(m) | $\rho$(Ω·m) | $a$(m) | $\rho$(Ω·m) | $a$(m) | $\rho$(Ω·m) | $a$(m) | $\rho$(Ω·m) |
| | 1 | 111.2 | 1 | 212.0 | 1 | 150.0 | 1 | 150.0 |
| | 2 | 124.3 | 2 | 231.0 | 2 | 126.3 | 2 | 161.7 |
| | 3 | 112.0 | 3 | 197.2 | 3 | 113.0 | 3 | 149.0 |
| | 4 | 101.9 | 4 | 164.5 | 4 | 109.5 | 4 | 140.4 |
| | 5 | 96.3 | 5 | 126.8 | 5 | 90.1 | 5 | 119.8 |
| | 6 | 80.0 | 6 | 103.9 | 6 | 86.8 | 6 | 107.2 |
| | 7 | 54.3 | 7 | 86.1 | 7 | 77.8 | 7 | 93.1 |

续表

| | | | | | | | | |
|---|---|---|---|---|---|---|---|---|
| 测量值 | 8 | 62.8 | 8 | 82.8 | 8 | 58.4 | 8 | 79.8 |
| | 9 | 55.6 | 9 | 72.3 | 9 | 46.9 | 9 | 76.6 |
| | 10 | 53.0 | 10 | 67.8 | 10 | 47.7 | 10 | 63.4 |
| 平均值 | — | 85.1 | — | 134.4 | — | 90.7 | — | 114.1 |

**表 2-5　广东某高栏港石化仓储项目(一期工程)码头区域**

| 位置 | 第 1 点 | | 第 2 点 | | 第 3 点 | | 第 4 点 | |
|---|---|---|---|---|---|---|---|---|
| | 北纬:21°53′49″ | | 北纬:21°53′52″ | | 北纬:21°53′52″ | | 北纬:21°53′50″ | |
| | 东经:113°13′59″ | | 东经:113°13′58″ | | 东经:113°14′2″ | | 东经:113°14′3″ | |
| 测量值 | $a$(m) | $\rho$(Ω·m) | $a$(m) | $\rho$(Ω·m) | $a$(m) | $\rho$(Ω·m) | $a$(m) | $\rho$(Ω·m) |
| | 1 | 6.1 | 1 | 56.1 | 1 | 88.9 | 1 | 15.8 |
| | 2 | 4.3 | 2 | 55.1 | 2 | 89.3 | 2 | 13.0 |
| | 3 | 4.6 | 3 | 59.6 | 3 | 87.0 | 3 | 8.2 |
| | 4 | 3.7 | 4 | 59.9 | 4 | 79.1 | 4 | 11.3 |
| | 5 | 4.5 | 5 | 57.3 | 5 | 77.5 | 5 | 13.5 |
| | 6 | 6.4 | 6 | 54.8 | 6 | 65.5 | 6 | 11.9 |
| | 7 | 10.9 | 7 | 52.5 | 7 | 53.6 | 7 | 12.7 |
| | 8 | 11.5 | 8 | 40.1 | 8 | 40.1 | 8 | 11.8 |
| | 9 | 10.7 | 9 | 32.5 | 9 | 33.9 | 9 | 11.6 |
| | 10 | 9.4 | 10 | 30.1 | 10 | 23.8 | 10 | 12.2 |
| 平均值 | — | 7.2 | — | 49.8 | — | 63.9 | — | 12.2 |

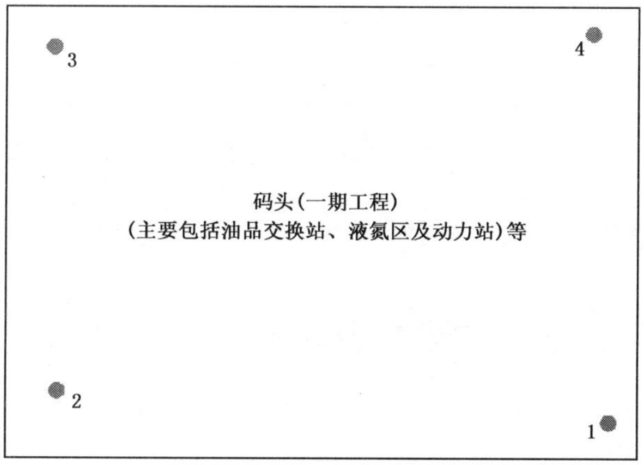


图 2-10　码头现场测量示意图

## 3.2　土壤电阻率数据分析

广东某高栏港石化仓储项目(一期工程)位于珠海市高栏岛南迳湾作业区,库区所在位置是由含沙质泥土填海形成的,土壤层结构比较复杂,不同位置测量的数据变化比较大,且地下含水量很高，土壤电阻率比较小；码头区域（油品交换站、液氮区、动力站等）是由海底的泥沙及山上的沙质泥土填平的，且地面潮湿，含有盐分的地方土壤电阻率特别低，不同位置的土壤电阻率变化非常明显。

土壤电阻率受土壤湿度影响是很明显的，当土壤含水量增加时，土壤电阻率急剧下降，当土壤含水量增加到20%～30%时，土壤电阻率将保持稳定。由于测量时，土壤是潮湿的，且考虑到季节的影响，对土壤电阻率进行季节系数的修正，取季节系数$\psi=3$。

表2-3至表2-5中土壤电阻率的数值是土壤表层的平均土壤电阻率。数据表明，广东某高栏港石化仓储项目一期工程红线区域范围内各栋建（构）筑物，土壤电阻率在季节修正后数值在一定的范围内，具体详见表2-6。

**表2-6 广东某高栏港石化仓储项目土壤电阻率修正值**

| 建（构）筑物名称 | | 土壤电阻率（Ω·m） | |
|---|---|---|---|
| | | 范围 | 平均值 |
| 库区 | 成品油罐区 | 66.0～639 | 345.8 |
| | 成品油泵棚 | 66.0～726 | 341.3 |
| | 燃料油罐区 | 66.0～296.1 | 191.1 |
| | 燃料油泵棚 | 117.3～305.1 | 211.5 |
| | 装车台 | 254～585.9 | 448.4 |
| | 办公楼 | 45.0～399.0 | 212.0 |
| | 宿舍 | 45.0～399.0 | 212.0 |
| | 食堂 | 45.0～399.0 | 212.0 |
| | 锅炉房 | 117.3～714.0 | 391.2 |
| | 维修车间及实验室 | 117.3～714.0 | 391.2 |
| | 消防泵房及配电房 | 117.3～714.0 | 391.2 |
| | 门卫室1及地磅 | 252.6～714 | 448.8 |
| | 门卫室2 | 117.3～714.0 | 391.2 |
| | 污水站 | 140.7～693.0 | 310.7 |
| 码头区域 | 油品交换站 | 11.1～267.9 | 99.8 |
| | 液氮区 | 11.1～267.9 | 99.8 |
| | 动力站 | 11.1～267.9 | 99.8 |
| | 码头 | — | 5.0 |

# 第三章 雷电灾害风险评估参数分析

## 1 雷击损害风险估算方法

### 1.1 相关术语与定义（见附录A）

### 1.2 损害风险的评估

#### 1.2.1 通用表达式

在本技术报告中，可用下列公式评估建筑物的损害风险

$$R_d = [1 - \exp(-NPt)]\delta \quad (3\text{-}1)$$

式中，$N$ 为建筑物的年预计雷电闪击平均次数；$P$ 为建筑物损害概率；$t$ 为观察时间；$\delta$ 为建筑物或其存放物可能损失数量的量度。

乘积 $F=NP$ 是预计建筑物损害的年预平均次数（损害次数）。

若取观察时间为1年（$t=1$），当 $NP\ll1$ 时，前述公式简化为

$$R_d = NP\delta \quad (3\text{-}2)$$

如果采用了防雷装置（作为限制损害的一种措施），损害风险将依防雷装置的效率而减小。

1.2.2 雷电闪击次数

1.2.2.1 直接雷电闪击次数

建筑物遭受直接雷电闪击的年平均次数 $N_d$，可以用大地年闪击密度 $N_g$ 与建筑物有效截收面积 $A_e$ 的乘积来确定

$$N_d = N_g \cdot A_e \quad (3\text{-}3)$$

建筑物有效截收面积定义为与建筑物有相同的年直接雷电闪击次数的大地面积。建筑物有效截收面积是建筑物尺寸的函数，并取决于地形及周围物体。

对于孤立的建筑物，等效截收面积 $A_e$ 是由通过建筑物顶部并与建筑物相接触的一条斜率为1∶3的直线，围绕建筑物旋转，该直线与地面的交点构成的边界线所包围的面积。在复杂地形情况下，考虑到边界线的某些特征段，将它们用直线或者圆弧来替代，可简化作图。

如果建筑物与其周围的其他物体间的距离小于 $3(h+h_s)$，则周围物体对建筑物的有效截收面积有显著的影响。这里，$h$ 为考虑中的建筑物的高度，$h_s$ 为周围物体的高度。

在此情况下，建筑物及周围物体的有效截收面积互相重叠，因此，建筑物的有效截收面积减小了。建筑物的有效截收面积的边界线延伸至与周围物体距离为 $X_s$ 的地方，有

$$X_s = \frac{d + 3(h_s - h)}{2} \quad (3\text{-}4)$$

式中，$d$ 为建筑物与周围物体的水平距离。

只有那些对雷电应力有足够耐受能力的永久性的物体才需加以考虑。

在任何情况下，有效截收面积的最小值假定等于建筑物本身在水平面的投影面积。

1.2.2.2 间接雷电闪击次数

间接雷电闪击次数包括建筑物附近的雷电闪击次数以及作用于入户设施上的雷电闪击次数。

（1）邻近雷电闪击次数

雷击建筑物附近大地的年平均雷击次数 $N_n$，可用年均地闪密度 $N_g$ 与建筑物周围大地的截收面积 $A_g$ 的乘积来确定

$$N_n = N_g \cdot A_g \quad (3\text{-}5)$$

周围大地的截收面积 $A_g$ 是环绕建筑物的这样一块面积，当雷击该面积大地时能引起大地电位的局部增加，此增加的电位可能影响建筑物或影响入户的设施。

周围大地的截收面积延伸至与建筑物距离为 $d_s$ 的边界线上，$d_s$ 单位为m，数值上等于土壤电阻率（Ω·m），最大数值为500m。

周围大地的截收面积 $A_g$ 可用这样的边界线所围成的面积与建筑物的有效截收面积之差来估算。

注：当要考虑与雷电流的直接磁耦合时，就需考虑更远的截收面积 $A_m$，即 $d_s=500$m 时的截收面积。

(2)作用于一个入户设施上的雷电闪击次数

作用于一个入户设施上的雷电闪击年平均次数 $N_k$，可用大地年雷电闪击密度 $N_g$ 与该入户设施的影响面积 $A_k$ 之乘积来确定

$$N_k = N_g \cdot A_k \tag{3-6}$$

$$A_k = A_{sk} + A_{ak} \tag{3-7}$$

式中，$A_k$ 为该设施的影响面积，包括两部分：

$A_{sk}$：入户设施(电源线、通信线或信号线)的截收面积；

$A_{ak}$：通过设施而与所考虑建筑相连的相邻建筑的有效截收面积。

1)入户设施的截收面积 $A_{sk}$

入户设施的截收面积与设施的特性有关，可用表 3-1、表 3-2 中的表达式来计算。

**表 3-1 电源线设施的有效截收面积**

| 电源线设施的类型 | 有效截收面积($m^2$) |
|---|---|
| 低压架空电缆 | $2000\times L$ |
| 高压架空电缆(至当地变电站) | $500\times L$ |
| 低压埋地电缆 | $2\times d_s\times L$ |
| 高压埋地电缆(至当地变压器) | $0.1\times d_s\times L$ |

注 1：$L$ 是线路从所考虑建筑物至电源网络的第一个分支点或至相邻建筑物的长度，单位为 m，最大值为 1000m。当 $L$ 值未知时，应假定 $L=1000$m。

注 2：$d_s$ 单位为 m，数值上等于土壤电阻率(Ω·m)，最大为 500m。

**表 3-2 通信线路的有效截收面积**

| 数据线类型 | 有效截收面积($m^2$) |
|---|---|
| 架空信号线 | $2000\times L$ |
| 埋地信号线 | $2\times d_s\times L$ |
| 无金属铠装或金属芯线的光纤电缆 | 0 |

注 1：$L$ 是线路从所考虑建筑物至电源网络的第一个分支点或至相邻建筑物的长度，单位为 m，最大值为 1000m。当 $L$ 值未知时，应假定 $L=1000$m。

注 2：$d_s$ 单位为 m，数值上等于土壤电阻率(Ω·m)，最大为 500m。

2)相邻的相关建筑物的截收面积 $A_{ak}$

相邻的相关建筑物的有效截收面积是与主建筑物中的电气或电子设备有直接或间接连接的建筑物的截收面积。典型的例子是由主建筑的电气装置供电的外部灯塔，内含计算机终端，控制与测量设备的其他建筑物以及发射塔。

因此：①如果入户设施无金属线，应取 $A_{sk}=0$。

②当 $L<3h$($h$ 为建筑物高度)，应取 $A_{sk}=0$。

③在多芯电缆的情况下，将电缆作单根电缆考虑而不作多个单独的电路考虑。

1.2.3 损害概率

雷击建筑物或其周围物体可能引起损害，这取决于若干因素，这些因素是建筑物本身、其内部装置以及防雷设计者所选用的防雷措施的函数。概率值 $P$ 用于装置及建筑物的各种固

有因素，而系数 $k$(减小概率值的系数)用于防雷设计者可能采用的各种防雷措施。

1.2.3.1　损害类型及损害成因

以下类型的损害应该加以考虑：

(1)人身伤亡；

(2)不可接受的对公众服务的中止；

(3)不可复原的文化遗产的损失；

(4)不包括人身、文化及社会价值的损失；

(5)与第 4 类相同，但不包括灵敏设备。

由于各种不同成因，一座建筑物可能出现一种或一种以上类型的损害。本报告仅考虑雷击造成的人身伤亡。

应考虑以下类型的损害成因：

$S_1$：直接雷电闪击下的接触电压和跨步电压；

$S_2$：直接雷电闪击引起的着火、爆炸、机械效应及化学效应；

$S_3$：直接雷电闪击下设备上的过电压；

$S_4$：间接雷电闪击下设备上的过电压；

$S_5$：间接雷电闪击引起的着火、爆炸、机械效应及化学效应。

按表 3-3 所示的例子，每一类型的损害可能由不同的损害成因所引起。

**表 3-3　损害类型及损害成因**

| 损害类型 | 损害成因 | | | | |
|---|---|---|---|---|---|
| | 直接雷电闪击 | | | 间接雷电闪击 | |
| | $S_1$ | $S_2$ | $S_3$ | $S_4$ | $S_5$ |
| 1 | × | × | | | × |
| 2 | | × | × | × | × |
| 3 | | × | | | × |
| 4 | | × | × | × | × |
| 5 | | × | | | × |

1.2.3.2　跨步电压及接触电压引致的损害概率

只考虑由于直接雷电闪击在建筑物外部的接触电压及跨步电压导致的损害概率，其他情况(在建筑物内部的，邻近雷击引起的，作用于入户设施上的雷电闪击引起的)的跨步电压及接触电压引起的损害概率可忽略。

直接雷击建筑物下，由跨步电压及接触电压导致的损害概率由下式给出

$$P_h = k_h P'_h \tag{3-8}$$

式中，$P'_h$ 为直接雷击于无防护措施的建筑物时，由跨步电压及接触电压导致的损害概率；$k_h$ 为与为减轻雷电后果而提供给建筑物的防护措施相关的缩减系数。

概率 $P_h'$ 及缩减系数 $k_h$ 的数值由表 3-4 给出。

**表 3-4　直接雷电闪击下由接触电压及跨步电压导致的损害概率 $P'_h$ 值及与防护措施相关的 $k_h$ 值**

| 建筑物外部地面类型 | $R_c$(kΩ) | $P_h'$ | 防护措施 | $k_h$ |
|---|---|---|---|---|
| 腐殖土，混凝土 | <1 | $10^{-2}$ | 无 LPS | 1 |
| 大理石 | 1～10 | $10^{-3}$ | 有 LPS | $1-E$ |
| 沙砾 | 10～100 | $10^{-4}$ | 有 LPS 且引下线用 3mm 厚聚氯乙烯管隔离 | $0.5(1-E)$ |
| 沥青 | >100 | $10^{-5}$ | | |

注 1：$R_c$ 列的数值是在施以 500N 的压力、面积为 400 $cm^2$ 的电极与远处点之间测量得出的。$E$ 为 LPS 的效率。

注 2：如果人们通常不在建筑物外出现，应取 $P_h'=0$。

注 3：如果在危险区有多于一种的地面，应取最高 $P_h'$ 值。

注 4：如采用一种以上的防护措施，总的缩减系数为相关的各个缩减系数之乘积。

1.2.3.3　着火、爆炸、机械效应及化学效应引致的损害概率

此类损害可能由建筑物遭受直接雷电闪击($S_2$ 成因)或者由于间接雷电闪击($S_5$ 成因)引起。

所涉的各个分损害概率是：

$P_t$——引发着火或爆炸的危险火花放电的概率；

$P_1$——金属装置上危险火花放电的概率；

$P_2$——建筑物内部电气装置上危险火花放电的概率；

$P_3$——入户设施上危险火花放电的概率；

$P_4$——入户的外部导电部件(ECP)上危险火花放电的概率。

分概率 $P_1$、$P_2$ 及 $P_4$ 只与直接雷电闪击有关；分概率 $P_3$ 与直接雷电闪击有关也与间接雷电闪击有关。

在直接雷电闪击情况下，着火、爆炸、机械效应及化学效应引致的损害概率为

$$P_{fd} = 1-[(1-P_t\cdot P_1)(1-P_t\cdot P_2)(1-P_t\cdot P_3)(1-P_t\cdot P_4)] = P_t(P_1+P_2+P_3+P_4) \quad (3\text{-}9)$$

在间接雷电闪击情况下，着火、爆炸、机械效应及化学效应引致的损害概率为

$$P_{ft} = P_t\cdot P_3 \quad (3\text{-}10)$$

分概率 $P_t$ 为

$$P_t = k_t\cdot P'_t \quad (3\text{-}11)$$

式中，$P'_t$的数值取决于建筑物材料特性或建筑物的存放物的特性或者取决于建筑物材料特性及其存放物特性两者。$P_t'$的数值在表 3-5 中给出。

与为了减小着火间接后果而给建筑物提供的各种防护措施相关的缩减系数 $k_t$ 的数值也在表 3-5 中给出。

**表 3-5　与引起着火、爆炸等的直接雷电闪击相关的损害概率 $P'_t$ 值及与防护措施相关的 $k_t$ 值**

| 建筑物材料特性或其存放物的特性 | $P_t'$ | 防护措施 | $k_t$ |
|---|---|---|---|
| 易 爆 | 1 | 小型消防设备 | 0.9 |
| 易 燃 | $10^{-1}$ | 建筑设施* | 0.7 |

续表

| | | | |
|---|---|---|---|
| 普　通 | $10^{-3}$ | 自动化装置** | 0.6 |
| 非易燃 | $10^{-5}$ | 应急消防队 | 0.5 |

*防火墙、防火门、防火地板、安全疏散路线。

**火警探测系统、消防系统。

注 1：如果采用一个以上的防护措施，总的缩减系数为各相关缩减系数之乘积。

注 2：对爆炸性环境，$k_t=1$。

分概率 $P_1$ 及 $P_2$ 分别由下式给出

$$P_1 = k_1 \cdot P'_1 \tag{3-12}$$

$$P_2 = k_2 \cdot P'_2 \tag{3-13}$$

式中，概率 $P_1'=P_2'$，其值取决于建筑物的建筑特性，由表 3-6 给出。

**表 3-6　建筑物内部电气设施和金属设施上危险火花放电的概率值**

| 建筑性质 | $P'_1=P'_2$ |
|---|---|
| 砖、木 | 1 |
| 钢框架或钢筋混凝土 | 0.5 |
| 金属立面 | 0.05 |

与用以减小建筑物内部电气设施和金属设施上的危险火花放电概率的防护措施相关的缩减系数 $k_1$ 及 $k_2$ 的数值在表 3-7 中给出。

**表 3-7　与用以减小概率 $P'_1$ 及 $P'_2$ 的防护措施相关的缩减系数 $k_1$ 及 $k_2$ 的数值**

| 防护措施 | $k_1$ 及 $k_2$ |
|---|---|
| 无 LPS | 1 |
| 屏蔽电缆（$S\leqslant 1\text{mm}^2$） | $10^{-1}$ |
| 屏蔽电缆（$1<S\leqslant 10\text{mm}^2$） | $10^{-2}$ |
| 屏蔽电缆（$S>10\text{mm}^2$） | $10^{-3}$ |
| 有 LPS | $1-E$ |

注 1：$S$：屏蔽层截面积，两端接地。$E$：LPS 的效率。

注 2：如果有几种不同的电缆，只取最高的 $k_2$ 值。

注 3：在光纤连接线情况下，$P_2=0$。

注 4：对灵敏设备，应作更详细的 $P_2'$ 及 $k_2$ 值的估算。

注 5：如果采用了不同种类的防护措施，总的缩减系数为各相关缩减系数之乘积。

分概率 $P_3$ 及 $P_4$ 分别由下式给出

$$P_3 = k_3 \cdot P'_3 \tag{3-14}$$

$$P_4 = k_4 \cdot P'_4 \tag{3-15}$$

此处，$P_3'=P_4'=1$。

与用以减小入户设施上危险火花放电概率的防护措施相关的缩减系数 $k_3$ 及 $k_4$ 的数值由表 3-8 给出。

**表 3-8　与用以减小概率 $P'_3$ 及 $P'_4$ 的防护措施相关的 $k_3$ 及 $k_4$ 值**

| 防护措施 | $k_3$ | 防护措施 | $k_4$ |
|---|---|---|---|
| 隔离变压器 | $10^{-1}$ | 设施入口处安装电涌保护器(SPD) | $10^{-3}$ |
| 设施入口处安装电涌保护器(SPD) | $10^{-3}$ | | |
| 接地的大截面屏蔽层($S>10mm^2$) | $10^{-3}$ | 与建筑物的接地系统等电位连接 | 0 |
| 无金属导体的光纤 | 0 | | |

注 1:如果在各种不同的入户设施上采用了不同的防护措施,应取最大的 $k_3$ 值。

注 2:如果在同一个入户设施上采用不同的防护措施,总的缩减系数是各相关缩减系数之乘积。

注 3:对灵敏设备,应作更详细的 $k_3$ 值估算。

1.2.3.4　过电压引致的损害概率

损害可能由对建筑物的直接闪击(成因 $S_3$)或者间接闪击(成因 $S_4$)引起。

概率包括 $P_2$ 及 $P_3$ 两个分概率。此两个分概率都与直接雷电闪击有关,只有 $P_3$ 分概率与间接雷电闪击有关。

直接闪击下由设备上的过电压导致的损害概率为

$$P_{od} = 1-(1-P_2)(1-P_3) = P_2 + P_3 (如果\ P_2 \cdot P_3 \ll 1) \tag{3-16}$$

间接闪击下由设备上的过电压导致的损害概率为

$$P_{oi} = P_3 \tag{3-17}$$

1.2.4　雷电闪击的损害次数

建筑物的年损害次数 $F$ 要考虑到由直接闪击导致的年损害次数($F_d$)及由间接闪击导致的年损害次数($F_i$)两种情况

$$F = F_d + F_i \tag{3-18}$$

$$F_d = H + A + D \tag{3-19}$$

$$F_i = B + C + E + G \tag{3-20}$$

式中,$H$、$A$、$B$、$C$、$D$、$E$ 及 $G$ 是损害次数的各个不同分量,如下面各子条款(1.2.4.1,1.2.4.2,1.2.4.3)所述。

年损害次数也可根据损害成因来估算

$$F = F_b + F_f + F_o \tag{3-21}$$

式中,$F_b$ 为接触电压及跨步电压导致的损害次数;$F_f$ 为着火、爆炸等导致的损害次数;$F_o$ 为过电压导致的损害次数。

1.2.4.1　接触电压及跨步电压引致的损害次数 $F_h$

接触电压及跨步电压引致的损害次数 $F_b$ 由下列表达式求出

$$F_b = N_d \cdot P_b = H \tag{3-22}$$

式中的 $N_d$ 及 $P_b$ 分别用公式(3-3)及公式(3-8)计算。

1.2.4.2　着火、爆炸等引致的损害次数 $F_f$

$F_f$ 由下列表达式求出

$$F_f = N_d P_t (P_1 + P_2 + P_3 + P_4) + N_n P_t P_3 + P_t \sum_{k=1}^{n} N_k P_{3k} = A + B + C \tag{3-23}$$

式中,$A$ 为直接雷电闪击下由于着火、爆炸引致的损害次数分量;$B$ 为邻近雷电闪击导致的损害次数分量;$C$ 为作用于 $n$ 个入户设施上的雷击,由于着火、爆炸导致的损害次数分量。

注：当要考虑内部电气设施与雷击建筑物附近大地的雷电流间的直接磁耦合时，应考虑损害次数分量 $E'$。$E'=N_gA_mP_2$。

对于各种类型的损害，各个损害次数分量按直接闪击及间接闪击分别列于表3-9中。

**表3-9　对每种损害类型并按直接闪击及间接闪击分别列出的各个损害次数分量**

| 损害类型 | 损害次数分量 | | | | | | |
|---|---|---|---|---|---|---|---|
| | 直接雷电闪击 | | | 间接雷电闪击 | | | |
| | $H$ | $A$ | $D$ | $B$ | $C$ | $E$ | $G$ |
| 1 | × | × | | × | × | | |
| 2 | | × | × | × | × | × | × |
| 3 | | × | | × | × | | |
| 4 | | × | × | × | × | × | × |
| 5 | | × | | × | × | | |

1.2.5　可能损失平均数

可能损失平均数 $\delta$(表现为雷电导致建筑物受损的后果)取决于下列因素：

在危险地区的人员数量及他们停留的时间长短；

对公众服务的类型及其重要性；

所涉物品的价值。

根据损害类型，$\delta$ 值可用下列近似公式计算。

(1)损害类型1：人身伤亡

$$\delta = 1-\left(1-\frac{t}{8760}\right)^n \text{(一个人出现于危险地带的概率)} \tag{3-24}$$

式中，$n$ 为危险地带的人数；$t$ 为这些人员每年出现于危险地带的时间，单位：h。

(2)损害类型2：不可接受的对公众服务的中止

$$\delta = \frac{n't'}{n_t \times 8760} \text{(对每一损害，预期损失的相对数量)} \tag{3-25}$$

式中，$n'$ 为对每一损害，由于服务中止而受影响的用户平均数；$t'$ 为对每一损害，每年服务中止的时间，单位：h；$n_t$ 为服务涉及的用户总数。

(3)损害类型3：不可复原的遗产的损失

$$\delta = \frac{C_i}{C_t} \text{(对每一损害，预期损失的相对数量)} \tag{3-26}$$

式中，$C_i$ 为对每一损害，预期损失物品的投保值，按币值计；$C_t$ 为所涉及的所有物品的投保值，按币值计。

(4)损害类型4及损害类型5：不包括人身、文化或环境价值方面的损失

$$\delta = \frac{C_m}{C_v} \text{(对每一损害，预期损失的相对数量)} \tag{3-27}$$

式中，$C_m$ 为对每一损害，建筑物、家具及物品预期损失的平均值，按币值计；$C_v$ 为所有建筑物、家具及物品的总值，按币值计。

1.2.6　建筑物容许的雷击损害次数

防雷的目的是将损害风险 $R_d$ 降至低于可接受的最大值 $R_a$，即

$$R_d \leqslant R_a \tag{3-28}$$

一座建筑物可能出现一种以上的损害时，则对每一种类型的损害都需满足 $R_d \leqslant R_a$ 的条件。

当雷电引起涉及人身、文化或社会价值的损失时，由有关的国家机关确定 $R_a$ 值。典型的 $R_a$ 值列于表 3-10 中。

**表 3-10 可接受损害风险的典型数值**

| 序号 | 损害类型 | $R_a$ |
|---|---|---|
| 1 | 年伤亡数 | $10^{-5}$ |
| 2 | 年服务损失 | $10^{-3}$ |
| 3 | 年遗产损失 | $10^{-3}$ |

当雷电导致的损失仅涉及个人财产时（损害类型 4 及损害类型 5）可由建筑物业主或防雷设计工程师确定 $R_a$ 值。

要满足 $R_d \leqslant R_a$，建筑物的损害次数 $F$ 应被限制小于 $F_a$ 值（建筑物可容许值），即

$$F = NP \leqslant F_a \tag{3-29}$$

式中

$$F_a = R_a/\delta \tag{3-30}$$

因此，建筑物遭雷电闪击次数 $N$ 应被限制小于 $N_c$ 值（建筑物可容许值），即

$$N \leqslant N_c$$

式中

$$N_c = F_a/P \tag{3-31}$$

## 2 雷击风险相关参数计算

### 2.1 年预计直接雷击次数

××高栏港石化仓储项目（一期工程）的库区由罐区、作业区、办公生活区及污水处理站四大块组成。码头外线由两部分组成，码头面部分和陆地部分，两部分又联系在一起，设计分界线为海岸线。年预计雷击次数采用分区域来进行计算。

2.1.1 罐区年预计直接雷击次数

罐区包括成品油罐区、燃料油罐区、成品泵棚、燃料泵棚、装车台及门卫室 1。储油罐主要有表 3-11 中所列的类型。

**表 3-11 罐区各种储罐简介**

| 序号 | 设备名称 | 储罐类型 | 罐体容积 | 储罐直径 | 储罐壁高 | 备注 |
|---|---|---|---|---|---|---|
| 1 | 成品油储罐 | 氮封拱顶 | $3000m^3$ | 17m | 16.2m | 共 2 个 |
| 2 | 成品油储罐 | 内浮顶罐 | $3000m^3$ | 17m | 16.2m | 共 3 个 |
| 3 | 成品油储罐 | 氮封拱顶 | $6000m^3$ | 22m | 16m | 共 1 个 |
| 4 | 成品油储罐 | 内浮顶罐 | $6000m^3$ | 22m | 16m | 共 4 个 |
| 5 | 成品油扫线罐 | 氮封拱顶 | $350m^3$ | 7.5m | 8m | 共 2 个 |

续表

| 序号 | 设备名称 | 储罐类型 | 罐体容积 | 储罐直径 | 储罐壁高 | 备注 |
|---|---|---|---|---|---|---|
| 6 | 燃料油储罐 | 拱顶罐 | 10000m$^3$ | 31m | 17m | 共4个 |
| 7 | 燃料油储罐 | 拱顶罐 | 25000m$^3$ | 42m | 19m | 共3个 |
| 8 | 成品油储罐 | 浮顶罐 | 50000m$^3$ | 60m | 19.3m | 预留 |
| 9 | 成品油储罐 | 浮顶罐 | 50000m$^3$ | 60m | 19.3m | 预留 |

罐区所处地区年预计直接雷击次数为

$$N_d = N_g \cdot A_e \approx 0.42(次/a)$$

式中，$N_g$ 为根据广东省雷电监测网测得罐区所处区域地闪密度，其值为5.14次/(km$^2$·a)；$A_e$ 为等效截收面积(图3-1)，其值约为 $8.16\times10^{-2}$km$^2$。

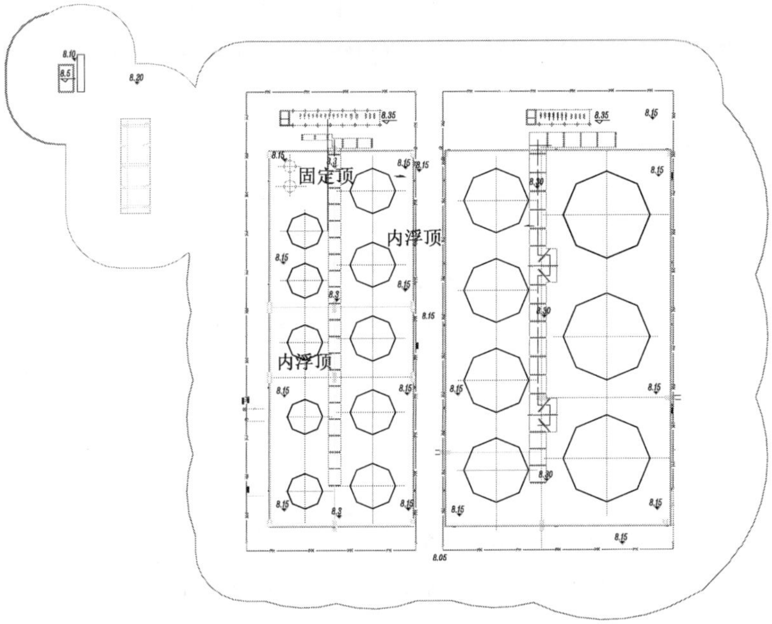


图3-1　罐区直接雷击等效截收面积

2.1.2　作业区年预计直接雷击次数

作业区包括锅炉房、维修车间及实验室、消防泵房及配电房，该区域所处地区年预计直接雷击次数为

$$N_d = N_g \cdot A_e \approx 0.05(次/a)$$

式中，$N_g$ 为根据广东省雷电监测网测得作业区所处区域地闪密度，其值为5.14次/(km$^2$·a)，$A_e$ 为等效截收面积(图3-2)，其值约为 $1.04\times10^{-2}$km$^2$。

2.1.3　办公生活区年预计直接雷击次数

办公楼、食堂及宿舍所处地区年预计直接雷击次数为

$$N_d = N_g \cdot A_e \approx 0.10(次/a)$$

式中，$N_g$ 为根据广东省雷电监测网测得办公生活区所处区域地闪密度，其值为5.14次/(km$^2$·a)；$A_e$ 为等效截收面积(图3-3)，其值约为 $2.01\times10^{-2}$km$^2$。

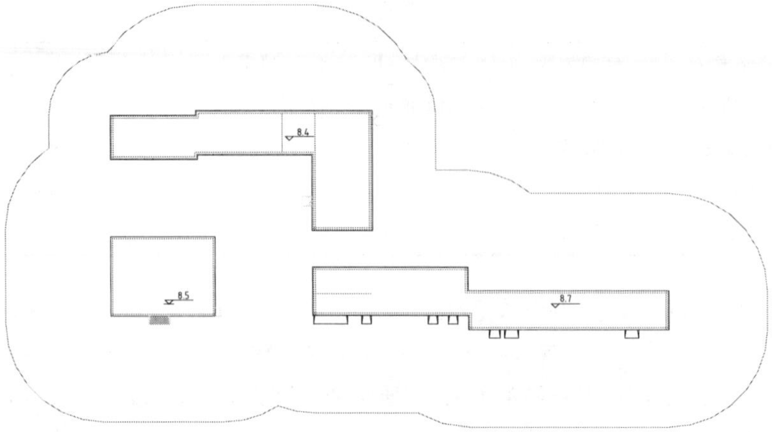


图 3-2 作业区直接雷击等效截收面积

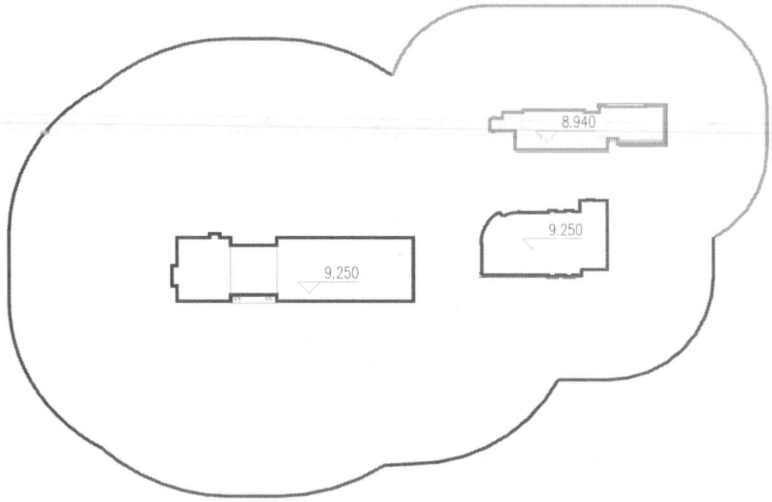


图 3-3 办公生活区直接雷击等效截收面积

2.1.4 污水处理站年预计直接雷击次数

污水处理站所处地区年预计直接雷击次数为

$$N_d = N_g \cdot A_e \approx 0.05(次 /a)$$

式中，$N_g$ 为根据广东省雷电监测网测得污水处理站所处区域地闪密度，其值为 5.14 次/($km^2 \cdot a$)；$A_e$ 为等效截收面积(图 3-4)，其值约为 $9.50 \times 10^{-3} km^2$。

2.1.5 码头年预计直接雷击次数

码头外线由两部分组成，码头面部分和陆域部分，两部分又联系在一起，设计分界线为海岸线。

码头所处地区年预计直接雷击次数为

$$N_d = N_g \cdot A_e \approx 0.37(次 /a)$$

式中，$N_g$ 为根据广东省雷电监测网测得码头所处区域地闪密度，其值为 5.14 次/($km^2 \cdot a$)；$A_e$ 为等效截收面积(图 3-5)，其值约为 $7.10 \times 10^{-2} km^2$。

陆域部分包括动力站、联检楼和码头综合楼，现分别计算如下。

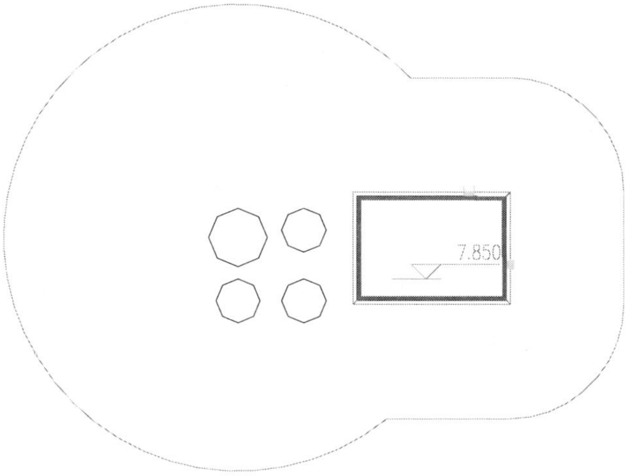


图 3-4 污水处理站直接雷击等效截收面积

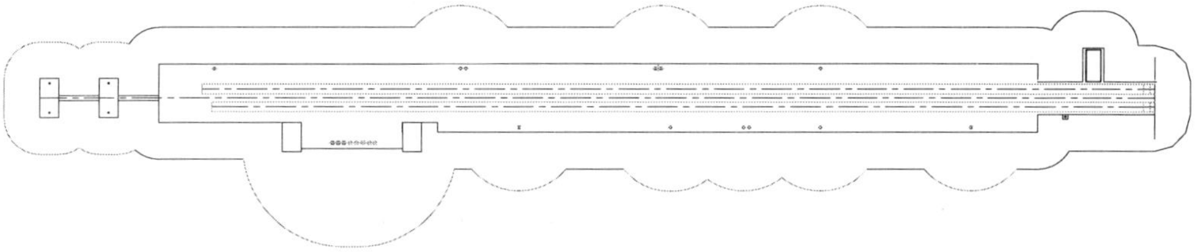

图 3-5 码头直接雷击等效截收面积

(1)动力站所处地区年预计直接雷击次数为

$$N_d = N_g \cdot A_e \approx 0.02(\text{次}/\text{a})$$

式中,$N_g$ 为根据广东省雷电监测网测得动力站所处区域地闪密度,其值为 5.14 次/(km$^2$·a);$A_e$ 为等效截收面积(图 3-6),其值约为 $3.58\times10^{-3}$km$^2$。

(2)联检楼所处地区年预计直接雷击次数为

$$N_d = N_g \cdot A_e \approx 0.04(\text{次}/\text{a})$$

式中,$N_g$ 为根据广东省雷电监测网测得联检楼所处区域地闪密度,其值为 5.14 次/(km$^2$·a);$A_e$ 为等效截收面积(图 3-7),其值约为 $8.14\times10^{-3}$km$^2$。

(3)码头综合楼所处地区年预计直接雷击次数为

$$N_d = N_g \cdot A_e \approx 0.02(\text{次}/\text{a})$$

式中,$N_g$ 为根据广东省雷电监测网测得综合楼所处区域地闪密度,其值为 5.14 次/(km$^2$·a);$A_e$ 为等效截收面积(图 3-8),其值约为 $4.76\times10^{-3}$km$^2$。

## 2.2 间接雷电闪击次数

间接雷电闪击次数包括建筑物附近的雷电闪击次数以及作用于入户设施上的雷电闪击次数。

### 2.2.1 邻近雷电闪击次数

(1)罐区所处地区年预计邻近雷击次数为

$$N_n = N_g \cdot A_g = 2.94(\text{次}/\text{a})$$

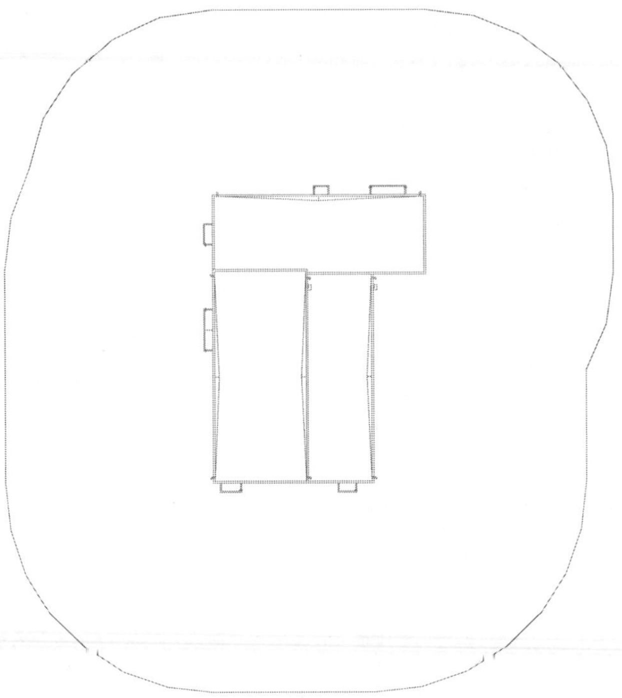

图 3-6 动力站直接雷击等效截收面积

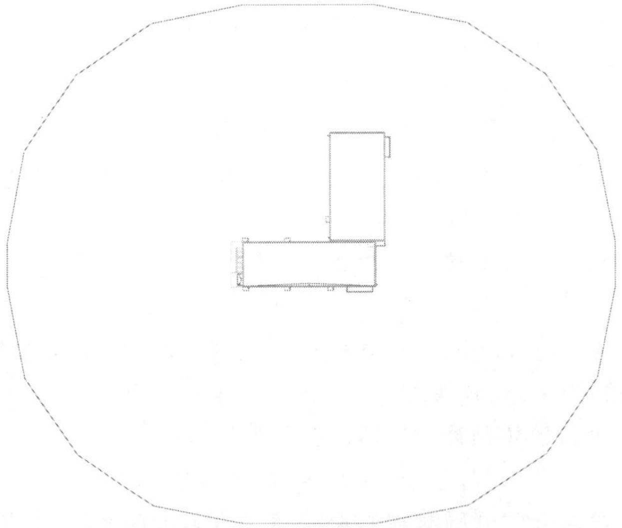

图 3-7 联检楼直接雷击等效截收面积

式中：$A_g$ 为周围大地的截收面积（见图 3-9 阴影部分面积），其值约等于 $0.571km^2$，实测罐区平均土壤电阻率为 307.62Ω·m。

（2）作业区所处地区年预计邻近雷击次数为

$$N_n = N_g \cdot A_g = 2.72(次/a)$$

式中，$A_g$ 为周围大地的截收面积（见图 3-10 阴影部分面积），其值约等于 $0.529km^2$，实测作业区平均土壤电阻率为 391.2Ω·m。

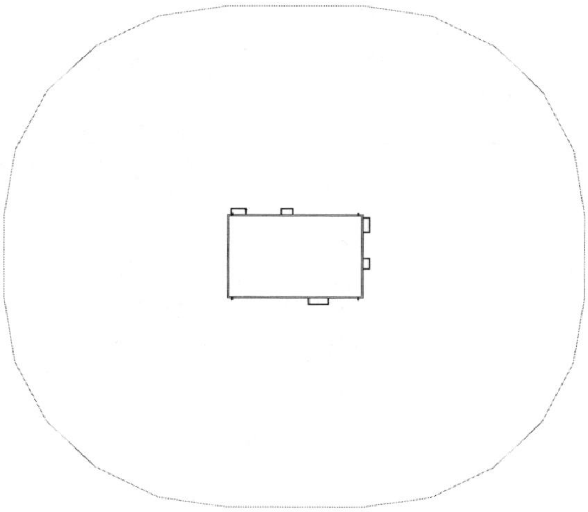

图 3-8 综合楼直接雷击等效截收面积

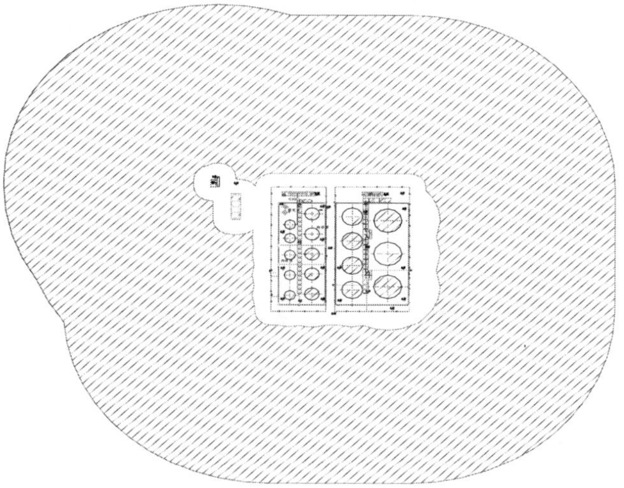

图 3-9 罐区邻近雷击等效截收面积

(3)办公生活区所处地区年预计邻近雷击次数为

$$N_n = N_g \cdot A_g = 2.72(\text{次}/\text{a})$$

式中，$A_g$ 为周围大地的截收面积(见图 3-11 阴影部分面积)，其值约等于 $2.03\times10^{-2}\text{km}^2$，实测办公生活区平均土壤电阻率为 212Ω·m。

(4)污水处理站所处地区年预计邻近雷击次数为

$$N_n = N_g \cdot A_g = 1.78(\text{次}/\text{a})$$

式中，$A_g$ 为周围大地的截收面积(见图 3-12 阴影部分面积)，其值约等于 $0.346\text{km}^2$，实测污水处理站平均土壤电阻率为 310.7Ω·m。

(5)码头所处地区年预计邻近雷击次数为

$$N_n = N_g \cdot A_g = 0(\text{次}/\text{a})$$

式中，$A_g$ 为周围大地的截收面积(见图 3-13 无阴影部分)，其值等于 $0\text{km}^2$，实测码头平均土壤电阻率为 5.0Ω·m。

图 3-10 作业区邻近雷击等效截收面积

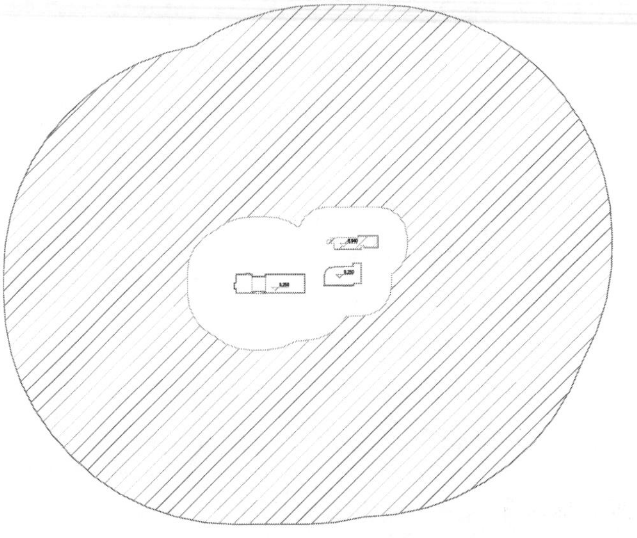

图 3-11 办公生活区邻近雷击等效截收面积

(6)码头动力站所处区域年预计邻近雷击次数为

$$N_n = N_g \cdot A_g = 0.19(\text{次}/\text{a})$$

式中,$A_g$ 为周围大地的截收面积(见图 3-14 阴影部分面积),其值等于 $3.77\times10^{-2}\text{km}^2$,实测联检楼平均土壤电阻率为 99.8Ω·m。

(7)码头联检楼所处地区年预计邻近雷击次数为

$$N_n = N_g \cdot A_g = 0.17(\text{次}/\text{a})$$

式中,$A_g$ 为周围大地的截收面积(见图 3-15 阴影部分面积),其值等于 $3.32\times10^{-2}\text{km}^2$,实测联检楼平均土壤电阻率为 99.8Ω·m。

(8)码头综合楼所处地区年预计邻近雷击次数为

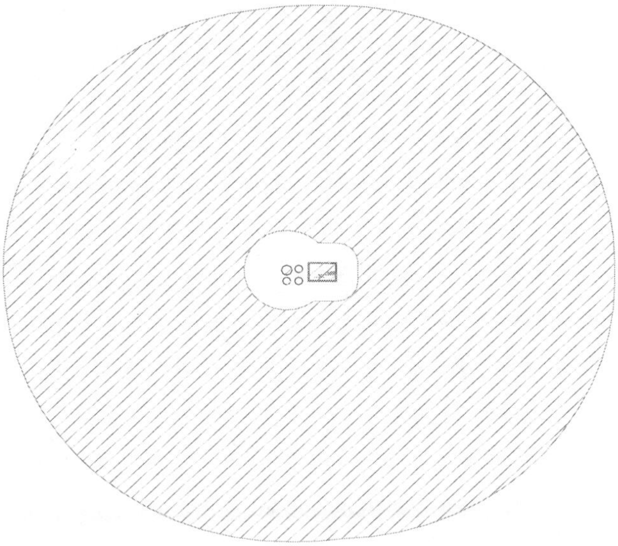

图 3-12　污水处理站邻近雷击等效截收面积

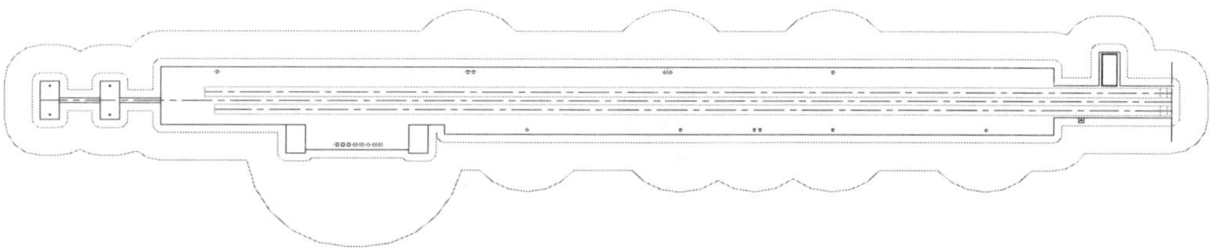

图 3-13　码头邻近雷击等效截收面积

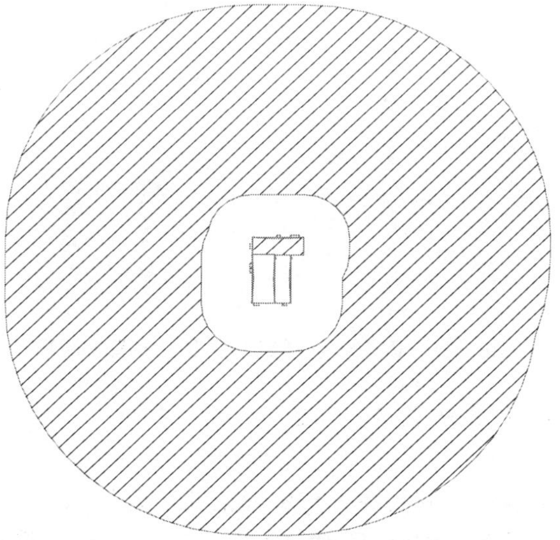

图 3-14　码头动力站邻近雷击等效截收面积

$$N_n = N_g \cdot A_g = 0.17(\text{次}/a)$$

式中，$A_g$ 为周围大地的截收面积(见图 3-16 阴影部分面积)，其值等于 $3.27\times10^{-2}$ km$^2$，实测

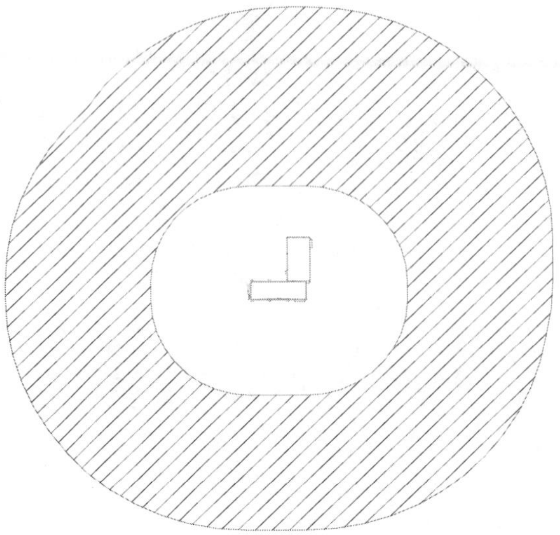

图 3-15 码头联检楼邻近雷击等效截收面积

综合楼平均土壤电阻率为 99.8Ω·m。

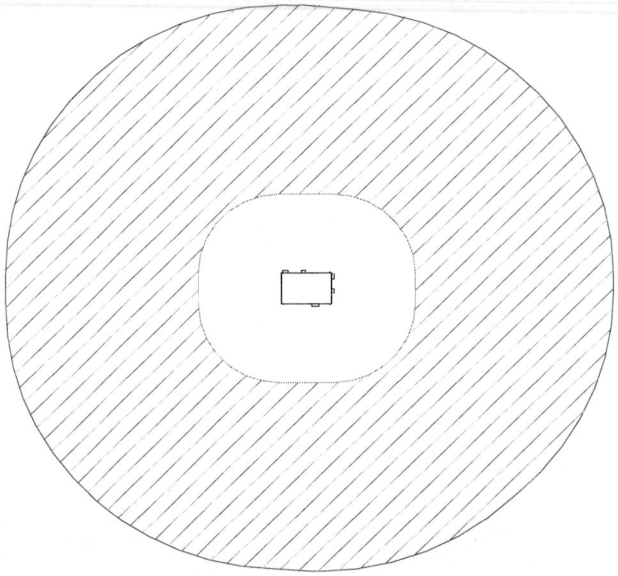

图 3-16 码头综合楼邻近雷击等效截收面积

2.2.2 入户设施雷电闪击次数

2.2.2.1 储油罐区

罐区各电缆沿充砂电缆沟及安装在工艺管廊上及工艺管墩旁的电缆托盘敷设，然后穿镀锌钢管或采用铠装电缆直接埋地敷设，埋地深度为 0.7～0.8m，电缆跨越道路及进出建筑物处穿钢管加以保护。

作用于信号线的闪击次数为

$$N_k = N_g \cdot A_k \approx 2.19(次/a)$$

式中，$A_k$ 为罐区信号线的等效截收面积，其值约为 $4.26\times10^{-1}km^2$。

注：入户设施仅仅考虑信号电缆的雷击次数。

则间接雷击建筑物的闪击次数为

$$N_i = N_n + N_k \approx 5.13(次/a)$$

2.2.2.2　作业区

作业区包括锅炉房、维修车间及实验室、消防泵房及配电房。本区域的各个建(构)筑物的接地装置连通成一个地网，形成共用接地系统。

其中锅炉房按第三类防雷建筑物设计，采用共用接地系统，设置总等电位端子箱。供电电源是由场区变电所引来的一路 220/380V 电源，户外电源电缆 YJV22－0.6/1 kV 电缆直接埋地敷设，电力、照明支干线路选用 YJV－0.6/1 kV 电缆和 BV－0.45/0.75 kV 型导线穿钢管沿墙、板、地暗敷设。

维修车间按三类防雷建筑物设计，实验室为二类防雷建筑物设计，建筑物设置总等电位连接，强电部分在电源进线箱中设置电涌保护器(SPD)。供电电源由变电所提供两路 220/380V 市电，一路作为维修车间的照明、动力和空调用电；另一路作为实验室的照明、空调及实验用电，两路电源全程用电缆埋地敷设穿管引入。

消防泵房及配电房按第三类防雷建筑物设计，将已经引入本库区的一路 10 kV 市电引入本变电所，10 kV 铠装交联电力电缆 YJV22－10 kV(3×240)埋地穿管引入。

本区域均设置了火灾自动报警系统。

作用于电源线的闪击次数为

$$N_1 = N_g \cdot A_1 \approx 0.12(次/a)$$

式中，$A_1$ 为作业区信号线的等效截收面积，其值约为 $2.38\times10^{-2}\text{km}^2$。

作用于通信、信号电缆的闪击次数为

$$N_2 = N_g \cdot A_2 \approx 2.45(次/a)$$

式中，$A_2$ 为作业区通信、信号线的等效截收面积，其值约为 $0.782\text{km}^2$。

则有

$$A_k = A_1 + A_2 = 0.5\ \text{km}^2$$

$$N_k = N_1 + N_2 = 2.57(次/a)$$

式中，$A_k$ 为作业区电源线、通信线及信号线的截收面积。

注：入户设施考虑电源电缆和通信、信号电缆的雷击次数。

则间接雷击建筑物的闪击次数为

$$N_i = N_n + N_k \approx 5.29(次/a)$$

2.2.2.3　办公生活区

办公生活区包括办公楼、食堂及宿舍。本区域的各个建(构)筑物的接地装置连通成一个地网，形成共用接地系统。

其中综合办公楼按第三类防雷建筑物设计，弱电部分在电源进线箱中设置电涌保护器(SPD)，供电电源是由变电所提供一路 220/380V 市电及一路柴油发电机电源，控制设备单独设施 UPS，全程用电缆埋地敷设穿管引入。

食堂按三类防雷建筑物设计，建筑物内设置总等电位端子箱 MEB，电源进线处设置电涌保护器(SPD)。供电电源由变电所埋地引入两路低压 220/380V 电源，一路市电电源一路柴油机电源，建筑物内设总配电箱，为本建筑物内各分配电箱放射式供电。

倒班宿舍按第三类防雷建筑物设计，建筑物内设置总等电位端子箱 MEB，电源进线处设置电涌保护器(SPD)。供电电源由变电所埋地引入一路低压 220/380V 照明电源。

本区域均设置了消防自动报警系统。

作用于电源线的闪击次数为

$$N_1 = N_g \cdot A_1 \approx 1.72(\text{次}/a)$$

式中，$A_1$ 为办公生活区信号线的等效截收面积，其值约为 $3.34\times10^{-1}\text{km}^2$。

作用于通信、信号电缆的闪击次数为

$$N_2 = N_g \cdot A_2 \approx 1.72(\text{次}/a)$$

式中，$A_2$ 为办公生活区通信、信号线的等效截收面积，其值约为 $3.34\times10^{-1}\text{km}^2$。

则有

$$A_k = A_1 + A_2 = 0.668\ \text{km}^2$$

$$N_k = N_1 + N_2 = 3.43(\text{次}/a)$$

式中，$A_k$ 为办公生活区电源线、通信线及信号线的截收面积。

注：入户设施考虑电源电缆和通信、信号电缆的雷击次数。

则间接雷击建筑物的闪击次数为

$$N_i = N_n + N_k \approx 4.43(\text{次}/a)$$

2.2.2.4　污水处理站

污水处理站按第二类防雷建筑物设计，本建筑物采用共用接地系统，建筑物内设置总等电位端子箱 MEB，供电电源是由场区变电所引来一路 220/380V 电源，电源电缆埋地敷设穿管引入。

作用于电源线的闪击次数为

$$N_1 = N_g \cdot A_1 \approx 2.20(\text{次}/a)$$

式中，$A_1$ 为污水处理站信号线的等效截收面积，其值约为 $4.28\times10^{-1}\text{km}^2$。

作用于通信、信号电缆的闪击次数为

$$N_2 = N_g \cdot A_2 \approx 2.20(\text{次}/a)$$

式中，$A_2$ 为污水处理站通信、信号线的等效截收面积，其值约为 $4.28\times10^{-1}\text{km}^2$。

则有

$$A_k = A_1 + A_2 = 0.857\ \text{km}^2$$

$$N_k = N_1 + N_2 = 4.40(\text{次}/a)$$

式中，$A_k$ 为污水处理站电源线、通信线及信号线的截收面积。

注：入户设施考虑电源电缆和通信、信号电缆的雷击次数。

则间接雷击建筑物的闪击次数为

$$N_i = N_n + N_k \approx 6.18(\text{次}/a)$$

2.2.2.5　码头

公用码头工程设置一座变电所负责给码头面和陆域场区供电。变电所内设置高压配电室变配电室、值班室；变电所毗邻制氮车间。

码头利用水工结构钢筋做自然接地体，并形成电气通路，在引桥入口处，引桥与码头平台连接处分别设铜球作为消除人体静电装置。码头面各种金属管道始末端、分支处及直线段每 200m 就近与接地干线连接。码头面各线路电缆采用电缆托盘(花孔)敷设方式，从托盘至配电柜、配电箱穿镀锌钢管保护，从配电柜或配电箱至用电设备穿镀锌钢管保护。

作用于电源线的闪击次数为

$$N_1 = N_g \cdot A_1 \approx 1.80(\text{次}/\text{a})$$

式中，$A_1$ 为码头信号线的等效截收面积，其值约为 $3.5 \times 10^{-1}\,\text{km}^2$。

作用于通信、信号控制电缆的闪击次数为

$$N_2 = N_g \cdot A_2 \approx 1.80(\text{次}/\text{a})$$

式中，$A_2$ 为码头通信、信号线的等效截收面积，其值约为 $3.5 \times 10^{-1}\,\text{km}^2$。

则有

$$A_k = A_1 + A_2 = 0.7\ \text{km}^2$$

$$N_k = N_1 + N_2 = 3.60(\text{次}/\text{a})$$

式中，$A_k$ 为码头电源线、通信线及信号线的截收面积。

注：入户设施考虑电源电缆和通信、信号控制电缆的雷击次数。

则间接雷击建筑物的闪击次数为

$$N_i = N_n + N_k \approx 3.60(\text{次}/\text{a})$$

陆域照明线路采用铠装电缆，直接埋地敷设，电缆跨越道路段及进出建筑物处，均穿钢管加以保护。

2.2.2.6 码头动力站

动力站按三类防雷建筑物设计，供电电源由一路 10 kV 市电引入本变电所，10 kV 高压电缆采用铠装交联电力电缆 JYV22－10 kV(3×150)埋地穿管引入。

作用于电源线的闪击次数为

$$N_1 = N_g \cdot A_1 \approx 0.05(\text{次}/\text{a})$$

式中，$A_1$ 为动力站信号线的等效截收面积，其值约为 $8.98 \times 10^{-3}\,\text{km}^2$。

作用于通信、信号电缆的闪击次数为

$$N_2 = N_g \cdot A_2 \approx 0.92(\text{次}/\text{a})$$

式中，$A_2$ 为动力站通信、信号线的等效截收面积，其值约为 $1.80 \times 10^{-1}\,\text{km}^2$。

则有

$$A_k = A_1 + A_2 = 0.19\ \text{km}^2$$

$$N_k = N_1 + N_2 = 0.97(\text{次}/\text{a})$$

式中，$A_k$ 为动力站电源线、通信线及信号线的截收面积。

注：入户设施考虑电源电缆和通信、信号电缆的雷击次数。

则间接雷击建筑物的闪击次数

$$N_i = N_n + N_k \approx 1.16(\text{次}/\text{a})$$

2.2.2.7 码头联检楼

联检楼及消防泵房按三类防雷建筑物设计，本建筑物设置总等电位连接端子箱 MEB，所有进出建筑物的金属管道、电缆金属外皮、PEN 线采用 40mm×4mm 镀锌扁钢与总等电位连接端子箱端子相连。

作用于电源线的闪击次数为

$$N_1 = N_g \cdot A_1 \approx 0.92(\text{次}/\text{a})$$

式中，$A_1$ 为联检楼信号线的等效截收面积，其值约为 $1.80 \times 10^{-1}\,\text{km}^2$。

作用于通信、信号电缆的闪击次数为

$$N_2 = N_g \cdot A_2 \approx 0.92(\text{次}/a)$$

式中，$A_2$ 为联检楼通信、信号线的等效截收面积，其值约为 $1.80\times10^{-1}\text{km}^2$。

则有

$$A_k = A_1 + A_2 = 0.36\ \text{km}^2$$

$$N_k = N_1 + N_2 = 1.85(\text{次}/a)$$

式中，$A_k$ 为联检楼电源线、通信线及信号线的截收面积。

注：入户设施考虑电源电缆和通信、信号电缆的雷击次数。

则间接雷击建筑物的闪击次数为

$$N_i = N_n + N_k \approx 2.02(\text{次}/a)$$

2.2.2.8　码头综合楼

码头综合楼按三类防雷建筑物设计，接地装置利用打入海底的15根灌注桩内的主筋，整栋建筑物的结构框架梁柱与灌注桩主筋焊接成电气通路，形成一个立体接地网体。强电部分在电源进线处及工艺配电末级箱中设置电涌保护器(SPD)，本建筑物实施总等电位联结，二层的控制室设置火灾自动报警器、通信设备、自控设备专用接地端子箱。本建筑物的供电电源由陆域变电所提供一路220/380V市电作为本建筑物和码头面的照明、动力和空调正常用电，全程电缆穿电缆沟及电缆托盘敷设。

作用于电源线的闪击次数为

$$N_1 = N_g \cdot A_1 \approx 0.92(\text{次}/a)$$

式中，$A_1$ 为综合楼信号线的等效截收面积，其值约为 $1.80\times10^{-1}\text{km}^2$。

作用于通信、信号电缆的闪击次数为

$$N_2 = N_g \cdot A_2 \approx 0.92(\text{次}/a)$$

式中，$A_2$ 为综合楼通信、信号线的等效截收面积，其值约为 $1.80\times10^{-1}\text{km}^2$。

则有

$$A_k = A_1 + A_2 = 0.36\ \text{km}^2$$

$$N_k = N_1 + N_2 = 1.85(\text{次}/a)$$

式中，$A_k$ 为综合楼电源线、通信线及信号线的截收面积。

注：入户设施考虑电源电缆和通信、信号电缆的雷击次数。

则间接雷击建筑物的闪击次数为

$$N_i = N_n + N_k \approx 2.02(\text{次}/a)$$

2.2.3　建筑物及入户设施年预计雷击次数

建筑物及入户设施年预计雷击次数见表3-12。

**表3-12　建筑物及入户设施年预计雷击次数**

| 区域 | 建筑物雷击次数(次/a) | 入户设施雷击次数(次/a) | 建筑物及入户设施年预计雷击次数(次/a) |
|---|---|---|---|
| 罐区 | 0.42 | 2.19 | 2.61 |
| 作业区 | 0.05 | 2.57 | 2.62 |
| 办公生活区 | 0.10 | 3.43 | 3.53 |

续表

| 区域 | 建筑物雷击次数（次/a） | 入户设施雷击次数（次/a） | 建筑物及入户设施年预计雷击次数(次/a) |
|---|---|---|---|
| 污水处理站 | 0.05 | 4.40 | 4.45 |
| 码头面 | 0.37 | 3.60 | 3.97 |
| 码头动力站 | 0.02 | 0.97 | 0.99 |
| 码头联检楼 | 0.04 | 1.85 | 1.89 |
| 码头综合楼 | 0.02 | 1.85 | 1.87 |

2.3 相关风险值计算

本评估报告中仅考虑人身伤亡一种损害类型，损害成因有直接雷电闪击下的接触电压和跨步电压，直接雷电闪击引起的着火、爆炸、机械效应和化学效应，间接雷电闪击引起的着火、爆炸、机械效应和化学效应。

根据《GB 50057—2010 建筑物防雷设计规范》，取二类滚球半径 $R=45$m，对应的雷电流大小约为 10.14 kA，对照××项目附近 3km 范围内的雷电流幅值概率分布曲线，对应得出防雷装置的截收效率为 $E=88.60\%$；若取三类滚球半径 $R=60$m，对应的雷电流大小约为 15.4 kA，对应得出防雷装置的截收效率为 $E=73.57\%$

2.3.1 雷击导致各种损害的概率

2.3.1.1 罐区

(1)直接雷击损害概率

直接雷电闪击下接触电压和跨步电压引致的损害概率为

$$P_h = k_h \cdot P'_h = 1 - E \times 10^{-2} = 1.14 \times 10^{-5}$$

注：罐区外部地面类型为沙砾，采用自然引下线。

由于直接雷击引起着火、爆炸、机械效应及化学效应的概率为

$$P_{fd} = P_t \cdot (P_1 + P_2 + P_3 + P_4) = 1.25 \times 10^{-1}$$

其中 $P_t = k_t P_t' = 1 \times 1 = 1$

$P_1 = k_1 P_1' = 1 - E = 1.14 \times 10^{-1}$

$P_2 = k_2 P_2' = 1 \times 0.01 = 0.01$

$P_3 = 10^{-3}$

$P_4 = 0$

注：罐区控制电缆穿金属管，可认为屏蔽。假定屏蔽层截面积 $1 < S \leqslant 10\text{mm}^2$。

直接雷电闪击下设备过电压引致的损害概率为

$$P_{od} = P_2 + P_3 = 1.10 \times 10^{-2}$$

(2)间接雷击损害概率

由于间接雷击引起着火、爆炸、机械效应及化学效应的概率为

$$P_{fi} = P_t \cdot P_3 = 1.00 \times 10^{-3}$$

间接雷电闪击下设备过电压引致的损害概率为

$$P_{oi} = P_3 = 10^{-3}$$

2.3.1.2 作业区

(1)直接雷击损害概率

直接雷电闪击下接触电压和跨步电压引致的损害概率为

$$P_h = k_h \cdot P'_h = 0.5 \times (1 - E) \times 10^{-2} = 1.32 \times 10^{-3}$$

注:作业区外部地面类型为混凝土,引下线被隔离。

由于直接雷击引起着火、爆炸、机械效应及化学效应的概率为

$$P_{fd} = P_t \cdot (P_1 + P_2 + P_3 + P_4) = 5.08 \times 10^{-5}$$

注:作业区电缆穿金属管,可认为已经屏蔽。假定屏蔽层截面积 $1 < S \leqslant 10\text{mm}^2$。

直接雷电闪击下设备过电压引致的损害概率为

$$P_{od} = P_2 + P_3 = 2.32 \times 10^{-3}$$

(2)间接雷击损害概率

由于间接雷击引起着火、爆炸、机械效应及化学效应的概率为

$$P_{fi} = P_t \cdot P_3 = 3.78 \times 10^{-7}$$

间接雷电闪击下设备过电压引致的损害概率为

$$P_{oi} = P_3 = 10^{-3}$$

2.3.1.3 办公生活区

(1)直接雷击损害概率

直接雷电闪击下接触电压和跨步电压引致的损害概率为

$$P_h = k_h \cdot P'_h = 0.5 \times (1 - E) \times 10^{-2} = 1.32 \times 10^{-3}$$

注:办公生活区外部地面类型为混凝土,引下线被隔离。

由于直接雷击引起着火、爆炸、机械效应及化学效应的概率为

$$P_{fd} = P_t \cdot (P_1 + P_2 + P_3 + P_4) = 5.04 \times 10^{-5}$$

注:办公生活区电缆穿金属管,可认为已屏蔽。假定屏蔽层截面积 $1 < S \leqslant 10\text{mm}^2$。

直接雷电闪击下设备过电压引致的损害概率为

$$P_{od} = P_2 + P_3 = 1.32 \times 10^{-3}$$

(2)间接雷击损害概率

由于间接雷击引起着火、爆炸、机械效应及化学效应的概率为

$$P_{fi} = P_t \cdot P_3 = 3.78 \times 10^{-10}$$

间接雷电闪击下设备过电压引致的损害概率为

$$P_{oi} = P_3 = 10^{-6}$$

2.3.1.4 污水处理站

(1)直接雷击损害概率

直接雷电闪击下接触电压和跨步电压引致的损害概率为

$$P_h = k_h \cdot P'_h = 0.5 \times (1 - E) \times 10^{-2} = 5.70 \times 10^{-4}$$

注:污水处理站外部地面类型为混凝土,引下线被隔离。

由于直接雷击引起着火、爆炸、机械效应及化学效应的概率为

$$P_{fd} = P_t \cdot (P_1 + P_2 + P_3 + P_4) = 2.21 \times 10^{-5}$$

注:污水处理站电缆穿金属管,可认为屏蔽。假定屏蔽层截面积 $1 < S \leqslant 10\text{mm}^2$。

直接雷电闪击下设备过电压引致的损害概率为

$$P_{od} = P_2 + P_3 = 1.57 \times 10^{-3}$$

(2)间接雷击损害概率

由于间接雷击引起着火、爆炸、机械效应及化学效应的概率为

$$P_{fi} = P_t \cdot P_3 = 3.78 \times 10^{-7}$$

间接雷电闪击下设备过电压引致的损害概率为

$$P_{oi} = P_3 = 10^{-3}$$

2.3.1.5 码头

(1)直接雷击损害概率

直接雷电闪击下接触电压和跨步电压引致的损害概率为

$$P_h = k_h \cdot P'_h = 0.5 \times (1 - E) \times 0.01 = 5.70 \times 10^{-4}$$

注:码头地面类型为混凝土,人接触不到引下线。

由于直接雷击引起着火、爆炸、机械效应及化学效应的概率为

$$P_{fd} = P_t \cdot (P_1 + P_2 + P_3 + P_4) = 1.16 \times 10^{-2}$$

注:码头控制电缆穿金属管,可认为电缆屏蔽。假定屏蔽层截面积 $1 < S \leqslant 10 mm^2$。

直接雷电闪击下设备过电压引致的损害概率为

$$P_{od} = P_2 + P_3 = 2.14 \times 10^{-3}$$

(2)间接雷击损害概率

由于间接雷击引起着火、爆炸、机械效应及化学效应的概率为

$$P_{fi} = P_t \cdot P_3 = 1.00 \times 10^{-4}$$

间接雷电闪击下设备过电压引致的损害概率为

$$P_{oi} = P_3 = 10^{-3}$$

2.3.1.6 码头动力站

(1)直接雷击损害概率

直接雷电闪击下接触电压和跨步电压引致的损害概率为

$$P_h = k_h \cdot P'_h = 0.5 \times (1 - E) \times 0.01 = 1.32 \times 10^{-3}$$

注:动力站外部地面类型为混凝土,引下线被隔离。

由于直接雷击引起着火、爆炸、机械效应及化学效应的概率为

$$P_{fd} = P_t \cdot (P_1 + P_2 + P_3 + P_4) = 5.08 \times 10^{-5}$$

注:动力站电缆穿金属管,可认为电缆屏蔽。假定屏蔽层截面积 $1\ mm < S \leqslant 10 mm^2$。

直接雷电闪击下设备过电压引致的损害概率为

$$P_{od} = P_2 + P_3 = 2.32 \times 10^{-3}$$

(2)间接雷击损害概率

由于间接雷击引起着火、爆炸、机械效应及化学效应的概率为

$$P_{fi} = P_t \cdot P_3 = 3.78 \times 10^{-7}$$

间接雷电闪击下设备过电压引致的损害概率为

$$P_{oi} = P_3 = 10^{-3}$$

2.3.1.7 码头联检楼

(1)直接雷击损害概率

直接雷电闪击下接触电压和跨步电压引致的损害概率为

$$P_h = k_h \cdot P'_h = 0.5 \times (1 - E) \times 0.01 = 1.32 \times 10^{-3}$$

注:联检楼外部地面类型为混凝土,引下线被隔离。

由于直接雷击引起着火、爆炸、机械效应及化学效应的概率为

$$P_{fd} = P_t \cdot (P_1 + P_2 + P_3 + P_4) = 5.08 \times 10^{-5}$$

注:联检楼电缆穿金属管,可认为电缆屏蔽。假定屏蔽层截面积 $1 < S \leqslant 10\text{mm}^2$。

直接雷电闪击下设备过电压引致的损害概率为

$$P_{od} = P_2 + P_3 = 2.32 \times 10^{-3}$$

(2)间接雷击损害概率

由于间接雷击引起着火、爆炸、机械效应及化学效应的概率为

$$P_{fi} = P_t \cdot P_3 = 3.78 \times 10^{-7}$$

间接雷电闪击下设备过电压引致的损害概率为

$$P_{oi} = P_3 = 10^{-3}$$

2.3.1.8 码头综合楼

(1)直接雷击损害概率

直接雷电闪击下接触电压和跨步电压引致的损害概率为

$$P_h = k_h \cdot P'_h = 0.5 \times (1 - E) \times 0.01 = 1.32 \times 10^{-3}$$

注:综合楼外部地面类型为混凝土,引下线被隔离。

由于直接雷击引起着火、爆炸、机械效应及化学效应的概率为

$$P_{fd} = P_t \cdot (P_1 + P_2 + P_3 + P_4) = 5.04 \times 10^{-5}$$

注:综合楼电缆穿金属管,可认为电缆屏蔽。假定屏蔽层截面积 $1 < S \leqslant 10\text{mm}^2$,强电部分设置电涌保护器(SPD)。

直接雷电闪击下设备过电压引致的损害概率为

$$P_{od} = P_2 + P_3 = 1.32 \times 10^{-3}$$

(2)间接雷击损害概率

由于间接雷击引起着火、爆炸、机械效应及化学效应的概率为

$$P_{fi} = P_t \cdot P_3 = 3.78 \times 10^{-10}$$

间接雷电闪击下设备过电压引致的损害概率为

$$P_{oi} = P_3 = 10^{-6}$$

2.3.2 雷击导致各种损害的次数

年损害次数 $F$ 要考虑到由直接闪击导致的年损害次数($F_d$)及由间接闪击导致的年损害次数($F_i$)两种情况。

2.3.2.1 罐区

(1)直接雷击损害次数

$$F_d = H + A + D = N_d P_h + N_d P_{fd} + N_d P_{od} \approx 5.71 \times 10^{-2}$$

式中,$H$ 为接触电压和跨步电压引致的损害次数;$A$ 为直接雷电闪击下由于着火爆炸引致的损害次数;$D$ 为直接雷电闪击下设备过电压引致的损害次数。

(2)间接雷击损害次数

$$F_i = B + C + E + G = N_n P_t P_3 + P_t \sum_{k=1}^{n} (N_k P_{3k}) + N_n P_3 + \sum_{k=1}^{n} (N_k P_{3k}) \approx 6.09 \times 10^{-3}$$

式中，$B$ 为邻近雷电闪击导致的损害次数分量；$C$ 为作用于 $n$ 个入户设施上的雷击，由于着火、爆炸导致的损害次数分量，本例计算信号线缆一个入户设施；$E$ 为邻近雷电闪击下过电压导致的损害次数分量；$G$ 为作用于 $n$ 个入户设施上的由过电压导致的损害次数分量；同 $C$。

则建筑物的年损害次数为

$$F = F_d + F_i = 6.32 \times 10^{-2}$$

2.3.2.2 作业区

(1)直接雷击损害次数

$$F_d = H + A + D = N_d P_h + N_d P_{fd} + N_d P_{od} \approx 1.98 \times 10^{-4}$$

(2)间接雷击损害次数

$$F_i = B + C + E + G = N_n P_t P_3 + P_t \sum_{k=1}^{n} (N_k P_{3k}) + N_n P_3 + \sum_{k=1}^{n} (N_k P_{3k}) \approx 5.29 \times 10^{-3}$$

式中，$C$ 为作用于 $n$ 个入户设施上的雷击，由于着火、爆炸导致的损害次数分量，本例计算电源、信号线缆两个入户设施。

则建筑物的年损害次数为

$$F = F_d + F_i = 5.49 \times 10^{-3}$$

2.3.2.3 办公生活区

(1)直接雷击损害次数

$$F_d = H + A + D = N_d P_h + N_d P_{fd} + N_d P_{od} \approx 2.81 \times 10^{-4}$$

(2)间接雷击损害次数

$$F_i = B + C + E + G = N_n P_t P_3 + P_t \sum_{k=1}^{n} (N_k P_{3k}) + N_n P_3 + \sum_{k=1}^{n} (N_k P_{3k}) \approx 4.43 \times 10^{-6}$$

则建筑物的年损害次数为

$$F = F_d + F_i = 2.86 \times 10^{-4}$$

2.3.2.3 污水处理站

(1)直接雷击损害次数

$$F_d = H + A + D = N_d P_h + N_d P_{fd} + N_d P_{od} \approx 1.06 \times 10^{-4}$$

(2)间接雷击损害次数

$$F_i = B + C + E + G = N_n P_t P_3 + P_t \sum_{k=1}^{n} (N_k P_{3k}) + N_n P_3 + \sum_{k=1}^{n} (N_k P_{3k}) \approx 6.19 \times 10^{-3}$$

则建筑物的年损害次数为

$$F = F_d + F_i = 6.29 \times 10^{-3}$$

2.3.2.4 码头

(1)直接雷击损害次数

$$F_d = H + A + D = N_d P_h + N_d P_{fd} + N_d P_{od} \approx 4.32 \times 10^{-2}$$

(2)间接雷击损害次数

$$F_i = B + C + E + G = N_n P_t P_3 + P_t \sum_{k=1}^{n} (N_k P_{3k}) + N_n P_3 + \sum_{k=1}^{n} (N_k P_{3k}) \approx 7.20 \times 10^{-3}$$

则建筑物的年损害次数为

$$F = F_d + F_i = 5.04 \times 10^{-4}$$

2.3.2.5 码头动力站

(1)直接雷击损害次数

$$F_d = H + A + D = N_d P_h + N_d P_{fd} + N_d P_{od} \approx 6.79 \times 10^{-5}$$

(2)间接雷击损害次数

$$F_i = B + C + E + G = N_n P_t P_3 + P_t \sum_{k=1}^{n} (N_k P_{3k}) + N_n P_3 + \sum_{k=1}^{n} (N_k P_{3k}) \approx 1.16 \times 10^{-3}$$

则建筑物的年损害次数为

$$F = F_d + F_i = 1.23 \times 10^{-3}$$

2.3.2.6 码头联检楼

(1)直接雷击损害次数

$$F_d = H + A + D = N_d P_h + N_d P_{fd} + N_d P_{od} \approx 1.54 \times 10^{-4}$$

(2)间接雷击损害次数

$$F_i = B + C + E + G = N_n P_t P_3 + P_t \sum_{k=1}^{n} (N_k P_{3k}) + N_n P_3 + \sum_{k=1}^{n} (N_k P_{3k}) \approx 2.02 \times 10^{-3}$$

则建筑物的年损害次数为

$$F = F_d + F_i = 2.17 \times 10^{-3}$$

2.3.2.7 码头综合楼

(1)直接雷击损害次数

$$F_d = H + A + D = N_d P_h + N_d P_{fd} + N_d P_{od} \approx 6.59 \times 10^{-5}$$

(2)间接雷击损害次数

$$F_i = B + C + E + G = N_n P_t P_3 + P_{t(} N_k P_{3k}) + N_n P_3 +_{(} N_k P_{3k}) \approx 2.02 \times 10^{-6}$$

则建筑物的年损害次数为

$$F = F_d + F_i = 6.79 \times 10^{-5}$$

以上计算了本项目各个区域雷击导致各种损害概率和次数，计算结果见表 3-13。

**表 3-13 雷击损害概率和次数的计算结果汇总**

| 地区 | 损害概率 $P$ | | | | | 损害次数 $F$ | |
|---|---|---|---|---|---|---|---|
| | 直接雷击 | | | 间接雷击 | | | |
| | 接触/跨步电压 | 着火爆炸 | 设备过压 | 着火爆炸 | 设备过压 | 直接雷击损害 | 间接雷击损害 |
| 储罐区 | $1.14\times10^{-5}$ | $1.25\times10^{-1}$ | $1.10\times10^{-2}$ | $1.00\times10^{-3}$ | $1.00\times10^{-3}$ | $5.71\times10^{-2}$ | $6.09\times10^{-3}$ |
| 汽车发油区 | $1.32\times10^{-3}$ | $5.08\times10^{-5}$ | $2.32\times10^{-3}$ | $3.78\times10^{-7}$ | $1.00\times10^{-3}$ | $1.98\times10^{-4}$ | $5.29\times10^{-3}$ |
| 办公生活区 | $1.32\times10^{-3}$ | $5.04\times10^{-5}$ | $1.32\times10^{-3}$ | $3.78\times10^{-10}$ | $1.00\times10^{-6}$ | $2.81\times10^{-4}$ | $4.43\times10^{-6}$ |
| 污水处理站 | $5.70\times10^{-4}$ | $2.21\times10^{-5}$ | $1.57\times10^{-3}$ | $3.78\times10^{-7}$ | $1.00\times10^{-3}$ | $1.06\times10^{-4}$ | $6.18\times10^{-3}$ |
| 码头 | $0.00\times10^{0}$ | $1.16\times10^{-1}$ | $2.14\times10^{-3}$ | $1.00\times10^{-3}$ | $1.00\times10^{-3}$ | $4.32\times10^{-2}$ | $7.20\times10^{-3}$ |
| 码头动力站 | $1.32\times10^{-3}$ | $5.08\times10^{-5}$ | $2.32\times10^{-3}$ | $3.78\times10^{-7}$ | $1.00\times10^{-3}$ | $6.79\times10^{-5}$ | $1.16\times10^{-3}$ |
| 码头联检站 | $1.32\times10^{-3}$ | $5.08\times10^{-5}$ | $2.32\times10^{-3}$ | $3.78\times10^{-7}$ | $1.00\times10^{-3}$ | $1.54\times10^{-4}$ | $2.02\times10^{-3}$ |
| 码头综合楼 | $1.32\times10^{-3}$ | $5.04\times10^{-5}$ | $1.32\times10^{-3}$ | $3.78\times10^{-10}$ | $1.00\times10^{-6}$ | $6.59\times10^{-5}$ | $2.02\times10^{-6}$ |

2.3.3 雷击导致人身伤亡的风险

对于人身伤亡风险，一般可接受的典型数值 $R_a$ 为 $10^{-5}$。

此类损失应考虑的损害原因为：

$S_1$：直接雷电闪击下的接触电压和跨步电压；

$S_2$：直接雷电闪击引起的着火、爆炸、机械效应及化学效应；

$S_5$：间接雷电闪击引起的着火、爆炸、机械效应及化学效应。

根据所给资料，某高栏港石化仓储项目（一期工程）竣工完成后，正式投产工作人员基本情况：

办公生活区的工作人员为 50 人；罐区的工种比较多，出入罐区的工作人员比较不固定，一般 10～15 人，假定作业区工作人员为 10 人；污水处理站工作人员 10 人，24 小时有人值班；码头区域工作人员一般是 10 人，假定码头面工作人员为 1 人；陆域部分码头动力站、联检楼、综合楼工作人员分别为 3 人，24 小时有人值班。

2.3.3.1　由于 $S_1$ 型损害造成人身伤亡

(1)罐区

每天进出罐区的人员为 15 人，假定每人逗留在罐区时间为 1 h。则危险范围内人员逗留人数为每年 15 人，时间 365 h。

由于雷击引起 $S_1$ 型损害的次数为

$$F_1 = 1 - \exp(-N_d P_h) = 4.78 \times 10^{-6}(\text{次}/\text{a})$$

由于引起 $S_1$ 型损害造成人员伤亡的相对损失为

$$\delta_1 = 1 - \left(1 - \frac{t}{8760}\right)^n \approx 0.472$$

此型损害造成人员伤亡的风险为

$$R_1 = [1 - \exp(-N_d P_h)]\delta_1 = 2.26 \times 10^{-6}$$

(2)作业区

每天进出作业区的人员为 10 人，假定每人逗留在该区外部存在因雷击造成接触和跨步电压触电危险的区域内的时间为 1min。则危险范围内人员逗留人数为每年 10×365 人，时间为 1min。

由于雷击引起 $S_1$ 型损害的次数为

$$F_1 = 1 - \exp(-N_d P_h) = 7.09 \times 10^{-5}(\text{次}/\text{a})$$

由于引起 $S_1$ 型损害造成人员伤亡的相对损失为

$$\delta_1 = 1 - \left(1 - \frac{t}{8760}\right)^n \approx 6.92 \times 10^{-3}$$

此型损害造成人员伤亡的风险为

$$R_1 = [1 - \exp(-N_d P_h)]\delta_1 = 4.91 \times 10^{-7}$$

(3)办公生活区

每天进出办公生活区的人员为 50 人，假定每人逗留在该区外部存在因雷击造成接触和跨步电压触电危险的区域内的时间为 1min。则危险范围内人员逗留人数为每年 50×365 人，时间为 1min。

由于雷击引起 $S_1$ 型损害的次数为

$$F_1 = 1 - \exp(-N_d P_h) = 1.38 \times 10^{-4}(\text{次}/\text{a})$$

由于引起 $S_1$ 型损害造成人员伤亡的相对损失为

$$\delta_1 = 1 - \left(1 - \frac{t}{8760}\right)^n \approx 0.034$$

此型损害造成人员伤亡的风险为

$$R_1 = [1 - \exp(-N_d P_h)]\delta_1 = 4.71 \times 10^{-6}$$

(4)污水处理站

每天进出污水处理站的人员为10人,假定每人逗留在该区外部存在因雷击造成接触和跨步电压触电危险的区域内的时间为1min。则危险范围内人员逗留人数为每年10人×365,时间为1min。

由于雷击引起$S_1$型损害的次数为

$$F_1 = 1 - \exp(-N_d P_h) = 2.79 \times 10^{-5}(次/a)$$

由于引起$S_1$型损害造成人员伤亡的相对损失为

$$\delta_1 = 1 - \left(1 - \frac{t}{8760}\right)^n \approx 6.92 \times 10^{-3}$$

此型损害造成人员伤亡的风险为

$$R_1 = [1 - \exp(-N_d P_h)]\delta_1 = 1.93 \times 10^{-7}$$

(5)码头

每天码头的工作人员为1人,假定出入于码头面的时间为1 h。则危险范围内人员逗留人数为每年1人,时间365 h。

由于雷击引起$S_1$型损害的次数为

$$F_1 = 1 - \exp(-N_d P_h) = 2.08 \times 10^{-4}(次/a)$$

由于引起$S_1$型损害造成人员伤亡的相对损失为

$$\delta_1 = 1 - \left(1 - \frac{t}{8760}\right)^n \approx 0.042$$

此型损害造成人员伤亡的风险为

$$R_1 = [1 - exp(-N_d P_h)]\delta_1 = 8.67 \times 10^{-6}$$

(6)码头动力站

每天进出码头动力站的人员为3人,假定每人逗留在该区外部存在因雷击造成接触和跨步电压触电危险的区域内的时间为1min。则危险范围内人员逗留人数为每年3人×365,时间为1min。

由于雷击引起$S_1$型损害的次数为

$$F_1 = 1 - \exp(-N_d P_h) = 2.43 \times 10^{-5}(次/a)$$

由于引起$S_1$型损害造成人员伤亡的相对损失为

$$\delta_1 = 1 - \left(1 - \frac{t}{8760}\right)^n \approx 2.08 \times 10^{-3}$$

此型损害造成人员伤亡的风险为:

$$R_1 = [1 - \exp(-N_d P_h)]\delta_1 = 5.05 \times 10^{-8}$$

(7)码头联检楼

每天进出码头联检楼的人员为3人,假定每人逗留在该区外部存在因雷击造成接触和跨步电压触电危险的区域内的时间为1min。则危险范围内人员逗留人数为每年3人×365,时间为1min。

由于雷击引起$S_1$型损害的次数为

$$F_1 = 1 - \exp(-N_d P_h) = 5.53 \times 10^{-5}(\text{次}/a)$$

由于引起 $S_1$ 型损害造成人员伤亡的相对损失为

$$\delta_1 = 1 - \left(1 - \frac{t}{8760}\right)^n \approx 2.08 \times 10^{-3}$$

此型损害造成人员伤亡的风险为

$$R_1 = [1 - \exp(-N_d P_h)]\delta_1 = 1.15 \times 10^{-7}$$

(8)码头综合楼

每天进出码头综合楼的人员为 3 人，假定每人逗留在该区外部存在因雷击造成接触和跨步电压触电危险的区域内的时间为 1min。则危险范围内人员逗留人数为每年 3 人×365，时间为 1min。

由于雷击引起 $S_1$ 型损害的次数为

$$F_1 = 1 - \exp(-N_d P_h) = 3.23 \times 10^{-5}(\text{次}/a)$$

由于引起 $S_1$ 型损害造成人员伤亡的相对损失为

$$\delta_1 = 1 - \left(1 - \frac{t}{8760}\right)^n \approx 2.08 \times 10^{-3}$$

此型损害造成人员伤亡的风险为

$$R_1 = [1 - \exp(-N_d P_h)]\delta_1 = 6.73 \times 10^{-8}$$

2.3.3.2　由于 $S_2$ 型损害造成人身伤亡

(1)罐区

由于雷击引起 $S_2$ 型损害的次数为

$$F_2 = 1 - exp(-N_d P_{fd}) = 5.11 \times 10^{-2}(\text{次}/a)$$

由于引起 $S_2$ 型损害造成人员伤亡的相对损失为

$$\delta_2 = 1 - \left(1 - \frac{24 \times 365}{8760}\right)^{15} \approx 0.472$$

此型损害造成人员伤亡的风险为

$$R_2 = N_d \cdot P_{fd} \cdot \delta_2 = 2.47 \times 10^{-2}$$

(2)作业区

由于雷击引起 $S_2$ 型损害的次数为

$$F_2 = 1 - \exp(-N_d P_{fd}) = 2.73 \times 10^{-6}(\text{次}/a)$$

由于引起 $S_2$ 型损害造成人员伤亡的相对损失为

$$\delta_2 = 1 - \left(1 - \frac{24 \times 365}{8760}\right)^{10} \approx 1$$

此型损害造成人员伤亡的风险为

$$R_2 = N_d \cdot P_{fd} \cdot \delta_2 = 2.73 \times 10^{-6}$$

(3)办公生活区

由于雷击引起 $S_2$ 型损害的次数为

$$F_2 = 1 - \exp(-N_d P_{fd}) = 5.27 \times 10^{-6}(\text{次}/a)$$

由于引起 $S_2$ 型损害造成人员伤亡的相对损失为

$$\delta_2 = 1 - \left(1 - \frac{24 \times 365}{8760}\right)^{15} \approx 1$$

此型损害造成人员伤亡的风险为

$$R_2 = N_d \cdot P_{fd} \cdot \delta_2 = 5.27 \times 10^{-6}$$

(4)污水处理站

由于雷击引起 $S_2$ 型损害的次数为

$$F_2 = 1 - \exp(-N_d P_{fd}) = 1.08 \times 10^{-6}(\text{次}/\text{a})$$

由于引起 $S_2$ 型损害造成人员伤亡的相对损失为

$$\delta_2 = 1 - \left(1 - \frac{24 \times 365}{8760}\right)^{10} \approx 1$$

此型损害造成人员伤亡的风险为

$$R_2 = N_d \cdot P_{fd} \cdot \delta_2 = 1.08 \times 10^{-6}$$

(5)码头

由于雷击引起 $S_2$ 型损害的次数为

$$F_2 = 1 - \exp(-N_d P_{fd}) = 4.23 \times 10^{-3}(\text{次}/\text{a})$$

由于引起 $S_2$ 型损害造成人员伤亡的相对损失为

$$\delta_2 = 1 - \left(1 - \frac{24 \times 365}{8760}\right)^{1} \approx 4.17 \times 10^{-2}$$

此型损害造成人员伤亡的风险为

$$R_2 = N_d \cdot P_{fd} \cdot \delta_2 = 1.77 \times 10^{-4}$$

(6)码头动力站

由于雷击引起 $S_2$ 型损害的次数为

$$F_2 = 1 - \exp(-N_d P_{fd}) = 9.34 \times 10^{-7}(\text{次}/\text{a})$$

由于引起 $S_2$ 型损害造成人员伤亡的相对损失为

$$\delta_2 = 1 - \left(1 - \frac{24 \times 365}{8760}\right)^{3} \approx 1$$

此型损害造成人员伤亡的风险为

$$R_2 = N_d \cdot P_{fd} \cdot \delta_2 = 9.34 \times 10^{-7}$$

(7)码头联检楼

由于雷击引起 $S_2$ 型损害的次数为

$$F_2 = 1 - \exp(-N_d P_{fd}) = 2.13 \times 10^{-6}(\text{次}/\text{a})$$

由于引起 $S_2$ 型损害造成人员伤亡的相对损失为

$$\delta_2 = 1 - \left(1 - \frac{24 \times 365}{8760}\right)^{3} \approx 1$$

此型损害造成人员伤亡的风险为

$$R_2 = N_d \cdot P_{fd} \cdot \delta_2 = 2.13 \times 10^{-6}$$

(8)码头综合楼

由于雷击引起 $S_2$ 型损害的次数为

$$F_2 = 1 - \exp(-N_d P_{fd}) = 1.23 \times 10^{-6}(\text{次}/\text{a})$$

由于引起 $S_2$ 型损害造成人员伤亡的相对损失为

$$\delta_2 = 1 - \left(1 - \frac{24 \times 365}{8760}\right)^{3} \approx 1$$

此型损害造成人员伤亡的风险为

$$R_2 = N_d \cdot P_{fd} \cdot \delta_2 = 1.23 \times 10^{-6}$$

2.3.3.3　由于 $S_5$ 型损害造成人身伤亡

(1)罐区

由于雷击引起 $S_5$ 型损害的次数为

$$F_5 = 1 - \exp(-N_i P_{ft}) = 5.11 \times 10^{-3}(\text{次}/\text{a})$$

由于引起 $S_5$ 型损害造成人员伤亡的相对损失为

$$\delta_5 - 1 - \left(1 - \frac{8 \times 365}{8760}\right)^{20} \approx 0.472$$

此型损害造成人员伤亡的风险为

$$R_5 = [1 - \exp(-N_i P_{fi})]\,\delta_5 = 2.42 \times 10^{-3}$$

(2)作业区

由于雷击引起 $S_5$ 型损害的次数为

$$F_5 = 1 - \exp(-N_i P_{ft}) = 2.00 \times 10^{-6}(\text{次}/\text{a})$$

由于引起 $S_5$ 型损害造成人员伤亡的相对损失为

$$\delta_5 = 1 - \left(1 - \frac{24 \times 365}{8760}\right)^{10} \approx 1$$

此型损害造成人员伤亡的风险为

$$R_5 = [1 - \exp(-N_i P_{fi})]\,\delta_5 = 2.00 \times 10^{-6}$$

(3)办公生活区

由于雷击引起 $S_5$ 型损害的次数为

$$F_5 = 1 - \exp(-N_i P_{ft}) = 1.67 \times 10^{-9}(\text{次}/\text{a})$$

由于引起 $S_5$ 型损害造成人员伤亡的相对损失为

$$\delta_5 = 1 - \left(1 - \frac{24 \times 365}{8760}\right)^{50} \approx 1$$

此型损害造成人员伤亡的风险为

$$R_5 = [1 - \exp(-N_i P_{fi})]\,\delta_5 = 1.67 \times 10^{-9}$$

(4)污水处理站

由于雷击引起 $S_5$ 型损害的次数为

$$F_5 = 1 - \exp(-N_i P_{ft}) = 2.34 \times 10^{-6}(\text{次}/\text{a})$$

由于引起 $S_5$ 型损害造成人员伤亡的相对损失为

$$\delta_5 = 1 - \left(1 - \frac{24 \times 365}{8760}\right)^{10} \approx 1$$

此型损害造成人员伤亡的风险为

$$R_5 = [1 - \exp(-N_i P_{fi})]\,\delta_5 = 2.34 \times 10^{-6}$$

(5)码头

由于雷击引起 $S_5$ 型损害的次数为

$$F_5 = 1 - \exp(-N_i P_{ft}) = 3.60 \times 10^{-4}(\text{次}/\text{a})$$

由于引起 $S_5$ 型损害造成人员伤亡的相对损失为

$$\delta_5 = 1 - \left(1 - \frac{24 \times 365}{8760}\right)^1 \approx 4.17 \times 10^{-2}$$

此型损害造成人员伤亡的风险为

$$R_5 = [1 - \exp(-N_i P_{fi})]\delta_5 = 1.50 \times 10^{-5}$$

(6)码头动力站

由于雷击引起 $S_5$ 型损害的次数为

$$F_5 = 1 - \exp(-N_i P_{ft}) = 4.40 \times 10^{-7}(\text{次}/\text{a})$$

由于引起 $S_5$ 型损害造成人员伤亡的相对损失为

$$\delta_5 = 1 - \left(1 - \frac{24 \times 365}{8760}\right)^3 \approx 1$$

此型损害造成人员伤亡的风险为

$$R_5 = [1 - \exp(-N_i P_{fi})]\delta_5 = 4.40 \times 10^{-7}$$

(7)码头联检楼

由于雷击引起 $S_5$ 型损害的次数为

$$F_5 = 1 - \exp(-N_i P_{ft}) = 7.63 \times 10^{-7}(\text{次}/\text{a})$$

由于引起 $S_5$ 型损害造成人员伤亡的相对损失为

$$\delta_5 = 1 - \left(1 - \frac{24 \times 365}{8760}\right)^3 \approx 1$$

此型损害造成人员伤亡的风险为

$$R_5 = [1 - \exp(-N_i P_{fi})]\delta_5 = 7.63 \times 10^{-7}$$

(8)码头综合楼

由于雷击引起 $S_5$ 型损害的次数为

$$F_5 = 1 - \exp(-N_i P_{ft}) = 7.62 \times 10^{-10}(\text{次}/\text{a})$$

由于引起 $S_5$ 型损害造成人员伤亡的相对损失为

$$\delta_5 = 1 - \left(1 - \frac{24 \times 365}{8760}\right)^3 \approx 1$$

此型损害造成人员伤亡的风险为

$$R_5 = [1 - \exp(-N_i P_{fi})]\delta_5 = 7.62 \times 10^{-10}$$

以上计算了某项目各个区域由于雷击导致人身伤亡的风险，计算结果见表 3-14。

**表 3-14 雷击导致人身伤亡风险计算结果汇总**

| 地区 | 风险 | | |
|---|---|---|---|
| | 接触/跨步电压 | 直接雷击着火爆炸 | 间接雷击着火爆炸 |
| 储罐区 | $2.26 \times 10^{-6}$ | $2.47 \times 10^{-2}$ | $2.42 \times 10^{-3}$ |
| 汽车发油区 | $4.91 \times 10^{-7}$ | $2.73 \times 10^{-6}$ | $2.00 \times 10^{-6}$ |
| 办公生活区 | $4.71 \times 10^{-6}$ | $5.26 \times 10^{-6}$ | $1.67 \times 10^{-9}$ |
| 污水处理站 | $1.93 \times 10^{-7}$ | $1.08 \times 10^{-6}$ | $2.43 \times 10^{-6}$ |
| 码头 | $8.67 \times 10^{-6}$ | $1.77 \times 10^{-4}$ | $1.50 \times 10^{-5}$ |
| 码头动力站 | $5.05 \times 10^{-8}$ | $9.34 \times 10^{-7}$ | $4.40 \times 10^{-7}$ |
| 码头联检站 | $1.15 \times 10^{-7}$ | $2.13 \times 10^{-6}$ | $7.63 \times 10^{-7}$ |
| 码头综合楼 | $6.73 \times 10^{-8}$ | $1.23 \times 10^{-6}$ | $7.62 \times 10^{-10}$ |

2.3.4　雷击风险增加或完善的措施

对于人员伤亡风险，一般可接受的典型数值为$10^{-5}$。从前面的计算结果可知，作业区、办公生活区、污水处理站、码头动力站、码头联检楼、码头综合楼所处区域的各个风险值均满足可接受的经典数值，罐区和码头的个别风险值超过该数值。因此对罐区和码头面进行加强完善防护措施。

对于罐区的直接雷击产生跨步电压接触电压导致人员伤亡的风险满足典型值，直击和间接雷引起着火、爆炸人员伤亡风险大于可接受的典型数值。建议人员在雷雨天避免出入于罐区，并且进一步在罐区做好防火措施，完善措施后各项风险有望降到表3-15的计算值。

**表3-15　罐区完善防护措施后计算对比表**

| 项目 | | | 原设计 | 加强防火措施 |
|---|---|---|---|---|
| 年预计雷击次数 $N$ | 直接雷击次数 | | 0.4194 | 0.4194 |
| | 邻近雷击次数 | | 2.9368 | 2.9368 |
| 损害概率 $P$ | 直接雷击 | 接触/跨步电压 | $1.14\times10^{-5}$ | $1.14\times10^{-5}$ |
| | | 着火爆炸 | $1.25\times10^{-1}$ | $4.31\times10^{-3}$ |
| | | 设备过电压 | $1.00\times10^{-2}$ | $1.15\times10^{-4}$ |
| | 间接雷击 | 着火爆炸 | $1.00\times10^{-3}$ | $3.78\times10^{-8}$ |
| | | 设备过电压 | $1.00\times10^{-3}$ | $1.00\times10^{-6}$ |
| 风险 | 接触/跨步电压 | | $2.26\times10^{-6}$ | $2.26\times10^{-6}$ |
| | 直接雷击着火爆炸 | | $2.47\times10^{-2}$ | $8.54\times10^{-4}$ |
| | 间接雷击着火爆炸 | | $2.42\times10^{-3}$ | $9.14\times10^{-8}$ |

对于罐区的防火措施主要有以下几方面要求。

(1)加大安全宣传教育培训的力度

油品的特点决定了每个从业人员都必须掌握易燃易爆化学品的特性及正常操作和事故处理技能，在主要生产岗位应张挂安全须知和紧急处理要点，以防紧急状态下出现误操作。

(2)严格防火管理，规范作业行为

大多数油库火灾爆炸事故表明，造成火灾事故的因素主要是人、物和环境，而人是最根本的因素。企业装置需要人去管理，设备需要人操作、维修，工艺参数需要人来控制。管理不善、操作不当、工艺参数失控、设备状态不良，都可能导致事故。因此，企业建立健全各级安全防火责任制、安全操作规程、电气防火规程、动火作业规程、培训教育制度在内的一整套安全防火管理制度和安全防火管理体系。

(3)严格控制点火源

点火源一部分是生产、生活中采用的，如明火和电气设备、照明灯具、电焊气割等，另一部分是由于操作和管理不当产生的有害火源，如静电火花、绝热压缩冲击与摩擦火花、电火花、吸烟等。对于前者，关键是做好安全管理工作，实施隔离，保持间距，坚持安全操作等措施，不使之成为火灾的点火源。对于后者，关键是从组织上、管理上、操作和设备技术等方面寻求对策，加强控制。

控制火源，是油库防火的主要方面。

1)严格执行进入库区工作的规定。

2)严格控制明火作业。

3)严防金属互相撞击产生火花。

4)防止动力设备产生火星。

5)防静电放电。

(4)加强对易燃易爆危险化学品的管理

危险化学物品种类繁多,名称复杂,性质各异,有的易燃,有的易爆,有的怕水,有的怕热,有的不能直接与空气接触,因此储存保管及搬运工作极其重要,如保管不当,极易造成灾害性事故。

其一,储存保管注意事项:

1)性质相互抵触会引起燃烧爆炸或灭火方法不同的化学危险品,不得同放一库,如氧化剂和易燃品不得放在一个库房里。

2)遇水燃烧和怕晒的物品不得在露天存放。

3)库区在一般情况下不准动火作业,需要动火作业时必须把危险品隔离,按企业特殊动火要求办理手续,采用安全措施,方可实施动火作业。

3)库区是重点防火部位,不准住人;要严格火源、火种管理,严禁烟火,不得带入火种。

其二,搬运、装卸注意事项:

1)工作前要检查机具、设备和物品包装必须完好。

2)发现沾染在机具上的危险化学品,特别是操作过氧化物的机具必须清除干净。

3)操作时必须轻搬轻放,不准拖拉,防止撞击、摩擦、震动,液体铁筒卸垛严禁快速溜放。严禁穿带钉鞋、化纤服装进入库区。

4)两种性能相互抵触的危险物资,不得同时进行装卸工作。

5)对散落在地面的危化品,要及时清理干净;及时妥善处理可燃物,如及时妥善处理沾有油料的棉纱、抹布等。

6)进入库区的车辆必须配备阻火器。

7)保证消防设备完好可靠。

(5)加强设备的检查、维修,严防跑、冒、滴、漏现象发生

对于码头直接雷击产生跨步电压接触电压和间接雷击引起着火、爆炸导致人员伤亡的风险满足典型值,直击雷引起着火、爆炸人员伤亡风险大于可接受的典型数值。建议人员在雷雨天避免出入于码头,并且进一步在码头做好防火、防腐、线缆屏蔽措施,完善措施后各项风险有望降到表 3-16 的计算值。

**表 3-16 码头加强防火措施后计算对比表**

| 项目 | | | 原设计 | 加强防火措施 |
|---|---|---|---|---|
| 年预计雷击次数 $N$ | 直接雷击次数 | | 0.3649 | 0.3649 |
| | 邻近雷击次数 | | 0.0000 | 0.0000 |
| 损害概率 $P$ | 直接雷击 | 接触/跨步电压 | $5.70\times10^{-4}$ | $5.70\times10^{-4}$ |
| | | 着火爆炸 | $1.16\times10^{-2}$ | $4.35\times10^{-3}$ |
| | | 设备过电压 | $2.14\times10^{-3}$ | $1.11\times10^{-3}$ |
| | 间接雷击 | 着火爆炸 | $1.00\times10^{-4}$ | $3.78\times10^{-5}$ |
| | | 设备过电压 | $1.00\times10^{-3}$ | $1.00\times10^{-3}$ |

续表

| 项目 | | 原设计 | 加强防火措施 |
|---|---|---|---|
| 风险 | 接触/跨步电压 | $8.67\times10^{-6}$ | $8.67\times10^{-6}$ |
| | 直接雷击着火爆炸 | $1.77\times10^{-4}$ | 6.62×10 −5 |
| | 间接雷击着火爆炸 | $1.50\times10^{-5}$ | $5.67\times10^{-6}$ |

对油品码头的防火措施，主要有以下几方面要求。

(1)作业现场50m范围须设置警戒线、警戒标志，严禁闲人进入。

(2)进入易燃易爆危化品作业区域必须关掉手机，禁止携带烟、火种；通信应在值班休息点使用，照明充足并安装在警戒线外。

(3)在装卸时，码头及警戒区域内严禁烟火，杜绝一切火源。停止船上的所有明火作业，包括做饭用的电饭煲，烟火交至岸上值班点保管。

(4)危化品装卸作业的安装、检修、操作、拆除等作业过程中，须轻拿轻放，动作平稳。

(5)采用金属软管装卸时，应采取措施避免和防止软管与码头地面及其他设施设备之间的摩擦碰撞产生火花。

(6)严格遵守操作规程，控制罐装速度，正确使用设备，消除脏、乱、差、漏，确保设备处于良好状态。

(7)易燃易爆危化品装卸作业人员应使用防爆工具，现场监护人员要定时用可燃气体监测仪测试现场可燃气体浓度。

(8)危化品作业现场放置规定数量完好有效的消防器材(包括灭火器、沙箱等)。易燃易爆危化品装卸作业时，消防车到现场监护。

# 第四章 防雷设计指导意见

广东某高栏港石化仓储项目包含库区和码头。库区主要包含油罐区：燃料油罐区、成品油罐区、燃料油泵棚、成品油泵棚、消防泵房和配电室、锅炉房、维修车间及实验室、装车台、地磅值班室、办公生活区：综合办公楼、宿舍、食堂、门卫室以及污水处理站，在油库中还有大量控制系统、电源系统、消防系统、监控系统以及各种仪表和管道。

本报告中将该仓储项目分成五个部分进行考虑，各部分组成及相关设计参数见表4-1。

**表4-1 仓储项目各部分组成及相关设计参数**

| 区域 | 组成 | 建筑物雷击次数(次/a) | 入户设施雷击次数(次/a) | 建筑物及入户设施年预计雷击次数(次/a) |
|---|---|---|---|---|
| 罐区 | 油罐、燃料油泵棚、成品油泵棚、装车台、地磅值班室 | 0.42 | 2.19 | 2.61 |
| 作业区 | 锅炉房、维修车间及实验室、消防泵房和配电室 | 0.05 | 2.57 | 2.62 |
| 办公生活区 | 综合办公楼、宿舍、食堂、大门 | 0.10 | 3.43 | 3.53 |
| 污水处理站 | 污水处理站 | 0.05 | 4.40 | 4.45 |

续表

| 区域 | 组成 | 建筑物雷击次数(次/a) | 入户设施雷击次数(次/a) | 建筑物及入户设施年预计雷击次数(次/a) |
|---|---|---|---|---|
| 码头 | 码头面 | 0.37 | 3.60 | 3.97 |
| | 码头动力站 | 0.02 | 0.97 | 0.99 |
| | 码头联检楼 | 0.04 | 1.85 | 1.89 |
| | 码头综合楼 | 0.02 | 1.85 | 1.87 |

在该仓储项目的防雷措施上，要从直接雷击防护和雷击电磁脉冲防护两方面进行综合考虑。

## 1 直击雷防护

### 1.1 罐区

#### 1.1.1 接闪器设置

罐区内各种油品储罐的壁厚均大于 6mm，可直接利用罐体作接闪器，每一接地点的冲击接地电阻不大于 4Ω。

装车台、燃料油泵棚和成品油泵棚均按二类防雷进行设计，应在建筑物屋面装设不大于 10m×10m 或 8m×12m 的接闪网格，天面四周明敷接闪带，接闪带在天面上的垂直投影，距天面外边沿的距离约 100mm 为宜；天面主要阳角位应装设避雷短针。地磅值班室按三类防雷进行设计，应在建筑物屋面装设不大于 20m×20m 或 16m×24m 的接闪网格，天面四周明敷接闪带，接闪带在天面上的垂直投影，距天面外边沿的距离约 100mm 为宜；天面主要阳角位应装设避雷短针。

接闪短针和接闪带及接闪带支持码均应采用热镀锌钢材(为保持美观，避免生锈更换，可采用不锈钢材质)，统一使用材料规格为：接闪短针为∅12mm，接闪带、接闪网格为∅10mm，支撑架表面积不小于 45mm$^2$，带高应不低于 150mm。

突出屋面金属物(包括金属栏杆)应与屋面防雷装置可靠连接；露天安装的大型设备，其金属外壳及基座应就近与防雷接地装置可靠连接，连接点不应少于两处。突出屋面的非金属物，不在天面接闪器有效保护范围内时，应采取避雷短针加以保护。

#### 1.1.2 引下线设计

地磅值班室、装车台、成品油泵棚和燃料油泵棚均可直接利用其结构柱内两根以上主筋(>∅16mm)作为防雷引下线，装车台、成品油泵棚和燃料油泵棚的引下线间距不得大于 18m，地磅值班室引下线间距不得大于 25m。引下线上端与接闪带焊接，下端与基础钢筋焊接。并在室外地面深度为人工接地体深处用－40mm×4mm 热镀锌扁钢与人工接地体焊接。

#### 1.1.3 接地体设计

金属油罐可用－40mm×4mm 镀锌扁钢做人工环形接地体，油罐与人工接地体的接地点不应少于两处，其间弧形距离不应大于 30m，接地体距罐壁的距离应大于 3m。所有接地焊接处应刷沥青防腐。

地磅值班室、装车台、成品油泵棚及燃料油泵棚宜利用结构框架柱筋及地梁内主筋焊接连通作为接地体，并在建筑物四周用－40mm×4mm 热镀锌扁钢敷设环形人工接地体作为接地装置。接地体应作防腐处理。

地磅值班室、装车台、成品油泵棚及燃料油泵棚均采用 TN—S 接地型式，电源 PEN 线在进线柜作重复接地，防雷接地、保护接地等共用接地装置，接地电阻不大于 4Ω。

各罐体地网之间做等电位连接带，将油罐区形成一个统一地网。油罐区的地网与地磅值班室、装车台、成品油泵棚及燃料油泵棚人工接地体采用－40mm×4mm 热镀锌扁钢互连形成联合接地网，根据本报告第三章的估算，该联合接地网接地电阻可达到 2Ω 以下。

应在油罐配电盘进线处和埋地油罐通气管处预留接地端子供设备作接地用。罐区内所有需接地的设备与构件，如通气管、配电盘、电子系统用配电盘、开关、消防报警设施和监控设施(防爆箱)等都要与接地网相连接，使相邻的金属导体及设备上的电势(电压)相等。

## 1.2　办公生活区

### 1.2.1　接闪器设计

初步设计中综合办公楼按照三类防雷进行设计。由于整个库区的控制室设于综合办公楼内，弱电设备较多，建议提高防雷级别，按二类防雷进行设计。

在办公楼、宿舍及食堂屋面装设接闪杆、接闪带与接闪网格相结合作为接闪器。避雷短针、接闪带及接闪带支持码均应采用热镀锌钢材(为保持美观，避免生锈更换，可采用不锈钢材质)。办公楼接闪网格不大于 10m×10m 或 8m×12m，门卫室、宿舍及食堂接闪网格不大于 20m×20m 或 24m×16m，接闪器材料采用统一规格：接闪短针为∅12mm，接闪带、接闪网格为∅10mm，支撑架表面积不小于 45mm$^2$，带高应不低于 150mm。

综合办公楼南向正门外墙面外设玻璃幕墙，玻璃幕墙从一层开始敷设，高度 17.4m。可利用玻璃幕墙铝合金边框进行接闪，但需做好接地措施，玻璃幕墙的龙骨与建筑防雷装置电气连通。若玻璃幕墙后附有墙体，可在墙体上设置接闪带，使接闪带足以保护玻璃幕墙顶部。

突出屋面金属物(包括金属栏杆)应与屋面防雷装置可靠连接；露天安装的大型设备，其金属外壳及基座应就近与防雷接地装置可靠连接，连接点不应少于两处，连接带采用镀锌扁钢－40mm×4mm。突出屋面的非金属物，不在天面接闪器有效保护范围内时，应采取避雷短针加以保护。

### 1.2.2　引下线设计

办公楼、宿舍、门卫室及食堂宜直接利用其结构柱内的 2 根以上主筋(＞∅16mm)贯通焊接作为引下线，办公楼引下线间距不能大于 18m，门卫室、宿舍及食堂引下线间距不能大于 25m，引下线上端与接闪带焊接，下端与基础钢筋焊接并在室外地面深度为人工接地体深处用热镀锌－40mm×4mm 扁钢与人工接地装置焊接。

### 1.2.3　接地装置设计

在办公楼、宿舍、门卫室及食堂周边环形敷设－40mm×4mm 镀锌扁钢作为人工接地装置，结构框架柱基及地梁内主筋(不少于 2 根，＞∅16mm)焊接成电气通路，与人工接地体焊接连通。人工接地体埋深大于或等于 1m。门卫室金属电动大门及其轨道需作接地，可与门卫室四周的人工接地体预留接地端子相连。

采用共用接地系统，建筑物防雷接地、电源 PEN 重复接地、保护接地及等电位接地等共用同一接地装置，接地电阻不大于 4Ω。

办公生活区的办公楼、宿舍、门卫室和食堂人工接地体采用－40mm×4mm 热镀锌扁钢互连形成联合接地网，根据本报告第三章的估算，这样做可使接地电阻达到 3Ω 以下。

### 1.3 作业区

#### 1.3.1 接闪器设计

在锅炉房、消防泵房和配电室、维修车间和实验室屋面装设接闪杆、接闪带与接闪网格相结合作为接闪器。锅炉房、消防泵房和配电室天面接闪网格不大于 20m×20m 或 24m×16m，维修车间和实验室建议统一按二类进行设计，接闪网格不大于 10m×10m 或 8m×12m，接闪器材料采用统一规格：避雷短针为∅12mm，接闪带、接闪网格为∅10mm，支撑架表面积不小于 $45mm^2$，带高应不低于 150mm。

锅炉房侧的钢烟囱和油罐壁厚大于 4mm 时，可直接利用作接闪器。

突出屋面金属物(包括金属栏杆)应与屋面防雷装置可靠连接；露天安装的大型设备，其金属外壳及基座应就近与防雷接地装置可靠连接，连接点不应少于两处，连接带采用镀锌扁钢－40mm×4mm。突出屋面的非金属物，不在天面接闪器有效保护范围内时，应采取接闪小针加以保护。

#### 1.3.2 引下线设计

锅炉房、消防泵房和配电室、维修车间和实验室宜直接利用其结构柱内的 2 根以上主筋(>∅16mm)贯通焊接作为引下线，锅炉房引下线间距不能大于 25m，维修车间和实验室建议统一按二类进行设计，引下线间距不能大于 18m，引下线上端与接闪带焊接，下端与基础钢筋焊接并在室外地面深度为人工接地体深处用热镀锌－40mm×4mm 扁钢与人工接地装置焊接。锅炉房侧油罐及港烟囱壁厚大于 4mm 时，可利用自身作为引下线。

#### 1.3.3 接地设计

在锅炉房、消防泵房和配电室、维修车间和实验室周边环形敷设－40mm×4mm 镀锌扁钢作为人工接地装置，结构框架柱基及地梁内主筋(不少于 2 根，大于∅16mm)焊接成电气通路，与人工接地体焊接连通。人工接地体埋深不小于 1m。

采用共用接地系统，建筑物防雷接地、电源 PEN 重复接地、保护接地及等电位接地等共用同一接地装置，接地电阻不大于 4Ω。

锅炉房、消防泵房和配电室、维修车间和实验室人工接地体采用－40mm×4mm 热镀锌扁钢互连形成联合接地网，根据本报告第三章的估算，该联合接地网的接地电阻较大，建议在地网四周引下线处布置垂直接地极，垂直接地极长 2.5m，埋深 1m 以下，垂直接地体宜采用 2500mm×∠50mm×50mm×5mm 热镀锌角钢。

### 1.4 污水处理站

#### 1.4.1 接闪器设计

污水处理站按二类防雷进行设计，应在建筑物屋面装设不大于 10m×10m 或 8m×12m 的接闪网格，天面四周明敷接闪带，接闪带在天面上的垂直投影，距天面外边沿的距离约 100mm 为宜；天面主要阳角位应装设避雷短针。接闪短针和接闪带及接闪带支持码均应采用热镀锌钢材(为保持美观，避免生锈更换，可采用不锈钢材质)，统一使用材料规格为：接闪短针为∅12mm，接闪带、接闪网格为∅10mm，支撑架表面积不小于 $45mm^2$，带高应不低于 150mm。

突出屋面金属物(包括金属栏杆)应与屋面防雷装置可靠连接；露天安装的大型设备，其金属外壳及基座应就近与防雷接地装置可靠连接，连接点不应少于两处。突出屋面的非金属物，不在天面接闪器有效保护范围内时，应采取避雷短针加以保护。

污水处理站的废水缓冲罐罐壁大于4mm时，可直接利用作接闪器。

1.4.2　引下线设计

污水处理站可直接利用其结构柱内两根以上主筋（>∅16mm）作为防雷引下线，引下线间距不得小于18m。引下线上端与接闪带焊接，下端与基础钢筋焊接。并在室外地面深度为人工接地体深处用－40mm×4mm热镀锌扁钢与人工接地装置焊接。废水缓冲罐罐壁大于4mm时，可直接利用作引下线。

1.4.3　接地装置设计

污水处理站宜利用结构框架柱筋及地梁内主筋焊接连通作为接地体，并在建筑物四周用－40mm×4mm热镀锌扁钢敷设环形人工接地体作为接地装置。废水缓冲罐可用－40mm×4mm热镀锌扁钢做人工环形接地体，罐与人工接地体的接地点不应少于两处。罐体与建筑物的人工接地体焊接连通形成统一地网。

根据本报告第三章的估算，该联合接地网的接地电阻较大，建议在地网四周引下线处布置垂直接地极，垂直接地极长2.5m，埋深1m以下，垂直接地体宜采用2500mm×∠50mm×50mm×5mm热镀锌角钢。

建筑物防雷接地、电源PEN重复接地、保护接地及等电位接地宜共用接地装置，接地电阻不大于4Ω。

## 1.5　码头

1.5.1　接闪器设计

码头综合楼、变配电所、制氮车间、联检楼及消防泵房应在建筑物屋面装设不大于20m×20m或16m×24m的接闪网格，天面四周明敷接闪带，接闪带在天面上的垂直投影，距天面外边沿的距离约100mm为宜；天面主要阳角位应装设避雷短针。避雷短针和接闪带及接闪带支持码均应采用热镀锌钢材（为保持美观，避免生锈更换，可采用不锈钢材质），统一使用材料规格为：避雷短针为∅12mm，接闪带、接闪网格为∅10mm，支撑架表面积不小于45mm²，带高应不低于150mm。

陆域部分液氮储罐、消防水罐的壁厚均大于6mm，可直接作为接闪器。

码头面上的装载臂、消防炮等均为钢结构，可利用自身钢构架进行接闪，但必须保证各组件间电气导通。

1.5.2　引下线设计

码头综合楼、变配电所、制氮车间、联检楼及消防泵房可直接利用其结构柱内两根以上主筋（>∅16mm）作为防雷引下线，引下线间距不得小于25m。引下线上端与接闪带焊接，下端与基础钢筋焊接。并在室外地面深度为人工接地体深处用－40mm×4mm热镀锌扁钢与人工接地装置焊接。

1.5.3　接地体设计

变配电所、制氮车间、联检楼及消防泵房宜利用结构框架柱筋及地梁内主筋焊接连通作为接地体，并在建筑物四周用－40mm×4mm热镀锌扁钢敷设环形人工接地体作为接地装置。

在液氮罐区、消防水罐周围利用－40mm×4mm镀锌扁钢敷设环形地网，该地网与罐地网及周围建筑地网焊接连通。

码头综合楼利用打入海底的灌注桩内的主筋（每桩不少于两根主筋），将整栋建筑物的结构框架与桩主筋焊接连通形成地网。

码头宜利用码头面不少于两根梁筋（>∅16mm）以及桩基内不少于两根桩筋（>∅16mm）焊接连通作为防雷接地体。前梁和后梁每隔一定距离焊接连通，形成的网格不大于20m×20m或24m×16m。码头面部分每隔一定距离预留码头接地预埋件。

码头面上的装载臂、消防炮的防雷接地和保护接地合并设置。用－40mm×4mm镀锌扁钢将消防炮、卸油臂的底座预埋钢板与码头防雷接地体作可靠电气连接。

电缆桥架内通长敷设－40mm×4mm镀锌扁钢作为接地干线，与码头防雷接地网电气连通。

油品码头和引桥的供配电电缆宜采用带盖板的桥架或保护钢管架空敷设，电缆可与地上输油管道同架敷设。桥架、钢管做好接地措施，每隔200m接地一次。

码头面上的消防炮、装载臂、桥架、等电位连接导体等经常除锈、涂漆防腐。

## 2 雷击电磁脉冲防护设计

### 2.1 屏蔽、接地与等电位连接

（1）进出建筑物、油泵棚、油品装卸区及油罐等地的各种金属管道、电缆金属外皮等均需在入户处接地。电缆穿钢管敷设时，钢管两端及入户处应接地。当电缆敷设于金属桥架内时，桥架内宜敷设一根镀锌扁钢作接地干线，宜每隔25m引下一次，并就近与接地装置相连接。

（2）安装于各油罐上的终端仪表等信息系统装置，其金属外壳应与油罐体做等电位连接；其配线电缆应采用屏蔽电缆，且电缆屏蔽层应与信息系统装置的金属外壳做等电位连接，电缆穿钢管配线时，其钢管上下2处应与罐体做电气连接并接地。

（3）对于非金属外壳终端仪表，应采取必要的屏蔽措施（如安装屏蔽箱等），且配线电缆的屏蔽层应与增设的金属屏蔽外壳做等电位连接。

（4）线缆桥架和线缆槽内的电力线缆与信号线缆的间距应满足表4-2的要求。

**表4-2 线缆桥架和线缆槽内的电力线缆与信号线缆的间距**

| 类别 | 与电子信息系统信号线缆接近状况 | 最小净距(mm) |
|---|---|---|
| 380V电力容量小于2 kVA | 与信号线缆平行敷设 | 130 |
| | 有一方在接地的金属线槽或钢管中 | 70 |
| | 双方都在接地的金属线槽或钢管中 | 10 |
| 380V电力容量2～5 kVA | 与信号线缆平行敷设 | 300 |
| | 有一方在接地的金属线槽或钢管中 | 150 |
| | 双方都在接地的金属线槽或钢管中 | 80 |
| 380V电力容量大于5 kVA | 与信号线缆平行敷设 | 600 |
| | 有一方在接地的金属线槽或钢管中 | 300 |
| | 双方都在接地的金属线槽或钢管中 | 150 |

注1：当380V电力电缆的容量小于2 kVA，双方都在接地的线槽中，即两个不同线槽或在同一线槽中用金属板隔开，且平行长度小于等于10m时，最小间距可以是10mm。

注2：电话线缆中存在振铃电流时，不应与计算机网络在同一根双绞线电缆中。

（5）信息系统控制室应避开强电磁干扰，其设备应远离外墙结构柱并设置在雷电防护区的高级别区域内，不宜设置在建筑物的顶层；当无法避开强电磁场干扰或为保障信息系统安全时，可采取有效的电磁屏蔽措施（如设置屏蔽室或在控制室六面安装屏蔽网格等）。

（6）信息系统控制室宜采用S型或Ss型局部等电位连接网络，系统中所有设施的电缆管线屏蔽层均须经等电位连接点ERP进入控制室，控制室和信息系统内所有设备的机架（壳）、配线线槽、设备保护接地、安全保护接地、电涌保护器（SPD）接地端等均应分别通过ERP点进行等电位连接。室内所有金属组件与共用接地系统各部件之间应有足够的绝缘（10 kV，1.2/50 μs）。接地线宜采用截面积不小于$25mm^2$的多股铜芯绝缘导线穿硬质塑料管就近与本控制室或本楼层的接地端子板连接。

（7）在爆炸危险区域内的输油管道法兰连接处应跨接。当不少于5根螺栓连接时，在非腐蚀环境下可不跨接。平行敷设于地面上的输油管道，其净距小于100mm时应用金属线跨接，跨接点的距离不大于30m。管道交叉点净距小于100mm时，交叉点应用金属线跨接。所有进出泵棚的输油管道作一次防静电接地。

（8）浮顶或内浮顶金属油罐采用两根导线将浮顶与罐体作电气连接。浮顶油罐连接线应选用截面不小于$25mm^2$的软铜复绞线。对于内浮顶油罐，钢质浮盘油罐连接导线应选用横截面不小于$16mm^2$的软铜复绞线，铝质浮盘油罐连接导线应选用直径不小于1.8mm的不锈钢钢丝绳。

（9）地上或管沟敷设的输油管道的始末端、分支处以及直线段每隔200～250m处，均需做防静电和防感应雷接地。进入罐区的输油管道及其他金属管道在防火堤外均应可靠接地。

（10）油泵棚内电动葫芦导轨用－40mm×4mm热镀锌扁钢在导轨两侧与框架梁内主筋焊接连通形成电气接地通路。棚内所有电气设备金属外壳均应可靠接地。进出泵棚的金属管道、电缆金属外皮及架空电缆托盘等均需做等电位连接，并在泵棚外侧做一处接地。

（11）油品码头的输油管道、装载臂和钢引桥等装卸设备及金属构件进行电气连接并应设置防静电、防雷接地装置。

（12）当油品码头采用装载臂装卸油品时，应在装载臂安装绝缘法兰；采用软管装卸油品时，应在每条软管管线上安装一根不导电短管，绝缘片和不导电短管的电阻值均应大于1MΩ。油品码头亦可采用其他有效的防静电和防杂散电流的装置。

（13）当油品码头采用船、岸间跨接电缆防止静电及杂散电流时，码头应设置为油船跨接的防静电接地装置，并应在码头设置与地通连的防爆开关。此接地装置应与码头上装卸油品设备的静电接地装置相连接。

（14）油罐的上罐扶梯入口处设消除人体静电装置，与接地装置及罐体钢梯可靠连接。

（15）装车台下及装车台面设防静电接地端子供油车接地之用，装车台设人体防静电装置。所有接地端子旁均须有明显标志。

（16）码头面入口处及码头上下船的出入口处，设消除人体静电装置，与码头接地装置可靠连接。

2.2 安装电涌保护器（SPD）

（1）当电源采用TN系统时，从总配电盘（箱）开始引出的配电线路和分支线路必须采用TN—S系统。

（2）信息系统雷电防护等级为A级，电源系统宜安装3～4级电涌保护器（SPD），各级SPD参数可参考电源系统雷击过电流估算的相关内容。

注：综合办公楼内的控制室是整个信息系统的核心，内部设备耐压水平较低，一般的操作过电压就可能导致设备损坏，为保障其供电质量，控制室内信息系统由 UPS 直接供电。

机柜内采用直流配电系统供电的设备前端安装与其耐压水平相适应的直流电源电涌保护器(SPD)。

(3)石油库内信息系统的首末端需与电子器件连接时，应装设与电子器件耐压水平相适配的电涌保护器(SPD)。

(4)控制主机信号传输、联动控制线进、出线处安装适配的信号电涌保护器(SPD)，其电压保护水平 $U_p$ 应不小于设备工作电平的 1.2 倍，同时不大于设备工作电平的 1.7 倍(直流时为工作电压平均值，交流时为最大工作电平)。

(5)各终端仪表进线处安装适配的信号电涌保护器(SPD)，其电压保护水平 $U_p$ 应不小于设备工作电平的 1.2 倍，同时不大于设备工作电平的 1.7 倍(直流时为工作电压平均值，交流时为最大工作电平)。

### 2.3 各系统防雷要求

#### 2.3.1 安全防范(含门禁)系统防雷设计

(1)采用共用接地系统，设置总等电位连接和局部等电位连接，控制室宜采用 S 型或 Ss 型局部等电位连接网络，系统中所有信息设施的电缆管线屏蔽层均须经等电位连接点 ERP 进入控制室，系统内所有金属组件，仅通过 ERP 进行等电位连接，与共用接地系统各部件之间应有足够的绝缘(10 kV，1.2/50 μs)。宜采用截面积不小于 16mm$^2$ 的多股铜芯绝缘导线穿硬质塑料管作为接地线就近接至本机房或本楼层弱电竖井间内的接地端子板。

(2)为防止高电位引起的感应过电压损坏设备及其接口，信号线缆宜采用屏蔽电缆，屏蔽层两端均须与设备金属外壳等电位连接；若采用同轴电缆传输信号，其金属屏蔽层两端均须与设备金属外壳等电位连接。非屏蔽电源电缆宜敷设在金属屏蔽线槽(管)内，金属屏蔽线槽(管)应保持良好电气导通性，并应经电位连接点 ERP 点做等电位连接并接地。

(3)交流配电系统宜安装 3～4 级电涌保护器(SPD)，当监控主机房采用在线式 UPS 电源供电时，UPS 电源前端一级 SPD 宜采用串联型，其保护水平应与 UPS 电源耐压水平相适配，输出功率应满足机房用电功率要求；直流配电系统宜安装 1 级 SPD，其保护水平应满足设备耐压水平要求。

(4)在安保机房主控机、分控机设备端，信号控制线、通信线、各监视器的报警信号进、出线处安装适配的信号(视频)电涌保护器(SPD)；在安全防范各终端设备进、出线处安装适配的信号(视频)SPD。(对于信号和视频 SPD 而言，一般电压保护水平 $U_p$ 应不小于设备工作电平的 1.2 倍，同时不大于设备工作电平的 1.7 倍。)

(5)主控机、分控机信号控制线、通信线、各监视器的报警信号线，在穿越不同防雷分区时，应在防雷分区界面处装设适配的电涌保护器(SPD)。

(6)系统户外的交流供电线路、视频信号线路、控制信号线路应有金属屏蔽层，并穿钢管埋地敷设，屏蔽层及钢管两端应接地，信号线路与供电线路应分开敷设。

(7)系统视频、控制信号线路及供电线路的电涌保护器(SPD)，应分别根据视频信号线路、解码信号控制线路及摄像机供电线路的性能参数来选择(由设备供应商提供)。

(8)置于户外的摄像机、红外报警器等终端设备应采取相应直击雷防护措施。

#### 2.3.2 火灾自动报警及消防联动控制系统防雷设计

(1)采用共用接地系统，设置总等电位连接和局部等电位连接，消防控制室宜采用S型或Ss型局部等电位连接网络，系统中所有设施的电缆管线屏蔽层均须经等电位连接点ERP进入控制室，控制室和消防系统内所有设备的机架(壳)、配线线槽、设备保护接地、安全保护接地、电涌保护器(SPD)接地端等均应分别通过ERP点进行等电位连接。室内所有金属组件与共用接地系统各部件之间应有足够的绝缘(10 kV，1.2/50 μs)。宜采用截面积不小于25mm²的多股铜芯绝缘导线穿硬质塑料管作为接地线就近接至本控制室或本楼层弱电竖井间内的接地端子板。

(2)系统内各处设置的区域报警控制器的金属机架(壳)、金属线槽(或钢管)、电气接地干线、接线箱的保护接地端等，应就近接至等电位接地端子板。

(3)消防联动控制系统所控制的水、风、空调系统等设备的金属机架(壳)、管道均应就近与预留的等电位接地端子进行良好等电位连接。

(4)交流配电系统宜安装3～4级电涌保护器(SPD)，若消防控制室采用在线式UPS电源供电时，UPS电源前端一级SPD宜采用串联型，其保护水平应与UPS电源耐压水平相适配，输出功率应满足消防控制室用电功率要求；直流配电系统宜安装1级SPD，其保护水平应满足设备耐压水平要求。

(5)在消防控制主机信号传输、联动控制线进、出线处安装适配的信号电涌保护器(SPD)，其电压保护水平$U_p$应不小于设备工作电平的1.2倍，同时不大于设备工作电平的1.7倍。

(6)火灾报警系统的报警主机、联动控制盘、火警广播、对讲通信等系统的信号传输线缆在穿越防雷保护区时，应在防雷分区交界处装设适配的信号电涌保护器(SPD)。

(7)消防控制室与本地区或城市“119”报警指挥中心之间联网的进、出线路端口，应装设适配的信号线路电涌保护器(SPD)。

2.3.3　计算机网络系统防雷设计

(1)采用共用接地系统，设置总等电位连接和局部等电位连接，机房局部等电位连接宜采用M型或Mm型等电位连接网络，机房的安全保护地、信号工作地、屏蔽接地、防静电接地和电涌保护器(SPD)接地等均应连接到局部等电位接地端子板上，通过接地干线引至预留等电位接地端子板。

(2)为防止高电位引起的感应过电压和环路过电压(流)损坏设备接口，建议采用屏蔽信号电缆，应将非屏蔽信号线缆敷设在金属屏蔽线槽(管)内，金属屏蔽线槽(管)应保持良好电气导通性，并应在雷电防护区交界处做等电位连接并接地。光缆的金属加强芯、金属挡潮层及所有金属接头、用于光纤连接的光端机设备金属外壳等都应做等电位连接和接地处理；光缆接头两侧的金属护套及金属加强件应相互绝缘。

(3)交流配电系统宜安装3～4级电涌保护器(SPD)，当机房采用在线式UPS电源供电时，UPS电源前端一级SPD采用串联型，其保护水平应与UPS电源耐压水平相适配，输出功率应满足机房用电功率要求；直流配电系统宜安装1～2级SPD，其保护水平应满足设备耐压水平要求。

(4)进、出机房的非光缆信号传输线路上应安装适配的信号电涌保护器(SPD)，且各SPD宜分别安装在雷电防护区的交界处或设备接口处。特别重要计算机设备的输入/输出端口处，应安装适配的计算机信号SPD(对于信号和视频SPD而言，一般电压保护水平$U_p$应不小于设备工作电平的1.2倍，同时不大于设备工作电平的1.7倍。)

2.3.4 程控交换系统防雷设计

(1)采用共用接地系统,设置总等电位连接和局部等电位连接,机房局部等电位连接宜采用M型或Mm型等电位连接网络,机房的安全保护地、信号工作地、屏蔽接地、防静电接地和电涌保护器(SPD)接地等均应连接到局部等电位接地端子板上,通过接地干线引至预留等电位接地端子板。

(2)为防止高电位引起的感应过电压和环路过电压(流)损坏设备接口,建议采用屏蔽电缆或将非屏蔽信号线缆敷设在金属屏蔽线槽(管)内,线缆屏蔽层或金属屏蔽线槽(管)应保持良好电气导通性,并应在雷电防护区交界处做等电位连接并接地;光缆的金属加强芯、金属挡潮层及所有金属接头、光端设备金属外壳等都应做等电位连接和接地处理,光缆接头两侧的金属护套及金属加强件应相互绝缘,光缆引入室内时应做绝缘接头。

(3)交流配电系统宜安装3~4级电涌保护器(SPD),当机房采用在线式UPS电源供电时,UPS电源前端一级SPD采用串联型,其保护水平应与UPS电源耐压水平相适配,输出功率应满足机房用电功率要求;直流配电系统宜安装至少1~2级适配的SPD,其保护水平应满足设备耐压水平要求。

(4)进、出机房的非光缆信号传输线路上宜安装适配的信号电涌保护器(SPD),且SPD宜分别安装在防雷分区的交界处。

(5)程控数字用户交换机及其他通信设备信号线路,应根据总配线架所连接的中继线及用户线性质,选用适配的信号线路电涌保护器(SPD)。

(6)电涌保护器(SPD)对雷电流的响应时间应为纳秒(ns)级,标称放电电流应不小于0.5 kA,并应满足线路传输速率及带宽要求。

(7)电涌保护器(SPD)的接地端,应与配线架接地端相连,配线架的接地线应采用截面积不小于16mm$^2$的多股铜线,从配线架接至机房的局部等电位接地端子板上。配线架及程控用户交换机的金属支架、机柜均应做等电位连接并接地。

## 3 室外照明系统防雷设计

### 3.1 直击雷防护设计

(1)路灯灯杆高度在4m以上时(含4m)应考虑接闪,不可用路灯玻璃罩作为接闪器;可以利用其金属灯罩作为接闪器。

(2)当采用金属灯杆及灯塔时,可直接利用灯杆自身作为防雷引下线。当灯柱及灯塔支柱采用钢筋混凝土电杆时,可直接利用其内的至少两条直径不小于∅12mm的结构钢筋作引下线;当不能直接利用其结构钢筋作引下线时,需另外敷设引下线,并应满足《GB 50057—2010 建筑物防雷设计规范》相关要求。

(3)路灯基础钢筋笼在−0.50m以下其钢筋表面积大于0.37m$^2$时,可作为防雷接地体,否则应增加人工接地极。人工垂直接地极采用热镀锌角钢,垂直接地极规格宜采用∠5mm×50mm×50mm,长度为2.5m。要求人工垂直接地极与基础防雷接地体钢筋笼可靠焊接。基础防雷接地体钢筋笼的钢筋应相互焊接,并与路灯地脚螺栓可靠焊接。路灯基础防雷冲击接地电阻不应大于10Ω,如大于10Ω时,应增加人工接地体至达到要求为止。

(4)当采用TN—S供电接地制式时,当PE线不小于16mm$^2$时,可直接利用PE线作为同一线路路灯等电位连接线,否则应用一根∅12mm热镀锌圆钢作为同一线路路灯等电位连接线。

(5)当采用 TT 供电接地制式时，设备保护接地应就近连接到路灯(庭院灯、景观灯等)基础接地装置上，此时单个路灯接地装置接地电阻值应不大于 4Ω，否则应增加人工垂直接地体。

(6)码头区照明设备应为安全防爆型。

3.2　雷击电磁脉冲防护设计

(1)为防止高杆灯接闪时，雷电流沿电源线路侵入室内，应在路灯电源配电柜内安装通流量不小于 40 kA(8/20 μs)限压型电涌保护器(SPD)。

(2)若路灯采用智能控制节能系统，应对智能控制节能系统采取相应防 LEMP 措施(如安装适配的电涌保护器(SPD)、取屏蔽线缆等措施)。

# 第五章　施工过程防雷安全指导意见

## 1　施工宜避开雷暴高发期和时段

从气候上分析，可以根据雷暴活动的季节性变化合理安排工程施工进程，将潜在雷击危险显著降低。

从图 5-1 可知，5—8 月份为××高栏港石化仓储项目所在区域雷电高发期，施工期间的高空施工作业和各类灵敏设备安装、调试，应尽可能避开这四个月份，最好安排在 11—12 月份或 1—2 月份。

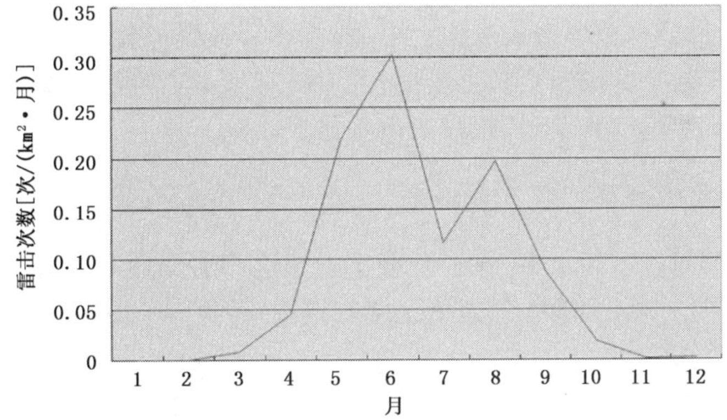


图 5-1　广东某高栏港石化仓储项目 3m 范围地闪活动季节规律曲线图

雷雨天气期间不宜安排室外高空作业，严禁强制工人雷雨天施工，雷暴期间严禁人员靠近未接地或接地不良的金属油罐、管道、钢构架等金属物，建议设立警示牌。

项目建成投入使用后，严禁雷暴期间，进行装、卸、加油等作业。此外，使用单位应制定防雷安全实施细则和重大雷电灾害应急预案，并报当地气象主管机构和安全监察部门审查、备案。

## 2　施工现场采取防雷措施

(1)施工现场办公板房、宿舍板房等应有直击雷防护设施，防雷接地电阻应不大于 10Ω。

(2)设于施工现场的交流电源工作接地、各类施工机械电气保护接地、防雷接地宜共用接地装置，接地电阻应不大于 4Ω，可利用建筑基础接地装置作为此共用接地装置。

(3)可利用塔吊等作为施工作业区直击雷防护的接闪装置，但必须保证塔吊的接地可靠，塔吊可直接连接在建筑物预留电气接地端子上，每台塔吊连接点不少于两处，连接线宜采用 －40mm×4m 热镀锌扁钢或∅12mm 热镀锌圆钢。

(4)塔吊等各机械设备可利用其金属结构体作为防雷引下线，无需另外敷设引下线，但应保证其良好电气连接导通性。

(5)塔吊等机械设备，操作人员乘坐室宜采取直击雷防护措施，可设置 1～3m 的接闪杆，接闪杆与金属箱体应进行等电位连接。

(6)大型钢模板和设备就位后应及时与预留的接地端子等电位连接；施工过程中使用的临时支撑就位后，应及时与预留接地端子等电位连接。

(7)施工现场临时用电主干线宜采用屏蔽电缆，屏蔽层两端应做等电位连接和接地处理。

(8)塔吊、临时载客、货电梯等重要设备电力电缆、信号控制电缆应采用屏蔽电缆，屏蔽层两端应做等电位连接和接地处理；当采用非屏蔽电缆时，应穿金属管敷设，金属管两端应做等电位连接和接地处理

(9)施工现场临时变压器高、低压侧宜分别安装高、低压电涌保护器。同时对配电线路安装 2～3 级电源电涌保护器(SPD)：第一级安装在电源线路进入主体建筑入口处；第二级安装在各用电区的配电箱处；塔吊等重要机械设备前端配电箱内，设置第三级 SPD。各级 SPD 的参数可参考本章雷击过电流估算的相关内容，保护水平 $U_p$ 需满足设备耐压水平要求。

(10)为防止接触电压导致人身伤亡事故，在人可触及的金属钢罐体、管道前应设立防雷安全警示标志；为防止跨步电压导致人身伤亡事故，应在环形接地装置处设立警示标志。

(11)施工单位应制定防雷安全管理制度，并对施工人员进行防雷安全知识培训。

(12)雷雨天气严禁室外作业，禁止强制高空作业。

### 3　重大天气变化及雷电预警

根据目前雷暴预测手段和水平，施工阶段实施雷电预警至少可有效将遭受雷击的危险降到 10%以下，因此，建议施工期间实施雷电预警。

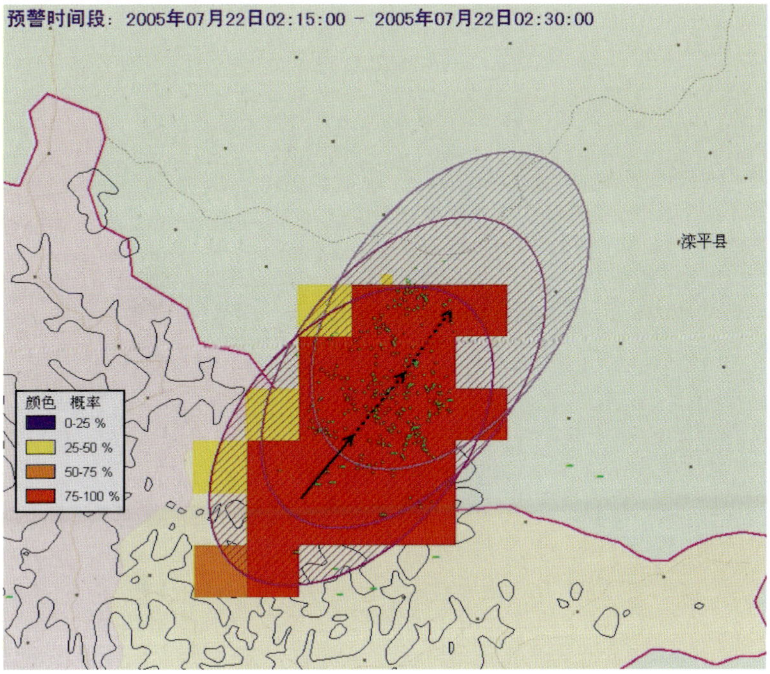


图 1.3　重点区域雷电危险度等级预报(中国气象科学研究院)

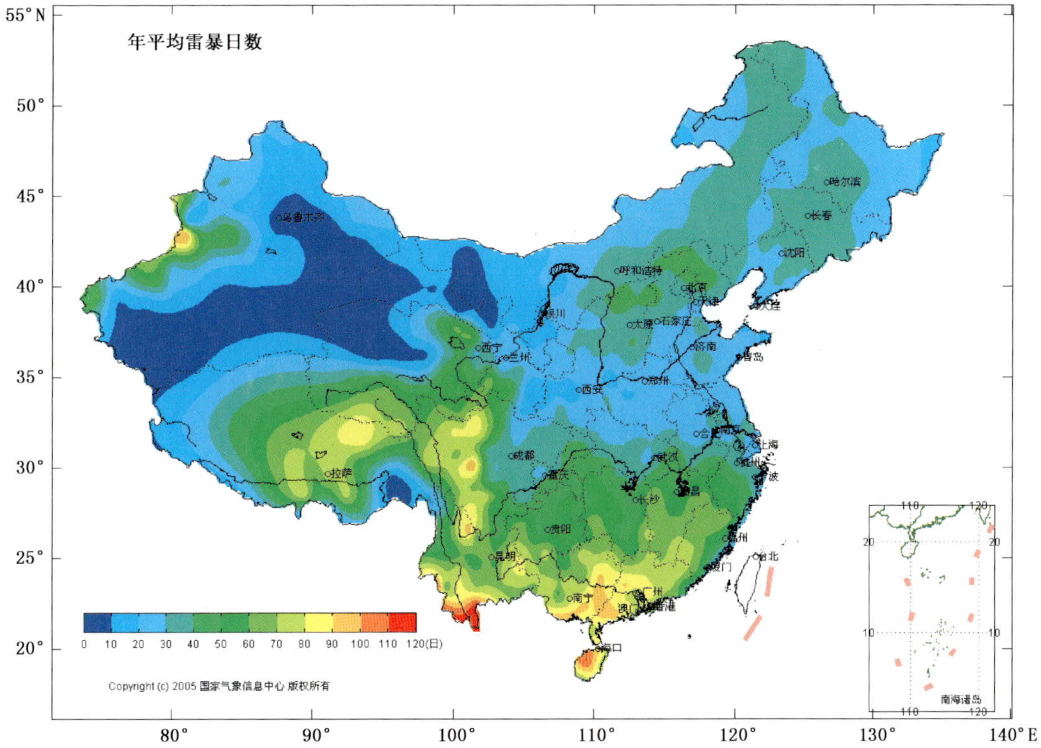


图 2.1　我国平均年雷暴日的地理分布(国家气象信息中心)

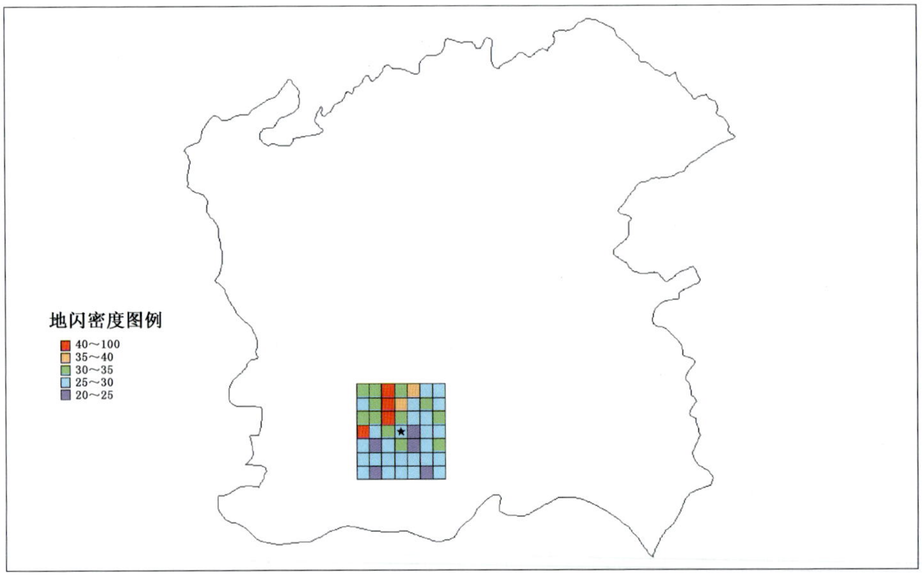


图 4.3　广州某国际大厦 3km 范围 8a(1999—2006 年)地闪密度等级范围图

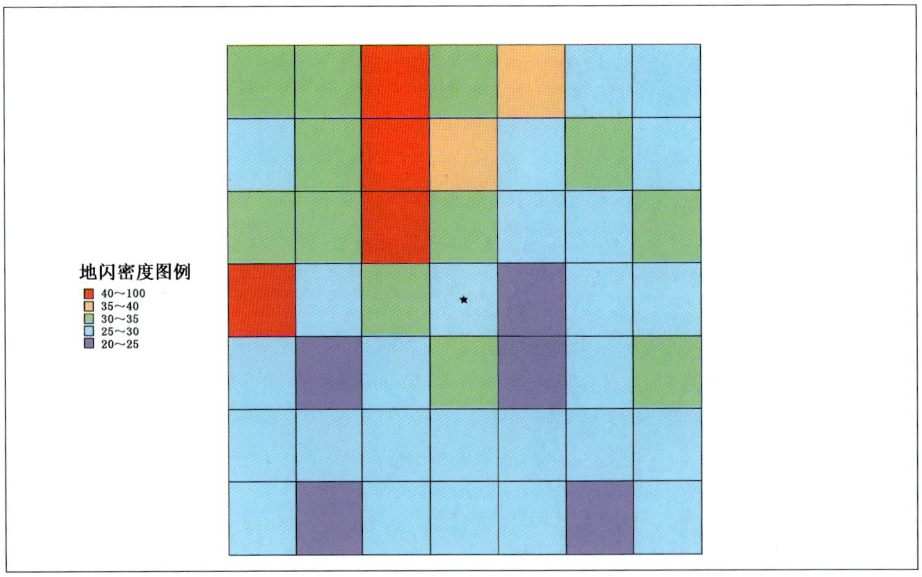


图 4.4　广州某国际大厦 3km 范围 8a(1999—2006 年)地闪密度等级图

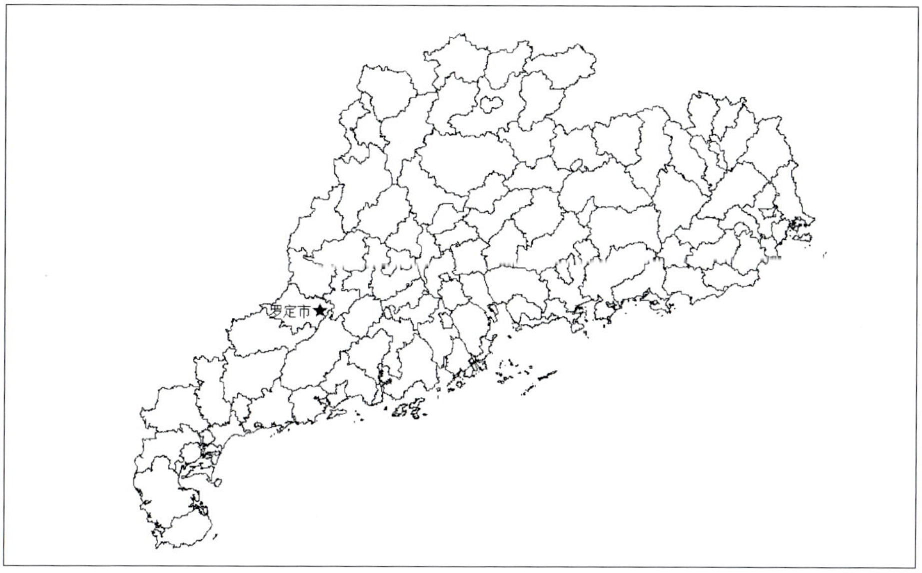


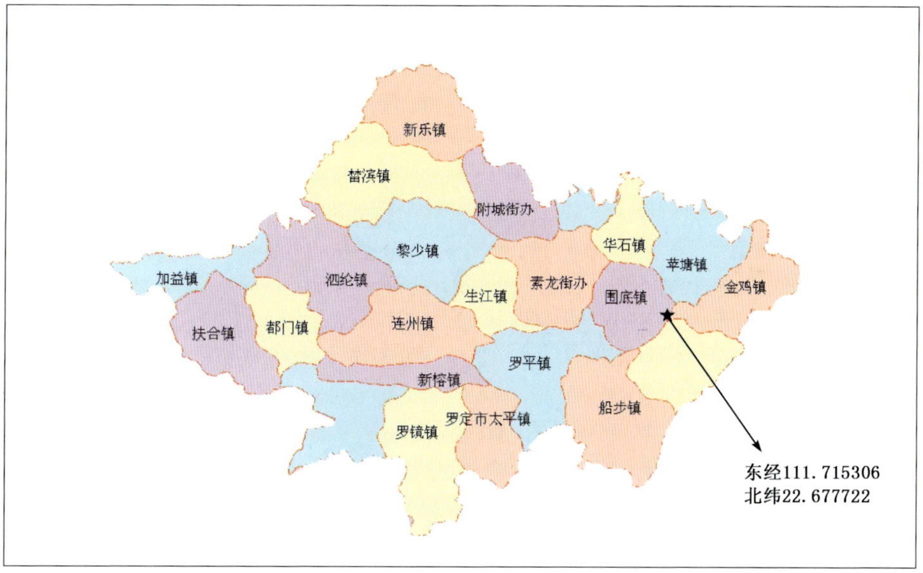


图 8.9 事故发生地位置图

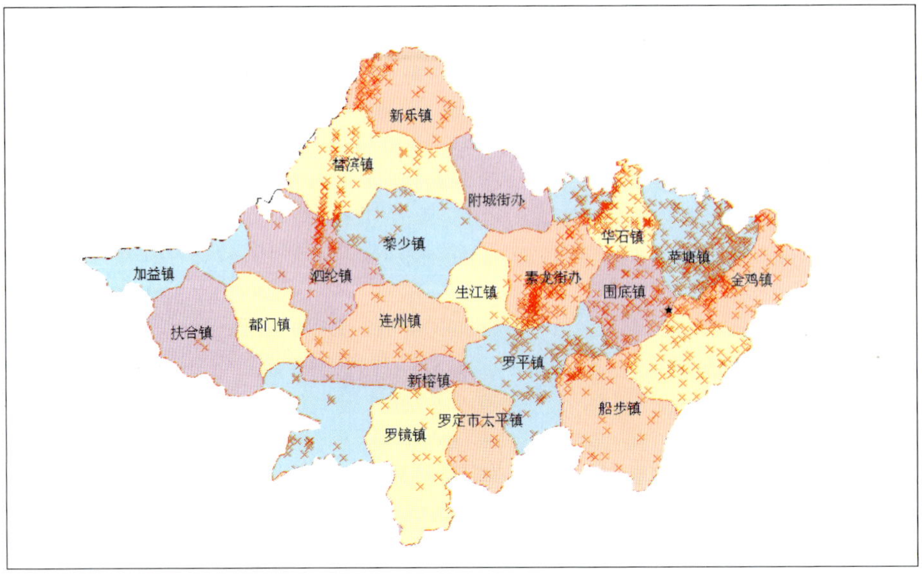


图 8.10　广东省闪电定位系统 6 月 4 日全天监测到的罗定市地闪分布图

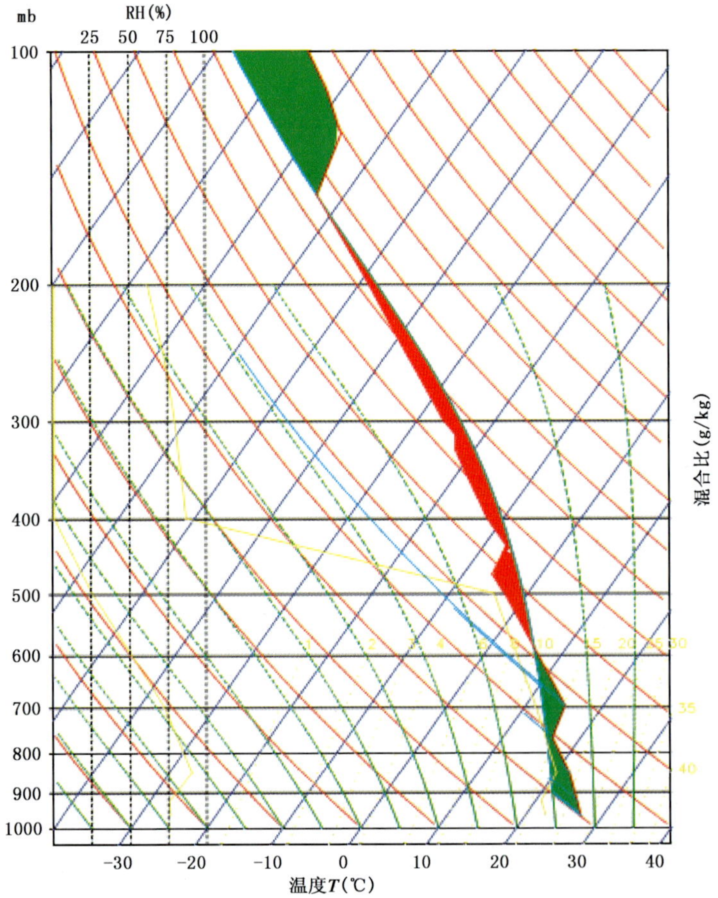


图 9.4　2007 年 5 月 23 日 08 时重庆 $T-\ln p$ 图

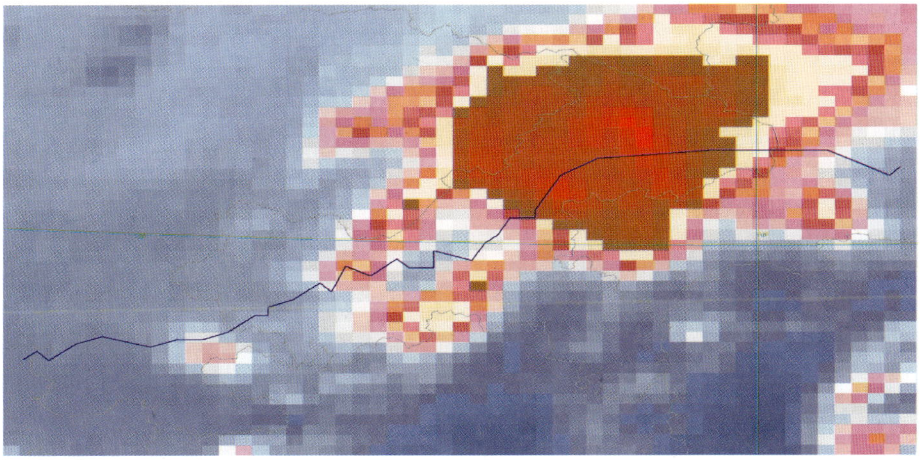

图 9.5　2007 年 5 月 23 日 16:30 卫星云图

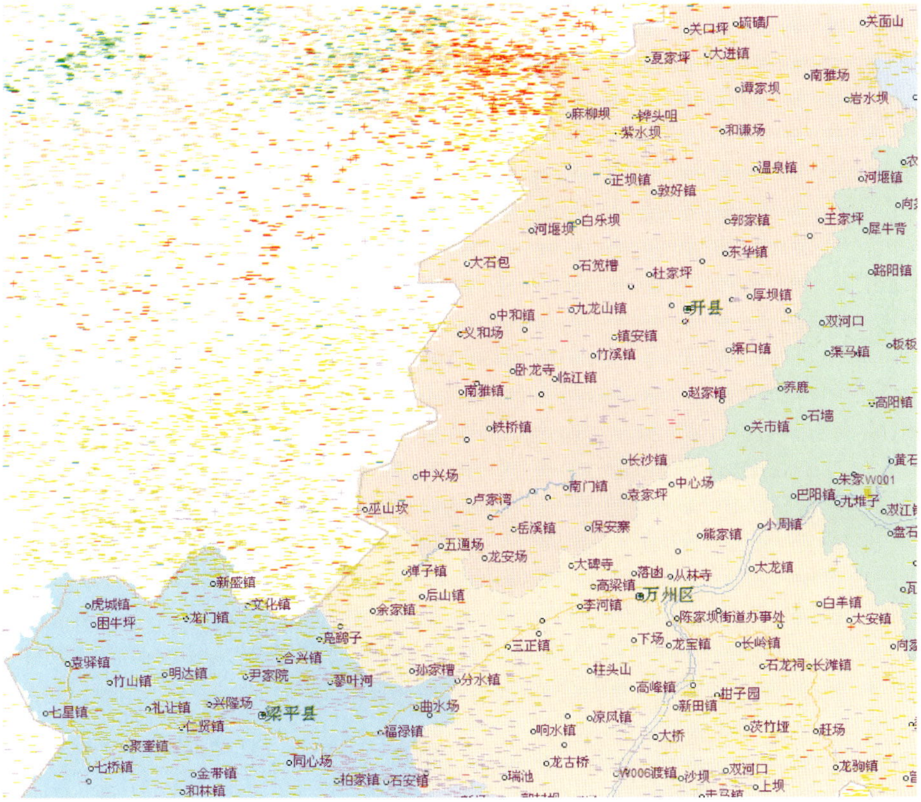


图 9.6　2007 年 5 月 23 日 16:30 重庆闪电定位资料

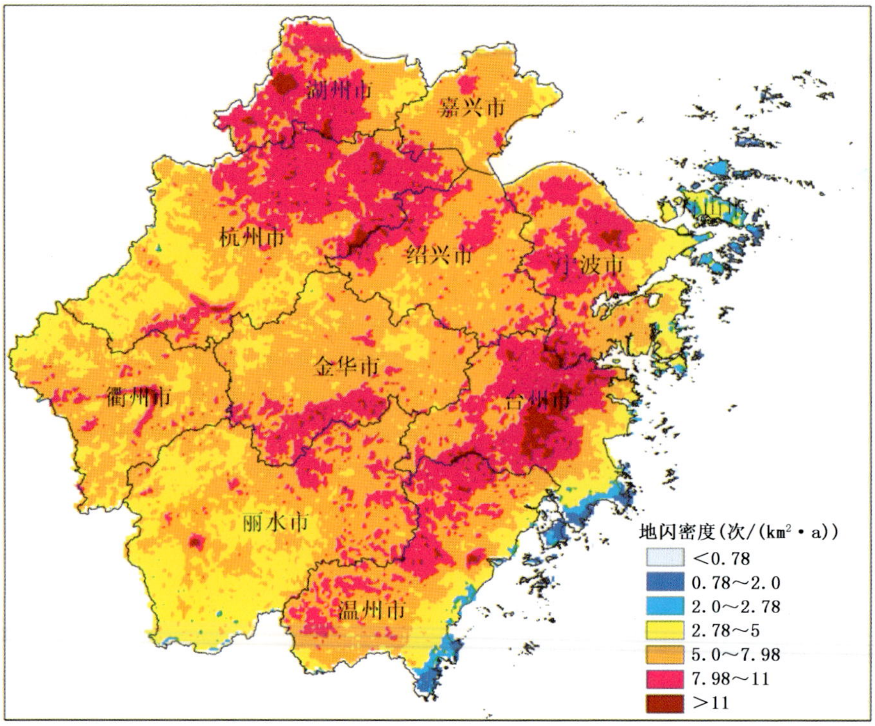


图 9.7 浙江省 2005—2011 年平均地闪密度图

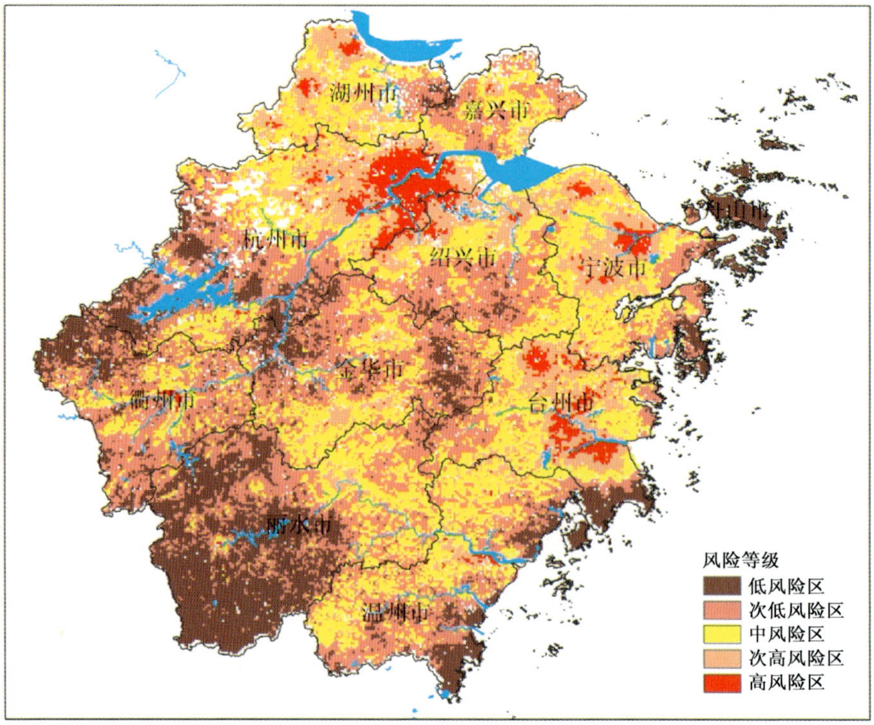


图 9.8 浙江省雷电灾害风险区划图

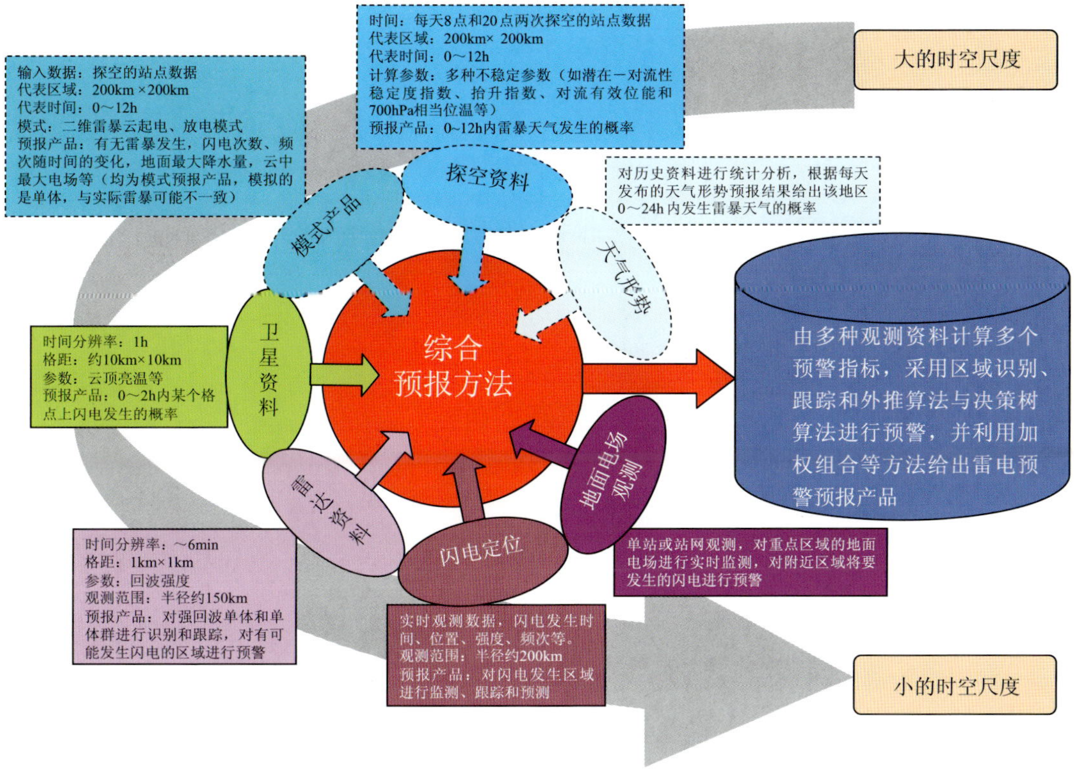


图 9.9　雷电预警预报系统（中国气象科学研究院）

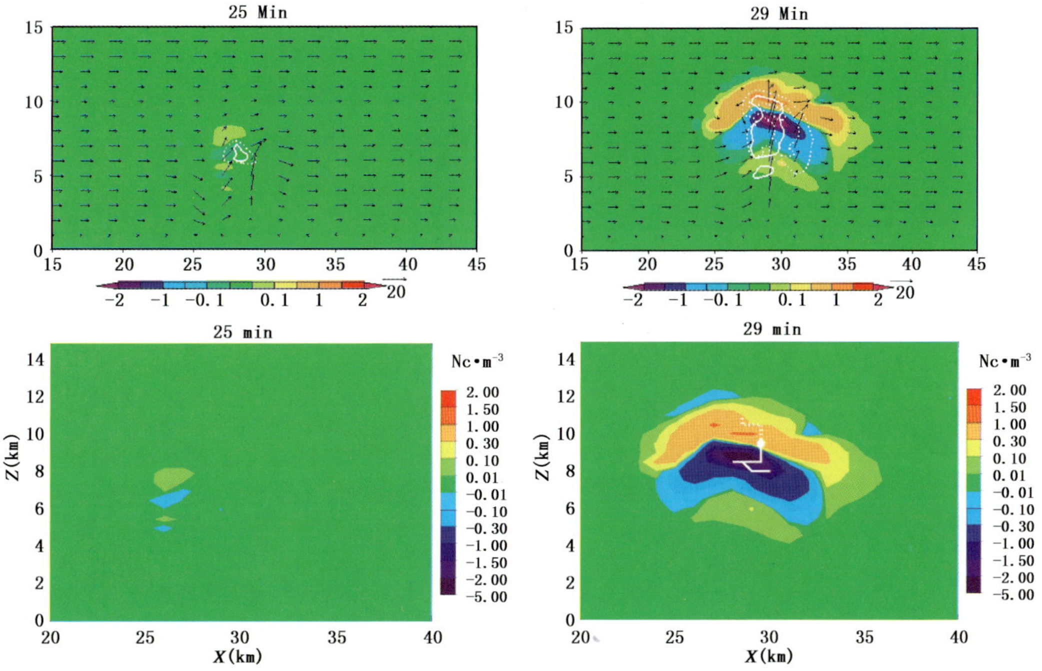


图 9.11　雷暴云起电、放电模式模拟放电过程（中国气象科学研究院）

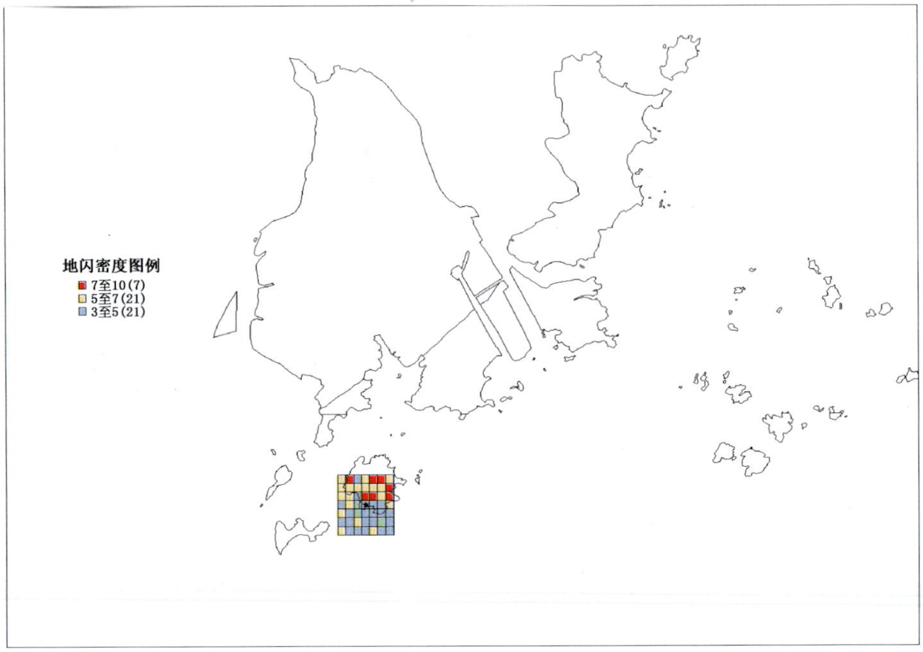


附录 B 图 2-4　广东××高栏港石化仓储项目 3km 地闪密度等级范围图

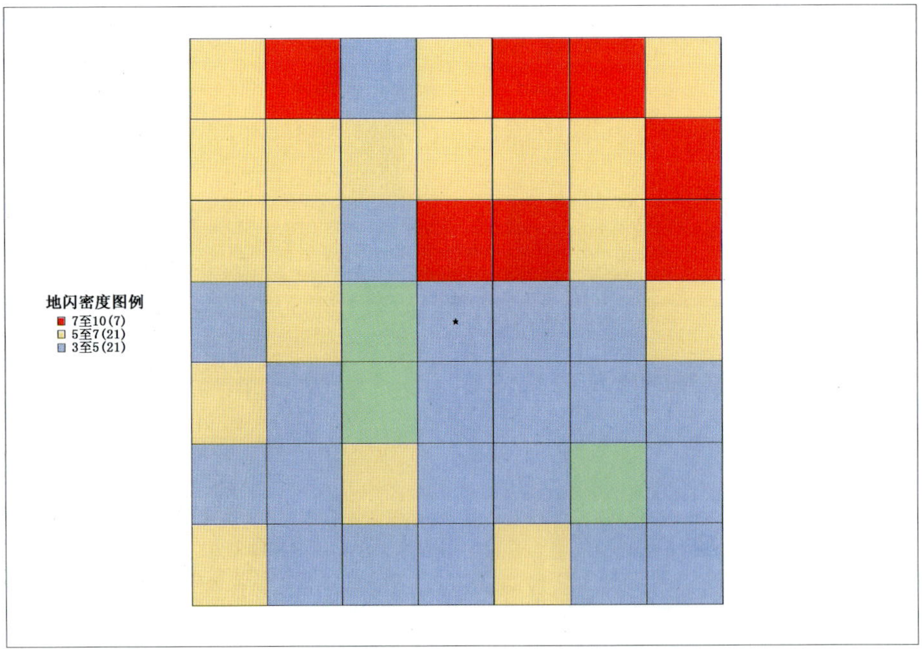


附录 B 图 2-5　广东××高栏港石化仓储项目 3km 范围地闪密度等级图